POLITEXT 127

Dispositius electrònics i fotònics. Fonaments

POLITEXT

Lluís Prat Viñas
Josep Calderer Cardona

Dispositius electrònics i fotònics. Fonaments

EDICIONS UPC

Primera edició: (Edicions Virtuals) setembre de 2001
Primera edició: (Politext) març de 2002
Segona edició: (Politext) març de 2006
Reimpressió: agosto de 2009

Aquest llibre s'ha publicat amb la col·laboració
de la Generalitat de Catalunya

En col·laboració amb el Servei de Llengües i Terminologia de la UPC

Disseny de la coberta: Manuel Andreu

©   Els autors, 2001

©   Edicions UPC, 2001
       Edicions de la Universitat Politècnica de Catalunya, SL
       Jordi Girona Salgado 1-3, 08034 Barcelona
       Tel.: 934 137 540   Fax: 934 137 541
       Edicions Virtuals: www.edicionsupc.es
       E-mail: edicions-upc@upc.edu

Producció: LIGHTNING SOURCE

Dipòsit legal: B-15934-2006
ISBN: 978-84-8301-855-2

INDEX

Capítol 5: El transistor bipolar

Capítol 6: Transistors d'efecte de camp

Apèndix

Index alfabètic

1
Propietats elèctriques dels semiconductors

L'objectiu d'aquest capítol es introduir el lector en el coneixement dels semiconductors i de les seves propietats elèctriques fonamentals que permetin emprendre en els propers capítols l'estudi dels dispositius electrònics realitzats amb semiconductors, que és, en definitiva, l'objectiu d'aquest llibre. Es comença per una breu descripció dels semiconductors i el seu dopatge fent especial èmfasi en el silici. Després s'estudia una propietat d'importància fonamental, com és la quantitat de càrregues mòbils que poden transportar corrent en el semiconductor, i que s'anomenen *portadors*. S'analitzen els mecanismes pels quals aquests portadors indueixen un corrent elèctric, i s'arriba a la formulació d'una equació d'importància clau en el dispositius semiconductors, l'equació de continuïtat. Finalment es presenta el lligam entre càrregues, camps elèctrics, potencial i bandes d'energia que permetran emprendre, en el capítol següent, l'estudi de la junció PN, estructura bàsica per fer dispositius.

1.1 MATERIALS SEMICONDUCTORS

1.1.1 Introducció

Els materials semiconductors ocupen una posició intermèdia en l'escala de conductivitats, entre els conductors i els aïllants. La resistivitat dels bons conductors, com el coure, és de l'ordre de 10^{-6} $\Omega \cdot$cm, la dels bons aïllants supera els 10^{12} $\Omega \cdot$cm, mentre que la dels semiconductors ocupa pràcticament tot l'interval limitat pels dos valors anteriors. Els primers estudis sobre semiconductors foren realitzats per Tomas Seebeck el 1821, i les primeres aplicacions es deuen a Werner von Siemens (1875, fotòmetre de seleni) i a Alexander Graham Bell (1878, sistema de comunicació telefònica). Però aquests materials no van tenir un paper important en el món de l'electrònica fins el 1947, quan fou descobert el transistor bipolar. D'aleshores ençà, els noms electrònica i semiconductors han anat indissolublement lligats.

A la taula 1.1 es mostra una part de la taula periòdica on apareixen els principals semiconductors. A cada cel·la s'indica el nombre atòmic de l'element. Recordeu que els elements de la columna II tenen dos electrons de valència, mentre que els de la columna III en tenen tres, i així successivament.

II	III	IV	V	VI
^{4}Be	^{5}B	^{6}C	^{7}N	^{8}O
^{12}Mg	^{13}Al	^{14}Si	^{15}P	^{16}S
^{30}Zn	^{31}Ga	^{32}Ge	^{33}As	^{34}Se
^{48}Cd	^{49}In	^{50}Sn	^{51}Sb	^{52}Te
^{80}Hg	^{81}Tl	^{82}Pb	^{83}Bi	^{84}Po

Taula 1.1 Part de la taula periòdica on figuren els elements que juguen un paper important a l'electrònica de semiconductors

A la taula 1.2 es mostren els principals semiconductors utilitzats actualment en aplicacions electròniques. Observeu que hi ha semiconductors simples com el silici (Si) i el germani (Ge), i semiconductors compostos. Entre aquests hi ha els binaris IV-IV, III-V i II-VI, formats per una parella d'elements procedents cadascun d'ells d'una de les columnes indicades, i els aliatges constituïts per tres o més elements, com ara els compostos ternaris i els quaternaris. En aquests compostos, x i y indiquen el tant per u de l'element considerat.

Tipus de semiconductors	Exemples
Semiconductors simples	Si, Ge
Semiconductors compostos IV-IV	SiC, SiGe
Semiconductors compostos III-V	GaAs, GaP, GaSb, AlAs, AlP, AlSb, InAs, InP, InSb
Semiconductors compostos II-VI	ZnS, ZnSe, ZnTe, CdS, CdSe, CdTe
Aliatges	$Al_xGa_{1-x}As$, $GaAs_{1-x}P_x$, $Hg_{1-x}Cd_xTe$, $Ga_xIn_{1-x}As_{1-y}P_y$

Taula 1.2. Tipus de semiconductors utilitzats en aplicacions electròniques

El semiconductor més utilitzat en l'electrònica actual és el silici (en un percentatge superior al 95%), però els semiconductors compostos comencen a jugar un paper cada cop més significatiu en aplicacions d'alta velocitat i optoelectrònica. Per aquest motiu, en aquest llibre considerarem el silici com el semiconductor de referència si no s'indica explícitament una altra cosa.

1.1.2 Estructura cristal·lina

Un semiconductor es diu *amorf* quan els seus àtoms no segueixen cap ordenació espacial més enllà d'uns pocs àtoms. Al contrari, quan tots els àtoms estan perfectament ordenats, seguint una estructura bàsica repetida indefinidament en les tres direccions de l'espai, es diu que és un *monocristall*. Quan el material està constituït per un aglomerat de grans cristal·lins es diu que presenta una estructura *policristal·lina*.

El silici és un element que té 14 electrons, com indica el seu nombre atòmic. Deu d'aquests electrons ocupen òrbites molt properes al nucli i estan tan lligats amb aquest que pràcticament no canvien el seu estat en les interaccions normals entre àtoms. No passa el mateix amb els quatre més externs, que són anomenats electrons de valència, que participen activament en les interaccions amb els altres àtoms. Per aquest motiu es diu que el silici és un àtom tetravalent.

Quan el silici forma un monocristall cada àtom s'uneix amb quatre àtoms veïns mitjançant quatre enllaços covalents en les direccions mostrades en la figura 1.1.a. Un enllaç covalent està format per una parella d'electrons compartits pels dos àtoms. En el silici cadascun dels àtoms units aporta un electró de valència per formar l'enllaç. Aquesta estructura bàsica es repeteix en tot l'espai, tal com es mostra en la figura 1.1.b, en la qual es representa la cel·la bàsica del silici. Com es pot observar, cada àtom de la cel·la bàsica està unit a quatre àtoms veïns mitjançant quatre enllaços covalents seguint l'estructura de la figura 1.1a.

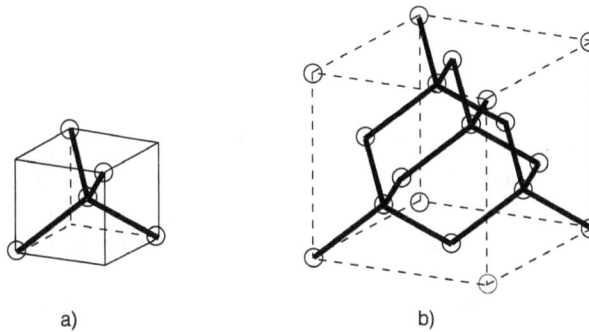

a)   b)

Figura 1.1 a) Estructura d'enllaços entre àtoms de silici. b) Cel·la unitària del silici. En la figura, cada esfera representa un àtom i cada segment entre esferes un enllaç covalent

La cel·la bàsica és el volum més petit, representatiu del cristall, que repetit indefinidament en les tres direccions origina el monocristall. Per descriure aquesta cel·la es fan servir dos elements: la xarxa cristal·lina i el grup atòmic. La xarxa és un conjunt de punts, anomenats nodes. Vinculat a cada node hi ha el grup atòmic. D'aquesta manera, el grup atòmic es troba repetit en l'espai seguint la distribució marcada per la xarxa.

La xarxa cristal·lina del silici és un cub amb nodes en els vuit vèrtexs i en el centre de cada una de les seves cares, que s'anomena estructura cúbica centrada en les cares (en anglès, fcc, face centered cube). El grup atòmic està constituït per dos àtoms de silici: un d'ells situat en el node, i el segon separat del primer segons la direcció marcada per la diagonal principal del cub a una distància que és 1/4 d'aquesta diagonal (vegeu la figura 1.1.b. Aquesta estructura cristal·lina s'anomena diamant, ja que és la mateixa que presenta el diamant (cristall de carboni). La longitud d'una aresta del cub s'anomena constant de xarxa (en anglès, lattice constant) i per al silici val 5.43 Å. Tenint en compte aquesta dada, és fàcil verificar que hi ha 5×10^{22} àtoms de silici en cada centímetre cúbic.

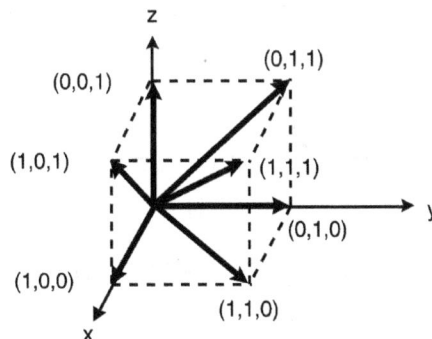

Figura 1.2 Principals direccions cristal·lines en el silici. El cub representa la cel·la bàsica

El GaAs i altres semiconductors compostos tenen una estructura cristal·lina lleugerament diferent anomenada zincblenda. La xarxa cristal·lina és també cúbica centrada en les cares, però el grup atòmic està constituït per un àtom de gal·li i un d'arsènic en la mateixa distribució espacial que la descrita anteriorment pel silici. La constant de xarxa d'aquest semiconductor és de 5.65 Å. Els enllaços entre els àtoms són covalents i parcialment iònics ja que els àtoms pentavalents de As cedeixen un electró als àtoms trivalents de Ga per formar l'enllaç.

Tots el àtoms d'un cristall es poden agrupar en un conjunt de plans paral·lels i equidistants anomenats plans cristal·logràfics. Existeixen infinites famílies de plans cristal·logràfics en un semiconductor i cada una s'especifica mitjançant un conjunt de tres enters anomenats índexs de Miller. En cristalls cúbics, aquests índexs són proporcionals a les components d'un vector perpendicular als plans. A la figura 1.2 es representa la cel·la bàsica de silici i algunes direccions cristal·lines. Les direccions cristal·lines tenen importància per a determinades propietats físiques i tecnològiques del semiconductor.

1.1.3 Portadors de corrent. Models d'enllaços i de bandes

El corrent elèctric en una secció d'un material es defineix com la càrrega que travessa aquesta secció per unitat de temps. Perquè hi hagi corrent hi ha d'haver, per tant, partícules que transportin la càrrega. Aquestes partícules mòbils amb càrrega elèctrica s'anomenen portadors de corrent. En els semiconductors hi ha dos tipus de portadors de corrent: els electrons de conducció, que tenen càrrega negativa, i els forats, que la tenen positiva.

Per estudiar la naturalesa d'aquests portadors de corrent cal partir de l'estructura cristal·lina del semiconductor, descrita a l'apartat anterior. Per evitar la complicació que comporta el caràcter tridimensional d'aquesta estructura es realitza una representació simplificada bi-dimensional que s'anomena *model d'enllaços*, i que es mostra a la figura 1.3. En aquest model, cada cercle representa el nucli més els electrons interns d'un àtom del semiconductor i cada línia entre cercles un electró de valència compartit entre els àtoms. Noteu que la càrrega +4 indicada en cada cercle es neutralitza amb la càrrega negativa dels quatre electrons de valència que aquest àtom aporta per fer els quatre enllaços covalents amb els àtoms veïns. Cal tenir en compte que, en la realitat, els quatre enllaços no estan en un mateix pla, sinó que es disposen a l'espai segons s'ha mostrat a la figura 1.1.

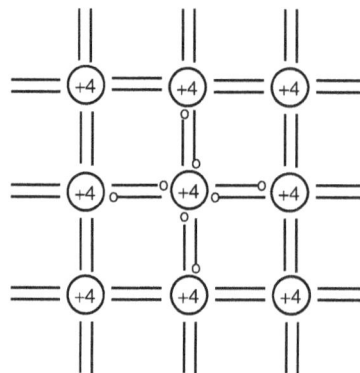

Figura 1.3 Model d'enllaços del semiconductor. Els electrons de valència, representats per petits cercles, només es dibuixen pels enllaços de l'àtom central tot indicant qui els aporta.

L'electró de valència que forma part d'un enllaç covalent està fortament lligat als àtoms que uneix. Si s'aplica un camp elèctric al semiconductor els electrons de valència segueixen lligats a l'enllaç i els de les capes més internes lligats encara més fortament al nucli, per la qual cosa no es produeix cap moviment de càrregues. El corrent serà, per tant, nul i el semiconductor serà, en conseqüència, aïllant. Aquest és el comportament d'un semiconductor a 0 K.

Un estudi rigorós del semiconductor exigeix l'aplicació de la mecànica quàntica. Malgrat això, moltes de les propietats dels dispositius poden ser enteses fent servir una aproximació basada en la física clàssica que considera els electrons com a partícules materials que obeeixen les lleis de Newton. Aquesta aproximació didàctica té avantatges indubtables, ja que evita el retard que suposaria l'aprenentatge previ dels coneixements de mecànica quàntica i de física del sòlid necessaris per emprendre l'estudi rigorós dels semiconductors. Però malauradament aquesta aproximació clàssica requereix, de tant en tant, l'aportació "externa" de resultats de la física quàntica que permeten superar les limitacions d'aquesta aproximació. Una d'aquestes aportacions és la *quantificació* de l'energia: l'energia que pot absorbir o emetre un electró està constituïda per *paquets* indivisibles d'energia anomenats cadascun d'ells *quàntum* d'energia. El quàntum d'energia electromagnètica s'anomena *fotó*, i el d'energia tèrmica, *fonó*.

Si un electró de valència que forma part d'un enllaç covalent absorbeix un quàntum d'energia del valor adequat pot trencar el lligam amb l'enllaç covalent i moure's lliurement pel semiconductor. Aquest electró lliure, deslligat de l'enllaç, s'anomena electró de conducció, i és un portador de corrent, ja que és una càrrega que es mourà en sentit contrari al camp elèctric aplicat al semiconductor a causa de la seva càrrega negativa.

L'enllaç covalent trencat produeix un desequilibri a la xarxa cristal·lina, que "reclama" la presencia d'un electró per reconstruir-lo. Un electró de valència d'un enllaç proper pot ser afectat per aquest desequilibri, abandonar el seu enllaç i reconstruir l'enllaç trencat. Però aquesta acció significa, simplement, que l'enllaç covalent trencat ha canviat de lloc, per la qual cosa es repetirà l'actuació anterior. Veuríem, per tant, que l'enllaç covalent trencat, - *el forat* - es va movent pel cristall. Quan s'aplica un camp elèctric s'afavoreix el desplaçament dels electrons de valència que ocupen successivament l'enllaç covalent trencat des de direccions contraries al camp elèctric (figura 1.4.b). El resultat és que el forat, és a dir, l'enllaç covalent trencat, es mou en la mateixa direcció que el camp elèctric, com si es tractés d'una càrrega positiva. La física quàntica demostra que l'enllaç covalent trencat pot considerar-se com una partícula positiva del mateix valor absolut que la de l'electró i amb una massa específica. És, per tant, un portador de corrent de càrrega positiva.

Per generar un electró de conducció i un forat cal donar un quàntum d'energia a un electró de valència. L'electró deslligat tindrà una energia més gran que quan formava part de l'enllaç covalent. La representació de l'energia dels electrons en els diferents punts del semiconductor s'anomena *model de bandes d'energia*.

Per tenir una comprensió qualitativa d'aquest model cal considerar en primer lloc el model atòmic de Bohr per un àtom aïllat. Com és ben sabut, Bohr proposà per a l'àtom un model *planetari* corregit en alguns aspectes: els electrons giren en òrbites circulars al voltant del nucli de tal forma que la força elèctrica d'atracció entre l'electró negatiu i el nucli positiu es neutralitza exactament amb la força centrífuga. Però només són permeses aquelles òrbites en les quals el moment angular és un múltiple enter de $h/2\pi$. L'electró en una òrbita permesa

a)

Camp elèctric

b)

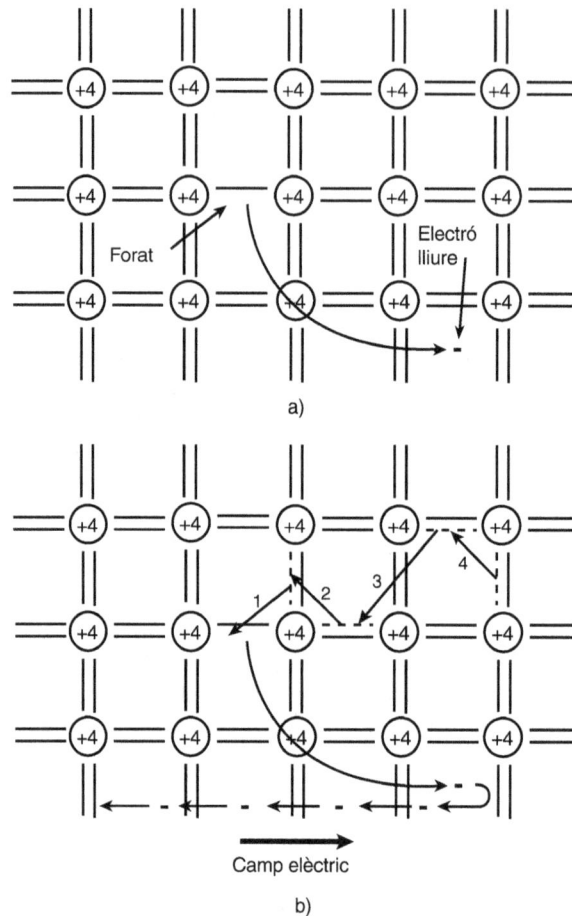

Figura 1.4 a) Generació d'una parella electró-forat per trencament d'un enllaç covalent. b) Desplaçament de l'electró lliure i del forat per acció d'un camp elèctric aplicat al semiconductor

no emet energia. A cada òrbita l'electró té una energia total ben definida, donada per la suma de les energies potencial i cinètica. L'electró pot saltar d'una òrbita a un altre absorbint o emetent un quàntum d'energia igual a la diferència entre les energies totals de l'electró en les òrbites considerades. A la figura 1.5 es mostra el radi i l'energia total de l'electró en les òrbites permeses. L'electró en l'àtom aïllat pot tenir, per tant, uns *nivells* d'energia permesos, mentre que la resta d'energies no li són permeses.

Exercici 1.1

Calculeu el radi i l'energia total de l'electró per a les dues òrbites més properes al nucli de l'àtom d'hidrogen. Dades: el radi de les òrbites permeses és $r = [h^2\varepsilon_o/\pi m q^2]\cdot n^2 = 0.53\cdot n^2$ Å; la velocitat $v = [q^2/h\varepsilon_o](1/n)$, on n és enter.

Les dues primeres òrbites són per a $n = 1$ i $n = 2$. Els radis seran $r_1 = 0.53$ Å i $r_2 = 2.12$ Å. L'energia total de l'electró en una òrbita és $E = E_{cin} + E_{pot} = (1/2)mv^2 + (-q^2/4\pi\varepsilon_o r) = -q^2/8\pi\varepsilon_o r = -13.6/n^2$ eV. Per tant, $E_1 = -13.6$ eV i $E_2 = -3.4$ eV. El signe negatiu de l'energia total indica que l'electró està lligat al nucli (per alliberar-se cal un radi infinit, la qual cosa vol dir un valor de n infinit i per tant una energia total nul·la).

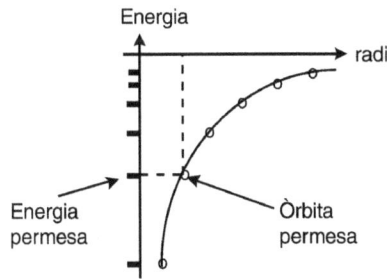

Figura 1.5 Model de Bohr per a l'àtom aïllat: l'electró a cada òrbita permesa té una energia ben definida.

Quan es forma el cristall hi ha molts àtoms que interaccionen entre si, de manera que el model de l'àtom aïllat deixa de ser vàlid. El principi d'exclusió de Pauli estableix que no poden haver-hi dos electrons d'un mateix sistema amb el mateix estat quàntic. Per aquesta raó, quan dos àtoms s'acosten i els electrons comencen a interaccionar entre ells i formar un mateix sistema, els nivells d'energia de l'àtom aïllat s'han de desdoblar, ja que en cas contrari podrien haver-hi dos electrons en el mateix estat quàntic (figura 1.6). Quan en lloc de dos àtoms són molts més el que interaccionen, com en el cas d'un cristall, el nivell original s'ha de subdividir en tants nivells com àtoms interaccionen. Apareixen així intervals d'energia en els qual hi ha una gran densitat de nivells permesos, i fa la impressió que hi ha continuïtat d'energies permeses. Es diu, aleshores, que aquest interval constitueix una banda d'energia permesa. Quan en un interval d'energies no hi ha cap nivell permès, se l'anomena banda prohibida.

Les energies dels electrons de valència s'agrupen en un interval que s'anomena banda de valència. El límit superior d'aquest interval és E_v. Les energies que poden tenir els electrons que s'han deslligat dels enllaços covalents també s'agrupen en un interval anomenat banda de conducció, i E_c és el seu límit inferior. Entre les dues bandes s'estén la banda prohibida: cap electró pot tenir una energia d'aquest marge. Vegeu la figura 1.7.

L'amplitud de la banda prohibida s'anomena E_g (en anglès de la banda prohibida se'n diu band gap), i és un dels paràmetres més importants d'un semiconductor. Aquesta energia, $E_g = E_c - E_v$, és la mínima energia que cal donar a un electró de valència per deslligar-lo de l'enllaç covalent. Com més elevat sigui el valor de E_g més fort serà l'enllaç covalent, i menys electrons l'hauran pogut trencar, per la qual cosa el semiconductor serà més aïllant. El silici a temperatura ambient té una $E_g = 1.1$ eV, el GaAs de 1.43 eV i el Ge de 0.68 eV. Els semiconductors que tenen una E_g superior als 3 eV són pràcticament aïllants, mentre que els que la tenen nul·la o d'unes poques dècimes de eV són conductors. (Un electró volt, eV,

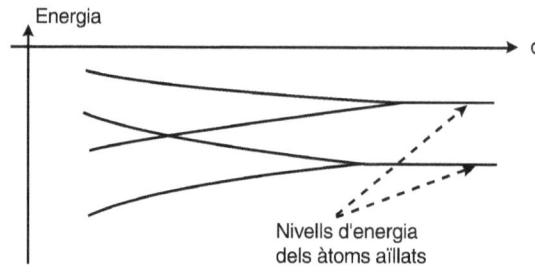

Figura 1.6 Desdoblament dels nivells permesos quan la distància d entre els dos àtoms es redueix.

és l'energia adquirida per un electró quan és accelerat per una diferència de potencial de 1 volt, i equival a 1.6×10^{-19} Joules) Si bé E_g varia lleugerament amb la temperatura, en aquest text farem l'aproximació de considerar-la constant.

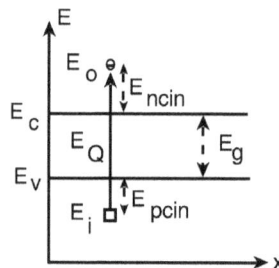

Figura 1.7 Model de bandes d'energia d'un semiconductor

Quan un electró de valència d'energia E_i absorbeix un quàntum d'energia E_Q (vegeu figura 1.7), passa a tenir una energia dins de la banda de conducció de valor $E_0 = E_i + E_Q$. Aquest electró lliure tindrà una certa velocitat, i per tant, una certa energia cinètica. Aquesta energia cinètica és $E_{ncin} = E_0 - E_c$. En el límit, per energia cinètica nul·la, és a dir, quan l'electró lliure estigui immòbil, la seva energia serà E_c. Per aquest motiu, E_c *és l'energia potencial de l'electró lliure*. De manera anàloga, un forat situat al nivell E_i dins la banda de valència tindrà una energia potencial de valor E_v, i una energia cinètica de valor $E_{pcin} = E_v - E_i$. Noteu que es comporta com una bombolla dins d'un líquid: com més profunda més energètica.

1.1.4 El semiconductor intrínsec

S'anomena semiconductor intrínsec el semiconductor pur i perfectament cristal·lí. En rigor, aquest semiconductor no té existència real perquè tots els semiconductors contenen algun àtom d'impuresa i tenen algun defecte cristal·lí.

En el semiconductor intrínsec els portadors es generen exclusivament per ruptura d'enllaços covalents. En conseqüència el nombre d'electrons de conducció i el de forats són iguals.

Aquest nombre de portadors es calcula a partir de les densitats d'electrons lliures n i de forats p, és a dir, del nombre de portadors per unitat de volum. Com que en semiconductors la unitat de longitud habitualment utilitzada és el centímetre, n representa el nombre d'electrons lliures per cm^3 i p el nombre de forats per cm^3. Per tant, en un semiconductor intrínsec $n = p = n_i$, essent n_i la *concentració intrínseca*.

La concentració intrínseca depèn de E_g i de la temperatura. En efecte, si augmenta E_g s'ha de donar més energia a un electró de valència perquè pugui trencar l'enllaç, per la qual cosa el nombre d'enllaços trencats a una determinada temperatura, és a dir, n_i, serà menor. Si la temperatura augmenta hi haurà més energia tèrmica disponible, és a dir, més quàntums d'energia tèrmica, i per tant hi haurà un nombre més gran d'electrons que hauran pogut absorbir-ne un i convertir-se en electrons de conducció fent augmentar n_i. En els propers apartats es demostrarà l'expressió que relaciona quantitativament n_i amb E_g i T:

$$n_i = AT^{3/2}e^{-E_g/2k_BT} \qquad (1.1)$$

essent T la temperatura en graus Kelvin, k_B la constant de Boltzmann ($k_B = 8.62 \times 10^{-5}$ eV/K) i A una constant. A la figura 1.8 es representa aquesta funció.

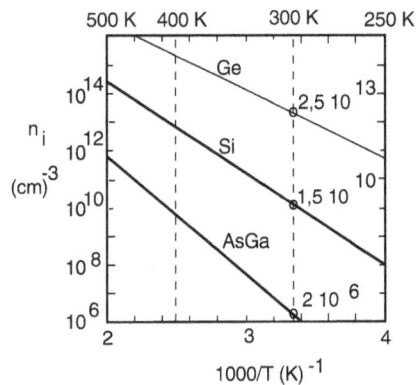

Figura 1.8. Concentració intrínseca en funció de la temperatura

A temperatura ambient (300 K), els valors de n_i per al silici, el germani i l'arseniür de gal·li són:

$n_i(Si) = 1.5 \times 10^{10}$ cm^{-3} $\qquad n_i(AsGa) = 2 \times 10^6$ cm^{-3} $\qquad n_i(Ge) = 2.5 \times 10^{13}$ cm^{-3}

Noteu que variacions petites de E_g signifiquen ordres de magnitud de diferència (hi ha 7 ordres de magnitud entre la concentració intrínseca del GaAs i la del Ge).

Exercici 1.2

Calculeu, pel silici, el valor de la constant A de l'equació 1.1 sabent que a 300 K el valor de n_i és de 1.5×10^{10} cm^{-3}. Dada: Constant de Boltzmann $k_B = 8.62 \times 10^{-5}$ eV/K.

Substituint valors a 1.1, i tenint en compte que per al silici E_g = 1.1 eV resulta:
$A = n_i(300)/[(300)^{1.5} \cdot exp(-1.1/(2 \cdot 8.62 \times 10^{-5} \cdot 300)] = 4.979 \times 10^{15}$ $cm^{-3}/K^{1.5}$

QÜESTIONARI 1.1.a

1. *El silici monocristal·lí, amb una densitat de 2.33 g/cm³, conté 5×10^{22} àtoms en cada centímetre cúbic. La densitat del silici amorf depèn de la tècnica emprada per obtenir-lo. Determineu el nombre d'àtoms per cm³ en una mostra de silici de densitat de 1.95 g/cm³.*

    a) 4.18×10^{22} b) 3.50×10^{22} c) 8.15×10^{21} d) 9.74×10^{21}

2. *La cel·la unitat de la xarxa cristal·lina del silici és un cub de 5.43 Å d'aresta. Determineu quants àtoms de silici conté.*

    a) 12   b) 8   c) 6   d) 4

3. *Quina de les següents afirmacions referides al diagrama de bandes d'energia d'un semiconductor es falsa?*

    a) Quan un electró de conducció guanya energia passa a un nivell d'energia més alt dins de la banda de conducció.
    b) Quan un forat guanya energia passa a un nivell d'energia més baix dins de la banda de valència
    c) Un electró de la banda de valència no pot guanyar mai energia dins la mateixa banda a 0 K
    d) Un electró de la banda de valència pot guanyar energia dins la mateixa banda, passant d'un nivell més baix a un altre de més alt que estigui buit. L'energia dels forats no depèn per res d'aquest canvi.

4. *Raoneu, a partir d'un diagrama de bandes, quina de les següents afirmacions es certa?*

    a) A 0 K els semiconductors són aïllants i els metalls són conductors.
    b) Tots els materials són aïllants a 0 K
    c) Hi ha metalls que són aïllants a 0 K
    d) Tots el materials són conductors a 0 K.

5. *Una mostra de silici intrínsec presenta una resistència de 1 kΩ. Si suposem, com a primera aproximació, que la conductivitivitat és inversament proporcional a la concentració intrínseca de portadors, n_i, quina resistència tindria la mostra si en lloc de Si estigués feta de GaAs?*

    a) 770 Ω   b) 1.43 kΩ   c) 7.5 MΩ   d) 0.13 mΩ

6. *El valor de la concentració intrínseca de portadors en el silici a 300 K és 1.5×10^{10} cm⁻³. Quin valor tindria n_i si la temperatura absoluta, T, doblés el seu valor? Dades: amplada de banda prohibida E_g = 1.1 eV. Constant de Boltzmann k_B = 8.62×10^{-5} eV/K.*

    a) 1.08 cm⁻³   b) 2.1×10^{20} cm⁻³   c) 1.27×10^{5} cm⁻³   d) 1.75×10^{15} cm⁻³

1.1.5 El semiconductor extrínsec tipus N

Quan a un cristall semiconductor se li afegeixen àtoms diferents dels propis del semiconductor es diu que se'l *dopa*, i el material resultant se l'anomena semiconductor extrínsec. Com es veurà tot seguit, mitjançant el dopatge es pot aconseguir que el semiconductor tingui molts més electrons que forats, i es diu aleshores que el semiconductor és de tipus N (N fa referència al fet que les càrregues negatives són majoria), o bé que tingui més forats que electrons, i es diu en aquest cas que el semiconductor és de tipus P (per les càrregues positives que són majoria). En un semiconductor extrínsec s'anomenen *majoritaris* els portadors més abundants, i *minoritaris* els altres. El dopatge permet controlar la conductivitat del semiconductor en més de set ordres de magnitud, tant en tipus N com en tipus P, i juga un paper clau en els dispositius electrònics.

Per aconseguir un semiconductor tipus N cal afegir àtoms d'*impureses donadores* (aquest nom fa referència al fet que aquests àtoms donen un electró lliure al semiconductor). El dopatge es mesura per la quantitat d'impureses afegides per centímetre cúbic, quantitat que s'anomena N_D. En el cas del silici les impureses donadores són àtoms pentavalents, com el fòsfor o l'arsènic. Aquests àtoms d'impuresa ocupen en la xarxa cristal·lina el lloc dels àtoms de silici (figura 1.9.a) i dediquen quatre dels seus cinc àtoms de valència a formar quatre enllaços covalents amb els àtoms veïns com feia el silici. Aquests electrons estan fortament lligats, igual que els altres electrons dels enllaços covalents del cristall. El "cinquè" electró continua unit al nucli a través de la força electrostàtica de Coulomb, que és molt més feble que la que lliga l'electró de l'enllaç covalent, per la qual cosa és un electró molt fàcil d'arrencar. Quan aquest electró es deslliga de l'àtom es converteix en un *electró lliure* i la *impuresa queda carregada positivament* (es diu que s'ionitza). Noteu que en aquest procés no es trenca cap enllaç, per la qual cosa no es genera cap forat.

S'anomena nivell donador E_d l'energia del *cinquè* electró quan està lligat a la impuresa (figura 1.9.b). És un nivell d'energia molt proper a la banda de conducció, la qual cosa indica que amb molt poca energia, E_c-E_d pot convertir-se en electró de conducció.

L'evolució de la concentració de portadors amb la temperatura es representa a la figura 1.10. A 0 K no hi ha energia tèrmica disponible i cap electró està deslligat. Per això $n = p = 0$. Quan la temperatura augmenta lleugerament alguns *cinquens* electrons es deslliguen de les impureses i *salten* a la banda de conducció. Es diu que les impureses s'estan ionitzant, o que hi ha una *ionització parcial* de les impureses. El nombre d'enllaços covalents trencats és negligible ($p \cong 0$), ja que és molt més difícil i improbable trencar un enllaç covalent que deslligar un *cinquè* electró.

Per a temperatures més altes totes les impureses han cedit el *cinquè* electró, estan totes ionitzades, i el nombre d'enllaços trencats és encara molt petit. Per això, $n \cong N_D$ i $p << n$.
Aquest comportament s'anomena *extrínsec* i és el que sol caracteritzar el semiconductor a les temperatures de funcionament normal dels dispositius. Però si la temperatura segueix augmentant el nombre d'enllaços trencats, n_r, es va fent cada cop més gran i pot arribar un moment en què $n_r >> N_D$. En aquesta situació final es diu que el *semiconductor tendeix a intrínsec*, ja que $n \cong p$, perquè $n = N_D + n_r \cong n_r$ i $p = n_r$.

Les concentracions de portadors que acaben de ser descrites qualitativament també es poden trobar quantitativament. Per fer-ho en una primera aproximació, cal suposar un

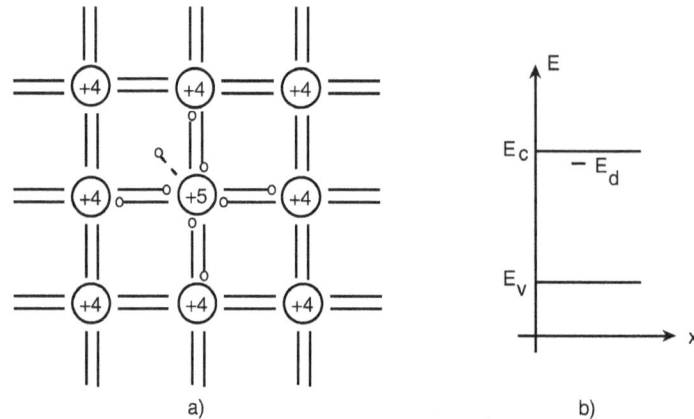

Figura 1.9 a) Model d'enllaços del semiconductor amb impureses donadores. b) Nivell donador en el model de bandes d'energia.

dopatge uniforme i utilitzar una relació entre els portadors anomenada *llei d'acció de masses* En el proper apartat es justificarà aquesta llei que estableix que en equilibri tèrmic:

$$np = n_i^2 \tag{1.2}$$

A una temperatura determinada i per un semiconductor donat, la concentració intrínseca n_i és constant. Per tant, el que estableix la llei d'acció de masses és que, en equilibri tèrmic, el producte de n i p és constant. Això vol dir que si augmenta n a causa d'un increment de N_D, p ha de disminuir.

Suposem un semiconductor uniforme, en el qual tots els punts són idèntics entre si. La càrrega neta de cada punt ha de ser nul·la, ja que si no fos així el semiconductor tindria una càrrega neta global, la qual cosa no és certa ja que s'ha "construït" a partir d'àtoms neutres de semiconductor i àtoms neutres d'impureses. En un punt del semiconductor hi ha càrregues positives (forats i impureses ionitzades N_D^+) i càrregues negatives (electrons lliures). Per tant, la neutralitat de càrrega a cada punt exigeix:

$$p + N_D^+ = n \tag{1.3}$$

Si en aquesta equació substituïm p en funció de n utilitzant 1.2 resulta:

$$n = \frac{N_D^+ + \sqrt{(N_D^+)^2 + 4n_i^2}}{2} \qquad\qquad p = \frac{n_i^2}{n} \tag{1.4}$$

S'ha ignorat la solució amb el signe negatiu abans de l'arrel perquè donaria una n negativa que no té sentit físic. Coneixent n_i (a través de 1.1) i N_D^+ es poden trobar n i p. Afortunadament, per a temperatures mitjanes i altes N_D^+ és igual a N_D, és a dir, totes les impureses estan ionitzades, i 1.4 ens permet calcular n i p. En l'interval de temperatures en el qual el comportament és extrínsec, n_i és molt més petit que N_D, per la qual cosa 1.4

mostra que $n \cong N_D$ i $p \ll N_D$. En canvi, a mesura que la temperatura augmenta, n_i creix, fins que arriba un moment en què $n_i \gg N_D$, i l'equació 1.4 indica que $n \cong n_i$, $p \cong n_i$, és a dir, el semiconductor tendeix a intrínsec.

Exercici 1.3

Tenim una mostra de germani dopada amb $N_D = 10^{15}$ cm^{-3}. Per a quines temperatures no és vàlida l'aproximació $n \cong N_D$? Suposeu totes les impureses ionitzades.

L'expressió 1.4 indica que l'aproximació és vàlida si $N_D^2 \gg 4n_i^2$. Prenent com a "molt més gran" un factor 10, resulta que l'aproximació no és vàlida si $N_D^2 < 40n_i^2$, és a dir, si $n_i > N_D/\sqrt{(40)} = 1.6 \times 10^{14}$ cm^{-3}. Observant la figura 1.1, la temperatura a la qual n_i pren aquest valor és d'uns 340 K.

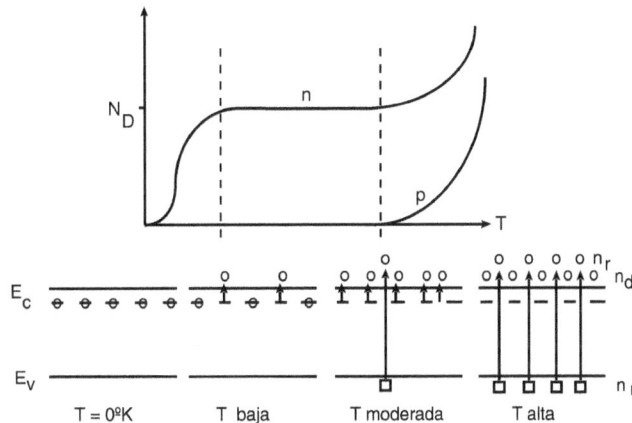

Figura 1.10 Evolució de la concentració dels portadors amb la temperatura, i indicació de la procedència dels electrons lliures.

1.1.6 Semiconductor extrínsec de tipus P

S'anomena semiconductor de tipus P el que està dopat amb àtoms acceptors (aquest nom fa referència al fet que són àtoms que accepten un electró). La presència d'aquestes impureses provoca que hi hagi més forats que electrons. En el cas del silici aquestes impureses són àtoms trivalents com el bor i l'alumini. L'àtom acceptor ocupa la posició d'un àtom de silici a la xarxa cristal·lina, i dedica els seus tres electrons de valència a formar tres enllaços covalents, i queda un "quart" enllaç incomplet (figura 1.11). Quan un electró d'un enllaç covalent veí *salta* a l'enllaç incomplet, deixa rere seu un forat i ionitza negativament la impuresa.

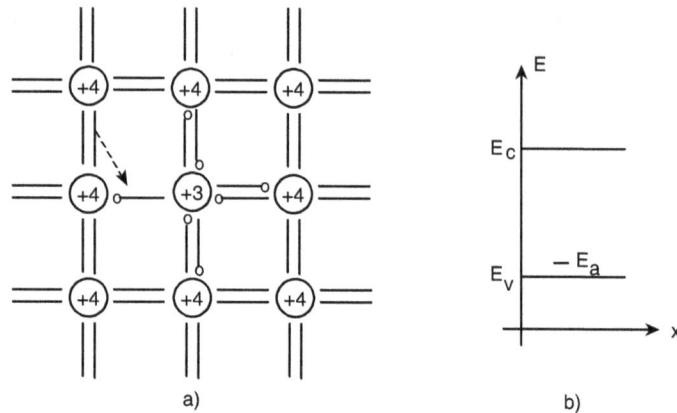

Figura 1.11 a) Semiconductor amb impureses acceptores. b) Nivell acceptor E_a en el model de bandes

S'anomena nivell acceptor E_a l'energia de l'electró que ha completat el *quart* enllaç de la impuresa acceptora. És un nivell molt proper a E_v, la qual cosa indica que un electró de valència d'un enllaç covalent veí pot *saltar* cap aquesta impuresa amb un increment d'energia molt petit E_a - E_v, i generar un forat.

L'evolució de les concentracions d'electrons i forats amb la temperatura és dual de la descrita pel semiconductor N: només cal intercanviar electrons per forats, i tenir en compte que els forats resideixen a la banda de valència. Les concentracions de forats i electrons per un semiconductor uniforme de tipus P seran:

$$p = \frac{N_A^- + \sqrt{(N_A^-)^2 + 4n_i^2}}{2} \qquad n = \frac{n_i^2}{p} \qquad (1.5)$$

on N_A^- indica la densitat d'impureses acceptores ionitzades negativament. En l'interval de temperatures en el qual solen treballar els dispositius semiconductors normalment totes les impureses estan ionitzades, per la qual cosa $N_A^- = N_A$ i l'expressió 1.5 permet calcular p i n.

Exercici 1.4

El valor de n_i en el silici a una determinada temperatura és de 10^{14} cm^{-3}. Quina serà la concentració de forats si el dopatge és $N_A = 10^{14}$ cm^{-3}?

Substituint valors a 1.5 resulta $p = 10^{14}[(1+\sqrt{5})/2] = 1.62\times10^{14}$ cm^{-3}

1.1.7 Compensació d'impureses

Es denomina compensació d'impureses el fenomen pel qual, a efectes de creació de portadors, una impuresa donadora i una altra d'acceptora es neutralitzen mútuament. A 0 K la impuresa donadora cedeix el seu *cinquè* electró a l'acceptora perquè aquesta completi el seu "quart" enllaç. Aquesta redistribució electrònica a 0 K es produeix d'aquesta forma ja que l'energia total del cristall és així menor. Per tant, aquestes impureses estan ionitzades a 0 K i queden inhabilitades per crear un electró lliure (la donadora) i un forat (l'acceptora). El *dopatge net* serà per tant la diferència entre les dues concentracions N_D i N_A. Si N_D és més gran que N_A, el semiconductor és de tipus N amb un dopatge net $N_D^* = N_D - N_A$, mentre que, si succeeix el contrari, el semiconductor serà de tipus P amb un dopatge net $N_A^* = N_A - N_D$. Si no es diu explícitament el contrari, en aquest text considerarem sempre que els dopatges són nets.

El fenomen de compensació d'impureses té una importància tecnològica fonamental, ja que permet transformar una regió d'un tipus en la del tipus contrari simplement afegint al cristall impureses del nou tipus en quantitat suficient per neutralitzar i superar les que hi havia prèviament.

QÜESTIONARI 1.1.b

1. Quan introduïm impureses donadores en un semiconductor, quina de les següents afirmacions és certa?
    a) El semiconductor queda amb una càrrega global neta negativa.
    b) El semiconductor sempre es manté neutre en tots els seus punts.
    c) El semiconductor serà globalment neutre però només ho serà en cada punt si la distribució d'impureses és uniforme.
    d) El semiconductor només serà neutre si al mateix temps hi incorporem una quantitat igual d'impureses acceptores.

2. Una mostra de silici té una concentració d'àtoms donadors $N_D = 10^{16}$ cm^{-3}. Si hi afegim $N_A = 10^{16}$ àtoms acceptors uniformement distribuïts en cada centímetre cúbic, quina concentració d'electrons lliures tindrà el semiconductor a 300 K?
    a) 2×10^{16} cm^{-3} b) 10^{16} cm^{-3} c) 1.5×10^{10} cm^{-3} d) zero

3. Els portadors es mouen dins un semiconductor de manera similar a les molècules d'un gas en un recipient (moviment d'agitació tèrmica). Considerem els casos d'un semiconductor sense dopatge i el d'un semiconductor amb concentracions $N_A = N_D = 10^{16}$ cm^{-3}, és a dir amb dopatge net nul. Quina de les següents afirmacions relatives al moviment d'agitació tèrmica dels portadors és certa? (tingueu en compte les forces entre càrregues elèctriques).
    a) No hi ha cap diferència.
    b) El semiconductor dopat condueix més que el que no ho està.
    c) El semiconductor dopat condueix menys que el que no ho està.
    d) La resposta depèn de si $N_A = N_D > n_i$ o $N_A = N_D < n_i$.

4. *Quina de les següents afirmacions referides a diferents semiconductors dopats amb $N_A = 10^{15}$ acceptors/cm^3 és certa?*

a) A determinada temperatura el silici es comporta de forma extrínseca mentre que el germani ho fa de forma intrínseca.

b) A determinada temperatura el silici es comporta de forma extrínseca mentre que el GaAs ho fa de forma intrínseca.

c) Qualsevol semiconductor dopat amb $N_A = 10^{15}$ cm^{-3} es sempre extrínsec de tipus P.

d) L'interval de temperatures per a comportament intrínsec es igual per a tots els semiconductors.

5. *El germani té una concentració intrínseca de portadors a la temperatura de treball de $n_i = 2.5 \times 10^{13}$ cm^{-3}. Per quins valors de dopatge no és vàlida l'aproximació $n \approx N_D$ en material de tipus N.*

a) $N_D < 5 \times 10^{13}$ cm^{-3} b) $N_D = 5 \times 10^{13}$ cm^{-3} c) $N_D = 2.5 \times 10^{14}$ cm^{-3} d) $N_D = 5 \times 10^{14}$ cm^{-3}

6. *A una temperatura determinada la concentració intrínseca en silici val $n_i = 10^{14}$ cm^{-3}. Quan valdrà la concentració d'electrons si el dopatge és de $N_D = 10^{14}$ donadors/cm^3.*

a) 10^{14} cm^{-3} b) 1.6×10^{14} cm^{-3} c) 2×10^{14} cm^{-3} d) 10^{28} cm^{-3}

1.2 CONCENTRACIÓ DE PORTADORS EN EQUILIBRI. EL NIVELL DE FERMI

Les característiques elèctriques d'un semiconductor estan íntimament relacionades amb la quantitat de portadors en els diferents punts dels semiconductors. Per calcular aquestes quantitats en equilibri tèrmic i en les condicions més habituals de funcionament dels dispositius n'hi ha prou d'aplicar les equacions 1.4 i 1.5 suposant totes les impureses ionitzades. Malgrat això, convé per una part justificar les equacions 1.1 i 1.2, que han servit per deduir aquestes equacions, i per una altra introduir un nou concepte estretament relacionat amb aquestes concentracions, l'anomenat nivell de Fermi, que juga un paper central en la teoria dels dispositius. S'introduirà prèviament el concepte d'equilibri tèrmic.

1.2.1 Generació i recombinació de portadors. Concepte d'equilibri tèrmic

S'anomena *generació* de portadors cadascun dels fenòmens que originen portadors (electrons lliures i forats), i *recombinació* de portadors els que els eliminen. Generar una parella electró-forat requereix trencar un enllaç covalent, la qual cosa implica donar a un electró de valència un quàntum d'energia de valor igual o superior a E_g. Aquest quàntum pot ser d'energia tèrmica, d'energia electromagnètica o d'energia cinètica. L'energia tèrmica està constituïda per desplaçaments acoblats dels àtoms de la xarxa cristal·lina al voltant de la seva posició d'equilibri similars a les ones que es produeixen a la superfície de l'aigua en tirar una pedra. El quàntum d'energia tèrmica s'anomena *fonó*. L'energia electromagnètica està constituïda per un camp elèctric i un camp magnètic perpendiculars l'un amb l'altre que es propaguen per l'espai i que segons la seva freqüència formen les ones de ràdio o la llum. El quàntum d'energia electromagnètica s'anomena *fotó*. Una radiació de freqüència f està formada per fotons d'energia hf, a on h és la constant de Planck. La generació per energia cinètica sol anomenar-se *ionització per impacte*, ja que es produeix per col·lisió mitjançant la qual un portador cedeix la seva energia cinètica a l'altre. A la figura 1.12 s'il·lustren aquests mecanismes de generació. Hi ha altres mecanismes de generació de naturalesa quàntica que es descriuran més endavant. La generació està caracteritzada per una quantitat g, que és el nombre de parelles generades per centímetre cúbic i per segon.

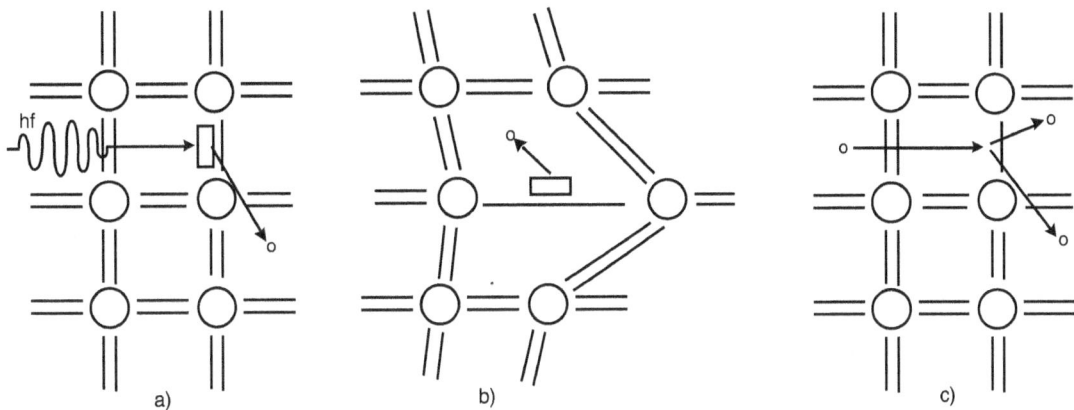

Figura 1.12 Mecanismes de generació de portadors. a) Per absorció d'un fotó. b) Per absorció d'un fonó. c) Per col·lisió d'un altre portador

La recombinació és la destrucció d'una parella electró-forat per reconstrucció d'un enllaç covalent trencat. L'enllaç covalent trencat "captura" un electró lliure. Per aconseguir-ho, però, l'electró lliure s'ha de desprendre de la seva *energia en excés*, tornant a adquirir una energia dintre de la banda de valència. Depenent del tipus de semiconductor, aquesta energia en excés la pot desprendre en forma d'energia tèrmica (calor), electromagnètica (radiació) o cinètica (donant el portador recombinat la seva energia cinètica a un altre electró lliure, que s'anomena mecanisme de *recombinació Auger*). La descripció més detallada dels mecanismes de recombinació es farà més endavant. La recombinació està caracteritzada per una quantitat r que és el nombre de parelles que es recombinen per centímetre cúbic i per segon.

Anàlogament a com succeeix al món dels éssers vius, s'anomena temps de vida del portador el temps transcorregut des de la seva generació fins a la seva recombinació. Aquesta quantitat és una variable aleatòria. El seu valor mitjà s'anomena *temps mitjà de vida* del portador i se'l representa per τ_n o τ_p segons es tracti d'electrons o forats respectivament.

Un semiconductor que es trobi a temperatura superior a 0 K sempre presenta generació i recombinació de portadors. En efecte, en aquestes condicions sempre hi haurà energia tèrmica disponible en el cristall que és capturada per electrons de valència per trencar l'enllaç corresponent, i sempre hi haurà electrons lliures capturats per forats per refer l'enllaç covalent trencat. Es produeix una situació d'equilibri quan un fenomen és neutralitzat pel seu contrari, és a dir, quan hi ha tantes parelles que es generen com que es recombinen. Cal notar, però, que es tracta d'un equilibri dinàmic entre dos fenòmens oposats que no deixen de produir-se constantment. Un semiconductor en règim estacionari sempre ha de complir la condició $g = r$. En aquestes condicions n i p es mantenen a uns valors constants, ja que per cada parella que es genera una altra es recombina.

Un cas especial de règim estacionari és l'anomenat *equilibri tèrmic*. Això vol dir que el semiconductor no està sotmès a agents físics externs (intercanvis d'energia o de matèria amb el seu entorn) i que les seves variables internes (temperatura, concentracions, etc.) tenen valors constants en el temps. El semiconductor només disposa de la seva energia tèrmica interna per trencar enllaços, no emet energia cap a l'exterior ni en rep de fora, i la seva temperatura és constant en tot el material. En aquestes condicions $g = g_{th}$ i r ha de ser igual a g_{th} i s'origina, en conseqüència, unes concentracions estables de portadors que anomenarem concentracions d'equilibri n_0 i p_0.

Noteu que si comuniquem energia al semiconductor, per exemple il·luminant-lo, fem que g sigui més gran que g_{th}, per la qual cosa aniran augmentant progressivament el nombre de portadors. Però la recombinació, que és proporcional al producte np ja que depèn de la probabilitat que es trobin un electró i un forat, també augmentarà, ja que creixen n i p. Arribarà un moment en què novament $g=r$, i a partir d'aquest moment n i p es fan constants, en uns valors superiors als que hi havia en equilibri tèrmic. El semiconductor ha assolit un règim estacionari sota il·luminació. Si en un instant determinat eliminem la il·luminació, g retorna instantàniament a g_{th}, mentre que p i n es mantenen inicialment en els valors d'equilibri anterior. Per tant, com que en aquestes condicions r és més gran que g, es recombinaran més enllaços dels que es generen, i en conseqüència n i p disminueixen, arrossegant en la seva disminució la de r, fins que s'arriba novament l'equilibri tèrmic en el qual $r = g_{th}$. Per raó d'aquest comportament es diu que quan desapareix l'excitació el semiconductor tendeix a l'equilibri tèrmic.

Exercici 1.5

L'energia del fotó és $E_{ft} = hf = hc/\lambda$, ja que el producte freqüència f per longitud d'ona λ és la velocitat de propagació de la llum c. Sabent que hc = 1.24 eV·µm i que E_g(silici) = 1.1 eV, quines longituds d'ona no produiran parelles electró-forat en el silici?

No podran trencar l'enllaç covalent els fotons d'energia inferior a E_g = 1.1 eV, és a dir, aquells que hc/λ < 1.1 eV. Substituint valors, els fotons de λ > 1.2 eV no produiran generació de parelles electró-forat.

QÜESTIONARI 1.2.a

1. En un procés de generació tèrmica de portadors l'energia necessària per la creació d'una parella electró-forat procedeix de l'energia cinètica d'agitació dels àtoms de la xarxa. Quina de les següents afirmacions referides al comportament d'un semiconductor en el límit de temperatura 0 K és certa?.

a) No té portadors lliures perquè no hi ha energia per trencar enllaços covalents

b) No té portadors perquè l'energia necessària per crear parelles electró- forat es fa infinita a 0 K.

c) No hi ha portadors quan el semiconductor es intrínsec però sí quan és dopat.

d) Hi ha portadors però no poden contribuir a la conducció elèctrica perquè la seva velocitat és nul·la.

2. *Volem saber com influeix la temperatura en el nombre de parelles electró-forat que es generen i es recombinen per unitat de temps i de volum en un semiconductor en equilibri. Quina d'aquestes afirmacions és correcta?*

a) A més temperatura hi ha més energia disponible per trencar enllaços i, per tant, augmenta la generació tèrmica, la qual domina sobre la recombinació. A altes temperatures no és, doncs, possible l'equilibri tèrmic.

b) Un increment de temperatura no fa augmentar la generació tèrmica si es manté la situació d'equilibri.

c) En incrementar-se la temperatura augmenta la generació tèrmica i també la recombinació, atès que hi ha més portadors. L'equilibri és possible a qualsevol temperatura.

d) En rigor només es pot parlar d'equilibri tèrmic a 0 K.

3. *Considerem un semiconductor intrínsec en equilibri tèrmic. En un instant $t=0$ l'il·luminem i com a conseqüència es duplica el nombre d'enllaços covalents que es trenquen per unitat de temps. Suposem que la velocitat de recombinació, r, es manté constant en el valor que tenia en equilibri tèrmic. Quina afirmació, referida a l'evolució del nombre d'electrons lliures, és certa?*

a) n augmentaria fins al valor de saturació $2n_i$.

b) n es mantindria en el valor d'equilibri n_i.

c) n augmentaria indefinidament seguint una llei exponencial en el temps.

d) n augmentaria indefinidament seguint una llei lineal en el temps.

4. *En el semiconductor de la qüestió anterior considerem ara que $r = knp$. A quin valor tendirà r quan $t>>0$?*

a) r augmentaria fins al valor de saturació $2g_{th}$.

b) r augmentaria fins al valor de saturació g_{th}.

c) r augmentaria indefinidament seguint una llei exponencial en el temps.

d) r augmentaria indefinidament seguint una llei lineal en el temps.

5. *Considerem un semiconductor intrínsec en equilibri tèrmic. Com en les dues qüestions anteriors, en un instant $t=0$ l'il·luminem i com a conseqüència es duplica el nombre d'enllaços covalents que es trenquen per unitat de temps. Quina d'aquestes respostes és incorrecta?*

a) En $t<0$ tenim $g = g_{th} = r_{th} = r$ *b) En $t=0^+$ passa que $g = 2g_{th}$, $r= r_{th}$*

c) En $t=0^+$ passa que $n = p = n_i$.   *d) En $t\to\infty$: $g = 2g_{th} = 2r_{th} = r \Rightarrow n = p = 2n_i$.*

6. *En equilibri tèrmic a temperatura $T > 0$ les concentracions de portadors són constants perquè la velocitat de generació és igual que la de recombinació, és a dir tenim un equilibri dinàmic $g_{th} = r_{th} > 0$. Podríem imaginar, però, que les concentracions de portadors es mantinguessin constants perquè hi hagués un "equilibri estàtic" sense trencament ni reconstrucció d'enllaços ($g_{th} = r_{th} = 0$). Tant en un cas com en l'altre el* *fet observable és que les concentracions de portadors es mantenen constants. Una de les afirmacions següents és errònia. Quina?*

a) Si les concentracions fossin "estàtiques" les concentracions no dependrien exclusivament de la temperatura per a un semiconductor donat.

b) Un equilibri estàtic no explicaria la tendència del semiconductor a retornar a l'equilibri tèrmic quan desapareix una generació externa.

c) En un equilibri estàtic no sabríem explicar perquè sota il·luminació s'arriba a un règim estacionari.

d) L'equilibri estàtic i el dinàmic son dues hipòtesis que no podràn ser mai contrastades experimentalment.

1.2.2 La llei de Fermi-Dirac i les concentracions de portadors en equilibri tèrmic

La llei de Fermi-Dirac estableix que la probabilitat $F(E)$ que un electró ocupi un nivell d'energia E quan el semiconductor està en equilibri tèrmic és:

$$F(E) = \frac{1}{1 + e^{(E - E_f)/k_B T}} \qquad (1.6)$$

on E_f és una constant que s'anomena nivell de Fermi, el significat del qual s'exposarà tot seguit. En la deducció d'aquesta llei es té en compte que s'ha de complir el principi d'exclusió de Pauli, que estableix que no hi pot haver més d'un electró en el mateix estat quàntic. Noteu que la probabilitat que un nivell E estigui buit és $[1-F(E)]$. Aquesta llei, que hem "importat" de la física estadística, està complementada per un altre resultat que farem servir freqüentment: *en un sistema en equilibri tèrmic, E_f pren el mateix valor en tots els punts.*

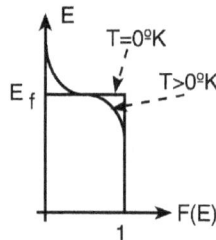

Figura 1.13 Representació de la llei de Fermi-Dirac

Quan T és 0 K tots els nivells d'energia inferiors a E_f estan ocupats, ja que $F(E)$ és igual a la unitat (l'exponent de 1.6 tendeix a menys infinit), i tots els nivells d'energia superior a E_f estan buits, perquè $F(E)$ és igual a zero (l'exponent tendeix a més infinit). La funció de Fermi per 0 K té la forma de l'esglaó representat a la figura 1.13. Per tant, el nivell de Fermi és el que separa els nivells plens dels nivells buits a 0 K. Quan la temperatura és més gran que zero, $F(E)$ es "suavitza", i passen electrons de nivells propers per sota de E_f a ocupar nivells propers per sobre de E_f (cal tenir en compte que per a grans nombres la probabilitat dóna el tant per u de nivells ocupats).

En els semiconductors E_f estarà previsiblement a la banda prohibida, ja que a 0 K la banda de valència està completament plena (tots els electrons de valència formen part d'enllaços covalents) mentre que la banda de conducció està completament buida, ja que no hi ha cap electró lliure.

Exercici 1.6

Determineu la posició del nivell de Fermi a 0 K en un semiconductor que tingués un dopatge $N_D = 2N_A$.

A 0 K totes les impureses acceptores han rebut un electró de les donadores (compensació d'impureses). Per tant, tots els nivells E_a estan ocupats, la meitat dels E_d buits i l'altra meitat ocupats. Com que a 0 K tots els nivells per sobre de E_f han d'estar buits i tots els de sota ocupats, resulta que $E_f = E_d$.

Quan $E-E_f \gg k_B T$, l'expressió 1.6 es pot aproximar per $\exp[-(E-E_f)/k_B T]$, que es coneix amb el nom d'estadística de Boltzmann, ja que fou deduïda per aquest científic en el context de la teoria cinètica dels gasos, en la qual no s'aplica el principi d'exclusió de Pauli.

La funció densitat d'estats $g(E)$ dóna el nombre de nivells d'energia permesos en un interval d'energia dE a l'entorn de E. Per calcular el nombre d'electrons que hi ha en un interval ΔE al voltant d'un nivell d'energia E, cal multiplicar el nombre de nivells permesos en aquest interval, $g(E)\Delta E$, per la probabilitat que estiguin ocupats $F(E)$:

$$\Delta n(E) = F(E)g(E)\Delta E \tag{1.7}$$

A la banda prohibida el nombre de nivells permesos és zero. La funció densitat d'estats de la banda de conducció a la vora de E_c es pot aproximar per $g_c(E)$, i la funció densitat d'estats de la banda de valència al voltant de E_v per $g_v(E)$:

$$g_c(E) = 4\pi \left[\frac{2m_n}{h}\right]^{3/2} \sqrt{E-E_c} \qquad g_v(E) = 4\pi \left[\frac{2m_p}{h}\right]^{3/2} \sqrt{E_v-E} \tag{1.8}$$

on m_n i m_p són constants pròpies de cada material que tenen dimensions de massa i reben el nom de masses efectives de densitat d'estats d'electrons i forats respectivament. La taula 1.3 presenta aquests valors per a alguns semiconductors usuals.

Aplicant 1.7 a la banda de conducció es pot saber la distribució dels electrons en aquesta banda d'energia. A la figura 1.14 es representen les funcions densitat d'estats, la de Fermi i la distribució energètica dels portadors. El nombre total d'electrons en aquesta banda en equilibri tèrmic serà:

$$n_o = \int_{E_c}^{E_{cmax}} g_c(E)F(E)dE = N_c F_{1/2}(\eta_c) \tag{1.9}$$

$$si\ E_f \ll (E_c - k_B T): \qquad n_o \cong N_c e^{-\frac{E_c - E_f}{k_B T}}$$

	E (eV)	$n_i(300\ K)$ (cm^{-3})	m_n/m_o	m_p/m_o	μ_n (cm^2/Vs)	μ_p (cm^2/Vs)	a (Å)	ε_r
Si	1.1	1.5×10^{10}	1.18	0.81	1350	480	5.43	11.8
GaAs	1.43	2×10^{6}	0.066	0.52	8500	400	5.65	13.2
Ge	0.68	2.5×10^{13}	0.55	0.36	3900	1900	5.66	16

Taula 1.3 Alguns paràmetres dels semiconductors més utilitzats. Els paràmetres m_n i m_p són les masses efectives d'electrons i forats respectivament. La massa de l'electró en repòs és $m_o = 9.1\times10^{-31}$ kg. El paràmetre a és la constant de xarxa cristal·lina.

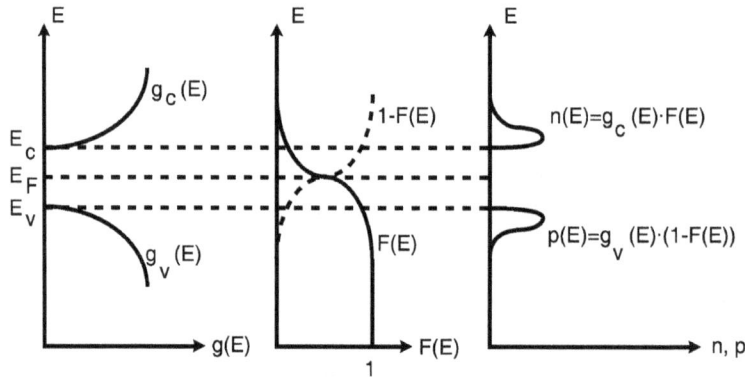

Figura 1.14 Funcions densitat d'estats, funció de Fermi i distribucions de portadors. Noteu que si E_f puja $n(E)$ augmentarà d'àrea i $p(E)$ disminuirà, i si E_f baixa succeirà al revés.

De forma similar, el nombre de forats a la banda de conducció és:

$$p_o = \int_{E_{v\,min}}^{E_v} g_v(E)[1 - F(E)]dE = N_v F_{1/2}(\eta_v)$$

$$si\ E_f >> (E_v + k_B T):\qquad p_o \cong N_v e^{-\frac{E_f - E_v}{k_B T}}$$

(1.10)

En aquestes expressions els coeficients N_c i N_v s'anomenen densitats efectives d'estats de la banda de conducció i de la de valència respectivament, i el seus valors són:

$$N_c = 2\left[\frac{2\pi m_n k_B T}{h^2}\right]^{3/2} \qquad N_v = 2\left[\frac{2\pi m_p k_B T}{h^2}\right]^{3/2}$$

(1.11)

$F_{1/2}$ representa la integral de Fermi d'ordre 1/2 de la variable η, la qual es dóna tabulada en forma numèrica, ja que no existeix una expressió analítica per calcular-la. η_c és $(E_f - E_c)/k_B T$ i η_v és igual a $(E_v - E_f)/k_B T$. Quan E_f està suficientment allunyat de la banda respectiva, les concentracions es poden aproximar per les expressions finals de 1.9 i 1.10, que s'anomenen aproximacions de Boltzmann. Quan el dopatge és molt elevat el nivell de Fermi pot penetrar dins de la banda de conducció (en tipus N) o dins de la de valència (en tipus P). En aquests casos els semiconductors s'anomenen *degenerats*.

Un procediment similar al que s'acaba d'exposar, però que supera el marc de profunditat d'aquest text, permet calcular la fracció d'impureses ionitzades:

$$N_D^+ = N_D \left[1 - \frac{1}{1 + [\exp((E_D - E_f)/k_BT)]/g_d} \right] \qquad N_A^- = N_A \left[\frac{1}{1 + g_a \exp((E_A - E_f)/k_BT)} \right] \quad (1.12)$$

on g_d i g_a s'anomenen factors de degeneració dels nivells donador i acceptor respectivament. Valors usuals per al silici són $g_d = 2$ i $g_a = 4$.

Exercici 1.7

Per a quins valors de dopatge N_D el nivell de Fermi a 300 K estarà al menys $3k_BT$ per sota de E_c? Dada: $N_c(300\ K) = 2.8 \times 10^{19}\ cm^{-3}$.

L'expressió 1.9 és vàlida si $E_c - E_f > 3k_BT$. Substituint en aquesta equació $n_0 = N_D = N_c exp(-3) = 1.4 \times 10^{18}\ cm-3$. Per tant, es requeriran dopatges menors que el valor calculat.

1.2.3 La llei d'acció de masses i la concentració intrínseca

Quan E_f està a la banda prohibida i suficientment allunyat de E_c i E_v de forma que siguin vàlides les aproximacions de Boltzmann, multiplicant les expressions de n_0 i p_0 donades per 1.9 i 1.10, resulta:

$$n_0 p_0 = N_c N_v e^{-(E_c - E_v)/k_BT} = N_c N_v e^{-E_g/k_BT} = AT^3 e^{-E_g/k_BT} \quad (1.13)$$

on s'han utilitzat les expressions de N_c i N_v donades per 1.11. Aquest resultat posa de manifest que el producte de n_0 per p_0 en equilibri tèrmic és independent de E_f. Només depèn del material, a través de E_g, i de la temperatura. Per tant, a una temperatura determinada i per a un material donat, el producte $n_0 p_0$ és constant. Com que aquest producte no depèn del dopatge, també és vàlid quan el dopatge és nul, és a dir, per al semiconductor intrínsec. En aquest cas, $n_0 = p_0 = n_i$. Per tant, $n_0 p_0 = n_i^2$. És la llei d'acció de masses utilitzada a l'apartat anterior. Com que $n_0 p_0$ és igual a n_i^2, l'expressió 1.13 també ens proporciona la concentració intrínseca n_i donada per l'expressió 1.1. Noteu que en un semiconductor extrínsec n_i no és cap concentració de portadors, sinó que és simplement un paràmetre característic del material que regula la quantitat de portadors minoritaris.

QÜESTIONARI 1.2.b

1. La distribució energètica dels electrons dins la banda de conducció, $n(E)$, ve donada per el producte de la funció densitat d'estats, $g_c(E) = A(E-E_c)^{1/2}$, multiplicada per la funció de Fermi, $F(E)$, la qual es pot aproximar per $F(E) = exp[-(E-E_f)/k_BT]$ si $E_f << E_c$.

Feu una representació gràfica aproximada de $n(E)$ i trobeu l'energia per la qual $n(E)$ és màxima.

a) $E_{max} = E_c$ b) $E_{max} = E_c + k_B T/2$ c) $E_{max} = E_c + k_B T$ d) $E_{max} = E_c + 3\,k_B T/2$

2. *Un semiconductor està dopat amb impureses donadores i acceptores de tal manera que $N_A = 2N_D = 10^{16}$ cm^{-3}. Els nivells donadors, E_d, es troben sota la banda de conducció a $E_c\text{-}E_d = 0.05$ eV, els acceptors, E_a, estan a $E_a\text{-}E_v = 0,045$ eV, damunt la banda de valència. On estarà situat el nivell de Fermi a 0 K?*

a) $E_c\text{-}E_f = 0.05$ eV   b) $E_c\text{-}E_f = 0.005$ eV   c) $E_f\text{-}E_v = 0,045$ eV   d) $E_f\text{-}E_v = 0,005$ eV

3. *Quina fracció del nombre de donadors estaran ionitzats a 200 K sabent que en aquesta temperatura la relació entre el nivell de Fermi i el d'impureses és $E_d - E_f = 0.1$ eV? Dada: $k_B = 8.62 \times 10^{-5}$ eV/K*

a) 0.02%   b) 99.8%   c) 0.03%   d) 99.7%

4. *Quan afegim impureses donadores a un semiconductor, quina de les afirmacions següents és correcta?*

a) Augmenten les concentracions d'electrons i de forats.
b) Augmenta la concentració d'electrons i la de forats es manté constant
c) Augmenta la concentració d'electrons i disminueix la de forats.
d) Augmenta la concentració intrínseca de portadors.

5. *En un semiconductor extrínsec els portadors majoritaris provenen en part del trencament d'enllaços (efecte intrínsec) i en part de l'efecte de les impureses. Suposem un semiconductor intrínsec ($p_0 = n_0 = n_i$) al qual s'afegeixen N_D donadors per cm^3. Un lector poc atent pot pensar que la concentració d'electrons de conducció és $n_0 = n_i + N_D$ mentre que la de forats, p_0, es manté en n_i. Quina de les següents afirmacions sobre aquesta conclusió no és correcta?*

a) És incompatible amb la neutralitat de càrrega.
b) És incompatible amb la llei d'acció de masses.
c) L'avaluació de n_0 és acceptable quan $n_i \ll N_D$ però no la de p_0.
d) Les avaluacions de n_0 i p_0 són errònies quan n_i i N_D són comparables.

6. *Una mostra de silici a 300 K té una concentració d'electrons $n_0 = 10^{15}$ cm^{-3}. Quin es el valor de p_0 a 450 K? Dades: $n_i(300\ K) = 1.5 \times 10^{10}$ cm^{-3}, $n_i(450\ K) = 3,3 \times 10^{13}$ cm^{-3}.*

a) $p_0(450\ K) = 3.3 \times 10^{13}$ cm^{-3}.   b) $p_0 (450\ K) = 10^{15}$ cm^{-3}.
c) $p_0 (450\ K) = 10^{12}$ cm^{-3}.   d) $p_0 (450\ K) = 2 \times 10^{15}$ cm^{-3}.

1.2.4 Posició del nivell de Fermi

Si les concentracions d'equilibri n_0 i p_0 són conegudes i les aproximacions de Boltzmann són vàlides, les expressions 1.9 i 1.10 permeten trobar la posició del nivell de Fermi:

$$E_f = E_c - k_B T \ln \frac{N_c}{n_0} \qquad\qquad E_f = E_v + k_B T \ln \frac{N_v}{p_0} \qquad\qquad (1.14)$$

Un cas especial és el del semiconductor intrínsec. En aquest semiconductor $n_0 = p_0 = n_i$, i anomenarem E_{fi} el seu nivell de Fermi. Sumant les dues expressions que proporcionen E_f en 1.14 i tenint en compte que el semiconductor és intrínsec, resulta:

$$2E_{fi} = E_c + E_v - k_B T \ln\frac{N_c}{n_i} + k_B T \ln\frac{N_v}{n_i} \quad \Rightarrow \quad E_{fi} = \frac{E_c + E_v}{2} + \frac{k_B T}{2}\ln\frac{N_v}{N_c} \quad (1.15)$$

Aquest resultat indica que el nivell de Fermi del semiconductor intrínsec està aproximadament a la meitat de la banda prohibida, ja que, com que N_c i N_v són molt similars el logaritme del seu quocient és quasi zero.

Si les expressions 1.14 s'apliquen a un semiconductor intrínsec, es pot aïllar N_c i N_v en funció de E_{fi} i n_i. Substituint aquests valors a les aproximacions de Boltzmann 1.9 i 1.10, resulten les expressions alternatives:

$$n_0 = n_i e^{(E_f - E_{fi})/k_B T} \qquad p_0 = n_i e^{-(E_f - E_{fi})/k_B T} \qquad (1.16)$$

que permeten relacionar les concentracions d'equilibri amb $(E_f - E_{fi})$. En un semiconductor N E_f ha d'estar a la meitat superior de la banda prohibida, ja que n_0 és superior a n_i, i viceversa, en un semiconductor P, E_f està en la meitat inferior. Noteu que en equilibri tèrmic E_f és constant, mentre que E_{fi} està sempre situat en el centre de la banda prohibida.

El nivell de Fermi només està definit en equilibri tèrmic. Quan el semiconductor està fora de l'equilibri tèrmic s'utilitzen els anomenats *quasinivells de Fermi* E_{fn} i E_{fp}, que permeten mantenir el formulisme de les equacions 1.16 en aquestes condicions:

$$n = n_i e^{(E_{fn} - E_{fi})/k_B T} \qquad p = n_i e^{-(E_{fp} - E_{fi})/k_B T} \qquad (1.17)$$

Exercici 1.8

Quina serà la posició del nivell de Fermi a 300 K en una mostra de silici dopada amb $N_A = 10^{15}$ cm^{-3}? Dades: n_i(300 K) = 1.5×10^{10} cm^{-3}; $k_B T = 0.025$ eV.

Aplicant 1.16 resulta $p = N_A = 10^{15} = n_i \exp[(E_{fi}-E_f)/k_B T]$. Operant resulta: $E_{fi}-E_f = 0.277$ eV. Com que E_{fi} està a la meitat de la banda, $E_{fi} - E_v = 1.1/2 = 0.55$ eV. Per tant, $E_f - E_v = 0.55 - 0.277 = 0.272$ eV.

QÜESTIONARI 1.2.c

1. Quan la temperatura d'un semiconductor augmenta es produeix un desplaçament del nivell de Fermi i variacions en les concentracions de portadors. Els dos canvis estan relacionats entre ells. Raoneu quina de les afirmacions següents és certa.

a) El nivell de Fermi, E_f, s'acosta al nivell de Fermi intrínsec, E_{fi}, i per això augmenta la concentració de minoritaris, disminuint la de majoritaris.

b) El nivell de Fermi, E_f, s'acosta al nivell de Fermi intrínsec, E_{fi}, i augmenten les concentracions dels dos tipus de portadors.

c) El nivell de Fermi, E_f, s'acosta al nivell de Fermi intrínsec, E_{fi}, però no podem dir com variaran les concentracions de portadors sense conèixer la variació de la concentració intrínseca, n_i, amb la temperatura.

d) El sentit del desplaçament del nivell de Fermi depèn de si el semiconductor presenta comportament intrínsec o extrínsec.

2. *Calculeu les concentracions dels dos tipus de portadors en un semiconductor on la posició del nivell de Fermi ve donada per la relació $(E_{fi} - E_f) = E_g/4$. Dades: $n_i = 1.5\times10^{10}$ cm^{-3}; $k_B T = 0.025$ eV; $E_g = 1.1$ eV.*

a) $n_0 = 2.5\times10^5$ cm^{-3}, $p_0 = 9\times10^{14}$ cm^{-3}.   b) $p_0 = 2.5\times10^5$ cm^{-3}, $n_0 = 9\times10^{14}$ cm^{-3}.

c) $n_0 = 1.5\times10^{10}$ cm^{-3}, $p_0 = 9\times10^{14}$ cm^{-3}.   d) $p_0 = 1.5\times10^{10}$ cm^{-3}, $n_0 = 9\times10^{14}$ cm^{-3}.

3. *Les concentracions de portadors en un semiconductor en equilibri tèrmic són, respectivament, $n_0 = 10^{16}$ cm^{-3} i $p_0 = 2.25\times10^4$ cm^{-3}. En il·luminar-lo es generen nous portadors de manera que ara les concentracions passen a ser $n = 2\times10^{16}$ cm^{-3} i $p = 10^{16}$ cm^{-3} respectivament. Digueu quina de les següents afirmacions es falsa?*

a) El nivell de Fermi està situat a $E_f = E_{fi} + 0.335$ eV

b) El nivell de Fermi està situat a $E_f = E_{fi} - 0.335$ eV.

c) El nivell de Fermi està molt a prop de E_{fi} ja que n es quasi be igual a p.

d) El nivell de Fermi només està definit en un semiconductor en equilibri tèrmic.

PROBLEMA GUIAT 1.1

Es vol estudiar la posició del nivell de Fermi d'un semiconductor de tipus N en funció de la temperatura. Considereu una mostra de germani dopada amb $N_D = 5\times10^{14}$ cm^{-3}.

1. Suposant que a 300 K totes les impureses estan ionitzades, determineu les concentracions n_0 i p_0 dels dos tipus de portadors en equilibri. Dada: concentració intrínseca de portadors en el germani: $n_i(300$ K$) = 2.5\times10^{13}$ cm^{-3}.

2 Determineu la posició del nivell de Fermi per a aquesta temperatura. Dades: densitat efectiva d'estats en la banda de conducció $N_c(300$ K$) = 1.04\times10^{19}$ cm^{-3}, constant de Boltzmann $k_B = 8.62\times10^{-5}$ eV$\times$K^{-1}.

3. Per quina temperatura la concentració intrínseca de portadors arriba a valer 5×10^{14} cm^{-3}? Dada: amplada de banda prohibida $E_g = 0.68$ eV.

(Feu un càlcul aproximat suposant $[(T/300$ K$)^{3/2} = 1]$.

4. Quant valdran les concentracions d'electrons i de forats en aquesta temperatura?

5. Suposem ara que la temperatura és de 385 K. On trobarem ara el nivell de Fermi? Ajut: recordeu que $N_c(T) = N_c(300$ K$)(T/300$ K$)^{3/2}$.

6. Feu una gràfica de caràcter qualitatiu de l'evolució del nivell de Fermi.

1.3 CORRENTS EN SEMICONDUCTORS

Quan una secció d'àrea A és travessada per una càrrega elèctrica dQ en un temps dt diem que hi circula un corrent $I = dQ/dt$. Per donar una idea més directa de la magnitud del corrent se sol fer servir una magnitud anomenada *densitat de corrent J*, definida com I/A. Perquè hi pugui haver corrent cal, per tant, que hi hagi partícules mòbils que portin càrrega, que són les que hem anomenat portadors: els electrons lliures i els forats. En els propers apartats descriurem com es mouen els portadors dintre del semiconductor, i descriurem dos dels mecanismes més importants que originen el seu moviment: el de difusió i el d'arrossegament per un camp elèctric. Hi ha altres mecanismes que originen corrents elèctrics en els semiconductors, com l'emissió termoiònica o el transport balístic, que són menys comuns que els anteriors i que queden fora de l'abast d'aquest text.

1.3.1 Agitació tèrmica dels portadors

Els electrons i forats a l'interior del semiconductor estan constantment en moviment de forma similar a les molècules d'un gas a l'interior d'un recipient. Aquest moviment s'anomena agitació tèrmica. Després de recórrer una certa distància, el portador experimenta una dispersió que canvia la direcció de la seva trajectòria i la seva energia cinètica. Aquesta dispersió (scattering en anglès) pot ser deguda a la col·lisió amb un àtom del cristall, o a l'efecte d'una força elèctrica produïda per una impuresa ionitzada, o a la col·lisió amb un altre portador entre d'altres causes. Després d'una dispersió, el portador torna a recórrer un cert camí en la nova direcció i a sofrir una nova dispersió. Aquest moviment es representa a la figura 1.15. Noteu que aquest moviment es aleatori i que no hi ha cap direcció privilegiada. Si considerem una secció qualsevol del semiconductor hi haurà tants electrons que la travessin en un sentit com en el contrari.

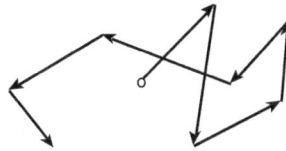

Figura 1.15 Moviment d'agitació tèrmica d'un portador a l'interior d'un semiconductor

El valor mitjà del mòdul de la velocitat de l'electró en aquest moviment s'anomena velocitat tèrmica v_{th}. Si augmenta la temperatura, aquesta velocitat augmenta. En equilibri tèrmic el seu valor es pot determinar fàcilment trobant l'energia cinètica mitjana dels electrons lliures a la banda de conducció:

$$< E_{cin} > = \frac{\int_{E_c}^{E_{c\,max}} (E - E_c) n(E) dE}{\int_{E_c}^{E_{c\,max}} n(E) dE} = \frac{3}{2} k_B T \tag{1.18}$$

Per tant, la velocitat tèrmica en equilibri tèrmic serà:

$$\frac{1}{2} m_n v_{th}^2 = \frac{3}{2} k_B T \quad \Rightarrow \quad v_{th} = \sqrt{\frac{3 k_B T}{m_n}} \tag{1.19}$$

Per al silici a temperatura ambient aquesta velocitat resulta ser de l'ordre de 10^7 cm/s. Quan els electrons en una regió d'un semiconductor fora de l'equilibri tèrmic tenen una energia cinètica mitjana superior al valor donat per 1.18, es diu que estan a la temperatura $T_n =$

$2<E_{cin}>/3k_B$. Aquesta temperatura serà superior a l'ambient. Per aquesta raó es diu que són "electrons calents" (*hot electrons*, en anglès). La velocitat tèrmica d'aquests electrons és més gran que la d'equilibri tèrmic donada per 1.19. Un concepte dual existeix en el cas dels forats.

Exercici 1.9

Quin serà el valor mitjà de la velocitat d'agitació tèrmica d'un grup d'electrons que tenen una temperatura de 1000 K? Dades: $m_n = 0.26m_o$; $m_o = 9.1 \times 10^{-31}$ kg; $k_B = 8.62 \times 10^{-5}$ eV/K.

Com que $(1/2)m_n v_{th}^2 = (3/2)k_B T$, resulta $v_{th} = [3 \times 8.62 \times 10^{-5} \times 1000 \ eV/0.26 \times 9.1 \times 10^{-31} kg]^{1/2}$. Operant resulta: $v_{th} = 4.18 \times 10^5$ m/s $= 4.18 \times 10^7$ cm/s.

1.3.2 Corrent de difusió

Quan entre dos punts d'un semiconductor hi ha diferència en la concentració d'un portador, apareix un flux de portadors que tendeix a igualar la concentració en tots els punts. S'anomena *corrent de difusió* el corrent associat a aquest flux. La causa d'aquest corrent és l'agitació tèrmica dels portadors.

A la figura 1.16.a es mostra un semiconductor que té una concentració de portadors c_1 a l'esquerra de la secció x_0, i una concentració c_2 a la dreta, de forma que $c_2 = c_1 + \Delta c$. Suposem que aquests portadors presenten un moviment d'agitació tèrmica unidimensional, de forma que en un temps Δt la meitat es mouen cap a la dreta una distància d i l'altra meitat cap a l'esquerra la mateixa distància. El flux net de portadors en x_0 en aquest Δt i en el sentit de les x creixents serà:

$$\phi(x_o) = \frac{c_1/2 - c_2/2}{\Delta t} = -\frac{1}{2}\frac{(c_2 - c_1)}{\Delta t} = -\frac{1}{2}\frac{\Delta c}{\Delta t} \tag{1.20}$$

És a dir, el flux es proporcional a la derivada de la concentració i amb signe negatiu. Aquest signe indica que els portadors es mouen des dels punts de concentració més gran cap els de concentració més petita. A la figura 1.16.b es mostra l'evolució en el temps de quatre portadors situats inicialment a la casella de l'esquerra. Com es pot observar, la seva difusió tendeix a igualar les concentracions a totes les caselles, situació que un cop aconseguida és estable en el temps.

Generalitzant el resultat 1.20, els fluxos d'electrons i forats a través d'una secció d'àrea unitària situada en x_0 seran:

$$\phi_p = -D_p \frac{dp}{dx} \qquad \phi_n = -D_n \frac{dn}{dx} \tag{1.21}$$

Els coeficients D_p i D_n s'anomenen constants de difusió de forats i electrons respectivament i depenen de la seva velocitat i del temps entre dispersions.

Com que els electrons i forats tenen càrrega elèctrica, el flux d'aquests portadors produeix un corrent elèctric anomenat corrent de difusió. Les seves densitats són:

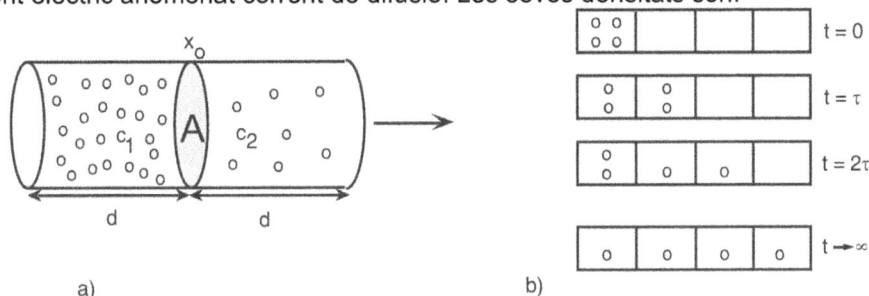

Figura 1.16 a) Flux de portadors a través de x_0 degut a la difusió. b) La difusió tendeix a igualar la concentració en tots els punts

$$J_{dp} = -qD_p \frac{dp}{dx} \qquad J_{dn} = +qD_n \frac{dn}{dx} \qquad (1.22)$$

Noteu que el corrent portat pels electrons té signe contrari al dels forats, ja que hem multiplicat el flux (negatiu) per la seva càrrega elèctrica (negativa).

Exercici 1.10

Quina serà la densitat del corrent de difusió de forats si la seva concentració és $p(x)$ = $10^{16}\exp(-10^5 x)$ cm^{-3}? Dades: D_p = 12.5 cm^2/s.

D'acord amb 1.22: J_{dp} = $-qD_p(dp/dx)$ = $-qD_p 10^{16} \exp(-10^5 x)(-10^5)$ = $2\times10^3 \exp(-10^5 x)$ A/cm^2.

1.3.3 Desplaçament de portadors per un camp elèctric

El camp elèctric produeix una força que actua sobre les càrregues elèctriques. La força té el sentit del camp per a les càrregues positives i el sentit contrari per a les negatives. Aquesta força produeix un desplaçament o arrossegament dels portadors, el qual dóna lloc al *corrent d'arrossegament*.

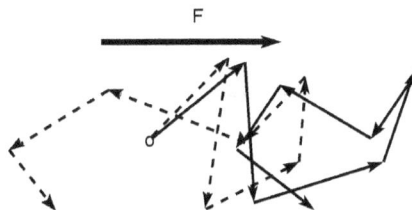

Figura 1.17 Superposició del moviment d'arrossegament sobre el d'agitació tèrmica

L'acció del camp elèctric es superposa al moviment d'agitació tèrmica dels portadors. Actua durant els desplaçaments lliures entre les dispersions del portador i desvia el portador segons el sentit de la seva força. A la figura 1.17 es representa l'acció del camp elèctric superposada a l'agitació tèrmica. Aquests desplaçaments addicionals tenen sempre el mateix sentit i es donen en tots els portadors, per la qual cosa un conjunt d'electrons experimenta un desplaçament net a causa de l'arrossegament del camp elèctric. La velocitat d'arrossegament és aquest desplaçament net dividit pel temps en el qual s'ha produït.

L'energia cinètica que el camp proporciona al portador en cada trajecte lliure es transfereix al cristall en els processos de dispersió en forma de calor, per la qual cosa el material s'escalfa. Aquest fenomen és conegut com a efecte Joule. A causa d'aquesta transferència d'energia els portadors es mouen amb una velocitat d'arrossegament constant (és a dir, no guanyen energia cinètica) en lloc de moure's amb acceleració constant com succeeix en el buit. La velocitat d'arrossegament és funció del camp elèctric i varia de la forma representada a la figura 1.18. Noteu que quan el camp elèctric és intens (en el silici, superior a uns 30 kV/cm) la velocitat deixa d'augmentar i adquireix un valor anomenat *velocitat de saturació*, que sol estar al voltant de 10^7 cm/s. Per a camps elèctrics febles, però, la velocitat és proporcional al camp elèctric. Aquesta constant de proporcionalitat s'anomena *mobilitat del portador*.

$$\vec{v}_p = \mu_p \vec{E}_{el} \qquad \vec{v}_n = -\mu_n \vec{E}_{el} \qquad\qquad (1.23)$$

Les mobilitats i les constants de difusió es relacionen a través de les relacions d'Einstein:

$$D_p = \mu_p \frac{k_B T}{q} \qquad D_n = \mu_n \frac{k_B T}{q} \qquad\qquad (1.24)$$

L'expressió $k_B T/q$ té dimensions de tensió, per la qual cosa se l'anomena tensió tèrmica V_t:

$$V_t = \frac{k_B T}{q} \qquad\qquad (1.25)$$

A temperatura ambient V_t val aproximadament 25 mV.

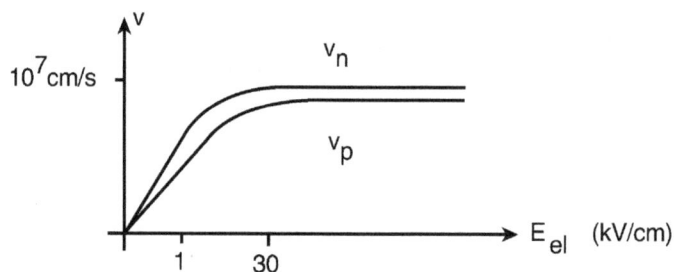

Figura 1.18 Velocitat d'arrossegament en funció del camp elèctric

Exercici 1.11

Quina serà la velocitat d'arrossegament dels electrons en una mostra de silici sota un camp elèctric de 1 kV/cm si μ_n = 1500 cm^2/Vs? Repetiu-ho per a una mostra de GaAs sabent que per aquest material μ_n = 8500 cm^2/Vs.

D'acord amb 1.23: $v_n = \mu_n E_e$. Per tant, $v_n(Si) = 1.5 \times 10^6$ cm/s; $v_n(GaAs) = 8.5 \times 10^6$ cm/s. Noteu que els electrons es mouen a una velocitat 5 vegades més gran en el GaAs que en el Si.

1.3.4 Corrent d'arrossegament

S'anomena corrent d'arrossegament l'originat per un camp elèctric. Quan en un semiconductor és present un camp elèctric, els portadors experimenten unes velocitats mitjanes de desplaçament, v_n i v_p, que depenen del camp elèctric, tal com es mostra a la figura 1.18.

Per calcular el valor d'aquest corrent, considerem la figura 1.19, en la qual es presenta un semiconductor de secció A que té aplicat un camp elèctric E_{el}. Suposem, de moment, que aquest semiconductor només té càrregues positives que es mouen a la velocitat d'arrossegament v_p. En un temps dt, aquestes càrregues s'hauran desplaçat una distància $v_p dt$. Per tant, les càrregues que travessaran la secció A en aquest dt seran les contingudes en el cilindre de base A i altura $v_p dt$. El nombre de càrregues en aquest cilindre serà el producte de la densitat de portadors, p, pel volum del cilindre, $A v_p dt$. Com que cada portador té una càrrega q, la càrrega elèctrica que haurà travessat la secció A en el dt serà $dQ_p = qp(A v_p dt)$. Per tant, el corrent portat per les càrregues positives a través de la secció A serà:

$$I_{ap} \equiv \frac{dQ_p}{dt} = \frac{qpAv_p dt}{dt} = qAv_p p \tag{1.26}$$

Imaginem per un moment que canviés només el signe de la càrrega dels portadors, és a dir, portadors negatius movent-se cap a la dreta. Això provocaria un canvi de signe del corrent, ja que ara dQ_p seria negatiu. Imaginem a continuació que el sentit del moviment d'aquestes càrregues negatives s'inverteix. Aquest canvi provocaria un nou canvi en el signe del corrent, que hauria de passar de negatiu a positiu. Per tant, *càrregues negatives movent-se en sentit contrari que les positives produeixen un corrent del mateix signe que el portat per les càrregues positives*. Això és precisament el que succeeix en un semiconductor que té els dos tipus de portadors, i al qual s'aplica un camp elèctric. Les càrregues positives es mouen en la mateix sentit que el camp elèctric i porten el corrent I_p donat per 1.26; les càrregues negatives es mouen en sentit contrari i porten un corrent I_n del mateix signe que I_p. Aquest corrent I_n és:

$$I_{an} = qAv_n n \tag{1.27}$$

Per tant, la densitat del corrent total serà:

$$I_a = I_{ap} + I_{an} = qAv_p p + qAv_n n \tag{1.28}$$

Noteu que aquestes relacions han estat deduïdes partint d'unes velocitats v_p i v_n dels portadors, per la qual cosa tenen una validesa general no restringida a la presència d'un camp elèctric. Si aquestes velocitats són creades per un camp elèctric feble, v_p i v_n són proporcionals al camp i 1.28 es pot expressar com:

$$J_a = J_{ap} + J_{an} = q\mu_p E_{el} p + q\mu_n E_{el} n = q(\mu_p p + \mu_n n)E_{el} = \sigma E_{el} \qquad (1.29)$$

La proporcionalitat entre la densitat de corrent i el camp elèctric es coneix com a *llei d'Ohm*. La constant de proporcionalitat σ s'anomena conductivitat i és funció del dopatge. Noteu també que en un semiconductor extrínsec el corrent d'arrossegament dels minoritaris serà molt inferior al dels majoritaris, ja que el camp elèctric és el mateix i les concentracions són molt diferents.

Exercici 1.12

Quina seria la densitat del corrent d'arrossegament en la mostra de silici de l'exercici anterior si la concentració d'electrons fos $n = 10^{15}$ cm^{-3}?

D'acord amb 1.27 i tenint en compte el resultat de l'exercici anterior, $J_{na} = qnv_n = 240$ A/cm^2.

Exercici 1.13

Repetiu l'exercici anterior però ara per a un camp elèctric de 10^5 V/cm. Dada: $v_{sat} = 10^7$ cm/s.

Observant la gràfica 1.17, veiem que la velocitat dels electrons serà la de saturació: $v_n = 10^7$ cm/s. Per tant, $J_{an} = qnv_n = 1600$ A/cm^2.

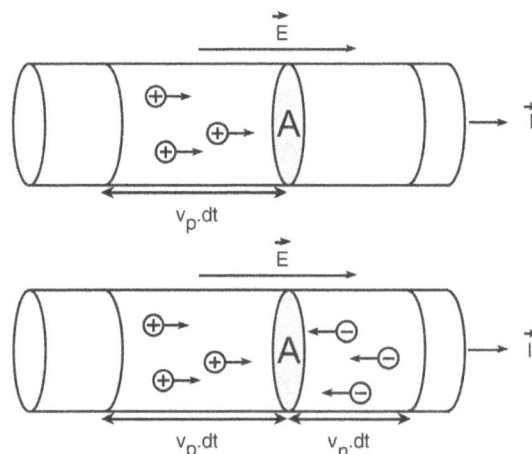

Figura 1.19 Corrent d'arrossegament en un semiconductor amb només portadors positius (part superior) i amb els dos tipus de portadors (part inferior)

QÜESTIONARI 1.3.a

1. A la regió de base d'un transistor bipolar el camp elèctric és nul i la distribució d'electrons es pot aproximar per l'expressió $n(x) = n(0) [(w_B - x)/w_B]$ a on $0 < x < w_B$. Trobeu l'expressió del corrent de difusió d'electrons.

a) $J_n = -qD_n n(0)/x$ b) $J_n = qD_n n(0)/x$ c) $J_n = -qD_n n(0)/w_B$.   d) $J_n = qD_n n(0)/w_B$.

2. Discutiu si donat un camp elèctric aplicat a un semiconductor, el sentit del corrent elèctric depèn de si el material és de tipus P o de tipus N. Quina d'aquestes afirmacions és correcta?

a) Els forats es mouen en el sentit del camp i els electrons en sentit contrari. Per tant el corrent té el sentit del camp en un semiconductor de tipus P i sentit contrari en un de tipus N.

b) Els forats es mouen en el sentit del camp i els electrons en sentit contrari. Per saber el sentit del corrent en qualsevol semiconductor hem de calcular la diferència dels dos corrents.

c) Els forats es mouen en el sentit del camp i els electrons en sentit contrari. Però el corrent va sempre en el sentit del camp tant en un semiconductor de tipus P com en un de tipus N.

d) El corrent de difusió causat per un gradient de concentració de portadors té diferent sentit segons que es tracti d'electrons o de forats. El mateix ha de passar pel corrent associat a un gradient de potencial (camp)

3. Suposant que la relació de proporcionalitat entre la velocitat dels portadors i el camp elèctric (aproximació de mobilitat) és acceptable fins a valors del camp $E_{el} = 10^3$ V/cm, es demana calcular la tensió màxima que podem aplicar entre dos punts separats $L = 100$ μm sense sortir d'aquesta aproximació i trobar la mobilitat dels forats, sabent que la densitat de corrent en el límit d'aquesta regió és de $J = 4000$ A/cm^2 i que el semiconductor és de tipus P amb un dopatge uniforme de $N_A = 5 \times 10^{16}$ acceptors/cm^3.

a) 10 V, 8×10^{-17} cm^2/Vs   b) 10^7 V, 8×10^{-17} cm^2/Vs
c) 10^7 V, 500 cm^2/Vs   d) 10 V, 500 cm^2/Vs

4. En una regió d'un semiconductor on la concentració d'electrons és de $N_D = 10^{15}$ cm^{-3} hi ha un camp elèctric E. Calculeu el valor del corrent d'arrossegament d'electrons en els dos casos següents: $E = 10^2$ V/cm i $E = 10^5$ V/cm. Tingueu en compte la dependència de la velocitat amb el camp elèctric. Dades: $\mu_n = 1500$ cm^2/Vs; $v_{nsat} = 10^7$ cm/s.

a) 24 A/cm^2, 1600 A/cm^2 b) 24 A/cm^2, 24000 A/cm^2
c) 1.6 A/cm^2, 1600 A/cm^2 d) 1.6 A/cm^2, 24000 A/cm^2

1.3.5 Resistència d'un semiconductor

Quan s'aplica una diferència de potencial V entre dos punts d'un semiconductor separats una distància L, es crea un camp elèctric, el qual origina un corrent d'arrossegament (vegeu la figura 1.20). Si el semiconductor és homogeni, el camp elèctric es pot aproximar per:

$$E_{el} = \frac{V}{L} \qquad (1.30)$$

Substituint aquest valor a 1.29, resulta:

$$I = qA(\mu_p p + \mu_n n)\frac{V}{L} = q(\mu_p p + \mu_n n)\frac{A}{L}V = \frac{V}{R} \qquad (1.31)$$

És a dir, en aplicar una diferència de potencial V s'origina un corrent proporcional a V. Aquesta és precisament una altra formulació de la llei d'Ohm, essent la constant de proporcionalitat $1/R$. R s'anomena *resistència* del semiconductor. El seu valor és:

$$R = \frac{1}{q(\mu_n n + \mu_p p)}\frac{L}{A} = \frac{1}{\sigma}\frac{L}{A} \qquad \sigma = \frac{1}{\rho} = q(\mu_n n + \mu_p p) \qquad (1.32)$$

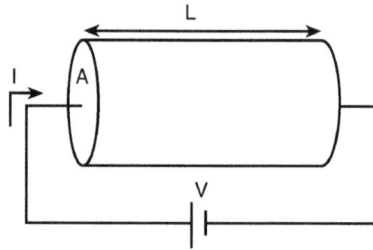

Figura 1.20 *Corrent originat per una diferència de potencial aplicat al semiconductor*

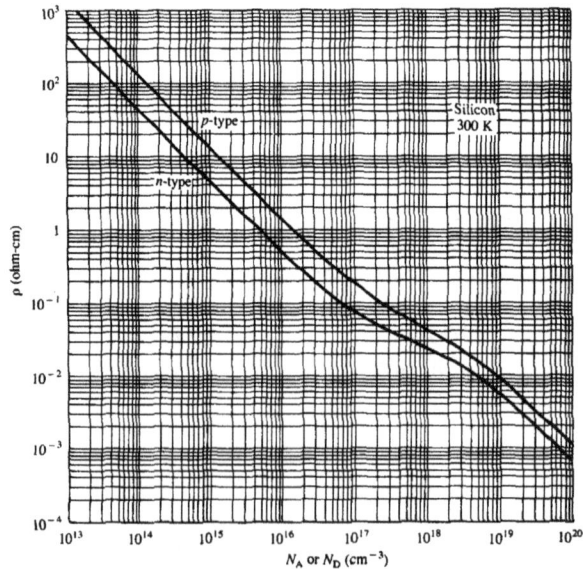

Figura 1.21 *Valors experimentals de la resistivitat del silici en funció del dopatge*

La inversa de la conductivitat σ és la *resistivitat* ρ. Noteu que la resistència depèn de la geometria del semiconductor i de les densitats de portadors. Augmenta quan ho fa la longitud L del semiconductor i disminueix en augmentar la seva secció A. També varia amb el dopatge. Per a un semiconductor N, $n \cong N_D$ i $p << n$, i per tant, $\sigma \cong q\mu_n N_D$. Anàlogament, per a un semiconductor P, $\sigma \cong q\mu_p N_A$. A la figura 1.21 es representen els valors experimentals de la resistivitat del silici en funció del dopatge.

Noteu, finalment, que la validesa de 1.32 pressuposa la de 1.29, la qual només és certa per a camps febles. Si els camps augmenten considerablement, les velocitats dels portadors deixen de ser proporcionals al camp elèctric (la mobilitat efectiva disminueix) i la resistivitat del semiconductor augmenta.

Exercici 1.14

A la figura 1.21 s'observa que la resistivitat del silici per $N_D = 3\times10^{19}$ cm^{-3} és de 2×10^{-3} Ω.cm. Quina serà la mobilitat μ_n?

La resistivitat és $\rho = [q(\mu_n n + \mu_p p)]^{-1} \cong [q\mu_n N_D]^{-1}$, ja que $n \cong N_D >> p$. Per tant, $\mu_n = 1/\rho q N_D = 104$ cm^2/Vs.

Exercici 1.15

Quina resistència presentarà una mostra de semiconductor de l'exercici anterior d'una longitud d'1 mm i una secció de 0.1 mm^2?

D'acord amb 1.32: $R = \rho(L/A) = 2\times10^{-3}(10^{-1}/0.1\times10^{-2}) = 0.2$ Ω.

QÜESTIONARI 1.3.b

1. *Quin dopatge ha de tenir un silici de tipus N per tal que la seva resistivitat sigui de ρ =1 Ωxcm? I si el silici és de tipus P? Dades: μ_n=1200 cm^2/(Vs), μ_p=400 cm^2/(Vs).*
   a) 1.56×10^{16} cm^{-3}, 5.2×10^{15} cm^{-3}
   b) 5.2×10^{15} cm^{-3}, 1.56×10^{16} cm^{-3}
   c) 3.9×10^{15} cm^{-3} en amdós casos
   d) 1.95×10^{15} cm^{-3} en amdós casos

2. *Una mostra de silici de tipus N que fa L =1 mm de llargada i té una secció de A =0.1 mm^2 té una resistència de R=100 Ω. Sabent que el seu dopatge és de N_D=10^{16} donadors/cm^3, quina és la mobilitat dels electrons?*
   a) 1250 cm^2/(Vs)   b) 62.5 cm^2/(Vs)   c) 6250 cm^2/(Vs)   d) 625 cm^2/(Vs)

3. *Una regió d'un dispositiu és silici de tipus P amb una concentració d'impureses de N_A=8×10^{16} cm^{-3}. Les seves dimensions són L=10 μm de llargada i A=25 μm×25 μm de* *secció. La mobilitat dels portadors majoritaris val μ_p=400 cm²/(Vs). Es demana calcular quin corrent màxim pot suportar per tal que la caiguda de tensió entre els extrems no passi de 100 mV.*

    a) 32 A   b) 3.2 mA   c) 0.32 μA   d)32 pA

4. *Una mostra de silici de L=100 μm de llargada i A=10 μm×1 μm de secció presenta una resistència entre els seus extrems de R=1 kΩ quan s'hi aplica una tensió de V_1=1 V. Podem assegurar que la resistència serà la mateixa quan la tensió aplicada sigui de V_2=100 V?*

    a) Sí perquè en l'expressió de la resistència no hi apareix el valor de la tensió aplicada.

    b) No perquè qV_2 és més gran que l'amplada de la banda prohibida (E_g) del silici.

    c) Sí perquè el corrent que circula en tots dos casos és prou petit per assegurar la linealitat de la llei de corrent

    d) No perquè la relació lineal entre velocitat dels portadors i camp elèctric no val en el segon cas.

5. *Una mostra de silici intrínsec presenta una resistència de R_0 = 1 MΩ a la fosca. Quina resistència, R_L, presentarà quan s'il·lumina, si la il·luminació provoca un augment de les concentracions de portadors en un factor 100?*

    a) 100 MΩ b) 1 MΩ c) 10 kΩ d) 100 Ω

PROBLEMA GUIAT 1.2

Es vol estudiar com varia la resistència que presenta una mostra de silici intrínsec quan varia la temperatura. Se sap que a 300 K la resistència és de 10 kΩ i es pot suposar que les mobilitats no varien significativament amb la temperatura. Preneu com a dades: n_i(300 K) = 1.5×10¹⁰ cm⁻³; E_g = 1.1 eV; k_B = 8.62×10⁻⁵ eV/K.

1. Quan val la relació llargada/secció, L/A, sabent que μ_n = 1500 cm²/Vs, μ_p = 500 cm²/Vs?

2. A partir d'aquest apartat suposeu que L/A = 0.05 cm⁻¹. Trobeu l'expressió de R en funció de la concentració intrínseca.

3. Calculeu la concentració intrínseca de portadors per a una temperatura de 250 K.

4. Quin serà el valor de la resistència a 250 K?

5. Repetiu el càlcul per a 200 K.

1.4 EQUACIONS DE CONTINUÏTAT

Considerem un volum determinat d'un semiconductor. El nombre de portadors en aquest volum és el resultat del balanç entre els que s'hi generen i s'hi recombinen i entre els que hi entren i en surten del volum a través dels corrents. El resultat d'aquest balanç són les equacions de continuïtat.

1.4.1 Deducció de les equacions de continuïtat

A la figura 1.22 es presenta un volum infinitesimal de semiconductor limitat per una secció d'àrea A i altura dx. Se suposa que el corrent és unidimensional segons l'eix x. Un augment del nombre de forats en aquest volum provocarà un augment de la concentració dp, i l'augment total serà $dp{\times}Adx$. Aquest augment serà degut a la generació neta $(g\text{-}r)$ i a la diferència entre el flux que entra i el flux que surt:

$$dp \cdot Adx = (g - r) \cdot Adx \cdot dt + \left[\frac{J_p(x)}{q} - \frac{J_p(x+dx)}{q}\right] \cdot A \cdot dt \qquad (1.33)$$

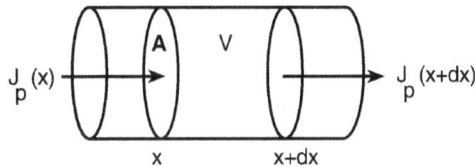

Figura 1.22 Volum del semiconductor utilitzat per calcular l'equació de continuïtat

Noteu que $g\text{-}r$ és la generació neta per unitat de volum i de temps, per la qual cosa cal multiplicar pel volum considerat i el temps dt. Per altra banda, J_p són coulombs per centímetre quadrat de secció i per segon, i com que cada forat porta una càrrega q, cal dividir per aquesta quantitat per trobar el flux de forats, i multiplicar per la secció i el temps per fer el balanç en el volum considerat. Si dividim tots el membres d'aquesta equació per $Adx\,dt$, i tenim en compte que $J_p(x+dx)$ menys $J_p(x)$ és igual a dJ_p, resulta:

$$\frac{dp}{dt} = g - r - \frac{1}{q}\frac{dJ_p}{dx} \qquad (1.34)$$

Aquesta expressió s'anomena equació de continuïtat de forats. De forma similar, el balanç d'electrons en aquest volum dóna:

$$\frac{dn}{dt} = g - r + \frac{1}{q}\frac{dJ_n}{dx} \qquad (1.35)$$

que és l'equació de continuïtat dels electrons. Noteu que hi ha un canvi de signe en el terme del corrent perquè la càrrega de l'electró és $-q$.

En tot volum del semiconductor s'han de complir simultàniament les equacions 1.34 i 1.35, en les quals s'ha de tenir en compte que J_p és el corrent total de forats (és a dir, la suma del corrent d'arrossegament i del de difusió de forats) i J_n el corrent total d'electrons. A més a més, cal tenir en compte que aquestes dues equacions no són independents, pel fet que la recombinació r és proporcional al producte np tal com s'ha comentat a l'apartat 1.2.1.

La resolució d'un sistema de dues equacions en derivades parcials i acoblades no és en general simple i cal normalment recórrer a tècniques del càlcul numèric. Per evitar aquest problema se solen fer, quan es pot, aproximacions raonables que permetin simplificar-lo. Els propers apartats tenen per objectiu presentar aquestes aproximacions.

Exercici 1.16

Raoneu el que succeiria en un semiconductor homogeni si g-r es mantingués constant, mitjançant la integració de l'equació de continuïtat.

Com que el semiconductor és homogeni, tots els punts són idèntics i no hi ha variació respecte a x. Per tant, l'equació de continuïtat es reduiria a $dn/dt = g - r$. La solució d'aquesta equació és $n = n_0 + (g\text{-}r)t$. Aquest resultat indica que la concentració d'electrons creixeria linealment amb el temps fins a valors arbitràriament elevats. Aquesta situació no es pot mantenir de forma estacionària.

1.4.2 Les equacions de continuïtat i l'equilibri tèrmic

Com ja hem discutit, l'equilibri tèrmic és un règim estacionari (les derivades en el temps són nul·les) i en el qual $g = r$. Per tant, les equacions de continuïtat estableixen que J_p i J_n han de ser cada una constants en x. El valor d'aquesta constant és zero. És a dir, $J_p(x) = 0$ i $J_n(x) = 0$ per a qualsevol x.

En efecte, en equilibri tèrmic el corrent total, $J = J_p+J_n$, ha de ser nul, ja que en cas contrari sortiria energia constantment del volum considerat (noteu, per exemple, que un corrent en travessar una resistència produeix calor). Per tant hauria de ser $J_p = -J_n$, és a dir, el corrent hauria d'estar format per una parella electró-forat viatjant l'un al costat de l'altre. Però en aquest cas, acabarien recombinant-se i en aquest succés alliberarien energia, per la qual cosa el volum del semiconductor alliberaria energia al seu entorn, en contradicció amb la definició d'equilibri tèrmic. Per tant, en equilibri tèrmic s'ha de complir:

$$J_p(x) = 0 \qquad J_n(x) = 0 \qquad \text{per qualsevol } x \qquad (1.36)$$

Com que tots els termes de l'equació de continuïtat són nuls en equilibri tèrmic, aquestes equacions només es fan servir fora de l'equilibri tèrmic. En aquestes circumstàncies les concentracions n i p seran diferents de les d'equilibri:

$$n = n_0 + \Delta n \qquad\qquad p = p_0 + \Delta p \qquad (1.37)$$

on n_0 i p_0 són les concentracions d'equilibri tèrmic i les variables Δn i Δp són anomenades concentracions en excés o simplement *excessos d'electrons i de forats* respecte l'equilibri.

1.4.3 La recombinació neta

La generació de portadors és deguda a la suma de la generació tèrmica i de la generació *externa* originada per energia que prové de l'exterior. La generació tèrmica és inevitable, per la qual cosa se la sol associar amb la recombinació total r :

$$g - r = g_{ext} + g_{th} - r = g_{ext} - (r - g_{th}) = g_{ext} - U \qquad U \equiv r\text{-}g_{th} \qquad (1.38)$$

U s'anomena recombinació neta. Noteu que en equilibri tèrmic, U és nul·la; si r és menor que g_{th}, U és negativa; i si r és més gran que g_{th}, U és positiva.

La recombinació neta pot ser deguda a diversos mecanismes. El més simple és la *recombinació directa,* en la qual un electró de conducció es recombina fent una transició a la banda de valència on hi ha el forat. Aquest mecanisme sol ser dominant en els semiconductors que emeten radiació electromagnètica. En aquest cas,

$$U = B(np - n_0 p_0) \qquad (1.39)$$

ja que r és proporcional a np i g_{th} és igual a r_{th}, que es proporcional a $n_0 p_0$. Quan el semiconductor està en *condicions de baixa injecció,* és a dir, quan els excessos de portadors són molt menors que el dopatge, l'expressió 1.39 es pot simplificar. Suposem un semiconductor N, i que Δn i Δp són molt menors que els majoritaris n_0 (que és el dopatge). Aleshores:

$$U = B[(n_0 + \Delta n)(p_0 + \Delta p) - n_0 p_0] \cong B[n_0(p_0 + \Delta p) - n_0 p_0] = Bn_0 \Delta p = \frac{\Delta p}{\tau_p} \qquad (1.40)$$

on τ_p té dimensions de temps i s'anomena temps mitjà de vida dels forats i és l'invers de Bn_0.

Un altre mecanisme de recombinació és l'anomenat de *Shockley-Read-Hall,* en què l'electró que es recombina fa una primera transició des de la banda de conducció a *un centre de recombinació* i posteriorment una segona transició des del centre de recombinació a la banda de valència on hi ha el forat. El centre de recombinació és un nivell d'energia permès en la banda prohibida, similar als nivells donador i acceptor però situat cap a la meitat de la banda. És el mecanisme dominant en el silici. La recombinació neta, i la seva simplificació per a un semiconductor N en baixa injecció, són:

$$U = \frac{np - n_0 p_0}{\tau_n(p + p_1) + \tau_p(n + n_1)} \cong \frac{n_0 \Delta p}{\tau_p n_0} = \frac{\Delta p}{\tau_p} \qquad (1.41)$$

on n_1 i p_1 són constants que depenen de les característiques del centre de recombinació. Noteu que en baixa injecció l'aproximació 1.40 coincideix amb 1.41.

Finalment, un tercer mecanisme important és la *recombinació Auger,* en la qual un portador es desprèn de la seva energia en excés donant-la a una altre portador del mateix tipus en forma d'energia cinètica. Aquest mecanisme sol ser dominant quan el dopatge és molt gran. La recombinació neta i la seva simplificació per a un semiconductor N són:

$$U = C_{An}(n^2 p - n_0^2 p_0) + C_{Ap}(np^2 - n_0 p_0^2) \cong C_{An} n_0^2 \Delta p = \frac{\Delta p}{\tau_p} \qquad (1.42)$$

amb τ_p l'invers de $C_{An} n_0^2$. L'aproximació també coincideix amb les anteriors.

Quan coexisteixen diversos mecanismes de recombinació, la recombinació neta total és la suma de les diferents recombinacions netes, la qual cosa comporta que la inversa del temps de vida resultant és la suma de les inverses dels temps de vida de cada un dels mecanismes.

En definitiva, *la recombinació neta U, en condicions de baixa injecció, es pot aproximar per l'excés de minoritaris dividit pel temps mitjà de vida*. Aquesta aproximació trenca l'acoblament entre les dues equacions de continuïtat i permet fer l'estudi del semiconductor resolent només l'equació de continuïtat dels minoritaris amb una U donada per:

$$U \cong \frac{\Delta\text{minoritaris}}{\tau_{\text{minoritaris}}} \tag{1.43}$$

Exercici 1.17

Calculeu el temps mitjà de vida dels forats en silici de tipus N dopat amb $N_D = 10^{20}$ cm^{-3}, suposant que el mecanisme de recombinació dominant és el d'Auger i $C_{An} = 10^{-31}$ s^{-1} cm^{-6}.

D'acord amb 1.42, el temps mitjà de vida dels forats és $\tau_p = (C_{An}n_0^2)^{-1} = (C_{An}N_D^2)^{-1} = 1$ ns.

QÜESTIONARI 1.4.a

1. En un reactor químic hi ha un flux d'entrada de F_A molècules/minut. El flux de sortida val F_B molècules/minut. La reacció a l'interior suposa una disminució d'un nombre R_I de molècules cada minut. Amb aquestes dades escriviu l'equació de continuïtat que correspondria al sistema descrit.
    a) $F_A = F_B + R_I$ *b)* $F_B = F_A + R_I$ *c)* $F_A + F_B = R_I$ *d)* $F_A - F_B = 2 R_I$

2. Suposem que en un semiconductor on hi ha una generació externa de portadors volem calcular les concentracions en excés de portadors a partir de la condició $g_{ext}=R$. Es demana quines condicions s'han de complir en les equacions de continuïtat.
    a) Camp elèctric i corrents nuls
    b) Condicions estacionàries i corrents de portadors nuls
    c) Condicions estacionàries i corrents constants (no necessàriament nuls)
    d) Camp elèctric nul i corrents constants (no necessàriament nuls)

3. En un semiconductor, sense generació externa de portadors, els electrons es mouen per difusió i per l'acció d'un camp elèctric constant. Escriviu l'equació de continuïtat en termes de les derivades de la concentració d'electrons, *n*.
    a) $dn/dt = -\Delta n/\tau_n + \mu_n E_{el}\, dn/dx + D_n\, d^2n/dx^2$ *b)* $dn/dt = -\Delta n/\tau_n + \mu_n E_{el}\, dn/dx + D_n\, dn/dx$
    c) $dn/dt = -\Delta n/\tau_n + \mu_n E_{el}\, dn/dx + qD_n\, d^2n/dx^2$ *d)* $dn/dt = -\Delta n/\tau_n + \mu_n E_{el}\, dn/dx + qD_n\, dn/dx$

4. Considerem un semiconductor amb unes concentracions de portadors constants en el temps, $dp/dt = dn/dt = 0$, però amb $g - r \neq 0$ (la generació i la recombinació totals no *es cancel·len mútuament). Com seran els perfils de les densitats de corrent $J_p(x)$, $J_n(x)$ en una regió on $g - r$ = constant. Pot aquest semiconductor estar en equilibri tèrmic?*

a) $J_p = J_n = 0$ en tots els punts. El semiconductor està en equilibri tèrmic.

b) $J_p = - J_n$ = constant en tots els punts. El semiconductor no està en equilibri tèrmic.

c) J_p i J_n són funcions lineals de x tals que $J_p(x)+J_n(x)=0$. El semiconductor no està en equilibri tèrmic.

d) J_p i J_n són funcions lineals de x tals que $J_p(x)+J_n(x)$ = constant (no necessàriament zero). El semiconductor no està en equilibri tèrmic.

5. *Un semiconductor dopat amb $N_D=10^{16}$ donadors/cm^3 es troba en condicions estacionàries sotmès a un generació externa constant de portadors de velocitat g_{ext}. La velocitat total de recombinació de les parelles electró-forat es pot calcular mitjançant l'expressió $r = knp$. Per investigar el valor de la constant k observem que quan $g_{ext} = 10^{18}$ cm^{-3}s^{-1} tenim uns excessos de portadors $\Delta p = \Delta n =10^{14}$ cm^{-3}. Quin valor hem d'assignar a k? Justifiqueu que treballem en baixa injecció i trobeu, a partir d'aquí, el valor del temps de vida dels minoritaris.*

a) $k=10^{-14}$ cm^{3}s^{-1}, $\tau_p=10^{-4}$ s   *b) $k=10^{-14}$ cm^{3}s^{-1}, $\tau_p=10^{-2}$ s*

c) $k=10^{-12}$ cm^{3}s^{-1}, $\tau_p=10^{-4}$ s   *d) $k=10^{-14}$ cm^{3}s^{-1}, $\tau_p=10^{-2}$ s*

6. *Suposant que el semiconductor de la qüestió anterior és silici (n_i= 1.5x10^{10} cm^{-3}), determineu el valor de la velocitat de generació tèrmica, g_{th}, en cm^{-3}·s^{-1}*

a) 2.25x10^6   *b) 2.25x10^8*   *c) 1.5x10^{12}*   *d) 1.5x10^{14}*

1.4.4 L'equació de continuïtat en el domini temporal en un semiconductor homogeni

Considerem un semiconductor de tipus N homogeni, de forma que les variacions amb la posició són nul·les, ja que tots els punts són idèntics. En aquest cas els termes de les derivades dels corrents respecte la posició són zero, i les equacions 1.34 i 1.35 es converteixen en equacions diferencials només de la variable temps.

Suposem que el semiconductor està en equilibri tèrmic en t més petit que zero, i que a partir de t igual a zero il·luminem el semiconductor amb una radiació electromagnètica que produeix una generació de parelles electró forat, g_L, constant en tot el volum. Es vol saber com evolucionaran les concentracions de portadors suposant que en tot moment hi ha baixa injecció i que els excessos de portadors són iguals.

Com hem vist en l'apartat anterior, l'equació de continuïtat dels minoritaris es pot escriure de la forma següent:

$$\frac{dp}{dt} = g_L - \frac{\Delta p}{\tau_p} = g_L - \frac{p - p_0}{\tau_p} \tag{1.44}$$

Aquesta equació diferencial només depèn de p i es pot resoldre fàcilment (vegeu apèndix A). La solució de l'equació homogènia ($dp/dt + p/\tau_p = 0$) és $p_h(t) = A \exp(-t/\tau_p)$, i una solució particular de la completa és $p_c(t) = g_L\tau_p + p_0$. La solució general serà la suma de la solució homogènia i de la completa, i dependrà de la constant A. Per determinar aquesta constant i trobar la solució física cal aplicar la condició inicial: en $t = 0$ la concentració de forats és p_0. Per tant, la solució que s'obté és:

$$p(t) = p_0 + g_L \tau_p (1 - e^{-t/\tau_p}) \tag{1.45}$$

Aquest resultat indica que en l'instant $t = 0$ la concentració de forats minoritaris és la de l'equilibri tèrmic, i a partir d'aquest instant augmenta exponencialment fins a arribar a un valor asimptòtic final de $p_0 + g_L\tau_p$. La constant de temps de la exponencial és τ_p, el temps de vida dels forats, per la qual cosa, al cap d'unes tres constants de temps, és a dir de $3\tau_p$, s'arriba al valor estacionari final. Aquest comportament es representa a la figura 1.23.

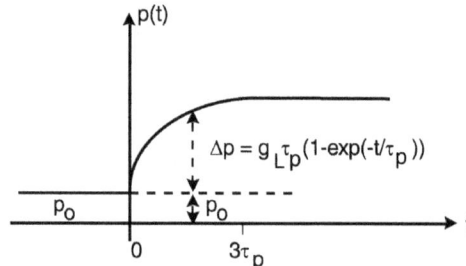

Figura 1.23 *Evolució de la concentració de minoritaris produïda per una radiació electromagnètica que produeix una g_L constant a partir de $t = 0$*

Si suposem que en tot instant l'excés d'electrons és igual al de forats, resultarà:

$$n(t) = n_0 + g_L \tau_p (1 - e^{-t/\tau_p}) \cong n_0 \tag{1.46}$$

però si estem en baixa injecció n_0 és molt superior a $p(t)$, i per tant, molt més gran que $\Delta p(t)$, per la qual cosa la solució anterior es pot aproximar per la concentració d'equilibri n_0.

L'evolució de retorn a l'equilibri quan es talla la il·luminació s'analitza a l'exercici següent.

Exercici 1.18

Suposeu que en $t = t_o$ el semiconductor il·luminat que acabem d'analitzar està en règim estacionari, i que en aquest moment es talla la il·luminació. Quina serà l'evolució dels forats?

En $t = t_0$, la concentració de forats serà $p(t_0) = p_0 + g_L\tau_p$ ja que el semiconductor està en règim estacionari. A partir d'aquest instant $g_L = 0$. L'equació de continuïtat que s'ha de resoldre serà, per tant, $dp/dt = -(p-p_0)/\tau_p$. La solució d'aquesta equació és $p = p_0 + g_L\tau_p exp[-(t-t_0)/\tau_p]$. Observeu que la concentració de forats retorna al valor d'equilibri de forma exponencial amb una constant de temps igual al temps de vida dels forats.

1.4.5 L'equació de continuïtat en el domini espacial en règim estacionari

Considerem ara un exemple de semiconductor de tipus P en règim estacionari. Les derivades de n i p respecte el temps seran, per tant, nul·les. Les equacions de continuïtat 1.34 i 1.35 es redueixen a equacions diferencials només en la variable x. Suposem que el semiconductor és arbitràriament llarg, que g_L i el camp elèctric en el seu interior són nuls i que en tot moment està en baixa injecció, és a dir, $n(x) << p_0$. Suposem finalment que en $x = 0$ mantenim des de l'exterior un excés d'electrons constant, $\Delta n(0)$ igual a C. Volem trobar les concentracions $n(x)$ i $p(x)$ a l'interior del semiconductor.

Com que el semiconductor està en baixa injecció, l'equació de continuïtat dels minoritaris es pot aproximar per:

$$\frac{dn}{dt} = 0 = -\frac{\Delta n}{\tau_n} + \frac{1}{q}\frac{dJ_n}{dx} = -\frac{n-n_0}{\tau_n} + D_n\frac{d^2n}{dx^2} \tag{1.47}$$

En l'ultima expressió hem considerat que el corrent d'electrons només és de difusió ($J_n = qD_n dn/dx$), ja que el d'arrossegament és nul perquè ho és el camp elèctric. L'equació 1.47 també es coneix amb el nom d'*equació de difusió*.

La solució de l'equació homogènia és $n_h(x) = A \exp[x/\sqrt{(D_n\tau_n)}] + B \exp[-x/\sqrt{(D_n\tau_n)}]$. Una solució particular de la completa és $n_c(x) = n_0$. La solució general és la suma de les dues solucions. Però per trobar la solució física cal determinar les dues constants A i B. Com que el semiconductor és arbitràriament llarg, A ha de ser zero, ja que al poder ser x arbitràriament gran, la concentració creixeria exponencialment amb la distància a l'origen, la qual cosa no té cap sentit físic. Per altra banda $n(0)$ és igual a n_0+C. Per tant, $B = C$. Substituint a la solució general, resulta:

$$n(x) = n_0 + Ce^{-x/\sqrt{D_n\tau_n}} \tag{1.48}$$

Aquest resultat indica que la concentració d'electrons a la superfície és n_0+C i a mesura que penetrem en el semiconductor la concentració tendeix exponencialment cap al valor d'equilibri n_0. La constant de temps de l'exponencial és $\sqrt{(D_n\tau_n)}$ que té dimensions de longitud i s'anomena L_n, *longitud de difusió dels electrons*. Per tant, després de penetrar una distància de $3L_n$ ja trobem la concentració d'equilibri n_0.

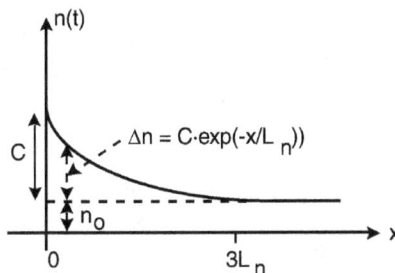

Figura 1.24 *Distribució de la concentració de minoritaris en l'interior del semiconductor mantenint un excés constant en la superfície de valor C*

Com veurem més endavant, si el camp elèctric és nul, ha d'haver-hi neutralitat de càrrega a l'interior del semiconductor, és a dir, l'excés de forats ha de ser igual al d'electrons. Per tant,

$$p(x) = p_0 + Ce^{-x/\sqrt{D_n \tau_n}} \cong p_0 \qquad (1.49)$$

on l'última aproximació és deguda al fet que treballem en baixa injecció.

En aquest text ens limitarem a resoldre les equacions de continuïtat només en règim estacionari ($d/dt = 0$) o en un semiconductor homogeni ($d/dx = 0$). La resolució simultània de les equacions de continuïtat en funció de x i de t cau fora de l'abast d'aquest llibre.

Exercici 1.19

Calculeu el corrent d'electrons que haurà d'entrar al semiconductor per a $x = 0$ per tal de mantenir la distribució d'electrons donada per 1.48.

Com que a l'interior del semiconductor no hi ha camp elèctric, el corrent d'electrons només pot ser per difusió. Aquest corrent és $J_{dn} = qD_n(dn/dx)$. Derivant $n(x)$ segons 1.48, resulta $J_{dn}(x) = -(qD_nC/L_n)\ exp(-x/L_n)$. Per tant, $J_{dn}(0) = -qD_nC/L_n$. Aquest corrent va repostant els electrons que van desapareixent per recombinació.

QÜESTIONARI 1.4.b

1. *Sigui una mostra de silici dopada amb 10^{16} donadors per cm^3. En $t=0$ l'il·luminem de forma tal que la velocitat de generació és $g_{ext}= 10^{18}\ cm^{-3}s^{-1}$. En règim estacionari se sap que $\Delta n = \Delta p = 10^{14}\ cm^{-3}$. A partir de quin instant podem suposar que s'han arribat a les condicions estacionàries, dintre un marge d'error de l'1% en les concentracions de portadors? Dada: $\tau_p = 0.1\ ms$*
        a) $4.6 \times 10^{-4}\ s$ b) $4.6 \times 10^{-2}\ s$ c) $2.3 \times 10^{-4}\ s$ d) $2.3 \times 10^{-2}\ s$

2. *En el mateix semiconductor de la qüestió anterior, una vegada assolides les condicions estacionàries, suprimim l'excitació externa. Prenem aquest instant com el nou origen de temps ($t' = 0$) per fer el proper càlcul. Determineu la funció que segueix la concentració de forats en excés, en cm^{-3}, en el seu retorn a l'equilibri.*
        a) $10^{18}exp(-t'/\tau_p)$ b) $10^{18}(1-t'/\tau_p)$ c) $10^{14}exp(-t'/\tau_p)$ d) $10^{14}(1-t'/\tau_p)$

3. *Suposem que som capaços de reduir el temps de vida dels portadors minoritaris del semiconductor de les qüestions anteriors en un 20 % del valor que havíem trobat. Volem saber com canviaran les concentracions de portadors en excés en condicions estacionàries, la durada dels transitoris i la resposta del semiconductor a una il·luminació que consisteix en un tren de impulsos de curta durada. Quina d'aquestes afirmacions és correcta?*

a) Els excessos de concentració es reduiran en un 20% mentre que els transitoris duraran igual. La resposta del semiconductor a l'excitació és més feble.

b) Els excessos de concentració augmentaran en un 20% i els transitoris seran mes llargs. La resposta del semiconductor a l'excitació és més intensa però més lenta.

c) Els excessos de concentració es reduiran en un 20% mentre que els transitoris seran més curts. La resposta del semiconductor a l'excitació és més feble però més ràpida.

d) Els excessos de concentració augmentaran en un 20% i els transitoris seran mes breus. La resposta del semiconductor a l'excitació és més intensa i més ràpida.

4. *Una generació de portadors de valor $g_{ext} = 10^{18}$ $cm^{-3}s^{-1}$, com en la qüestió 1, ha estat produïda per una incidència de fotons que suposarem uniforme en tot el volum. Sabent que l'amplada de banda prohibida del semiconductor és de 1.1 eV, calculeu el valor de la potència incident mínima necessària per produir aquesta generació en una mostra de 500 $\mu m \times 100$ μm de superfície i 10 μm de profunditat.*

   a) 8.8 W   *b) 8.8 mW*   *c) 88 μW*   *d) 88 nW*

5. *Sigui un semiconductor de tipus P, semi-infinit ($0<x<\infty$), amb camp elèctric intern nul i dopatge uniforme, en condicions estacionàries, on hi ha una generació externa uniforme de portadors de velocitat g_{ext}. El temps de vida dels minoritaris és τ_n. En l'extrem $x=0$ la concentració de minoritaris en excés, Δn, és nul·la. Trobeu l'expressió del perfil $\Delta n(x)$, essent L_n la longitud de difusió dels minoritaris.*

   a) $\Delta n(x) = g_{ext}\,\tau_n$ *b) $\Delta n(x) = g_{ext}\,\tau_n[1-exp(-x/L_n)]$*
   c) $\Delta n(x) = g_{ext}\,\tau_n[1-x/L_n]$ *d) $\Delta n(x) = g_{ext}\,\tau_n[1-(-x/L_n)^2]$*

6. *En la qüestió anterior suposem que $L_n = 100$ μm, $g_{ext} = 10^{18}$ $cm^{-3}s^{-1}$, $\tau_n = 100$ μs. A partir d'aquí avalueu el valor mínim de la llargada per poder considerar la mostra semi-infinita. L'error acceptable és 1%.*

   a) 460 mm   *b) 460 μm*   *c) 230 mm*   *d) 230 μm*

PROBLEMA GUIAT 1.3

Un dels sensors emprats per detectar radiació electromagnètica és el fotoconductor, que serà estudiat en el capítol dedicat a dispositius optoelectrònics. En aquest dispositiu la radiació electromagnètica (fotons) genera portadors a l'interior del semiconductor i, com a conseqüència d'aquest fet, la resistència del material varia. Aquesta variació és utilitzada per detectar la presència de radiació.

Suposem un semiconductor de tipus P dopat amb 10^{13} acceptors /cm^3. La seva longitud és 1 mm i la seva secció 10^{-2} cm^2. Es demana:

a) El valor de la resistència a la fosca a 300 K. Dades: $n_i = 1.5 \times 10^{10}$ cm^{-3}; $\mu_n = 1500$ cm^2/Vs; $\mu_p = 500$ cm^2/Vs.

b) S'il·lumina el semiconductor amb un pols de llum que genera portadors uniformement en tot el volum. La velocitat de generació, $g_L(t)$ ($cm^{-3}s^{-1}$), presenta una dependència amb el temps donada per l'expressió: $g_L(x) = g_o exp(-t/\tau_L)$.

Trobeu l'excés de concentració d'electrons $\Delta n(t)$ resolent l'equació diferencial corresponent i suposant que la recombinació neta és $U = \Delta n / \tau_n$. Quina és la condició inicial en aquest cas?

c) Quan $g_o = 5 \times 10^{18}$ cm^{-3}s^{-1}, $\tau_L = 2\tau_n = 2$ μs, la solució de l'apartat anterior és:
$\Delta n(t) = 10^{13}[exp(-t/2\mu s) - exp(-t/1\mu s)]$ cm^{-3}.
Trobeu la resistència que presentarà el semiconductor en funció del temps i representeu-la gràficament.

PROBLEMA GUIAT 1.4

Una cèl·lula solar fotovoltaica és un dispositiu que genera un corrent elèctric en ser il·luminat per la radiació solar. Més endavant es justificarà que està formada per un semiconductor que té dues parts: una amb dopatge de tipus P i l'altra de tipus N (junció PN). El corrent que es col·lecta està constituït per portadors minoritaris fotogenerats en les dues regions esmentades. Per fer una primera aproximació a l'anàlisi d'aquest dispositiu, considerem només un semiconductor de tipus N dopat amb 10^{16} acceptors/cm^3, que s'estén des de l'origen fins a valors arbitràriament grans de x. La radiació produeix una generació de parells electró-forat de velocitat $g_L(x)$ (cm^{-3}s^{-1}) donada per l'expressió: $g_L(x) = g_o exp(-\alpha x)$.

a) Trobar la distribució de portadors minoritaris $\Delta p(x)$, resolent l'equació de continuïtat. Considereu que en aquest dispositiu es manté en tot moment la condició de contorn $\Delta p(0) = 0$ i que el material es arbitràriament llarg.

b) Suposant que per a $g_o = 10^{20}$ cm^{-3}s^{-1}, $D_p = 100$ cm^2/s, $\tau_p = 10^{-4}$ s, $\alpha = 10^3$ cm^{-1}, la solució és:$\Delta p(x) = 10^{12}[exp(-10x) - exp(-10^3 x)]$ cm^{-3}, on x està expressada en cm, trobeu la densitat de corrent de forats en el punt $x=0$. Suposeu que en tota la regió el camp elèctric és nul.

1.5 CAMPS I CÀRREGUES EN UN SEMICONDUCTOR

A l'interior del semiconductor hi ha càrregues elèctriques positives, com els forats i les impureses donadores que han cedit l'electró, i càrregues elèctriques negatives, com els electrons lliures i les impureses acceptores ionitzades. Evidentment hi ha moltes més càrregues elèctriques com els electrons de valència i els nuclis atòmics, però suposarem que aquestes càrregues estan neutralitzades entre elles en tots els punts. Com és ben sabut, les càrregues elèctriques creen camps elèctrics, i aquests originen diferències de potencial. L'objectiu d'aquest apartat és analitzar aquestes qüestions.

1.5.1 Distribucions de càrrega. Lleis de Gauss i de Poisson

La densitat de càrrega neta en un punt del semiconductor, $\rho(x)$, és el balanç entre les càrregues positives i les negatives presents en aquest punt:

$$\rho(x) = q\{p(x) - n(x) + N_D^+(x) - N_A^-(x)\} \qquad (1.50)$$

La *llei de Gauss* estableix que la relació entre la densitat de càrrega i el camp elèctric és:

$$\frac{dE_{el}}{dx} = \frac{\rho(x)}{\varepsilon} \quad \Rightarrow \quad E_{el}(b) - E_{el}(a) = \int_a^b \frac{\rho(x)}{\varepsilon} dx \tag{1.51}$$

essent ε la constant dielèctrica del semiconductor.

L'existència d'un camp elèctric en un punt produeix una diferència de potencial. La relació entre el camp elèctric i el potencial és:

$$\frac{dV}{dx} = -E_{el} \quad \Rightarrow \quad V(b) - V(a) = -\int_a^b E_{el} dx \tag{1.52}$$

La *llei de Poisson* combina les dues relacions anteriors:

$$\frac{d^2V}{dx^2} = -\frac{dE_{el}}{dx} = -\frac{\rho}{\varepsilon} \tag{1.53}$$

Exercici 1.20

Suposem que la densitat de càrrega d'un semiconductor és zero fins a $x = 0$ i a partir d'aquest punt pren el valor constant $\rho = a$. Calculeu el camp elèctric i el potencial generats per aquesta càrrega suposant que $E_{el}(0) = 0$ i que $V(0) = V_o$.

Aplicant 1.51 resulta: $E_{el}(x) = (a/\varepsilon)x$, ,és a dir, el camp elèctric augmenta linealment amb x.
Aplicant ara 1.52, resulta: $V(x) = V_o + (a/2\varepsilon) \cdot x^2$. El potencial augmenta quadràticament amb la posició.

QÜESTIONARI 1.5.a

1. *Apliquem una diferència de potencial $V_0 = 20$ V entre els terminals d'un semiconductor uniforme, de longitud $L = 100$ μm i secció $A = 1$ mm^2. Trobeu el valor del camp elèctric a l'interior del semiconductor.*
    a) 2×10 V/cm   b) 2×10^3 V/cm   c) 2×10^4 V/cm   d) 2×10^5 V/cm

2. *A l'interior d'una regió en un cristall de silici hi ha un potencial elèctric:*
    $V(x) = V_o[1-(x/x_o)^2]$ amb $V_o = 10$ V, $x_o = 10$ μm, $0 < x < 10$μm
Calculeu la distribució de camp elèctric (en V/cm) i de la càrrega a dins del semiconductor (en μC/cm^3). Dada: $\varepsilon = 10^{-12}$ F/cm.
    a) $E_{el} = 10^4$; $\rho = 10$ b) $E_{el} = 10^7 x$; $\rho = 10$
    c) $E_{el} = 2 \times 10^7 x$ (x en cm); $\rho = 20$ d) $E_{el} = 2 \times 10^7 x$(x en cm); $\rho = 10$

3. *Suposem que a l'interior d'un material amb una constant dielèctrica $\varepsilon = 10^{-12}$ F/cm hi ha una distribució de càrrega $\rho = 1.6$ $\mu C/cm^3$ en la regió $0<x<100$ μm. La llargada de la mostra va de $x=0$ a $x=200$ μm. Calculeu el perfil de camp elèctric (en V/cm) dins el material, amb x expressada en cm. Dada: $\varepsilon = 10^{-12}$ F/cm.*

a) $E_{el} = 1.6 \times 10^6 x$ per $0 \le x \le 100$ μm; $E_{el} = 1.6 \times 10^4$ per $100 \le x \le 200$ μm

b) $E_{el} = 1.6 \times 10^6 x$ per $0 \le x \le 100$ μm; $E_{el} = 0$ per $100 \le x \le 200$ μm

c) $E_{el} = 1.6 \times 10^4$ per $0 \le x \le 100$ μm; $E_{el} = 0$ per $100 \le x \le 200$ μm

d) $E_{el} = 3.2 \times 10^4$ per $0 \le x \le 200$ μm

4. *Quina forma geomètrica tindrà el perfil del camp elèctric que resultaria de les distribucions de càrrega representades en les figures adjuntes?*

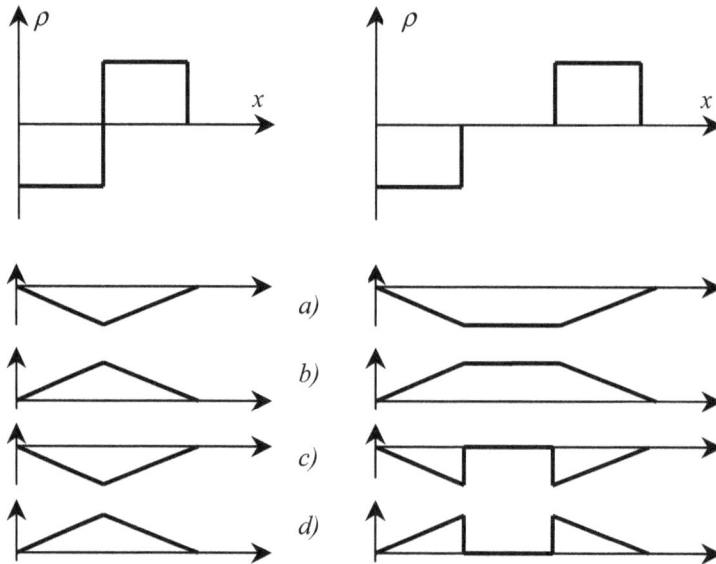

5. *Si en una regió $0 \le x \le L = 5$ μm d'un cristall de silici amb un dopatge de $N_D = 10^{15}$ donadors/cm^3 poguéssim suprimir els portadors de corrent, quin seria el camp elèctric a l'interior del material, en V/cm? Calculeu la diferència de potencial entre els seus extrems. Dada $\varepsilon = 10^{-12}$ F/cm.*

a) $E_{el} = 1.6 \times 10^8 x$ (x en cm); $\Delta V = 20$ V   b) $E_{el} = 1.6 \times 10^8$ x(x en cm); $\Delta V = 40$ V

c) $E_{el} = 8 \times 10^{-4}$; $\Delta V = 20$ V   d) $E_{el} = 1.6 \times 10^{-3}$; $\Delta V = 40$ V

6. *A l'interior d'un semiconductor dopat amb una concentració uniforme de donadors N_D, molt més gran que la concentració intrínseca, hi ha un camp elèctric constant. Entre N_D, les concentracions de portadors p i n i la densitat de càrrega ρ hi ha un seguit de relacions. Quina de les següents no és certa?*

a) $\rho = 0; n - p = N_D$ b) $\rho = 0; n \approx N_D$

c) $n - p = N_D; n \approx N_D$ d) $n - p = N_D; n \approx p$

1.5.2 Les aproximacions de buidament i de quasi-neutralitat

Per conèixer el comportament d'un dispositiu cal saber les concentracions de portadors i el potencial en cadascun dels seus punts. Derivant el potencial tenim el camp elèctric en el punt considerat, i coneixent les concentracions n i p en aquest punt tenim els corrents d'arrossegament i de difusió. La diferència de potencial entre els terminals dels dispositius és la tensió aplicada que origina els corrents calculats.

Les concentracions i el potencial en cada punt del dispositiu han de complir les equacions generals del semiconductor, és a dir, les equacions de continuïtat 1.34 i 1.35 i l'equació de Poisson 1.53. Noteu que es poden formular com un sistema de tres equacions diferencials en les variables n, p i V, i que han de satisfer unes determinades condicions de contorn dependents de les tensions aplicades. Resoldre aquest sistema és, en general, una tasca difícil que sol exigir la utilització de tècniques de càlcul numèric perquè no existeix una expressió matemàtica que proporcioni la solució.

Per aquest motiu és molt important simplificar el problema general i obtenir aproximacions raonables fàcils d'aconseguir matemàticament i que ens permetin entendre físicament el comportament del dispositiu (per exemple, per què un díode deixa passar el corrent en un sentit i el bloqueja en sentit contrari?, o quins paràmetres tenen més influència en el rendiment de conversió energètica d'una cel·lula solar?). Avui dia està a l'abast de tothom obtenir solucions més exactes a partir d'una aproximació inicial utilitzant programes informàtics de càlcul numèric.

Dues de les aproximacions més utilitzades per evitar haver de resoldre el sistema general d'equacions diferencials del semiconductor fan referència a l'equació de Poisson. Quan en una regió del semiconductor $p(x)$-$n(x)$ és molt menor que $N_D^+(x)$-$N_A^-(x)$, es diu que la regió està buida o despoblada de portadors i la densitat de càrrega es pot aproximar per:

$$\rho(x) \cong q\{N_D^+(x) - N_A^-(x)\} \tag{1.54}$$

Aquesta aproximació, que és el punt de partida del proper capítol dedicat a l'anàlisi de la junció PN, s'anomena *aproximació de buidament*.

Una altra situació es dóna quan $p(x)$-$n(x)$ es molt similar a $N_D^+(x)$-$N_A^-(x)$. En aquest cas la densitat de càrrega $\rho(x) << q[N_D^+(x)\text{-}N_A^-(x)]$. Es diu que es tracta d'una *regió quasi neutra* i l'aproximació que es fa és:

$$p(x) - n(x) \cong N_D^+(x) - N_A^-(x) \tag{1.55}$$

És a dir, es suposa que els majoritaris coincideixen amb el dopatge.

Com que els dopatges són coneguts, les dues aproximacions independitzen el potencial i el camp elèctric de n i p, la qual cosa permet desacoblar l'equació de Poisson i les de continuïtat. L'aplicació d'aquestes aproximacions a l'anàlisi aproximat de dispositius es veurà en els propers capítols.

Exercici 1.21

Demostreu que en una regió en la qual el camp elèctric sigui constant hi ha neutralitat de càrrega.

La llei de Gauss estableix que $\rho(x) = \varepsilon\,(dE_{el}/dx)$. Per tant, si E_{el} és constant, $\rho = 0$, cosa que indica que hi ha neutralitat de càrrega. En aquest cas, $n - p = N_D - N_A$ i si estem en baixa injecció els majoritaris coincideixen amb el dopat net. Si el semiconductor és de tipus N i mentre n sigui molt més gran que p, es podrà aproximar n pel dopatge donador net.

1.5.3 Camp elèctric creat per un dopatge variable

Quan el dopatge és variable, les concentracions de portadors també ho són, i en conseqüència es produeixen corrents de difusió que tendeixen a igualar les concentracions en tots els punts. Com que les impureses estan fixes en el cristall, el desplaçament dels portadors origina densitats de càrrega al llarg del dispositiu. Aquests dipols de càrrega produeixen camps elèctrics que provoquen corrents d'arrossegament, els quals fan variar els dipols inicials de càrrega, ja que impliquen nous desplaçaments de portadors. Al final, però, s'aconsegueix arribar a una situació estacionària, l'equilibri tèrmic.

Un semiconductor amb dopatge no uniforme en equilibri tèrmic presenta densitats de càrrega, camps elèctrics i diferències de potencial en el seu interior, el balanç de les quals dóna lloc al compliment de la condició que caracteritza l'equilibri: el corrent d'electrons i el de forats han de ser nuls en tots els punts del semiconductor. Així doncs:

$$J_p(x) = q\mu_p p_0 E_{el} - qD_p\,\frac{dp_0}{dx} = 0 \quad \Rightarrow \quad E_{el} = V_t\,\frac{1}{p_0}\,\frac{dp_0}{dx} \tag{1.56}$$

on hem fet servir la relació d'Einstein 1.24 entre D i μ. També:

$$J_n(x) = q\mu_n n_0 E_{el} + qD_n\,\frac{dn_0}{dx} = 0 \quad \Rightarrow \quad E_{el} = -V_t\,\frac{1}{n_0}\,\frac{dn_0}{dx} \tag{1.57}$$

El lector pot comprovar que aquestes dues relacions del camp elèctric són equivalents, ja que en equilibri tèrmic es compleix la llei d'acció de masses, $n_0 p_0 = n_i^2$.

Les expressions 1.56 i 1.57 permeten calcular directament el camp elèctric en equilibri tèrmic produït per un dopatge no uniforme si es pot fer l'aproximació de quasi neutralitat. En aquest cas, només cal substituir en aquestes expressions el portador majoritari pel dopatge.

Exercici 1.22

Calculeu el camp elèctric produït per un dopatge de valor $N_A(x) = 10^{19}\exp(-10^4 x^2)$ cm^{-3}. Suposeu quasi-neutralitat de càrrega.

Per la hipòtesi de quasi-neutralitat $p_0(x) = N_A(x)$. Aplicant 1.56 resulta $E_{el}(x) = -500x$ V/cm.

Exercici 1.23

A partir del resultat de l'exercici anterior, trobeu per a quin interval de valors de x és vàlida l'aproximació de quasi neutralitat.

A partir de l'expressió de densitat de càrrega 1.50, trobem: $p = N_A + n + \rho/q$. Per poder aproximar els forats majoritaris pel dopatge cal que $n \ll N_A$ i que $\rho/q \ll N_A$. La primera condició implica que $n_i^2/N_A \ll N_A$, és a dir, $N_A^2 \gg n_i^2$. Per analitzar la segona condició cal trobar prèviament ρ. Per la llei de Gauss ρ és la derivada de E_{el} multiplicada per ε. Operant resulta $\rho = -500\times10^{-12}$ C/cm^3 i $\rho/q = 3.1\times10^9$ cm^{-3}. Per tant, caldrà que N_A sigui molt més gran que 3.1×10^9 cm^{-3}. Prenent com "molt més gran" un factor 10, resulta que N_A ha de ser més gran que 5×10^{10} cm^{-3}. A partir d'aquí és immediat trobar l'interval de x demanat.

QÜESTIONARI 1.5.b

1. Sigui un semiconductor de tipus N amb una distribució variable de donadors $N_D(x)$. Suposarem que la concentració de portadors majoritaris és aproximadament la mateixa que la d'impureses. En equilibri tèrmic podem calcular el camp elèctric dins el material a partir de la condició $J_n(x) = 0$ o de $J_p(x) = 0$. Quina de les impliacions següents és inacceptable?

a) $J_n = 0 \Rightarrow E_{el} = -V_t (1/n)\ dn/dx$ b) $J_p = 0 \Rightarrow E_{el} = -V_t p\ d(1/p)/dx$

c) $J_n = 0 \Rightarrow E_{el} = -V_t (1/N_D)\ dN_D/dx$ d) $J_p = 0 \Rightarrow E_{el} = -V_t (1/N_D)\ dN_D/dx$

2. Calculeu les densitats de corrent de difusió (en A/cm^2) dels dos tipus de portadors associats als perfils de portadors:
$$n(x) = 10^{16}\times exp[-x/x_0]\ cm^{-3}; \qquad p(x) = 2.25\times10^4\cdot exp[x/x_0]\ cm^{-3}$$
a on $x_0 = 10\mu m$ i x varia entre 0 i 50 μm. Els coeficients de difusió dels portadors són $D_n = 750$ cm^2/(Vs), $D_p = 300$ cm^2/(Vs). És compatible aquest resultat amb l'equilibri tèrmic del material? Quin dels resultat següents és correcte?

a) $J_n (0) = -1.2\times10^3$; $J_p (0) = -1.08\times10^{-2}$; Pot haver-hi equilibri tèrmic

b) $J_n (0) = -1.2\times10^3$; $J_p (0) = -1.08\times10^{-2}$; No pot haver-hi equilibri tèrmic

c) $J_n (x=50\ \mu m) = 7.4$; $J_p (x=50\ \mu m) = 7.3\times10^{-12}$; No pot haver-hi equilibri tèrmic

d) $J_n (x=50\ \mu m) = 0$; $J_p (x=50\ \mu m) = 0$; Pot haver-hi equilibri tèrmic

3. Amb les dades de la qüestió anterior volem saber quan ha de valer el camp elèctric (en V/cm) que ha d'haver-hi dins el semiconductor per tal que hi hagi equilibri, en cas que això sigui possible. Dada: $k_B T/q = 0.025$ V.

a) 25   b) $25\times exp(-x/x_0)$

c) $-25\times exp(-x/x_0)$ d) No ni ha cap camp que compleixi aquesta condició

4. A l'interior d'un semiconductor de tipus N en equilibri tèrmic hi ha un camp elèctric constant de valor E_1. Es demana trobar la distribució de càrrega elèctrica, $\rho(x)$, i d'impureses, $N_D(x)$.

a) $\rho = 0$, N_D = constant   b) $\rho = E_1$, $N_D = N_D$ (0) exp(-ax) amb a= constant
c) $\rho = E_1$, N_D = constant   d) $\rho = 0$, $N_D = N_D$ (0)exp(-ax) amb a= constant

5. El perfil trobat en la qüestió anterior és còmode perquè permet càlculs senzills però és poc realista. En prendrem ara un altre que trobarem sovint en dispositius semiconductors:

$N_A(x)= N_A(0)exp\{-(x/x_0)^2\}$ per 0<x< 4 μm, amb: $N_A(0) = 10^{19}$ cm^{-3} , $x_0 = 10^{-4}$ cm.

Trobeu el camp elèctric dins el semiconductor en equilibri tèrmic, en V/cm i ρ/q a l'interior del semiconductor, en cm^{-3}. Dada: $\varepsilon = 10^{-12}$ F/cm.

a) $E_{el} = -50$; $\rho/q = 0$ b) $E_{el} = -5\times10^6$ x(x en cm); $\rho/q = 3\times10^{13}$
c) $E_{el} = -50$; $\rho/q = 3\times10^{15}$ d) $E_{el} = -5\times10^6$ x(x en cm); $\rho/q = 3\times10^{15}$

6. Tenim una barra infinita de silici. Per x<0 el dopatge és de $N_D = 10^{16}$ donadors/cm^3 mentre que per x>0 és de $N_D = 2\times10^{16}$ donadors/cm^3 (perfil en esglaó). Quina de les afirmacions següents és falsa?

a) En tots els punts del semiconductor podem fer l'aproximació $n(x) = N_D(x)$.
b) En les proximitats de $x = 0$ el semiconductor no és neutre.
c) En les proximitats de $x = 0$ hi ha un camp elèctric no nul de signe negatiu.
d) Entre els extrems hi ha una diferència de potencial de $V(x\rightarrow\infty)$-$V(x\rightarrow\infty)=17mV$

1.6 DIAGRAMA DE BANDES D'ENERGIA EN UN SEMICONDUCTOR

El diagrama de bandes d'energia és una representació gràfica dels nivells d'energia que tenen els electrons a llarg del semiconductor. Un exemple de diagrama de bandes és el representat a la figura 1.25. Com es pot veure, en cada punt del semiconductor hi ha definits els nivells d'energia E_c i E_v que limiten les bandes de conducció i de valència i, per tant, la banda prohibida. Però aquests nivells varien d'un punt a l'altre si bé es manté constant la diferència entre ells, que és l'amplada de la banda prohibida E_g, que només depèn del material semiconductor.

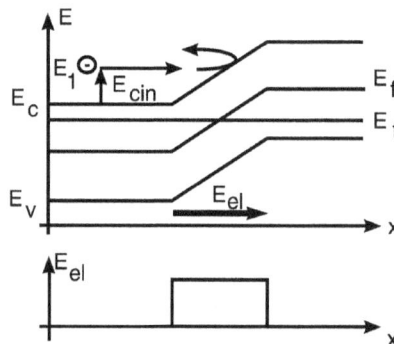

Figura 1.25 a) Diagrama de bandes en equilibri tèrmic. b) Camp elèctric

El punt de partida per obtenir el diagrama de bandes és la representació del nivell de Fermi del semiconductor en equilibri tèrmic. Com hem dit en apartats anteriors, aquest nivell en equilibri tèrmic és constant en tots els punts del semiconductor. En variar el dopatge entre dos punts varia la posició del nivell de Fermi respecte a les bandes, per la qual cosa els nivells E_c i E_v s'han d'anar "adaptant" al llarg del semiconductor perquè E_f és constant. Així, en la figura 1.25 es mostra que a prop del origen de coordenades el semiconductor és de tipus N, ja que E_c és a prop de E_f, mentre que a l'altre extrem serà de tipus P perquè E_f és molt pròxim a E_v.

El diagrama de bandes dóna molta informació sobre les característiques del semiconductor. Per exemple, indica les regions on hi ha camps elèctrics i el seus valors. A l'apartat 1.1.3 es va justificar que E_c és l'energia potencial dels electrons lliures. Un electró de la banda de conducció d'energia total E_1 (més gran que E_c), tindrà una energia cinètica de valor E_1-E_c i una energia potencial E_c. La física dels camps conservatius, -com és el cas del camp elèctric d'un semiconductor sense gradients de temperatura ni camps magnètics,- demostra que l'energia cinètica guanyada per l'electró en una regió del semiconductor, en la qual hi ha un camp elèctric efectiu sobre els electrons $E_{el,n}$ que accelera a l'electró, és adquirida a canvi de perdre energia potencial:

$$dE_{ncin} = (-q)E_{el,n}dx = -dE_c \quad \Rightarrow \quad E_{el,n} = \frac{1}{q}\frac{dE_c}{dx} \tag{1.58}$$

El camp elèctric efectiu que actua sobre el electró produeix, per tant, un curvatura del nivell E_c. De forma similar, el camp elèctric efectiu que actua sobre un forat, $E_{el,p}$, produeix una curvatura del nivell E_v:

$$E_{el,p} = \frac{1}{q}\frac{dE_v}{dx} \tag{1.59}$$

En els semiconductors elementals, com el silici i el germani, els nivells E_c i E_v són paral·lels, per la qual cosa les seves derivades són iguals i el camp elèctric efectiu per a electrons coincideix amb el camp elèctric efectiu per a forats:

$$E_{el} = E_{el,n} = E_{el,p} = \frac{1}{q}\frac{dE_v}{dx} = \frac{1}{q}\frac{dE_c}{dx} = \frac{1}{q}\frac{dE_{fi}}{dx} \tag{1.60}$$

però en un semiconductor compost E_g pot ser variable. En aquest cas, E_c i E_v deixen de ser paral·lels i els camps elèctrics efectius sobre electrons i forats són diferents. En aquest fet es basen les propietats específiques de les heteroestructures.

La curvatura de E_c i de E_v a la regió central de la figura 1.25 indica que hi ha un camp elèctric positiu en aquesta regió del semiconductor. Considerem l'electró d'energia E_1 en una posició x propera a l'origen. L'energia cinètica d'aquest electró serà $E_1 - E_c$, la qual cosa vol dir que tindrà una determinada velocitat que suposarem que va en direcció a les x més positives. Quan aquest electró penetra en la regió central en què hi ha el camp elèctric, aquest el frena, ja que l'electró és una càrrega negativa. Aquesta acció de fre anirà acompanyada d'una disminució de la seva velocitat, i per tant de la seva energia cinètica, cosa que es fa palesa per la disminució de $E_1 - E_c$ en aquesta regió. Quan el camp elèctric aconsegueix frenar del tot l'electró, la velocitat d'aquest és nul·la, i també ho és la seva energia cinètica. Això succeeix quan el nivell E_1 "toca" a E_c. En aquest punt l'electró està parat. A partir d'aquest moment el camp elèctric accelera l'electró en sentit contrari, en direcció l'origen de coordenades, de forma que progressivament va guanyant velocitat i energia cinètica, fins que surt de la regió on hi ha el camp elèctric. Es diu, aleshores, que el camp elèctric confina aquest electró a la regió esquerra. Només poden evitar el confinament aquells electrons que tenen una energia cinètica superior a l'esglaó que els presenta l'increment del nivell E_c a la regió central, és a dir, aquells electrons que, al tenir molta velocitat, no arriben a ser frenats del tot pel camp elèctric.

Un raonament similar s'aplica als forats de la regió a la dreta de la part central. L'energia cinètica d'un forat és E_v-E_2. Quan el forat va en direcció a l'origen de coordenades i entra en la regió on hi ha el camp, aquest el frena i fa disminuir la seva energia cinètica. Quan el nivell d'energia del forat, E_2, "toca" E_v, el forat queda frenat pel camp elèctric i inicia el seu retrocés a la seva regió de partida impulsat pel camp. També es diu que les bandes confinen aquest forat a la regió de la dreta. Només poden arribar a la regió de l'esquerra els forats amb una energia cinètica E_v-E_2 més gran que l'esglaó que els presenta la curvatura del nivell E_v.

L'estructura de bandes també és pot relacionar amb el potencial. En efecte,

$$\frac{1}{q}\frac{dE_{fi}}{dx} = E_{el} = -\frac{dV}{dx} \quad \Rightarrow \quad V = -\frac{1}{q}(E_{fi} - E_r) \tag{1.61}$$

on E_r és una constant d'integració. Noteu que l'expressió obtinguda mostra que la diferència de potencial entre dos punts és la diferència de E_{fi} entre aquests punts dividida per ($-q$):

$$V(x) - V(x_0) = \frac{E_{fi}(x) - E_{fi}(x_0)}{(-q)} \tag{1.62}$$

Quan es fa $E_r = E_f$ en 1.61, ja que en equilibri tèrmic E_f és constant, el potencial s'anomena intrínsec i es representa per ϕ_i:

$$\phi_i = \frac{1}{q}(E_f - E_{fi}) \tag{1.63}$$

Noteu que el potencial intrínsec és nul en un semiconductor intrínsec, positiu en un de tipus N i negatiu si és de tipus P. L'expressió 1.63 permet expressar les concentracions en equilibri (expressions 1.16) en funció del potencial intrínsec:

$$n_0 = n_i e^{\phi_i/V_t} \qquad p_0 = n_i e^{-\phi_i/V_t} \tag{1.64}$$

També és interessant comprovar que si es substitueix a l'expressió 1.57 (esquerra) que estableix que el corrent en equilibri és nul, l'expressió 1.60 del camp elèctric en funció de E_{fi}, i l'expressió 1.16 de les concentracions d'equilibri en funció de n_i i de E_{fi}, s'obtenen les relacions d'Einstein entre les constants de difusió i les mobilitats.

Fora de l'equilibri tèrmic les concentracions també s'expressen en funció del potencials. Així, les expressions 1.17 es converteixen en:

$$n = n_i e^{(\phi_i - \phi_n)/V_t} \qquad\qquad p = n_i e^{(\phi_p - \phi_i)/V_t} \qquad\qquad (1.65)$$

on ϕ_i s'anomena potencial intrínsec i val $\phi_i = E_{fi}/(-q)$, ϕ_n és el quasi potencial de Fermi d'electrons i val $E_{fn}/(-q)$ i ϕ_p és el quasi potencial de Fermi de forats i és $E_{fp}/(-q)$. En aquestes definicions es pren com a origen de potencial $E_f/(-q)$.

Exercici 1.24

Calculeu el camp elèctric entre $x = 0$ i $x = 0.5$ μm, sabent que el nivell de Fermi intrínsec varia linealment en aquesta regió des de $E_{fi}(0) = -5.1$ eV a $E_{fi}(0.5$ μm$) = -5.6$ eV. Quina serà la diferència de potencial entre aquest dos punts?

Aplicant 1.60: $E_{el} = (1/q)\Delta E_{fi}/\Delta x = (-5.6+5.1)/0.5 \times 10^{-4}$ eV/q×cm^{-1} = -10^4 V/cm.
La diferència de potencial serà la del potencial intern entre aquests dos punts:
$V(0.5$ μm$)-V(0) = \phi_i(0.5$ μm$) - \phi_i(0) = [E_{fi}(0) - E_{fi}(0.5$ μm$)]/q = 0.5$ eV/q = 0.5 V.

QÜESTIONARI 1.6

1. En un cristall de silici de 100 μm de llargada tenim el perfil de camp elèctric següent:

　　$E(0 \leq x < 45$ μm$) = 0$;　$E(45 \leq x \leq 55$ μm$) = E_0 = 500$ V/cm;　$E(55 < x \leq 100$ μm$) = 0$
　　Quina de les figures següents correspon al diagrama de bandes del semiconductor? Dades: $qV_1 = 0.5$ eV i $qV_2 = 5$ eV

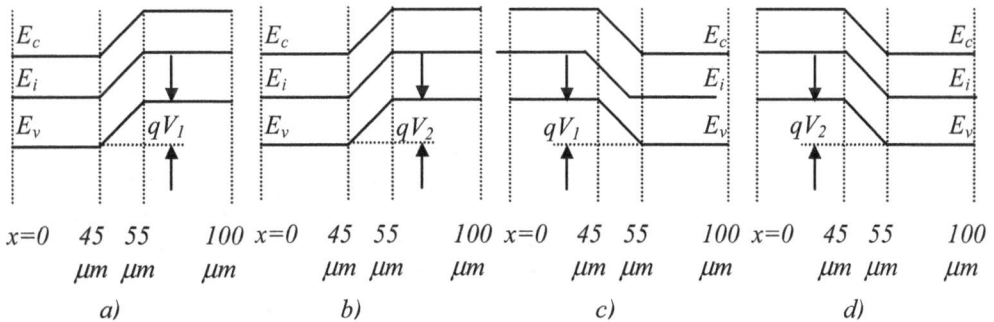

$x=0$　45　55　　100　$x=0$　45　55　　100　$x=0$　45　55　　100　$x=0$　45　55　　100
　　　μm μm　　μm　　　　μm μm　　μm　　　　μm μm　　μm　　　　μm μm　　μm
　　　　a)　　　　　　　　　b)　　　　　　　　　c)　　　　　　　　　d)

2. Suposem que el diagrama de bandes en un semiconductor és el de la figura b de la qüestió anterior amb $qV_1 = 0.4$ eV. Volem saber quina és l'energia mínima que hem de donar a un electró que es troba en el nivell $E = E_c$ en un punt $x < 45$ μm perquè pugui arribar a $E = E_c$ en un punt $x > 55$μm. Ens plantegem la mateixa pregunta per un forat que es troba inicialment en el nivell $E = E_V$ en un punt $x < 45$ μm, i s'ha de desplaçar fins al nivell $E = E_V$ en un punt $x > 55$ μm.
　　a) Hem de donar una energia de 0.4 eV tant a l'electró com al forat.

b) Hem de donar una energia de 0.4 eV a l'electró mentre que el forat no necessita aportació d'energia.

c) L'electró té suficient energia però al forat hem de subministrar-li 0.4 eV.

d) Tots dos portadors es poden desplaçar sense necessitat de més energia

3. Si en el cas de la qüestió anterior l'energia que donem a l'electró és només de $\Delta E = 0.16$ eV, determineu fins a quin punt x es podrà desplaçar el portador fins a ser aturat completament pel camp elèctric (punt de retorn).

a) $x_{max} = 49 \ \mu m$ b) $x_{max} = 47.5 \ \mu m$ c) $x_{max} = 46.6 \ \mu m$ d) $x_{max} = 45 \ \mu m$

4. En el cas de la qüestió anterior, si l'energia subministrada a l'electró hagués estat de 3 eV, calculeu quanta energia cinètica li quedarà quan assoleixi la regió $x > 55 \ \mu m$.

a) 3.4 eV   b) 3 eV   c) 2.6 eV   d) 2.2 eV

5. Apliquem un camp elèctric uniforme de 100 V/cm en el sentit de les x creixents a un cristall de silici de 500 μm de llargada. Representeu el diagrama de bandes. Podem assegurar que el concepte de nivell de Fermi té sentit?

a) E_i, E_c i E_v són funcions lineals creixents de x, mentre que E_f és constant.

b) E_i, E_c i E_v són funcions lineals decreixents de x, mentre que E_f és constant.

c) E_i, E_c i E_v són funcions lineals creixents de x. No té sentit parlar de E_f.

d) E_i, E_c i E_v són funcions lineals decreixents de x. No té sentit parlar de E_f.

PROBLEMA GUIAT 1.5

El diagrama de bandes de la figura correspon a una estructura denominada heterojunció que està formada per dos semiconductors diferents (en aquest cas per $E_{g1} = 1.35$ eV i $E_{g2} = 0.75$ eV). a) Quin és el dopat de la regió $x < a$ sabent que en aquesta regió $E_c - E_f = 0.1$ eV? b) Quina fracció dels electrons de conducció de la regió $x < a$ té energia suficient per passar a la regió $x > b$?. c) Repetiu els dos apartats anteriors per a la regió $x > b$ sabent que $E_f - E_v = 0.075$ eV i substituint electrons de conducció per forats. d) Suposeu que en el punt mitjà entre a i b es genera una parella electró-forat. Com es desplaçarien els portadors per efecte d'aquest camp elèctric? e) Quina energia cinètica hauria guanyat aquest electró en sortir de la regió lliure de camp? f) Quina velocitat adquireix un electró de conducció que penetri a la regió $x > b$ amb energia mínima? Dades: $\Delta E_c = 0.1$ eV; $\Delta E_v = 0.49$ eV; $\Delta E_d = 0.66$ eV; $n_{i1} = 10^7$ cm^{-3}; $n_{i2} = 4 \times 10^{11}$ cm^{-3}.

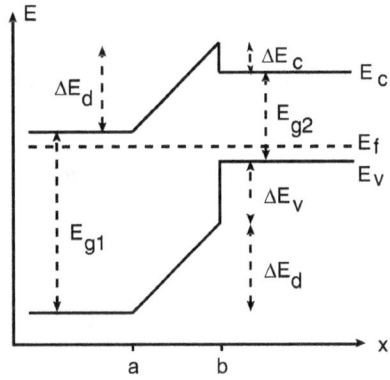

APÈNDIX 1.1 Els efectes d'alt dopatge

Quan el dopatge d'una regió del semiconductor pren valors superiors a uns 10^{18} àtoms/cm^3, la concentració intrínseca augmenta respecte al valor constant que tenia per dopatges menors (pel silici a 300 K aquest valor era 1.5×10^{10} cm^{-3}). Aquest augment de n_i té efectes sobre la concentració de portadors minoritaris, ja que la llei d'acció de masses estableix que minoritaris = n_i^2/majoritaris. La concentració de majoritaris coincideix amb la d'impureses.

A l'apartat 1.2.3 es va deduir la llei d'acció de masses multiplicant les concentracions d'electrons i de forats en equilibri tèrmic. A més a més es feia la hipòtesi que aquestes concentracions es podien aproximar per les aproximacions de Boltzmann, la qual cosa només és certa si el nivell de Fermi està suficientment per sota de E_c quan es calcula n_0 i suficientment per sobre de E_v quan es calcula p_0. Si un semiconductor N està molt dopat, el nivell de Fermi pot estar fins i tot per sobre de E_c, i l'aproximació de Boltzmann deixa de ser vàlida per calcular n_0. Quelcom similar succeeix per a un semiconductor P molt dopat: el nivell de Fermi pot estar per sota de E_v i p_0 no es pot calcular fent servir l'aproximació de Boltzmann. Per tant, en el càlcul del producte $n_0 p_0$ s'hauran d'utilitzar les equacions generals que depenen de les integrals de Fermi d'ordre 1/2 i que donen un resultat diferent que el calculat en 1.33.

Per altra banda succeix un fenomen nou: el valor de E_g disminueix. Es diu que hi ha un aprimament de la banda prohibida (en anglès *bandgap narrowing*). Per un semiconductor N, això es deu a que els nivells donadors, -que per a dopatges baixos eren nivell discrets, localitzats en les posicions dels àtoms d'impuresa,- passen a convertir-se en una banda contínua en tot el semiconductor, la qual s'arriba a ajuntar amb la banda de conducció, i fa disminuir E_g, que no és més que la separació entre E_c i E_v.

Quan es calcula el producte $n_0 p_0$ tenint en compte la influència de les integrals de Fermi i l'aprimament de la banda prohibida, ΔE_g, resulta:

$$n_i^2 = FC e^{\Delta E_g / k_B T} = n_{i0}^2 e^{\Delta E_g^{ap} / k_B T} \qquad (1.66)$$

on FC és una constant que té en compte els efectes de l'estadística de Fermi Dirac i ΔE_g és l'aprimament de la banda prohibida. A l'última expressió, n_{i0} és la concentració intrínseca per dopatges baixos (el valor que utilitzem habitualment) i ΔE_g^{ap} és la reducció *aparent* de l'amplada de la banda prohibida, la qual integra la reducció real i els efectes de l'estadística de Fermi. Els valors de l'aprimament aparent de la banda prohibida es poden aproximar per l'expressió:

$$\Delta E_g^{ap} = 0.009 \left[\ln \frac{N}{10^{17}} + \sqrt{\left(\ln \frac{N}{10^{17}} \right)^2 + 0.5} \right] \qquad (1.67)$$

essent N la concentració d'impureses ionitzades. Si $N = 10^{20}$ cm^{-3} resulta $\Delta E_g^{ap} = 0.125$ eV, i per tant $n_i^2 = 146 \times n_{i0}^2$. La concentració de minoritaris serà, per tant, $p_0 = n_i^2/10^{20} = 328$ cm^{-3} en lloc del valor que trobaríem si ignoréssim els efectes d'alt dopatge $p_0 = n_{i0}^2/10^{20} = 2.25$ cm^{-3}. És a dir, la concentració de minoritaris ha augmentat per un factor de 146.

Aquests efectes són importants en dispositius dominats pel comportament dels portadors minoritaris i que presenten regions de dopatges molt elevats, com la junció PN (i la seva aplicació com a cèl·lules solars) i els transistors bipolars.

Exercici 1.25

S'anomena dopatge efectiu el dopatge que produiria la concentració real de minoritaris si s'ignorés l'augment de la concentració intrínseca produïda per l'alt dopatge. Si el màxim dopat possible en el silici és de 10^{21} cm^{-3}, quin serà el màxim dopat efectiu?

Aplicant 1.67 amb $N = 10^{21}$ cm^{-3}, resulta $\Delta E_g^{ap} = 0.166$ eV, i per l'expressió 1.66 $n_i = 4.15 \times 10^{11}$ cm^{-3}. La concentració de minoritaris serà $n_i^2/N = 172$ cm^{-3}. El dopatge efectiu és el que donaria el mateix valor fent servir n_{i0} en lloc de n_i, és a dir, $172 = n_{i0}^2/N_{ef}$. Per tant, $N_{ef} = 1.3 \times 10^{18}$ cm^{-3}.

APÈNDIX 1.2 Algunes implicacions de la naturalesa quàntica de l'electró

Com hem dit a l'apartat 1.1.3, en aquest text i per raons didàctiques, farem servir l'aproximació clàssica que considera l'electró com una partícula material de massa m_n que obeeix les lleis de Newton. Hi ha però una sèrie de fenòmens en els quals aquesta aproximació resulta inadequada i aleshores hem "d'importar" alguns resultats de la mecànica quàntica.

La mecànica quàntica parteix d'un principi bàsic, la dualitat ona partícula. Tots els ens físics són alhora partícules i ones. A escala macroscòpica domina un dels dos aspectes i aleshores es pot fer la diferenciació de la física clàssica entre ones i partícules materials, però a escala microscòpica se solen presentar les dues naturaleses a la vegada i deixa de ser vàlida l'alternativa clàssica entre ona o partícula. Per això, la mecànica quàntica associa a l'electró una funció d'ona que conté la seva naturalesa ondulatòria. Aquesta equació es troba resolent l'equació de Schrödinger.

Algunes correccions que cal fer a l'aproximació clàssica de l'electró com a partícula material, que troben la seva justificació en l'estudi mecanoquàntic de l'electró, i que tenen una importància significativa en el comportament dels dispositius, són el concepte de massa efectiva, l'efecte túnel i el pou de potencial.

a) La massa efectiva o massa eficaç d'un portador

L'electró en el cristall semiconductor es comporta com un "paquet" d'ones, localitzat en un punt, i que segueix les lleis de la mecànica ondulatòria. Quan volem reproduir el moviment d'aquest paquet d'ones mitjançant una partícula material fictícia que segueixi les lleis de Newton, hem d'anar ajustant la massa d'aquesta partícula a mesura que es mou. Per això, unes vegades cal assignar a la partícula fictícia una massa negativa i altres vegades una massa infinita amb l'objecte que la partícula segueixi fidelment el moviment del paquet d'ones. La massa d'aquesta partícula fictícia s'anomena massa eficaç.

La mecànica quàntica demostra que a un electró d'energia E i *moment cristal·lí* k (al capítol 4 es descriurà la relació entre E i k) cal assignar-li una massa eficaç m_n de valor:

$$m_n = \frac{\hbar^2}{\partial^2 E / \partial k^2} \qquad (1.68)$$

Quan l'electró té una energia propera a E_c, resulta que el valor m_n és positiu i proper al valor de la massa de l'electró en el buit i en repòs (vegeu la taula 1.3). L'electró es pot aproximar per una partícula material que segueix les lleis de Newton fent servir aquesta massa mentre l'energia de l'electró és propera a E_c. Però quan l'electró guanya energia cinètica i se separa de E_c l'expressió 1.68 dóna un valor diferent de m_n. Aleshores l'electró passa a comportar-se com una partícula amb massa més gran o més petita.

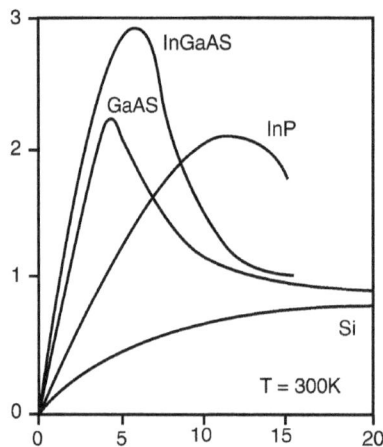

Figura 1.26 Velocitat dels electrons versus camp elèctric per diversos semiconductors
(Segons M.Shur en Introduction to Electronic Devices. *John Wiley, 1996)*

A la figura 1.26 es representa la velocitat dels electrons en funció del camp elèctric per diferents semiconductors. Noteu que la corba corresponent al GaAs presenta una "resistència incremental" negativa (en una regió, en incrementar-se el camp elèctric disminueix la velocitat). Això es deu al fet que en augmentar el camp elèctric els electrons guanyen velocitat i energia cinètica i passen a "residir" en una regió de la banda de conducció allunyada de E_c on la massa eficaç és més gran, la qual cosa "frena" els electrons. Els díodes Gunn, que s'utilitzen en microones, fan servir aquest canvi de massa de l'electró per produir oscil·lacions.

b) L'efecte túnel

A la figura 1.25 es mostrava que un electró de conducció, amb energia E_1 menor que l'esglaó de potencial que se li presentava en una certa regió del semiconductor, quedava confinat en aquesta regió. Això es devia al fet que aquest electró disposava d'una energia cinètica (E_1-E_c) i d'una energia potencial E_c. Quan E_1 es feia igual a E_c, l'energia cinètica es feia zero i l'electró quedava parat, i no podia penetrar dintre la banda prohibida. El camp elèctric present en aquesta regió el reenviava a la regió d'origen. Penetrar dins la banda prohibida significa tenir una energia cinètica negativa, la qual cosa implica una velocitat imaginària que no té cap sentit físic per a partícules materials.

Però l'electró, com tots els ens físics, té la doble naturalesa corpuscular i ondulatòria, i per tant, també es comporta com una ona. Quan s'estudia la "funció d'ona" de l'electró en el context descrit en el paràgraf anterior, mitjançant la mecànica quàntica, resulta que la funció d'ona pot penetrar en l'esglaó de potencial, si bé aquesta penetració s'esmorteeix molt ràpidament i l'electró és reflectit altre cop cap a la regió d'origen. Noteu que aquesta penetració està en radical contradicció amb el comportament clàssic descrit al paràgraf anterior.

A vegades l'energia potencial de l'electró de conducció, és a dir, el nivell E_c, presenta la forma d'una *barrera de potencial*, tal com les mostrades a la figura 1.27. Noteu que el nivell E_1 d'energia de l'electró torna a ser un nivell permès a l'altra banda de la barrera. Si l'amplada de la barrera és suficientment petita, la funció d'ona de l'electró dintre de la barrera no s'acaba d'esmorteir i la funció d'ona arriba amb valor no nul a l'altra banda de la barrera. En aquest cas, hi ha una *certa probabilitat* que l'electró travessi la barrera i es propagui per la regió de la banda dreta. Quan succeeix això, es diu que l'electró ha travessat la barrera de potencial per efecte túnel. Noteu, però, que per poder-ho fer cal que a l'altra banda de la barrera el nivell d'energia E_1 sigui permès i buit (per complir amb el principi d'exclusió de Pauli), ja que en la transmissió túnel l'energia total de l'electró, E_1, no canvia.

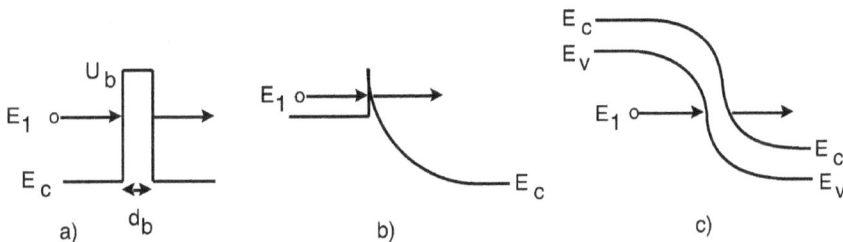

Figura 1.27 Barreres de potencial i transmissió per efecte túnel. a) Barrera rectangular. b) Transmissió túnel en el contacte òhmic. c) Transmissió túnel en la ruptura de la junció PN

Si N electrons d'energia E_1 incideixen en la barrera de potencial, els n electrons que la travessen per efecte túnel són $n = N \times P_t(E_1)$, essent $P_t(E_1)$ la probabilitat de transmissió túnel. Per una barrera rectangular d'altura U_b i amplada d_b el valor d'aquesta probabilitat és:

$$P_t(E_1) = Ae^{\frac{2d_b\sqrt{2m_n(U_b-E_1)}}{\hbar}} \qquad (1.69)$$

Aquesta expressió mostra que la probabilitat de transmissió túnel disminueix exponencialment a mesura que l'amplada de la barrera o la seva altura augmenten. En dispositius de silici l'amplada de la barrera ha de ser inferior a uns 100 Å perquè la transmissió túnel sigui significativa.

En el proper capítol veurem dos casos de transmissió túnel: en el cas dels contactes òhmics i en el cas de la ruptura de la junció PN. En el primer, els electrons de conducció del semiconductor passen al metall *tunelant* la barrera que els presenta el nivell E_c. En el segon, els electrons de valència de la regió P passen a la banda de conducció de la regió N *tunelant* la banda prohibida.

c) Quantificació de l'energia en el pou de potencial

Els dispositius que es construeixen fent servir dos o més semiconductors diferents s'anomenen heterostructures. A les heteroestructures se solen presentar *pous de potencial*, que són regions on el nivell E_c té la forma simètrica de la barrera de potencial: el nivell E_c, en una regió molt estreta, es fa més petit que els valors de E_c del seu voltant. La mecànica quàntica mostra que un electró només pot tenir uns nivells d'energia discrets dintre del pou de potencial.

Aquesta propietat és fàcil d'entendre per analogia amb els nivells d'energia permesos de l'electró en un àtom. En efecte, segons el model atòmic de Bohr, un electró en una òrbita de radi r al voltant del nucli té una energia potencial de valor

$$E_{pot} = -\frac{Zq^2}{4\pi\varepsilon_o}\frac{1}{r}$$
(1.70)

A la figura 1.28 es representa aquesta funció. Com pot observar-se, no és més que un pou de potencial, tal com hem descrit en el primer paràgraf d'aquest apartat. El resultat ben conegut de la quantificació de l'energia del electró en l'àtom (només són permesos uns nivells d'energia ben determinats) es pot extrapolar al pou de potencial.

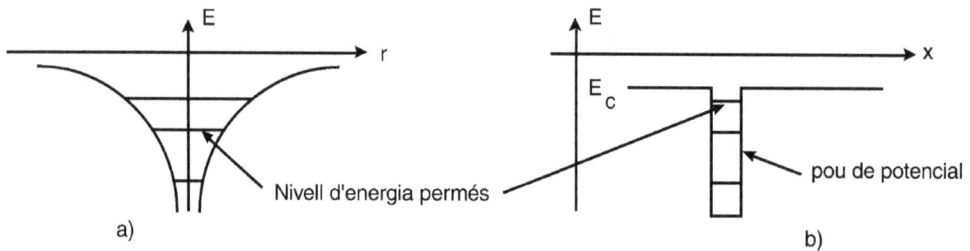

Figura 1.28 a) Energia potencial en l'àtom. b) Pou de potencial en un semiconductor

El transistor d'electrons d'alta velocitat HEMT (inicials de les paraules angleses *High Electron Mobility Transistor*) i el díode túnel ressonant RTD (inicials de *Resonant Tunneling Diode*) són exemples actuals de la utilització de la quantificació de l'energia en un pou de potencial.

PROBLEMES PROPOSATS

Mentre no es digui una altra cosa utilitzeu les següents dades referides al silici: $E_g(300\ K)$ = 1,1 eV; k_B = 8,62×10^{-5} eV/K; $n_i(300\ K)$ = 1,5×10^{10} cm^{-3}; hc = 1,24 eV·μm; q = 1,6×10^{-19} C; ε = 11,9·ε_o; ε_o = 8,85×10^{-14} F/cm; V_t = 25 mV.

P1.1 Un termistor fabricat amb Si tipus N, dopat amb N_D = 10^{11} cm^{-3}, presenta una resistència de 500 Ω a 300 K. Suposant que les mobilitats no varien significativament amb la temperatura,
   a) Trobeu la resistència que presentarà el termistor a 150 °C.
   b) Representeu gràficament la seva resistència en funció de la temperatura des de -150°C fins a 150°C.
   Dades: μ_n= 1500 cm^2/Vs; μ_p= 500 cm^2/Vs.

P1.2 Una mostra de silici presenta en equilibri tèrmic a 300 K, entre els punts x = 0 i x = 10 μm, una distribució de forats donada per $p(x)$ = 10^{18}exp(-αx) cm^{-3}, que genera un camp elèctric de valor -100 V/cm.
   a) Calculeu α.
   b) Dibuixeu aproximadament $n(x)$ i $p(x)$.
   c) Dibuixeu el diagrama de bandes en equilibri.
   d) Trobeu el perfil de dopatge.

P1.3 Un semiconductor de CdS intrínsec (E_g = 2,42 eV) se'l il·lumina amb una radiació de 0,4 μm de longitud d'ona. Les dimensions d'aquest fotodetector són L=10 μm, W = 5 μm, i t = 0,25 μm. Se li aplica una tensió de 20 V entre els seus extrems separats per la longitud L.
   a) Pot detectar aquest semiconductor aquesta il·luminació?
   b) Quin és el corrent a la fosca?
   c) A conseqüència de la irradiació es generen g_L = 10^{20} parelles electró forat/cm^{3}s. Quin serà ara el corrent en règim estacionari?
   Dades: n_i = 1 cm^{-3}; μ_n = 250 cm^2/Vs; μ_p = 15 cm^2/Vs; τ_n = 1 μs.

P1.4 Una mostra de silici està caracteritzada pel diagrama de bandes de la figura.
   a) Determineu la resistivitat del semiconductor a 300 K para $x>a$ y para $x<-a$.
   b) Quina energia cinètica ha de tenir un electró localitzat en $x=a$ per poder arribar a la regió $x<-a$?
   c) Dibuixeu el potencial en funció de x.
   d) Dibuixeu el camp elèctric en funció de x.
   e) Quina és la densitat del corrent d'electrons en x =0?
   f) Existeix corrent de difusió en x = 0?

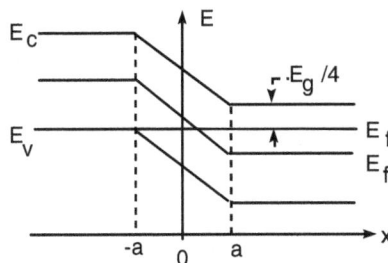

FORMULARI DEL CAPÍTOL 1

Concentració intrínseca $n_i = AT^{3/2} e^{-E_g/2k_B T}$

Llei d'acció de masses $n_0 p_0 = n_i^2$

Concentracions d'equilibri   Tipus N: $n_0 = \dfrac{N_D^+ + \sqrt{N_D^{+2} + 4n_i^2}}{2}$ $p_0 = \dfrac{n_i^2}{n_0}$

Tipus P: $p_0 = \dfrac{N_A^- + \sqrt{N_A^{-2} + 4n_i^2}}{2}$ $n_0 = \dfrac{n_i^2}{p_0}$

Nivell de Fermi $n_0 = n_i e^{(E_f - E_{fi})/k_B T}$ $p_0 = n_i e^{-(E_f - E_{fi})/k_B T}$

Corrents de difusió $J_{dp} = -qD_p \dfrac{dp}{dx}$ $J_{dn} = +qD_n \dfrac{dn}{dx}$

Corrents d'arrossegament $J_{ap} = qpv_p = qp\mu_p E_{el}$ $J_{an} = qnv_n = qn\mu_n E_{el}$

Resistència i conductivitat $R = \dfrac{1}{\sigma} \dfrac{L}{A}$ $\sigma = q(\mu_n n + \mu_p p)$

Relacions d'Einstein $D_p = \mu_p \dfrac{k_B T}{q}$ $D_n = \mu_n \dfrac{k_B T}{q}$

Recombinació neta $U \cong \dfrac{\Delta \text{minoritaris}}{\tau_{\text{minoritaris}}}$

Equacions de continuïtat $\dfrac{\partial p}{\partial t} = g_{ext} - U - \dfrac{1}{q} \dfrac{\partial J_p}{\partial x}$ $\dfrac{\partial n}{\partial t} = g_{ext} - U + \dfrac{1}{q} \dfrac{\partial J_n}{\partial x}$

Densitat de càrrega $\rho(x) = q\{p(x) - n(x) + N_D^+(x) - N_A^-(x)\}$

Llei de Gauss $\dfrac{dE_{el}}{dx} = \dfrac{\rho(x)}{\varepsilon} \ \Rightarrow \ E_{el}(b) - E_{el}(a) = \int_a^b \dfrac{\rho(x)}{\varepsilon} dx$

Relació entre camp i potencial $\dfrac{dV}{dx} = -E_{el} \ \Rightarrow \ V(b) - V(a) = -\int_a^b E_{el} dx$

Equilibri tèrmic $E_f(x) = \text{const} \quad J_p(x) = J_n(x) = 0$ per qualsevol x

Bandes i camp elèctric $E_{eln} = \dfrac{1}{q} \dfrac{dE_c}{dx}$ $E_{elp} = \dfrac{1}{q} \dfrac{dE_v}{dx}$ $E_{el} = \dfrac{1}{q} \dfrac{dE_{fi}}{dx}$

Potencial intrínsec en equilibri $\phi_i = \dfrac{1}{q}(E_f - E_{fi})$

2

La junció PN

La majoria de dispositius semiconductors utilitzats en electrònica contenen regions de tipus P i regions de tipus N. Les propietats dels contactes entre els dos tipus de zones, anomenats juncions PN, són fonamentals en el funcionament del dispositiu. Com a exemples, un díode és un dispositiu format per una sola junció; un transistor tant si és bipolar com MOS en conté almenys dues, etc. Dedicarem aquest capítol a l'estudi del comportament de la junció PN.

Després d'una descripció qualitativa del funcionament d'una junció PN, dedicarem la major part del capítol a l'anàlisi quantitativa fent servir un model simple. Començarem per l'estudi del sistema en equilibri, continuarem per l'avaluació de corrents quan apliquem tensions contínues i passarem després a veure l'efecte de les tensions depenents del temps (efectes dinàmics). Tot i que centrarem el nostre estudi en juncions on la regió P i la N són del mateix semiconductor (homojuncions), discutirem també les característiques de les heterojuncions, formades per dos semiconductors diferents. Acabarem el capítol presentant el comportament dels contactes entre un metall i un semiconductor i discutint les característiques que han de tenir els contactes que actuen de terminals d'un dispositiu (contactes òhmics).

2.1 LA JUNCIÓ PN: BANDES D'ENERGIA I EFECTE RECTIFICADOR

2.1.1 Hipòtesis inicials del model

Una junció PN és un cristall semiconductor únic, amb una regió dopada amb impureses acceptores i una altra amb impureses donadores. Quan els dopatges són homogenis a l'interior de cada regió, amb un pla de separació entre elles, aleshores parlarem de *junció abrupta*. Si el canvi de dopatge és progressiu, es parla de *junció gradual*. Centrarem el nostre estudi en juncions abruptes i anomenarem N_A la concentració d'impureses acceptores de la regió P, mentre que N_D serà el nivell de dopatge de la regió N. Suposarem que per a aquestes impureses es compleix la condició d'ionització total.

Considerarem vàlides les principals hipòtesis que ens han permès dur a terme l'estudi dels semiconductors del capítol primer, particularment que els semiconductors són no degenerats i que es mantenen les condicions de baixa injecció. D'altra banda, simplificarem el nostre treball fent servir un model unidimensional: les variables que utilitzarem depenen d'una sola coordenada mesurada en la perpendicular al pla de la junció però no de les altres dues coordenades.

2.1.2 El diagrama de bandes

La figura 2.1 representa el símbol, l'estructura i el diagrama de bandes en equilibri de la junció PN. Cal recordar aquí que el nivell de Fermi, E_f, és constant en equilibri tèrmic. La deformació dels nivells E_c i E_v (i amb ells E_{fi}) indica que hi ha un camp elèctric en el sentit de dreta a esquerra en la regió de transició, és a dir, un camp que va de la regió N cap a la P. Tal com s'ha descrit en el capítol 1, aquest camp elèctric confina els portadors majoritaris en les regions respectives: els electrons en la regió N i els forats en la P. Només poden passar a l'altra regió aquells portadors que tenen prou energia per superar l'esglaó representat per la curvatura de les bandes (en equilibri, una energia cinètica més gran que qV_{bi}). Atès el valor que acostuma a tenir aquesta barrera, el percentatge de portadors que la poden superar és molt petit.

Distingirem tres regions en la junció PN: la regió neutra P, on el camp elèctric és nul i on hi ha, per tant, neutralitat de càrrega, la zona de càrrega d'espai (ZCE) o regió de transició entre P i N, on hi ha un camp elèctric intens produït per un dipol de càrrega d'espai i, finalment la zona neutra N. Suposarem que en la zona neutra P la concentració de forats és N_A, i que $n \ll p$ mentre que per a la regió neutra N suposarem que $n = N_D$ i $p \ll n$.

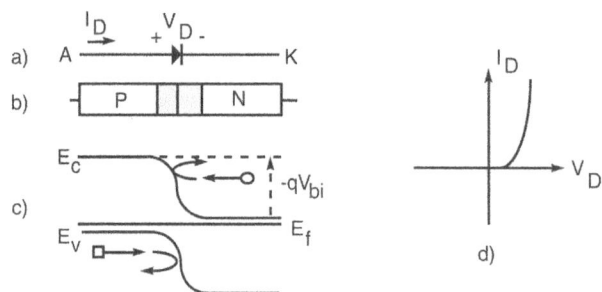

Figura 2.1 La junció PN: a) Símbol circuital. b) Estructura física. c) Diagrama de bandes en equilibri tèrmic. d) Característica I-V mostrant l'efecte rectificador

2.1.3 L' efecte rectificador

L'efecte rectificador consisteix en la propietat de permetre el pas del corrent en un sentit (de P a N, en el cas d'una junció PN) i bloquejar-lo en sentit contrari (vegeu la figura 2.1.d). El dispositiu que presenta aquest efecte s'anomena díode.

Justificarem més endavant que si apliquem una tensió positiva a la regió P respecte de la regió N (en direm polarització directa) de valor V_D, aleshores l'esglaó d'energia en la ZCE passa a valer $q(V_{bi}-V_D)$. La polarització directa fa disminuir el camp elèctric en la regió de transició, perquè redueix el pendent del perfil de E_{fi}. En polarització inversa (regió N positiva respecte de la P) l'alçada de l'esglaó $q(V_{bi}-V_D)$ augmenta.

En polarització directa, la disminució de l'esglaó d'energia en la regió de transició permet el pas de molts portadors majoritaris de cadascuna de les regions a l'altra, perquè necessiten menys energia cinètica per fer-ho. En efecte: d'acord amb la llei de Fermi, la distribució energètica dels electrons dins la banda de conducció disminueix exponencialment a mesura que la seva energia s'allunya de E_c. De la mateixa manera el nombre de forats dins de la banda de valència disminueix exponencialment a mesura que la seva energia s'allunya de E_v. Així doncs, en polarització directa hi ha un flux molt intens de forats de P a N i d'electrons de N a P. En conseqüència, el corrent a través del díode (en sentit de P a N) augmenta exponencialment amb la tensió de polarització.

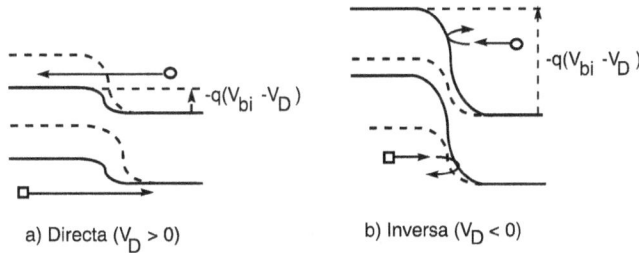

a) Directa ($V_D > 0$)   b) Inversa ($V_D < 0$)

Figura 2.2 Diagrama de bandes: a) En polarització directa. b) En polarització inversa

En polarització inversa, l'augment de l'alçada de l'esglaó d'energia produeix un confinament encara més gran dels portadors: als forats els és encara més difícil d'anar de P a N i als electrons fer-ho de N a P. El corrent és gairebé nul. Noteu que l'augment de l'alçada de l'esglaó implica un augment del camp elèctric en la ZCE perquè augmenta el pendent de E_{fi}.

2.1.4 Potencial, camp elèctric i càrrega d'espai en la regió de transició

El diagrama de bandes ens mostra que hi ha una diferència de potencial, un camp elèctric i un dipol de càrrega en la regió de transició entre P i N. En efecte, recordem les relacions trobades en el capítol 1:

$$\phi_i(x) = V(x) = -\frac{E_{fi}(x) - E_f}{q} \qquad E_{el}(x) = -\frac{dV(x)}{dx} \qquad \rho(x) = \varepsilon \frac{dE_{el}}{dx} \tag{2.1}$$

Aquestes funcions es troben representades, juntament amb la curvatura de les bandes, en la figura 2.3 per a condicions d'equilibri tèrmic i per a polarització directa. Observem que en equilibri la regió N està a un potencial V_{bi} per damunt de la regió P. Aquest potencial, que s'anomena *potencial de contacte o potencial de difusió* té per valor:

$$V_{bi} = V_N - V_P = \phi_{iN} - \phi_{iP} = \left.\frac{E_f - E_{fi}(x)}{q}\right|_N - \left.\frac{E_f - E_{fi}(x)}{q}\right|_P = \frac{k_B T}{q}\ln\frac{N_D}{n_i} + \frac{k_B T}{q}\ln\frac{N_A}{n_i} = \frac{k_B T}{q}\ln\frac{N_D N_A}{n_i^2}$$

$$\tag{2.2}$$

on hem admès que la concentració de majoritaris en cada regió és aproximadament igual al seu nivell de dopatge.

Exercici 2.1

Suposant que el màxim valor que pot prendre el dopatge en un semiconductor és de 10^{21} cm^{-3}, estimeu el valor màxim del potencial de difusió a 300 K en: a) Si; b) GaAs; c) Ge.

Aplicant l'expressió 2.2 i fent servir els valors de n_i de l'apartat 1.3, resulta:
a) $V_{bi}(300\ K,\ Si) = 25\times10^{-3}ln(10^{42}/2,25\times10^{20})=1,25\ V$
b) $V_{bi}\ (300\ K,\ AsGa) = 25\times10^{-3}ln(10^{42}/4\times10^{12})= 1,69\ V$
c) $V_{bi}\ (300\ K,\ Ge) = 25\times10^{-3}ln(10^{42}/6,25\times10^{26}) = 0,87\ V$

Exercici 2.2

Estimeu el valor màxim de V_{bi} segons el diagrama de bandes. Compareu els resultats amb els de l'exercici anterior i justifiqueu les diferències.

Si suposéssim que per a dopatges molt grans tinguéssim $E_f = E_c$ en la regió N i $E_f = E_v$ en la regió P, la barrera de potencial seria E_g, és a dir, $V_{bi}(300\ K,\ Si) = 1,1\ V$, $V_{bi}(300\ K,\ GaAs) = 1,43\ V$, $V_{bi}(300\ K,\ Ge) = 0,68\ V$. Els valors obtinguts en l'exercici anterior són més grans i això exigeix que el nivell de Fermi en un semiconductor molt dopat es trobi dins la banda de conducció si és de tipus N i dins la de valència si és P. Ens hi referim com a semiconductors degenerats.
Comentari: les concentracions de majoritaris i minoritaris calculades en el capítol 1, on hem aplicat l'aproximació de Boltzmann, no valen en semiconductors degenerats. Les conclusions d'aquest exercici són qualitativament correctes però els valors numèrics no són exactes.

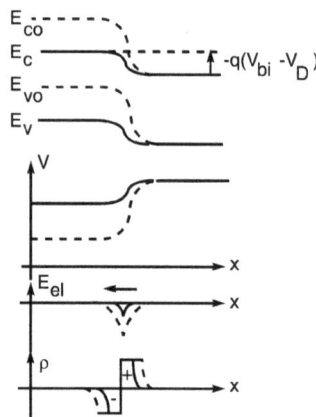

Figura 2.3 Diagrama de bandes, potencial, camp elèctric i densitat de càrrega en equilibri tèrmic i en polarització directa

L'aplicació d'una tensió de polarització directa V_D fa disminuir l'alçada de la barrera de potencial entre la part N i la P, que passa a valer $V_{bi}\text{-}V_D$, i això implica una disminució de la intensitat del camp elèctric i de la densitat de càrrega. En canvi, en polarització inversa V_D és negativa i, per tant, la barrera de potencial es fa més alta, el camp elèctric més intens i la densitat de càrrega més gran.

L'augment del camp elèctric, si es va polaritzant més inversament a la junció, arriba a provocar la *ruptura de la junció* PN. Quan el camp elèctric assoleix un valor crític, proper a $3 \cdot 10^5$ V/cm en el silici, comença a circular un corrent invers molt intens perquè es genera un gran nombre de portadors.

2.1.5 Generació del dipol de càrrega en la regió de transició

D'acord amb la llei de Gauss la variació del camp elèctric és deguda a la presència de càrrega elèctrica distribuïda en la regió. L'estructura de bandes posa en evidència que hi ha un dipol de càrrega en la regió de transició de P a N. Ens preguntem quin és l'origen d'aquesta càrrega, d'on ha sortit.

Considerem un semiconductor de tipus P homogeni que posem en contacte amb un de tipus N (es tracta d'un procés conceptual, no d'una tècnica de fabricació). Aleshores els forats començaran a difondre's des de la regió P, on la seva concentració és gran, cap a la regió N, on gairebé no n'hi ha. Com a conseqüència d'aquesta difusió, la concentració de forats de la regió P, a prop de la interfície amb la regió N, disminuirà. Abans de fer la unió, el semiconductor P tenia aproximadament tants forats com impureses N_A^- ionitzades negativament. Aquesta igualtat garanteix la neutralitat de càrrega en tots els punts. Després de la unió desapareixen forats d'aquesta regió perquè s'han desplaçat cap a la regió N, de manera que N_A^- serà més gran que la concentració de forats, positius, fent que a la regió P, en la proximitat de la interfície, hi hagi una càrrega neta negativa. Un raonament paral·lel explica que aparegui una càrrega neta positiva en la regió N, a prop de la interfície amb la regió P, per causa dels electrons que han abandonat per difusió la regió N, deixant endarrere impureses donadores positives no neutralitzades (figura 2.4).

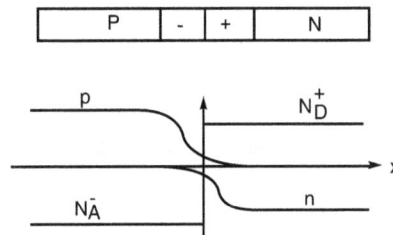

Figura 2.4. - Generació del dipol de càrrega en la regió de transició de la junció PN. Els forats abandonen la regió P per difusió deixant en el seu lloc ions negatius N_A^- no neutralitzats. De la mateixa manera els electrons se'n van de la regió N deixant ions positius N_A^+ sense neutralitzar

D'aquesta manera es forma un dipol de càrrega que genera un camp elèctric en el sentit de N cap a P. Aquest camp elèctric confina els portadors majoritaris en les respectives regions d'origen perquè "s'oposa" a la difusió, "retornant" forats a la regió P, i electrons a la regió N per arrossegament. Mentre domini la difusió disminuiran les concentracions de majoritaris en les seves regions respectives, reforçant el dipol de càrrega i fent augmentar el camp elèctric. Al cap d'un temps s'arriba a un equilibri entre la difusió i l'arrossegament, de manera que ambdós corrents es neutralitzen exactament en cada punt, i així s'assoleix l'equilibri tèrmic, que s'ha representat en el diagrama de bandes de l'apartat 2.1.1.

2.1.6 Contactes entre metall i semiconductor

Els terminals d'un dispositiu que conté una junció PN, com és el cas d'un díode, han de ser metàl·lics, tal com indica la figura 2.5. En el contacte entre un metall i un semiconductor també apareix un dipol de càrrega d'espai similar al d'una junció PN. Aquesta afirmació serà justificada al final d'aquest capítol. El dipol esmentat dóna lloc a un potencial de contacte entre el metall i el semiconductor.

Entre el terminal d'ànode (A) i el de càtode (K) hi ha, en equilibri tèrmic, tres potencials de contacte: V_{c1} entre metall i semiconductor P, V_{bi} en la junció PN, i V_{c2} entre el semiconductor N i el metall. La suma dels tres potencials ha de ser zero, de manera que $V_A = V_K$, ja que altrament un díode en equilibri tèrmic es comportaria com una font de tensió i això és incompatible amb els principis de la termodinàmica.

Demostrarem en l'esmentat apartat que quan es polaritza un dispositiu com el de la figura 2.5 es poden donar dues situacions diferents en els terminals: que els potencials de contacte entre metall i semiconductor es mantinguin constants, amb el seu valor d'equilibri, o que, al contrari, una part de la tensió V_A-V_K caigui en aquests contactes. Únicament el primer tipus de contacte

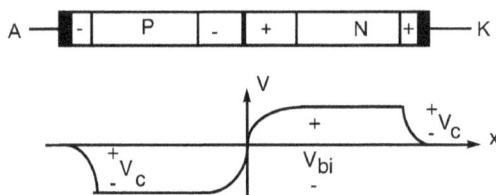

Figura 2.5 Potencial de contacte entre ànode i càtode d'una junció PN en equilibri.

serà útil per construir els terminals d'una junció PN. Aleshores tota la tensió aplicada apareix en la ZCE de la junció PN, suposant que en les zones neutres el camp elèctric sigui inapreciable. Per justificar aquesta hipòtesi observem que en les zones neutres no hi ha càrrega neta localitzada i, d'acord amb la llei de Poisson no hi ha camp. Suposarem que les possibles caigudes de tensió en les zones neutres associades al pas de corrent són petites, però discutirem aquest punt en l'apartat 2.5 i veurem com corregir el model de dispositiu en cas que la suposició que ara fem no sigui acceptable.

QÜESTIONARI 2.1

1. Considereu una junció entre una regió del semiconductor de tipus P i una regió intrínseca. Tindrem càrregues localitzades a banda i banda del pla de la junció (dipol de càrrega). Raoneu quines càrregues (portadors de corrent, impureses ionitzades, etc...) constituiran aquest dipol i en conseqüència decidiu quina de les afirmacions següents no és correcta.

a) Una zona en la regió P té càrrega negativa perquè ha perdut portadors majoritaris.

b) Una zona de la regió intrínseca té càrrega positiva perquè ha guanyat forats.

c) La densitat de càrrega de la regió P en cada punt és proporcional a la concentració d'impureses ionitzades no neutralitzades per portadors lliures.

d) La densitat de càrrega de la regió intrínseca en cada punt és proporcional a la concentració d'àtoms del semiconductor no neutralitzats per portadors lliures.

2. Considereu el diagrama de bandes de la junció de la qüestió anterior. Per simplificar suposarem que en la regió P el nivell de Fermi es troba en el cim de la banda de valència (E_f-E_v=0). Volem saber quina energia haurem de donar a un forat per fer-lo passar de la regió P a la intrínseca. Dada: l'amplada de banda del semiconductor és E_g=1.5 eV. Nota: el signe negatiu vol dir que el forat cedeix energia

a) 1.5 eV   b) 0.75 eV   c) −1.5 eV   d) −0.75 eV

3. Quan val la tensió de difusió (barrera de potencial) V_{bi} en la junció de les qüestions anteriors? Suposem ara que som capaços d'introduir impureses donadores en la regió intrínseca fins que el nivell de Fermi arribi a tocar el fons de la banda de conducció (E_c-E_f=0). Quan val ara V_{bi}?

a) V_{bi} = 0.75 V en el primer cas i V_{bi} = 1.5 V en el segon.

b) V_{bi} = 1.5 V en el primer cas i V_{bi} = 0.75 V en el segon.

c) V_{bi} = 0.75 V en el primer cas i V_{bi} = -1.5 V en el segon.

d) V_{bi} = 1.5 V en el primer cas i V_{bi} = -0.75 V en el segon.

4. Tornem a la junció de la qüestió 2. Ara que ja sabem que l'energia necessària per superar la barrera de potencial és la mateixa per als dos tipus de portadors de corrent, ens preguntem sobre el nombre de portadors que travessaran el pla de la junció en equilibri tèrmic. Quina de les afirmacions següents és falsa?

a) El nombre de forats que passen de la regió P a la intrínseca és igual al nombre dels que es mouen en sentit contrari. El mateix passa amb el nombre d'electrons

b) El nombre de forats que passen de la regió P a la intrínseca és més gran que el d'electrons que es desplacen en sentit oposat.

c) El nombre d'electrons que van de la regió intrínseca a la P és superior al dels que ho fan en sentit contrari.

d) El nombre de forats i el d'electrons que travessen el pla de la junció han de ser iguals.

5. Calculeu el potencial de difusió d'una junció abrupta en els dos casos següents: 1) N_A = N_D = N_1 = 10^{15} cm^{-3}; 2) N_A = N_D = N_3 = 10^{21} cm^{-3} Per respondre reviseu les hipòtesis que han fet falta per arribar a la fórmula que heu fet servir i decidiu quina resposta és correcta. Dades: n_i = 1.5×10^{10} cm^{-3}, $k_B T/q$ = 0.025 eV.

a) *0.275 V, 0.622 V. El primer resultat no és vàlid perquè per dopatges molt baixos no es pot aplicar l'aproximació de buidament.*
b) *0.55 V, 1.25 V. El segon resultat no és vàlid perquè per dopatges molt alts no es pot aplicar l'aproximació de Boltzmann.*
c) *0.275 V, 0.622 V. Tots els resultats són vàlids.*
d) *0.55 V, 1.25 V. El segon resultat no és vàlid perquè per dopatges molt alts el semiconductor es degenera i no es pot parlar de nivell de Fermi.*

6. *Quin dels arguments per justificar que la tensió de difusió V_{bi} no és directament mesurable aplicant un voltímetre entre els terminals d'un díode és correcte?*
a) *Perquè el corrent que el voltímetre fa passar per la junció és incompatible amb les condicions d'equilibri tèrmic.*
b) *Perquè és un potencial virtual.*
c) *Perquè les caigudes de tensió en el terminals metàl·lics sumen un valor igual a V_{bi} però de signe contrari, donant un resultat total de la mesura igual a zero.*
d) *Perquè pel voltímetre circulen electrons però no forats.*

2.2. ANÀLISI DE LA ZONA DE CÀRREGA D'ESPAI DE LA JUNCIÓ PN

En aquest apartat presentarem un càlcul aproximat de la càrrega, camp elèctric i potencial en la regió de transició d'una junció PN en equilibri tèrmic i en polarització. Després tractarem el fenomen de ruptura de la junció.

Per determinar les relacions entre distribucions de càrregues, camp elèctric i potencial disposem de les equacions següents:

1. La densitat de càrrega elèctrica en funció de les concentracions de partícules carregades (portadors i impureses ionitzades):

$$\rho(x) = q\left[p(x) - n(x) + N_D(x) - N_A(x)\right] \tag{2.3}$$

2. La relació entre la densitat de càrrega i el camp elèctric donada pel teorema de Gauss que aquí escriurem en la seva forma integral:

$$E_{el}(x) = \frac{1}{\varepsilon} \int_{x_0}^{x} \rho(x)dx \tag{2.4}$$

on ε és la constant dielèctrica absoluta del semiconductor, és a dir, el producte de la constant relativa (ε_r) per la permitivitat del buit (ε_0): $\varepsilon = \varepsilon_r\varepsilon_0$. En l'expressió anterior s'ha de prendre com a extrem inferior d'integració un punt x_0 on el camp sigui nul.

3. La relació entre camp i potencial:

$$V(x) = -\int E_{el}(x)dx + constant \tag{2.5}$$

4. La relació de concentracions de portadors entre dos punts i la diferència de potencial entre aquests dos punts, com hem vist en el capítol 1:

$$n(x) = n(x_0) \, exp \frac{V(x)}{V_t} \qquad\qquad p(x) = p(x_0) \, exp - \frac{V(x)}{V_t} \qquad\qquad (2.6)$$

on prenem l'origen de potencials en un punt arbitrari x_0. Aquest sistema de cinc equacions conté cinc incògnites: $\rho(x)$, $E(x)$, $V(x)$, $p(x)$ i $n(x)$. No té una solució analítica exacta coneguda, però es pot resoldre per aproximacions successives fent servir mètodes iteratius: partint d'una $\rho(x)$ aproximada podem trobar la resta de variables en primera aproximació. El resultat serveix per escriure una segona aproximació de $\rho(x)$ i reiniciar el procés. Si l'elecció de la primera aproximació és prou afortunada el procés ha de convergir. Aquesta via de solució condueix a solucions numèriques molt acurades, útil per a simulacions per ordinador, però poc *transparents*, en el sentit que no es veu com cada variable influeix en la solució. En aquest estudi trobarem la solució de primer ordre. Té l'avantatge que dóna expressions analítiques prou simples per utilitzar-les en càlculs manuals.

2.2.1 Electrostàtica de la junció PN en aproximació de buidament

Per dur a terme l'anàlisi quantitativa de la ZCE de la junció PN farem l'aproximació anomenada *aproximació de buidament*. Consisteix a suposar que $|p - n| \ll N_A^-$ en la part P de la ZCE i que $|p - n| \ll N_D^+$ en la part N d'aquesta regió. Sota aquesta hipòtesi:

$$\rho(x) = q\{p(x) - n(x) - N_A^-\} \cong -qN_A^- = -qN_A \quad en\,la\,part\,P$$
$$\rho(x) = q\{p(x) - n(x) + N_D^+\} \cong +qN_D^+ = +qN_D \quad en\,la\,part\,N \qquad (2.7)$$

on hem suposat totes les impureses ionitzades. A partir d'aquestes expressions podem calcular el camp elèctric i el potencial fent servir les equacions 2.4 i 2.5. Denominarem w_{dP} a l'amplada de la ZCE de la regió P, w_{dN} a la de la regió N i w_d a la total. Considerarem com origen d'abscisses el punt de transició entre la regió P i la N tal com s'indica a la figura 2.6. Com que $\rho(x)$ és constant en la part P de la ZCE, la llei de Gauss exigeix que la funció camp elèctric $E_{el}(x)$ sigui lineal. La recta que el representa té pendent negatiu i talla l'eix d'abscisses en el punt $x_P = -w_{dP}$, perquè en la zona neutra P el camp elèctric és nul i ha de ser continu. En la part N de la ZCE el camp elèctric és una recta

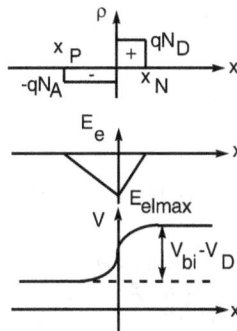

Figura 2.6 Densitat de càrrega, camp elèctric i potencial en l'aproximació de buidament

de pendent positiu, que talla la recta anterior en l'eix d'ordenades, per continuïtat del camp elèctric, i talla l'eix d'abscisses en el punt $x_N = w_{dN}$, per la mateixa raó. El valor màxim del camp elèctric es troba, per tant, en el punt $x=0$, i el seu valor és:

$$|E_{elmax}| = \frac{qN_A w_{dP}}{\varepsilon} = \frac{qN_D w_{dN}}{\varepsilon} \tag{2.8}$$

Exercici 2.3

Els dopatges d'una junció PN són $N_D = 5 \cdot 10^{16}$ cm^{-3} i $N_A = 10^{15}$ cm^{-3}. Quan s'hi aplica una determinada polarització inversa, el camp elèctric màxim val 2×10^5 V/cm. Quins són els valors de w_{dP}, w_{dN} i de l'amplada total de la ZCE, w_d? Dada: en el silici $\varepsilon = 10^{-12}$ F/cm.

Aplicant (2.8): $w_{dP} = \varepsilon E_{elmax}/qN_A = 10^{-12} \cdot 2 \times 10^5/(1,6 \times 10^{-19} \cdot 10^{15}) = 1,25 \times 10^{-3}$ cm $= 12,5$ μm
De la mateixa manera: $w_{dN} = \varepsilon E_{elmax}/qN_D = 2,5 \times 10^{-5}$ cm $= 0,25$ μm
L'amplada total de la ZCE serà: $w_d = w_{dP} + w_{dN} = 12,75$ μm

---

El potencial es pot trobar a partir del camp elèctric. La diferència de potencial entre el punt x_N i el punt x_P és la integral, amb el signe canviat, del camp elèctric entre aquests dos punts, és a dir, l'àrea del triangle definit pel perfil del camp elèctric:

$$V(x_N) - V(x_P) = \frac{1}{2}(w_{dN} + w_{dP})|E_{el\,max}| \tag{2.9}$$

Exercici 2.4

Trobeu la diferència de potencial entre la part N i la part P per l'exercici 2.3.

Aplicant (2.9): $V_N - V_P = (1/2)\,w_d E_{elmax} = (1/2) \cdot 12,75 \cdot 10^{-4} \cdot 2 \cdot 10^5 = 127,5$ V

La diferència de potencial entre els punts x_N i x_P és el potencial de contacte V_{bi} menys la tensió de polarització aplicada al díode V_D:

$$V(x_N) - V(x_P) = V_{bi} - V_D \tag{2.10}$$

Per poder trobar el camp elèctric i l'amplada de la ZCE fa falta una equació més. Ens la donarà la *neutralitat global de càrrega*. A partir d'una estructura elèctricament neutra el desplaçament de forats de la regió P a la N i d'electrons de la N a la P ha creat un dipol de càrrega sense injecció des de fora. Per tant, com que el sistema segueix sent globalment (no en cada punt) neutre, la càrrega positiva ha de tenir el mateix valor absolut que la negativa:

$$qN_A w_{dP} = qN_D w_{dN} \tag{2.11}$$

A partir de les equacions (2.8) a (2.11) es pot aïllar el camp elèctric màxim i l'amplada de la ZCE:

$$E_{elmax} = \sqrt{\frac{2q}{\varepsilon} \frac{N_A N_D}{N_A + N_D}(V_{bi} - V_D)} = E_{elmax0}\sqrt{1 - \frac{V_D}{V_{bi}}} \qquad E_{elmax0} = \sqrt{\frac{2q}{\varepsilon} \frac{N_A N_D}{N_A + N_D} V_{bi}} \tag{2.12}$$

$$w_d = w_{dP} + w_{dN} = \sqrt{\frac{2\varepsilon}{q}\left[\frac{1}{N_A} + \frac{1}{N_D}\right](V_{bi} - V_D)} = w_{d0}\sqrt{1 - \frac{V_D}{V_{bi}}} \qquad w_{d0} = \sqrt{\frac{2\varepsilon}{q}\left[\frac{1}{N_A} + \frac{1}{N_D}\right]V_{bi}} \tag{2.13a}$$

A partir de (2.11) podem calcular w_{dP} i w_{dN} :

$$w_{dP} = w_d \frac{N_D}{N_A + N_D} \qquad w_{dN} = w_d \frac{N_A}{N_A + N_D} \tag{2.13b}$$

Exercici 2.5

Trobeu els valors del camp elèctric màxim i de l'amplada de la ZCE en equilibri i per a una polarització directa de 0,5 V en la junció PN de l'exercici 2.3.

Aplicant l'expressió (2.2) resulta: V_{bi} = 0,653 V
Aplicant (2.12): E_{elmaxo} = 14,3·10^3 V/cm; E_{elmax}(0,5V) = 14,3·10^3·(1-0,5/0,653)$^{1/2}$ = 6,9·10^3
V/cm. Aplicant (2.13): w_{d0} = 0,91 μm; w_d (0,5V) = 0,91·10^{-4}·(1-0,5/0,653)$^{1/2}$ = 0,44 μm

---

2.2.2 Ruptura de la junció

L'equació (2.13) mostra que w_d disminueix en polarització directa (V_D positiva) i augmenta en inversa. De la mateixa manera, (2.12) indica que E_{el} disminueix en directa i augmenta en inversa. Quan E_{el} arriba al valor de ruptura (vegeu la figura 2.7) la junció PN entra en la regió de ruptura: el díode ja no bloqueja el corrent en sentit invers (de N a P), i permet el pas d'un corrent molt intens. Podem calcular la tensió V_z per la qual s'inicia la ruptura a partir de l'equació 2.12:

$$E_{rupt} = E_{el\,max\,0}\sqrt{1 + \frac{V_z}{V_{bi}}} \quad \Rightarrow \quad V_z = V_{bi}\left[\left(\frac{E_{rupt}}{E_{el\,max\,o}}\right)^2 - 1\right] \tag{2.14}$$

Exercici 2.6

Trobeu la tensió de ruptura de la junció PN de l'exercici 2.3 suposant que el camp elèctric de ruptura en el silici és de 3×10^5 V/cm.

Aplicant (2.14): $V_z = 0,653 \cdot [(3 \cdot 10^5 / 14,3 \cdot 10^3)^2 - 1] = 287$ V.

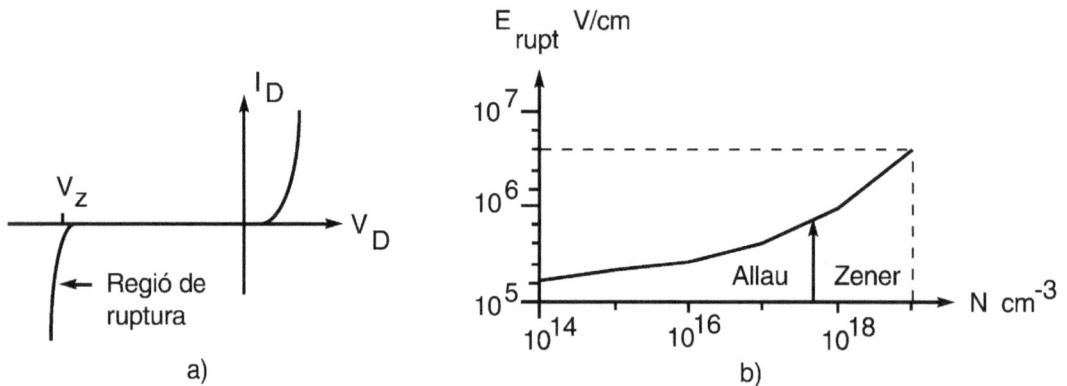

Figura 2.7 a) Característica I-V d'una junció PN mostrant la regió de ruptura. b) Camp elèctric de ruptura en funció del més petit dels dos dopatges d'una junció PN abrupta

Hi ha dos mecanismes que permeten explicar la ruptura de la junció. Un és *l'efecte d'allau*, causat per la *ionització per impacte*. L'altre s'anomena *efecte Zener.* Aquest darrer és dominant en el silici per a tensions V_z més petites que uns 5 V, mentre que per a tensions més grans domina l'efecte d'allau. Al voltant de $V_z = 5$ V hi ha superposició de tots dos efectes.

a) L'efecte d'allau

Un portador arrossegat per l'efecte d'un camp elèctric guanya energia cinètica durant el trajecte lliure entre dispersions. Si el camp elèctric és prou intens el portador pot arribar a tenir suficient energia perquè en col·lisió pugui arrencar un electró de valència donant-li prou energia per convertir-lo en electró de conducció, generant d'aquesta manera una parella electró-forat. D'aquest procés se'n diu generació, o ionització, per impacte.

Els portadors generats seran, al seu torn, també accelerats pel camp elèctric. Si es donen les condicions perquè aquests portadors generin noves parelles per impacte, aleshores té lloc una multiplicació del nombre de portadors coneguda com a multiplicació per impacte que produeix un ràpid increment del corrent d'arrossegament conegut com a efecte d'allau. La figura 2.8a esquematitza aquesta idea per un dels dos tipus de portadors, els electrons. Les condicions necessàries perquè es doni aquest fenomen són: que el camp elèctric sigui intens i que l'amplada de la regió on hi ha camp sigui gran en relació amb el recorregut lliure mitjà dels portadors per tal que la majoria d'ells realitzin impactes dins la regió abans de sortir-ne.

Si el corrent invers en la ZCE d'una junció PN, sense ionització per impacte fos I_s, sota efecte de la multiplicació esdevé $M \times I_s$, on M s'anomena factor de multiplicació. El seu valor depèn de la tensió aplicada i s'aproxima per l'expressió empírica:

$$M = \frac{1}{1-\left(V_r / V_z\right)^n}$$ (2.15)

on V_r és la tensió inversa aplicada al díode, V_z la tensió de ruptura i l'exponent n acostuma a tenir un valor entre 3 i 5. Noteu que quan V_r s'acosta a V_z el factor M tendeix a infinit.

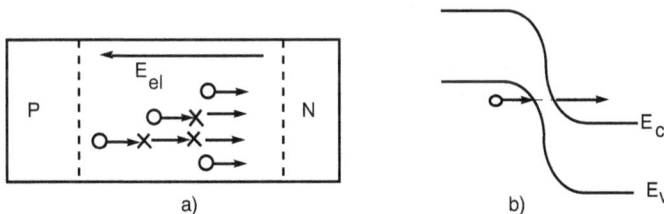

Figura 2.8 a) Efecte d'allau. b) Efecte túnel, on el triangle puntejat indica la barrera de potencial que troben els electrons

La ruptura de la junció no és un efecte destructiu i el díode torna a bloquejar el pas de corrent quan la polarització inversa es torna a fer més petita que V_z. En la regió de ruptura el corrent que circula por arribar ser gran i la tensió que cau en la junció també. Com a conseqüència pot haver-hi una dissipació important de potència. L'escalfament sí que pot causar danys en el dispositiu si no es limita convenientment el pas de corrent. Els díodes *Zener* operen precisament en la regió de ruptura.

Perquè es produeixi l'efecte d'allau es necessita que la ZCE sigui relativament ampla i això exigeix dopatges no gaire grans (en una de les dues regions, almenys). En l'efecte d'allau V_z augmenta amb la temperatura. En efecte, un increment de la temperatura fa disminuir el camí lliure mig entre dispersions i el portador accelerat haurà d'acumular l'energia necessària per provocar la ionització per impacte en un trajecte més curt. En conseqüència caldrà que el camp elèctric sigui més intens i, per tant, V_z més gran.

b) L'efecte Zener

Aquest és un efecte lligat a un fenomen típicament quàntic: l'efecte túnel dels electrons. Es pot resumir l'explicació d'aquest efecte de la manera següent. Per a una partícula en moviment que troba una barrera de potencial la mecànica clàssica preveu dues possibilitats: que la partícula tingui una energia E superior a l'alçada de la barrera U, i aleshores la pot superar, o que no en tingui prou, $E < U$, i en aquest cas queda confinada a una regió de l'espai delimitada per la barrera.

La mecànica quàntica, en canvi, preveu per a les partícules com els electrons un resultat diferent: sempre hi ha una certa probabilitat que la partícula travessi la regió de barrera, encara que $E < U$. La probabilitat de pas és més gran com més baixa sigui la barrera i com més estreta sigui la regió que ocupa (vegeu l'apèndix 1.2 del capítol 1). En una junció PN en inversa pot donar-se pas d'electrons a través de la junció per efecte túnel, tal com indica la figura 2.8b. Aquest pas representa un corrent invers. Perquè la seva intensitat sigui significativa cal que l'amplada de la ZCE sigui petita, i això només passa si totes dues regions són molt dopades.

L'efecte túnel es produeix sense canvi d'energia dels electrons. Perquè aparegui en una junció PN com en la figura 2.8b, cal que hi hagi nivells d'energia ocupats, abundants en la banda de valència, de la regió P a la mateixa alçada que nivells desocupats, abundants en la banda de conducció, de la regió N. Aquest posicionament de nivells és provocat per la polarització inversa. A més, el nombre de nivells susceptibles de participar en l'efecte túnel augmenta molt ràpidament a partir d'una certa tensió inversa, V_z, que dóna a les bandes la deformació suficient per presentar l'aspecte de la fig. 2.8b. Es produeix així un corrent invers molt important o corrent de ruptura, conegut com a efecte Zener.

La característica corrent-tensió quan es produeix l'efecte Zener és similar a la que observem quan es produeix la ruptura per allau i, de la mateixa manera, no és un efecte destructiu, sempre que la dissipació de potència no faci pujar la temperatura de la junció més enllà d'un cert límit. El valor de V_z associat a l'efecte Zener és més petit que el de l'efecte d'allau. Un increment de temperatura fa baixar la tensió a la qual es produeix aquest fenomen. Tot i que l'efecte Zener no té el seu origen en l'arrossegament de portadors, continua tenint sentit parlar d'un camp elèctric de ruptura, atès que hi ha una relació directa entre el valor del camp elèctric màxim en la ZCE i el de V_z.

EXEMPLE 2.1

A la figura que segueix es mostren les característiques corrent-tensió d'un conjunt de díodes Zener a la seva regió de polarització inversa. Noteu que moltes corbes se separen molt de la vertical.

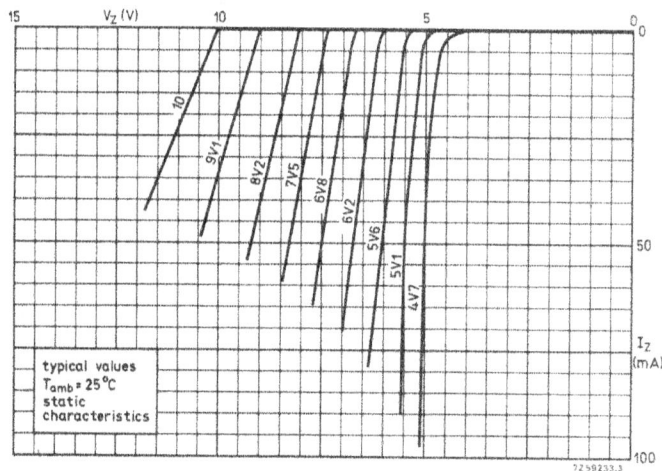

QÜESTIONARI 2.2

1. Considerem la junció entre un semiconductor P i un semiconductor intrínsec. Se'ns demana si l'aproximació de buidament és vàlida en aquest cas. Quina de les següents afirmacions és correcta?
 a) És vàlida en les dues regions.
 b) És vàlida en la regió P però no en la intrínseca
 c) És vàlida en la regió intrínseca però no en la P
 d) No és vàlida en cap regió

2. Volem comparar la tensió de difusió d'un díode de silici amb la d'un d'arseniür de gal·li amb dopatges idèntics. Per fer-ho feu un diagrama de bandes, sabent que les amplades de banda prohibida respectives són 1.1 eV i 1.43 eV i suposant que $(E_c-E_f)_{regió\ neutra\ N}$ i $(E_f-E_v)_{regió\ neutra\ P}$ són iguals en tots dos semiconductors. Com a resultat digueu quina de les afirmacions següents és falsa.
 a) La tensió de difusió en el GaAs és més gran que en el Si en les condicions del problema.
 b) La tensió de difusió en el GaAs és sempre més gran que en el Si.
 c) La tensió de difusió pot ser igual en els dos semiconductors si una de les dues diferències , $(E_c-E_f)_{regió\ neutra\ N}$ o $(E_f-E_v)_{regió\ neutra\ P}$, és més gran en el GaAs que en el Si.
 d) Si modifiquem el dopatge d'una de les regions en un ordre de magnitud el canvi de V_{bi} és més gran en el GaAs que en el Si.

3. Com varia la tensió de difusió V_{bi} quan la temperatura augmenta? Raoneu la resposta fent servir un diagrama de bandes i el desplaçament del nivell de Fermi amb la temperatura, prenent l'amplada del gap constant. Quina de les afirmacions següents és correcta?
 a) La variació de V_{bi} depén de si el dopatge menor és N o P.   b) V_{bi} augmenta
 c) V_{bi} disminuieix   d) V_{bi} no varia

4. En una junció abrupta en silici amb els dopatges $N_A= 10^{17}$ cm^{-3} i $N_D= 10^{15}$ cm^{-3} el camp elèctric màxim val 10^4 V/cm, sota una tensió de polarització de valor desconegut. Calculeu les amplades de les dues parts de la zona de càrrega d'espai aplicant directament la llei de Gauss.
Dades: $q = 1.6 \times 10^{-19}$ C, $\varepsilon = 10^{-12}$ F/cm, $k_B T/q=0.025$ V, $n_i=1.5\times10^{10}$ cm^{-3}.
 a) $w_{dP}= 6.25$ nm, $w_{dN}=0.625$ μm   b) $w_{dP}= 0.625$ μm, $w_{dN}=6.25$ nm
 c) $w_{dP}= 9.06$ nm, $w_{dN}=0.906$ μm   d) $w_{dP}= 0.906$ μm, $w_{dN}=9.06$ nm

5. Quina és la tensió de la regió neutra N respecte a la regió neutra P de la qüestió anterior?
 a) 0.315 V   b) 0.355 V   c) -0.355 V   d) -0.315 V

6. Considerem una junció PN de silici en equilibri amb $N=N_A=N_D=10^{16}$ cm^{-3}. Volem saber l'increment de V_{bi} si N passa a valer 2×10^{16} cm^{-3}. Repetiu l'exercici si $N=10^{19}$ cm^{-3} i passa a 2×10^{19} cm^{-3}. Utilitzeu els paràmetres de la qüestió 4.
 a) $\Delta V_{bi}=0.67$ V, $\Delta V_{bi}=0.84$ b) $\Delta V_{bi}=0.025$ V en els dos casos
 c) $\Delta V_{bi}=0.034$ V, $\Delta V_{bi}\approx 0$ r   d) $\Delta V_{bi}=0.034$ V en els dos casos

7. *Volem fabricar un díode P^+N de silici que pugui suportar sense entrar en ruptura una tensió inversa de $V_z= 350$ V. Calculeu el dopatge N_D sabent que $N_A = 10^3 \times N_D$. Dades: $E_{ruptura} = 3 \cdot 10^5$ V/cm.*

      a) 8×10^{17} cm^{-3}   *b) 4×10^{17} cm^{-3}*   *c) 4×10^{14} cm^{-3}*   *d) 8×10^{14} cm^{-3}*

PROBLEMA GUIAT 2.1

Considerem una junció P^+N que té les característiques següents:
Regió P: $N_A=5 \times 10^{19}$ cm^{-3}, $\mu_n =600$ cm^2/(Vs), $\mu_p=200$ cm^2/(Vs), $\tau_n=1$ μs, $w_P=5$ μm.
Regió N: $N_D=5 \times 10^{16}$ cm^{-3}, $\mu_n =1500$ cm^2/(Vs), $\mu_p=500$ cm^2/(Vs), $\tau_p=10$ μs, $w_N=500$ μm.
La secció del dispositiu és de 500 μm$\times$1000 μm.
Dades generals: $k_BT/q=0.025$ V, $q=1.6 \times 10^{-19}$ C, $\varepsilon = 10^{-12}$ F/cm, $n_i=1.5 \times 10^{10}$ cm^{-3}.
1. Calculeu el potencial de difusió.
2. Calculeu el camp màxim i l'amplada de la ZCE en equilibri tèrmic.
3. Repetiu el càlcul anterior per a una polarització directa de 0.5 V i per a una inversa de 5 V.
4. Calculeu la tensió de ruptura sabent que el camp de ruptura val 35 V/μm.

2.3 DISTRIBUCIÓ DE PORTADORS I DE CORRENTS EN RÈGIM PERMANENT

Per calcular el corrent que circula per un díode en aplicar una tensió entre els seus terminals s'han de conèixer les distribucions de portadors al llarg del dispositiu. L'objectiu d'aquest apartat és calcular les concentracions de forats i d'electrons en funció de la posició en l'eix perpendicular al pla de la junció i, a partir d'aquí, calcular els corrents. Considerarem el díode format per tres regions: les regions neutres P i N i la regió de càrrega d'espai. Suposarem que en les regions neutres P i N el díode treballa en *condicions de baixa injecció*, és a dir, la concentració de minoritaris és molt més petita que la de majoritaris, la qual és aproximadament igual que la concentració d'impureses. Més endavant ens farà falta afegir una nova hipòtesi: la *condició de quasi equilibri* en la ZCE, és a dir, que la diferència entre el corrent de difusió i el d'arrossegament, que en equilibri tèrmic es neutralitzaven en cada punt, és molt més petita que aquests corrents. A la figura 2.9 es representen aquestes regions. Els punts l_P i l_N corresponen als contactes òhmics d'ànode i càtode respectivament, i x_P i x_N delimiten la ZCE. L'origen de les x és arbitrari.

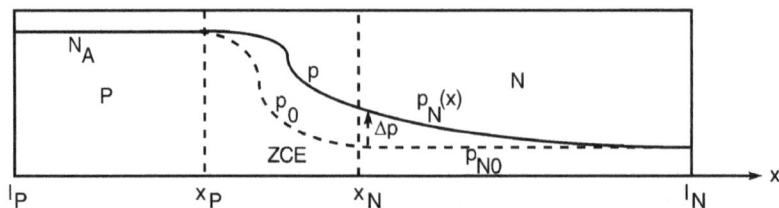

Figura 2.9 Distribució de forats al llarg de la junció PN

2.3.1 Distribucions de portadors en règim permanent

a) Distribució de forats en la zona neutra P

En la zona neutra P suposarem neutralitat de càrrega (o, per ser rigorosos, quasi neutralitat; vegeu aquest concepte en el capítol 1):

$$\rho(x) = q[p(x) - n(x) - N_A] = q[p_0 + \Delta p(x) - n_0 - \Delta n(x) - N_A] = 0 \qquad (2.16)$$

Com que en equilibri tèrmic hi ha neutralitat de càrrega en aquesta regió, tenim que $p_0 - n_0 - N_A$ = 0 i, per tant, la neutralitat de càrrega fora de l'equilibri exigeix que $\Delta p(x) = \Delta n(x)$ en tots els punts de la regió neutra. Si hi afegim la condició de baixa injecció, resulta:

$$p(x) = p_0 + \Delta p(x) \cong p_0 + \Delta n(x) \cong p_0 \cong N_A \qquad (2.17)$$

atès que $n(x) = n_0 + \Delta n(x) \ll p_0$ i, per tant, $\Delta n(x) \ll p_0$. En la figura 2.9 es mostra aquesta concentració.

b) Distribució de forats en la zona de càrrega d'espai (ZCE)

En la ZCE suposarem quasi equilibri, és a dir, $J_p = J_{dp} - J_{ap} \ll J_{dp}$ i $J_p \ll J_{ap}$. Per tant, $J_{dp} - J_{ap}$ és aproximadament zero (en equilibri és exactament zero). Aquesta condició, que només podrem justificar quan hàgim calculat els corrents, permet obtenir una relació entre el camp elèctric i la concentració de portadors (vegeu 1.56):

$$E_{el} \cong V_t \frac{1}{p} \frac{dp}{dx} = \frac{d}{dx}[V_t \ln p] = -\frac{dV}{dx} \quad \Rightarrow \quad \ln p = -\frac{V}{V_t} + C \quad \Rightarrow \quad p(x) = A \cdot e^{-V(x)/V_t} \quad (2.18)$$

on hem fet servir la relació entre el camp i el potencial. Per tant, en un punt x dins la ZCE:

$$p(x) = p(x_P) \exp\left\{-\frac{V(x) - V(x_P)}{V_t}\right\} \qquad (2.19)$$

i en la frontera amb la zona neutra N, és a dir, en el punt x_N, com que $V(x_N) - V(x_P) = V_{bi} - V_D$, resulta:

$$p(x_N) \cong p(x_P) e^{-(V_{bi} - V_D)/V_t} = N_A e^{-V_{bi}/V_t} e^{V_D/V_t} = \frac{n_i^2}{N_D} e^{V_D/V_t} = p_{N0} e^{V_D/V_t} \qquad (2.20)$$

on la condició de baixa injecció ha permès substituir $p(x_P)$ per N_A i hem utilitzat l'equació 2.2 per escriure el valor de V_{bi}. Noteu que p_{N0} és la concentració de forats en la regió neutra N en equilibri tèrmic.

Exercici 2.7

Avalueu, en el díode de l'exercici 2.3 en equilibri tèrmic, per a quins valors de x_P l'aproximació de buidament no és admissible, fent servir l'expressió 2.19 amb $p(x_P) = N_A$ per calcular la concentració de forats, i la distribució de potencial calculada a partir de l'aproximació de buidament.

L'expressió analítica del camp elèctric en la part P d'acord amb l'aproximació de buidament és:

$$E_{el}(x) = -\int_{x_P}^{x} \frac{qN_A}{\varepsilon} dx = -\frac{qN_A}{\varepsilon}(x-x_P) \qquad V(x)-V(x_P) = -\int_{x_P}^{x} E_{el} dx = \frac{qN_A}{2\varepsilon}(x-x_P)^2$$

La concentració de forats en la regió P és:

$$p(x) = N_A \exp\left\{-\frac{V(x)-V(x_P)}{V_t}\right\} = N_A \exp\left\{-\frac{qN_A}{2\varepsilon V_t}(x-x_P)^2\right\}$$

L'aproximació de buidament és acceptable quan $p(x) \ll N_A$. Prenent $p(x) = N_A/10$ com a límit de validesa resulta que per a l'interval de valors de x entre x_P i $(x_P + 0,27\mu m)$ l'aproximació no és vàlida.

---

c) Distribució de forats en la zona neutra N

Quan es polaritza directament la junció, la regió P injecta forats en la regió neutra N perquè la difusió domina sobre l'arrossegament en la ZCE. Com que en la regió neutra N no hi ha camp elèctric, els forats injectats s'allunyen de la regió de transició per difusió perquè la seva concentració en x_N és més gran que a l'interior de la regió neutra N. A mesura que s'endinsen en la regió N, van desapareixent per recombinació amb els electrons. En el punt l_N hi ha el *contacte òhmic* entre el semiconductor i el terminal metàl·lic de càtode. En aquests contactes s'acostuma a suposar que les concentracions de portadors són les d'equilibri, és a dir, que els excessos de portadors són nuls. Aquesta afirmació es basa en el fet que en el contacte s'acaba l'estructura cristal·lina del semiconductor i, amb ella, la distribució de nivells d'energia en bandes. Per això, en la regió de contacte trobarem un gran nombre de nivells permesos entre les bandes de conducció i de valència que produiran una recombinació molt intensa del portadors. El resultat serà la desaparició dels excessos de portadors.

Para trobar la distribució de forats al llarg d'aquesta regió neutra N s'ha de resoldre l'equació de continuïtat, suposant que els forats es mouen únicament per difusió:

$$0 = -\frac{\Delta p}{\tau_p} - \frac{1}{q}\frac{d}{dx}\left[-qD_p\frac{dp}{dx}\right] = -\frac{\Delta p}{\tau_p} + D_p\frac{d^2\Delta p}{dx^2} \qquad (2.21a)$$

Les condicions de contorn d'aquesta equació diferencial són:

$$\Delta p(x_N) = p_{N0}e^{V_D/V_t} - p_{N0} \qquad \Delta p(l_N) = 0 \qquad (2.21b)$$

La solució es:

$$\Delta p(z) = \Delta p(x_N)\left[\cosh\frac{z}{L_p} - \frac{1}{tanh(w_N/L_p)}sinh\frac{z}{L_p}\right] \qquad (2.22)$$

on $z = x\text{-}x_N$, és la distància mesurada a partir del punt x_N, w_N és la amplada total de la zona neutra, $w_N = l_N\text{-}x_N$, i L_p, anomenada *longitud de difusió* dels forats en la regió N, és:

$$L_p = \sqrt{D_p\tau_p} \qquad (2.23)$$

Es pot demostrar que la longitud de difusió L_p és la distància mitjana que recorre un forat en la zona neutra N abans de desaparèixer per recombinació quan es desplaça únicament per difusió.

Quan la longitud w_N de la regió neutra N és molt més gran que la longitud de difusió, aleshores no arriba cap forat al contacte òhmic perquè tots es recombinen en travessar la regió N. En aquest cas, l'expressió general (2.22) es pot aproximar per:

$$\Delta p(z) = \Delta p(x_N)e^{-z/L_p} \qquad (2.24)$$

perquè $tanh(w_N/L_p)$ és aproximadament 1. Es parla en aquest cas de regió *llarga*. De la mateixa manera, quan $w_N \ll L_p$ direm que la regió es *curta* i l'expressió (2.22) s'aproxima per:

$$\Delta p(z) = \Delta p(x_N)\frac{w_N - z}{w_N} \qquad (2.25)$$

que és l'equació d'una recta. En aquest cas el corrent de difusió de forats, que és proporcional a la derivada de $\Delta p(z)$, és constant a través de tota la regió neutra N. D'acord amb l'equació de continuïtat, això vol dir que no es perden forats per recombinació dins d'aquesta regió. Podem entendre fàcilment aquest resultat considerant que atés que aquesta regió és molt curta, els forats la travessen en un temps molt més curt que el seu temps de vida.

Exercici 2.8

Suposant que el temps de vida dels electrons en la regió P del díode de l'exercici 2.3 és 1 ms i que la mobilitat dels electrons en aquesta regió és 1500 cm^2/Vs, per a quins valors de w_P es pot considerar que la regió és llarga?

La longitud de difusió dels electrons en la regió P és $L_n = (V_t\mu_n\tau_n)^{1/2} = 0,19$ cm. Per tant, la regió P serà llarga per a $w_P \gg 0,19$ cm.

---

d) Distribució d'electrons

Es pot trobar la distribució d'electrons fent una anàlisi paral·lela a la realitzada pels forats. En condicions de baixa injecció, la concentració d'electrons en la regió neutra N és N_D. En la ZCE $n(x)$ segueix una llei exponencial similar a la de l'equació (2.18). En el punt $x=x_P$ la concentració d'electrons és:

$$n(x_P) \cong \frac{n_i^2}{N_A} e^{V_D/V_t} = n_{P0} e^{V_D/V_t} \tag{2.26}$$

i en el contacte òhmic amb la metal·lització de l'ànode $\Delta n(l_P) = n(l_P) - n_0(l_P)=0$. En la zona neutra P la distribució d'electrons segueix una llei com la de l'equació (2.22) canviant p per n, w_N per w_P i L_p per L_n.

Exercici 2.9

Per quins valors de la tensió aplicada no és acceptable l'aproximació de baixa injecció en la regió N del díode de l'exercici 2.3? Preneu com a condició límit de baixa injecció $p(x_N) = N_D$.

La concentració de minoritaris en el punt x_N és $p(x_N) = p_{N0} \cdot exp(V_D/V_t) = (n_i^2/N_D) \cdot exp(V_D/V_t)$. El valor de V_D que fa $p(x_N) = N_D$ és $V_D = 0,75$ V. Per tant, per a $V_D > 0,75$ V no hi ha baixa injecció en la regió N.

QÜESTIONARI 2.3.a

1. En les regions neutres d'una junció PN aproximem habitualment les concentracions de portadors majoritaris pels valors dels dopatges de les regions respectives. Ens plantegem en quines condicions és vàlida aquesta aproximació. Digueu quina de les afirmacions següents és falsa.
        a) En polarització inversa l'aproximació és correcta.
        b) En polarització directa l'aproximació és correcta en baixa injecció
        c) Es vàlida en els contactes òhmics
        d) És vàlida per tots els valors de polarització

2. Examinem la zona de càrrega d'espai d'una junció abrupta simètrica ($N_A = N_D$). Utilitzeu la distribució de potencial $V(x)$ calculada en aproximació de buidament per trobar l'expressió de la concentració de forats en el límit, diguem-ne $x=0$, entre les regions P i N en equilibri (aquest límit és conegut com a junció metal·lúrgica). Quina resposta es falsa?
        a) $p(0) = N_A exp(-V_{bi}/2V_t)$ *b) $p(0) = (n_i^2/N_D) exp(V_{bi}/2V_t)$*
        c) $p(0) = n_i (N_A/N_D)^{1/2}$ *d) $p(0) = n_i (N_D/N_A)^{1/2}$*

3. Quina és la màxima tensió que podem aplicar a una junció PN amb unes concentracions d'impureses $N_A =10^{15}$ cm^{-3}, $N_D=10^{17}$ cm^{-3} en baixa injecció? Preneu com a límit de la baixa injecció la polarització en la que la concentració de minoritaris *iguala al dopatge en qualsevol punt del dispositiu. Dades: $k_BT/q=0.025$ V, $n_i=1.5\times10^{10}$ cm^{-3}.*

    a) 0.785 V   *b) 0.555 V*   *c) 0.670 V*   *d) 0.393 V*

4. *Escriviu l'expressió simplificada de la distribució de forats en excés en la regió neutra N d'un díode, sabent que la profunditat d'aquesta regió és de $l_n= 50$ μm, el seu dopatge de 5×10^{16} donadors/cm^3 i la difusivitat de minoritaris $D_p = 10$ cm^2/s. La concentració intrínseca és 1.5×10^{10} cm^{-3}. Considereu els dos casos següents pel valor del temps de vida, τ_p, dels minoritaris: 1 ms i 1 ns.*

    a) Per 1 ms: $\Delta p_n(x)= \Delta p_n(0)[1- x/50\,\mu m]$; Per 1ns: $\Delta p_n(x)= \Delta p_n(0)\, exp[- x/1mm]$

    b) Per 1 ms: $\Delta p_n(x)= \Delta p_n(0)\, exp[- x/1\mu m]$; Per 1ns: $\Delta p_n(x)= \Delta p_n(0)[1- x/50\,\mu m]$

    c) Per 1 ms: $\Delta p_n(x)= \Delta p_n(0)\, exp[- x/1mm]$; Per 1ns: $\Delta p_n(x)= \Delta p_n(0)\, exp[- x/1\mu m]$

    d) $\Delta p_n(x)= \Delta p_n(0)[1- x/50\,\mu m]$ en tots dos casos

5. *Quina de les següents afirmacions referida al corrent de minoritaris en una regió neutra curta és falsa?.*

    a) El corrent de difusió de minoritaris és constant en tots els punts perquè no hi ha corrent d'arrossegament en ser neutra la regió.

    b) El corrent de difusió de minoritaris és constant en tots els punts perquè el perfil de concentració d'aquests portadors és lineal.

    c) El corrent de difusió de minoritaris és constant en tots els punts perquè el temps que necessiten aquests portadors per travessar la regió és molt més petit que el seu temps de vida.

    d) El corrent de difusió de minoritaris és constant en tots els punts perquè entren tants portadors per un extrem com en surten per l'altre.

6. *Les concentracions de minoritaris en excés en els límits de la zona de càrrega d'espai depenen de la temperatura. Trobeu la funció que dóna aquesta dependència per la regió N. Com a resultat decidiu quina de les respostes següents és incorrecta.*

    a) $p(0) = (n_i^2/N_D)exp(qV_D/k_BT)$ a on n_i^2 depèn de T

    b) $p(0) = N_A\, exp(-qV_{bi}/k_BT)exp(qV_D/k_BT)$

    c) $p(0) = N_A\, exp(-qV_D/k_BT)$

    d) $p(0) = A\cdot T^3\, exp[(qV_D-E_g)/k_BT]/N_D$

2.3.2 Corrents en la junció PN

Per dur a terme el càlcul del corrent en una junció PN en règim permanent o estacionari començarem considerant la llei de continuïtat del corrent elèctric: el *corrent total ha de ser el mateix en totes les seccions de la junció.*

Una hipòtesi bàsica per a aquest càlcul és suposar que *en les zones neutres els minoritaris es mouen únicament per difusió.* Aquesta aproximació exigeix que el díode treballi en condicions de baixa injecció. Si aquesta hipòtesi no es compleix i la concentració de minoritaris s'acosta a la de majoritaris, es pot demostrar que el petit camp elèctric que hi ha en les regions neutres (quasi neutres, parlant estrictament) origina un corrent d'arrossegament comparable al de difusió, tant per a majoritaris com per a minoritaris.

Una altra aproximació que farem servir en el càlcul dels corrents en el díode serà *suposar negligibles els efectes de la generació i la recombinació* de portadors en la ZCE. És a dir, suposarem que el nombre de forats que entren a la ZCE por unitat de temps és igual que el nombre dels que en surten, i que això mateix podem dir-ho dels electrons.

La figura 2.10 representa la distribució de corrents al llarg de la junció. La relació entre el corrent i la tensió aplicada que s'obté aplicant les hipòtesis anteriors s'anomena *equació del díode ideal.* En l'apartat 2.4.2 discutirem com queda modificada aquesta equació si les hipòtesis que hem fet no es compleixen.

El corrent del díode serà, per tant:

$$J_D = (J_p + J_n)\big|_{ZCE} = J_p(x_N) + J_n(x_P) \tag{2.27}$$

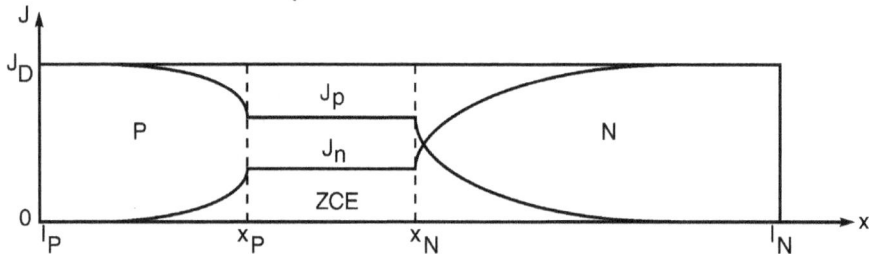

Figura 2.10 Distribucions de corrents de forats, d'electrons i total al llarg de la junció

Per calcular-la fa falta saber el corrent de forats en la zona N, just en la frontera amb la ZCE, $J_p(x_N)$, i el corrent d'electrons en la zona neutra P, just en la frontera amb la ZCE, $J_n(x_P)$. Com que aquests corrents són de portadors minoritaris, diem que el corrent del díode està determinat pels portadors minoritaris.

a) Corrents de minoritaris en les regions neutres

Coneguda la distribució de forats en la regió neutra N (equació 2.22), el corrent $J_{dp}(z)$ serà:

$$J_{dp}(z) = -qD_p \frac{d\Delta p(z)}{dz} \tag{2.28}$$

Si la regió és llarga aquest corrent disminuirà exponencialment amb z i el seu valor es farà pràcticament zero abans d'arribar al contacte òhmic. Això vol dir que tots els portadors minoritaris s'han recombinat abans d'arribar al contacte. Si la regió és curta, J_p és constant perquè el perfil de $\Delta p(z)$ és una recta. Això ens diu que tots els forats que arriben a la regió neutra en surten sense perdre's per recombinació.

El corrent de forats en el punt $x=x_N$ serà:

$$J_{dp}(x_N) = J_{dp}\big|_{z=0} = q\frac{D_p}{L_p}\frac{1}{tanh(w_N/L_p)}p_{N0}(e^{V_D/V_t}-1) = J_{sp}(e^{V_D/V_t}-1) \tag{2.29}$$

Val la pena recordar que en una regió llarga $tanh(w_N/L_p) \cong 1$, i en una regió curta $tanh(w_N/L_p) \cong w_N/L_p$.

Exercici 2.10

Calculeu la densitat de corrent de forats de la regió N d'un díode caracteritzat pels paràmetres següents: $N_D=10^{17}$ cm^{-3}, w_N=100 μm, τ_p = 100 ns, μ_p= 100 cm^2/(Vs), polaritzat amb V_D = 0,5 V.

El corrent $J_p = J_{dp} = 0.873 \cdot exp(-z/5 \cdot 10^{-4})$ mA/cm^2, on $z = x-x_N$ és la distància des de la ZCE. Observem que quan z és més gran que 20 μm el corrent s'anul·la: tots els minoritaris es recombinen abans d'arribar al contacte òhmic.

Una expressió similar val per als electrons en la regió P. En la frontera d'aquesta regió amb la ZCE el corrent d'electrons és:

$$J_{dn}(x_P) = J_{dn}\big|_{z'=0} = q\frac{D_n}{L_n}\frac{1}{tanh(w_P/L_n)}n_{P0}(e^{V_D/V_t}-1) = J_{sn}(e^{V_D/V_t}-1) \qquad (2.30)$$

on $z' = x_P - x$ es la distància des de la ZCE. Coneixent els paràmetres físics de la junció (dopatges, temps de vida dels portadors, mobilitats, gruixos de les diferents regions, etc.) i la tensió aplicada, es pot conèixer J_{sp}, J_{sn}, $J_{dp}(x_P)$, $J_{dn}(x_N)$ i el corrent del díode J_D.

Exercici 2.11

Calculeu la densitat de corrent d'electrons en la regió neutra P pel díode descrit en els exercicis 2.3 i 2.8, polaritzat amb V_D = 0,5 V, si l'amplada d'aquesta regió neutra és de 200 μm.

D'acord amb l'exercici 2.8 la regió neutra és curta perquè w_P = 200 μm << 0,19 cm = L_n. Per tant, la distribució d'electrons seguirà un perfil rectilini i, en conseqüència, el corrent de difusió d'electrons serà constant: $J_n = J_{dn} = qD_n(dn/dx) = q \cdot (D_n/w_P)n_{P0}[exp(V_D/V_t)-1]$ = 32,7 mA/cm2. Tots els electrons que entren en aquesta regió arriben al contacte òhmic abans de recombinar-se.

---

b) Corrents de majoritaris en les regions neutres

Com hem vist, el corrent en el díode, J_D, és determinat pels portadors minoritaris. Com que el corrent total és constant al llarg del díode, el corrent transportat per portadors majoritaris *s'adapta* en cada punt al transportat pels minoritaris. Així doncs, en un punt x de la regió neutra N:

$$J_D = J_p(x) + J_n(x) \qquad \Rightarrow \qquad J_n(x) = J_D - J_p(x) \qquad (2.31)$$

on $J_p(x)$ ve donada per (2.28). De manera semblant, en la regió neutra P el corrent dels majoritaris, forats, en cada punt serà el corrent total menys el dels electrons, minoritaris.

Perquè es compleixi la condició de neutralitat de càrrega en les regions neutres ha d'haver-hi un corrent de difusió de portadors majoritaris. En efecte, prenguem, per exemple, la regió neutra N on la neutralitat exigeix $\Delta n(x) = \Delta p(x)$. Per tant:

$$J_{dn}(x) = qD_n \frac{dn}{dx} = qD_n \frac{d\Delta n}{dx} = qD_n \frac{d\Delta p}{dx} = -\frac{D_n}{D_p}\left[-qD_p \frac{d\Delta p}{dx}\right] = -\frac{D_n}{D_p}J_{dp} \qquad (2.32)$$

El corrent de difusió dels electrons majoritaris té sentit contrari que el dels forats minoritaris. En el silici $D_n/D_p > 1 \Rightarrow J_{dn} + J_{dp} < 0$, ja que J_{dp} és positiu. Com que el corrent total, que és $J_D = J_{an} + J_{dn} + J_{dp}$, és positiu, ha d'haver-hi un corrent d'arrossegament de majoritaris, J_{an}, positiu. Avaluarem aquesta quantitat en l'exercici 2.12 i 2.13

Exercici 2.12

Calculeu el corrent de forats en la regió P de l'exercici 2.11, suposant que en la regió N la mobilitat dels forats és de 200 cm^2/(Vs), el seu temps de vida és de 5 µs, el seu gruix és de 500 µm i $V_D = 0.5$ V.

Per trobar el corrent de forats en la regió P s'ha de calcular primer el corrent que circula pel díode, J_D. Per fer-ho hem de conèixer $J_p(x_N)$. La longitud de difusió de forats en la regió N és $L_p = (V_t\mu_p\tau_p)^{1/2} = 50$ µm La regió N és, per tant, llarga. El corrent dels forats minoritaris en el punt x_N serà: $J_p(x_N) = q(D_p/L_p)p_{N0}\ [exp(V_D/V_t)-1] = 0,35\ mA/cm^2$. El corrent del díode serà (vegeu exercici 2.11): $J_D = J_n(x_P) + J_p(x_N) = (32,7 + 0,35)\ mA/cm^2 = 33,05\ mA/cm^2$. Per tant, el corrent de forats en la regió P és $J_p = J_D - J_n(x) = (33,05 - 32,7)\ mA/cm^2 = 0,35\ mA/cm^2$, que és constant perquè la regió P és curta.

Exercici 2.13

Avalueu el camp elèctric en la regió neutra P de l'exercici anterior. En P: $\mu_p = 500$ cm^2/Vs

El corrent d'arrossegament de forats serà $J_{ap} = J_p - J_{dp} = 0,35 - (-(D_p/D_n)\cdot J_{dn})] = 0,35 + 33,05 \times (500/1500) = 11,35\ mA/cm^2$. El camp elèctric serà: $E_{el} = J_{ap}/(q\mu_p N_A) = 11,35 \times 10^{-3}/(1,6 \times 10^{-19} \times 500 \times 10^{15}) = 0,14$ V/cm. Es tracta, doncs, d'un camp molt feble. La caiguda de tensió en la regió neutra P serà $\Delta V_P = E_{el}\ w_P = 0,14 \cdot 200 \times 10^{-4} = 2,8$ mV

Estrictament parlant aquesta conclusió contradiu la hipòtesi de neutralitat. El que realment passa és que es tracta d'una regió quasi neutra si ens mantenim en baixa injecció. Aquest concepte, presentat en el capítol 1, significa que amb els valors de dopatge habituals n'hi ha prou amb un camp elèctric molt feble per causar el corrent d'arrossegament de majoritaris que hem calculat. La densitat de càrrega associada a aquest camp, d'acord amb la llei de Gauss, equival a un nombre de portadors molt petit comparat amb la concentració de majoritaris en equilibri i per això la condició de neutralitat es compleix de manera aproximada.

QÜESTIONARI 2.3.b

1. Les distribucions de portadors en les zones neutres es calculen resolent l'equació de continuïtat dels portadors minoritaris. Quina de les suposicions següents no ens ha fet falta?

    a) Condicions estacionàries   b) Neutralitat de càrrega
    c) Baixa injecció   d) Polarització directa

2. Trobeu l'expressió del corrent de forats en una regió N molt llarga. Si la longitud de difusió d'aquests portadors val 50 μm, determineu en quin punt el valor del corrent de minoritaris s'ha reduït a la meitat del valor que té en el límit de la ZCE.

    a) 34.6 μm b) 50 μm c) 72.5 μm d) 100 μm

3. Els corrents de minoritaris en l'inici de cada regió neutra son proporcionals a $exp(V_D/V_t)$. Quina de les següents hipòtesis ha fet falta per arribar a aquest resultat?

    a) Buidament de portadors en la zona de càrrega d'espai
    b) Polarització directa del díode
    c) No hi ha generació ni recombinació en les zones neutres
    d) Els portadors minoritaris es mouen únicament per difusió

4. Com serà la distribució d'electrons en una regió neutra N suposant que en el límit entre aquesta regió i la ZCE, x_N, la concentració de minoritaris és $p_n(x_N) = N_D$ i que aquesta regió és llarga? Escriviu-la prenent l'origen de coordenades $x=0$ en x_N.

    a) $n_n(x) = N_D \, exp(-x/L_n)$ b) $n_n(x) = N_D \, [1+exp(-x/L_n)]$
    c) $n_n(x) = N_D \, [1-exp(-x/L_n)]$ d) $n_n(x) = N_D + (n_i^2/N_D) \, exp(-x/L_n)$

5. En la qüestió 4 heu trobat que $n_n(x_N) \geq N_D$. Si tenim en compte que la regió N injecta electrons en la P semblaria que $n_n(x_N)$ hauria de ser més petita que el seu valor en equilibri, N_D. Per entendre aquesta aparent anomalia fem les consideracions següents. Digueu quina d'elles és incorrecta.

    a) La neutralitat implica que un increment de p_n comporti un increment de n_n
    b) La hipòtesi de baixa injecció fa que n_n es mantingui aproximadament constant
    c) Fora de l'equilibri un increment de p_n no comporta una disminució de n_n
    d) Els electrons en excés en la proximitat de x_N provenen del contacte òhmic de la regió N.

6. A partir dels resultats de les qüestions 4 i 5 volem saber el signe dels diferents corrents en la regió N. Prenent com a positiu el signe d'un corrent que va de la regió P a la N, digueu quina de les afirmacions següents és incorrecta.

a) El corrent de difusió de forats,J_p, és positiu.
b) El corrent de difusió d'electrons,J_{dn}, és negatiu.
c) El corrent d'arrossegament de majoritaris ,J_{an} és positiu.
d) El signe del corrent total de majoritaris depèn dels valors de, J_{an} i de J_{dn}

PROBLEMA GUIAT 2.2

Considerem el díode del problema guiat 2.1. Trobeu:
1. El valor màxim de la tensió de polarització perquè el dispositiu treballi en baixa injecció.
2. Les distribucions d'electrons i de forats en les regions neutres per la tensió calculada en l'apartat anterior.
3. Els corrents inversos de saturació de forats, I_{sp}, d'electrons, I_{sn}, i total, I_s, i la relació I_{sp}/I_{sn}.
4. Les expressions dels corrents de portadors minoritaris en les regions neutres per a la polarització calculada en l'apartat 2.
5. El corrent total en el mateix punt de polarització, suposant que no hi ha recombinació en la zona de càrrega d'espai.
6. Els corrents de majoritaris en les regions neutres.
7. El camp elèctric a la regió neutra P.
8 Una estimació de la caiguda de tensió a la regió neutra P i, a partir d'aquí, justificar que gairebé tota la tensió aplicada cau en la ZCE

2.4 CARACTERÍSTICA CORRENT-TENSIÓ DEL DÍODE

Amb les equacions 2.27, 2.29 i 2.30 es pot calcular el corrent que circula pel díode en règim permanent i baixa injecció suposant que no hi ha recombinació-generació neta en la ZCE. Parlem aleshores de díode ideal. La característica o equació del díode ideal és la relació entre la tensió aplicada i el corrent que travessa el dispositiu. Els díodes reals presenten algunes desviacions en relació amb la llei ideal, que seran discutides més endavant.

2.4.1 Equació del díode ideal

Obtenim l'equació del díode ideal substituint les equacions 2.29 i 2.30 en l'equació 2.27:

$$I_D = AJ_D = AJ_p(x_N) + AJ_n(x_P) = A(J_{sp} + J_{sn})\left[e^{V_D/V_t} - 1\right] = I_s\left[e^{V_D/V_t} - 1\right] \qquad (2.33)$$

on $I_s = A(J_{sp}+J_{sn})$, s'anomena *corrent invers de saturació del díode.*

Aquesta equació ens diu que en polarització directa el corrent creix exponencialment amb la tensió aplicada V_D, perquè aleshores $\exp\{V_D/V_t\} \gg 1$ en l'equació (2.33). Quan V_D és negativa, el terme exponencial de (2.33) és negligible davant la unitat i, per tant, $I_D \cong -I_s$. El corrent invers se satura al valor $-I_s$. A efectes pràctics, però, el valor de I_s és tan petit (en un díode de silici trobem sovint valors de 10^{-15} A), que es considera que, en inversa, el corrent és nul, mentre que en directa creix exponencialment. Aquesta és la formulació matemàtica de l'efecte rectificador.

El valor del corrent invers de saturació, I_s, és:

$$I_s = qA\left[\frac{D_p}{L_p}\frac{1}{tanh(w_N/L_p)}p_{N0} + \frac{D_n}{L_n}\frac{1}{tanh(w_P/L_n)}n_{P0}\right] =$$
$$= qA\left[\frac{D_p}{L_p}\frac{1}{tanh(w_N/L_p)}\frac{1}{N_D} + \frac{D_n}{L_n}\frac{1}{tanh(w_P/L_n)}\frac{1}{N_A}\right]n_i^2 \quad (2.34)$$

Aquesta expressió permet conèixer la relació entre I_s amb la naturalesa del material, a través de n_i, amb els dopatges N_D i N_A, amb la geometria w/L, i amb els paràmetres físics D i L, (i, per tant amb μ i τ).

El corrent I_s és proporcional a n_i^2, i per tant a $exp\{-E_g/k_BT\}$. Semiconductors amb banda prohibida més ampla donen lloc a juncions PN amb corrent invers de saturació més petit. D'altra banda, dopatges més grans impliquen valors més petits de I_s. A més, si els factors que multipliquen els termes $1/N_A$ i $1/N_D$ respectivament són aproximadament iguals, aleshores *el més petit dels dos dopats determina I_s*.

Exercici 2.14

Calculeu el corrent invers de saturació del díode del exercici 2.3 incorporant-hi les dades dels exercicis 2.8, 2.10, i 2.12, i sabent que la seva secció és de 10^{-3} cm^2. Calculeu el corrent que circularà pel díode quan $V_D = 0.5$ V.

Com hem vist en els exemples anteriors, la regió N és llarga, mentre que la regió P és curta. A partir de 2.29 i 2.30 obtenim: $J_{sn} = 6.75 \cdot 10^{-11}$ A/cm^2; $J_{sp} = 7.2 \cdot 10^{-13}$ A/cm^2; $J_s = 6.822 \cdot 10^{-11}$ A/cm^2; $I_s = A \cdot J_s = 6.82 \cdot 10^{-14}$ A/cm^2. Per a $V_D = 0.5$ V resulta $I_D = I_s \cdot exp(V_D/V_t) = 33\ \mu A$.

Una relació important en molts dispositius és la relació entre el corrent d'electrons i el corrent de forats a través de la ZCE. Aquesta relació és:

$$\left.\frac{I_p}{I_n}\right|_{ZCE} = \frac{J_{sp}}{J_{sn}} = C\frac{N_A}{N_D} \quad (2.35)$$

on el factor C depèn de la geometria i dels paràmetres físics de les regions neutres. Es pot controlar la relació entre aquests corrents amb una elecció convenient dels dopatges de les regions P i N. Si la regió P és més dopada que la regió N el corrent dominant en la ZCE és el de forats, i viceversa. El funcionament del transistor bipolar que presentarem en el capítol 5 depèn essencialment d'aquesta propietat.

Exercici 2.15

Calculeu la relació entre els corrents d'electrons i de forats que travessen la ZCE del díode de l'exercici 2.3

A partir de 2.35: $I_n/I_p = J_{sn}/J_{sp} = 6,75 \cdot 10^{-11}/7,2 \cdot 10^{-13} = 93,75$.

La tensió llindar del díode $V\gamma$

Quan s'utilitza el díode en un circuit, un paràmetre molt utilitzat és la *tensió de colze* o *tensió llindar del díode* V_γ. Més enllà d'aquest valor el corrent augmenta exponencialment amb la tensió, mentre que per sota és pràcticament nula. Aquesta tensió depèn de l'escala de corrents de treball del díode. Si I_{Dref} és d'un valor representatiu del corrent que circula pel dispositiu, aleshores la tensió de llindar val:

$$V_\gamma \cong V_t \ln \frac{I_{Dref}}{I_s} \qquad (2.36)$$

que s'obté invertint l'equació del díode ideal i aproximant $I_{Dref}/I_s + 1 \approx I_{Dref}/I_s$. L'equació 2.36 relaciona la tensió llindar amb I_s. En díodes de silici, per I_{Dref} de l'ordre de mA, s'obté una tensió llindar propera a 0,7 V (amb un valor de I_s de l'ordre de 10^{-15} A). Els díodes de GaAs tenen una I_s unes 10^8 vegades més petit (perquè ho és n_i^2), i donen lloc a valors de V_γ més grans, de l'ordre de 1,2 V, mentre que en el germani, en ser I_s unes 10^6 vegades més gran que en el silici, els díodes presenten una tensió llindar de tan sols 0,2 V.

La dependència de V_γ amb E_g es por fer explícita substituint (2.34) i (1.1) en l'equació 2.36:

$$V_\gamma \cong V_t \ln \frac{I_{Dref}}{BT^3 e^{-E_g/k_BT}} = \frac{E_g}{q} + V_t \ln \frac{I_{Dref}}{BT^3} \qquad (2.37)$$

Derivant 2.36 i suposant I_{Dref} constant podem trobar la dependència de V_γ amb T:

$$\frac{dV_\gamma}{dT} \cong \frac{V_\gamma}{T} - V_t \frac{dI_s/dT}{I_s} \cong \frac{V_\gamma}{T} - \frac{3k_B}{q} - \frac{E_g}{qT} \qquad (2.38)$$

En díodes de silici, a prop de la temperatura ambient, aquest coeficient pren un valor proper a -2 mV/°C

Exercici 2.16

Calculeu la tensió llindar del díode de l'exercici 2.14 per a corrents de l'ordre de miliampers. Quina seria la tensió llindar si el díode operés amb corrents de l'ordre d'ampers? Ídem per a corrents de l'ordre de microampers.

a) Utilitzant (2.36) amb $I_{Dref} = 10^{-3}$ A resulta $V_\gamma = V_t \ln(10^{-3}/6,82 \cdot 10^{-14}) = 0,58$ V.   b) Per $I_{Dref} = 1$ A, $V_\gamma = 0,76$ V.   c) $V_\gamma = 0,41$ V.

Exercici 2.17

Quina seria la tensió llindar d'un díode de GaAs suposant que els dopatges, la geometria, les mobilitats i els temps de vida són idèntics que els del díode de l'exercici 2.14 per a corrents de l'ordre de mA?

$I_s(GaAs) = I_s(Si) \cdot [n_i^2(GaAs) / n_i^2 (Si)] = 1,21 \cdot 10^{-21}$ A; $V_\gamma = 1,03$ V.

QÜESTIONARI 2.4.a

1. Calculeu el corrent invers de saturació d'un díode N^+P si coneixem les dades següents: $N_A = 2 \times 10^{16}$ cm^{-3}; $w_P = 50$ μm; $L_n = 500$ μm; $D_n = 15$ cm^2/s; $n_i = 1.5 \times 10^{10}$ cm^{-3}; Secció = 10^{-3} cm^2; $q = 1.6 \times 10^{-19}$ C.
   a) 5.4×10^{-12} A   b) 5.4×10^{-13} A   c) 5.4×10^{-15} A   d) 5.4×10^{-16} A

2. Considerem un díode de junció PN amb els paràmetres següents:
Regió P: $N_A = 10^{15}$ cm^{-3}, $w_P = 250$ μm, $\mu_n = 800$ cm^2/(Vs), $\tau_n = 100$ ns
Regió N: $w_N = 100$ μm, $\mu_p = 400$ cm^2/(Vs), $\tau_p = 1$ μs.
Quin ha de ser el valor de N_D per aconseguir que el corrent d'electrons que travessen la ZCE sigui 100 vegades més gran que el de forats?
   a) 2.25×10^{16} cm^{-3} b) 4.65×10^{15} cm^{-3} c) 1.15×10^{15} cm^{-3} d) 2.25×10^{14} cm^{-3}

3. Un díode ideal de silici té una llei tensió-corrent expressada per l'equació: $I_D = 10^{-15}$ $[exp(V_D/V_t)-1]$. Trobeu el valor del corrent invers de saturació d'un díode de GaAs que tingués els mateixos perfils de dopatge i els mateixos paràmetres de transport (mobilitats i temps de vida dels portadors) que el de silici. Preneu els valors de les concentracions intrínseques de portadors que han aparegut en capítols anteriors.
   a) 1.3×10^{-19} b) 1.8×10^{-23} c) 7.5×10^{-12} d) 5.6×10^{-8}

4. Un díode amb un corrent invers de saturació de $I_s = 10^{-15}$ A presenta una tensió de colze, V_γ, de 0.69 V quan treballa a un cert nivell de corrent I_D. Determineu I_D.
   a) 1 nA   b) 1 μA.   c) 1 mA.   d) 1 A

5. Avalueu el coeficient de temperatura de la tensió de colze d'un díode de silici al voltant de la temperatura ambient (300 K) suposant que $(dI_s / dT)/I_s$ es pot aproximar per $E_g/k_B T^2$. Aquesta aproximació resulta de suposar que I_s és proporcional a n_i^2. Dades: $E_g = 1.1$ eV, $k_B = 8.62 \times 10^{-5}$ eV/K. Doneu el resultat en mV/°C.
   a) −1.3   b) 2.3   c) −3.5   d) 1.3

6. Suposem un circuit format únicament per un díode ideal polaritzat en directa a 0.8 V per una font de tensió ideal. Fent servir l'equació del díode a temperatura ambient trobem que el corrent que circularà és de 50 mA. Quina de les afirmacions següents és incorrecta?
   a) El díode dissiparà potència i això farà augmentar el seu corrent invers de saturació.

b) El corrent que circula pel díode augmentarà com a conseqüència del seu escalfament.

c) La dissipació de potència no fa augmentar el corrent perquè la variació de I_s queda compensada per la de $exp(qV_D/k_BT)$

d) La resistència que habitualment s'inclou en el circuit de polarització serveix per limitar el nivell de corrent quan el díode s'escalfa.

2.4.2 El díode real

L'equació del díode ideal ha estat deduïda fent ús d'un seguit d'hipòtesis que no sempre es compleixen en els díodes reals. Veurem en aquest apartat les principals desviacions en relació amb la llei del díode ideal.

En la figura 2.11.a es mostren, en escala lineal, les característiques corrent-tensió d'un díode ideal i d'un díode real, mentre que la figura 2.11.b mostra les mateixes corbes amb l'eix de corrent en escala logarítmica per polarització directa. Les principals diferències entre el dispositiu ideal i el real són:

- Per a tensions $V_D > V_\gamma$ el creixement de la corba $I_D(V_D)$ és més lent en el díode real que en l'ideal.

- Per a tensions $V_D < 0$ el corrent del díode real és més gran que el de l'ideal. A més no satura en polarització inversa. Tot i això, el seu valor continua sent molt petit.

- L'efecte de ruptura es pot veure com un efecte no ideal perquè no està inclòs en la llei obtinguda en l'apartat 2.4.1.

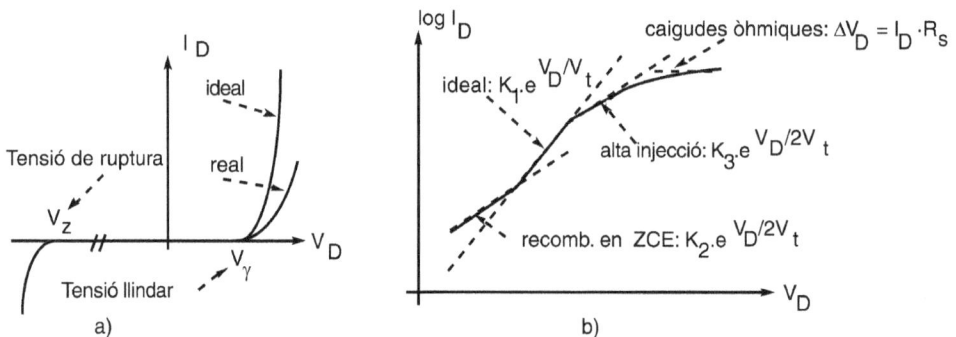

Figura 2.11 Característica I(V) del díode. a) En escala lineal. b) En escala logarítmica per l'eix de corrents.

La representació del logaritme de I_D en funció de V_D ens permet visualitzar el comportament del díode en un marge de corrents en diversos ordres de magnitud. En un díode ideal en polarització directa, $log(I_D)$ en funció de V_D és una recta de pendent $log(e)/V_t$:

$$\log(I_D) \cong \log(I_s e^{V_D/V_t}) = \left[\frac{\log(e)}{V_t}\right] V_D + \log(I_s) \qquad (2.39)$$

Com podem observar en la figura 2.11.b, la característica real només coincideix amb la ideal en un marge intermedi de tensions.

Quan V_D és petita, el corrent del díode real és més gran que el previst pel model ideal i té un pendent meitat. La causa és que, en aquest marge de tensions, la recombinació en la ZCE no es pot ignorar, sinó que és el corrent dominant. Un estudi més aprofundit de la junció PN porta a la conclusió que s'ha d'afegir un terme de corrent de recombinació a la llei I_D (V_D) ideal (figura 2.12):

$$I_D = I_s(e^{V_D/V_t} - 1) + I_{ro}(e^{V_D/2V_t} - 1) \qquad (2.40)$$

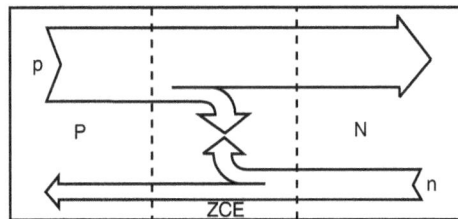

Figura 2.12 Corrents en la junció considerant el corrent de recombinació en la ZCE.

En molts díodes reals $I_{ro} \gg I_s$, i per això el terme de recombinació en la ZCE és dominant a baixes tensions. Quan la tensió augmenta aquest terme creix més lentament a causa del factor 1/2 en l'exponencial i perd pes davant el terme de díode ideal que pot esdevenir dominant.

Exercici 2.18

Avalueu I_{ro} per al díode de l'exercici 2.14 sabent que hem mesurat un corrent de 10^{-7} A en V_D = 0,3 V.

El corrent del díode ideal seria $I_{Dideal} = I_s exp(V_D/V_t)$ = 1,1×10⁻⁸ A. Com que $I_{Dreal} \gg I_{Dideal}$ hem de suposar que $I_{Dreal} = I_{ro} exp(V_D/2V_t)$. D'aquí deduïm I_{ro} = 2,5×10⁻¹⁰ A.

Exercici 2.19

Per a quins valors de V_D en el díode anterior el corrent de recombinació en la ZCE serà negligible?

Per a V_D > 0,41 V.

En tensions de polarització prou grans deixa de complir-se la hipòtesi de baixa injecció i les concentracions de minoritaris són comparables amb les de majoritaris. Aleshores diem que el díode treballa en règim d'*alta injecció*. La resolució de les equacions de continuïtat en aquestes condicions es fa molt complicada. Ens limitarem a afirmar que l'equació del díode en aquesta regió és de la forma:

$$I_D = I_{HI} e^{V_D / 2V_t} \tag{2.41}$$

o, cosa que és el mateix, que la corba de $\log(I_D)$ en funció de V_D presenta un pendent que val la meitat que en el cas d'un díode ideal. La causa del canvi de llei és que ara el corrent d'arrossegament de minoritaris en les zones neutres ja no pot ser ignorat, sinó que dóna lloc a un terme semblant al d'arrossegament de majoritaris.

Els dos efectes presentats, recombinació en la ZCE i alta injecció, donen lloc al mateix pendent de la corba $\log(I_D)$ vs. V_D, però mentre el primer implica un corrent addicional que sumem al del díode ideal, el segon implica una reducció del corrent que correspondria a la junció ideal.

En nivells de corrent grans la caiguda de potencial en les resistències paràsites (resistència de zones neutres i altres) pot ser significativa comparada amb V_D. Es poden tenir en compte aquests efectes mitjançant una resistència sèrie R_s. D'aquesta manera la tensió de polarització del díode s'escriu com un terme que correspon a la caiguda de potencial en la junció, V_j, més un altre que que dóna compte de la caiguda en la resistència paràsita R_s:

$$V_D = V_j + I_D R_s \tag{2.42}$$

Els efectes resistius i els d'alta injecció es solen presentar en la mateixa regió de la corba característica. Sovint és difícil destriar l'un de l'altre.

Exercici 2.20

Quin serà el valor de I_{HI} si el corrent del díode del exercici 2.14 per a V_D = 0,6 V val 100 µA?

El corrent del díode ideal seria I_{Dideal} = $I_s exp(V_D/V_t)$ = 1,8 mA. Com que $I_{Dreal} << I_{Dideal}$, suposarem que $I_{Dreal} = I_{HI} exp(V_D/2V_t)$. D'aquí resulta: I_{HI} = 6,1×10⁻¹⁰ A.

Exercici 2.21

Quina serà la caiguda de tensió en la resistència paràsita per a un corrent de 10 mA, si R_s = 2 Ω ? I quan I_D = 1A?

a) $I_D×R_s$ = 0,02 V; b) $I_D×R_s$ = 2 V. En aquest segon cas els efectes resistius dominen la característica del dispositiu, que presenta en aquesta regió una relació I(V) gairebé lineal. La tensió de polarització haurà de ser força més gran que $V_γ$ si es tracta d'un díode de silici.

Per a valors petits del corrent $V_D \approx V_j$, mentre que si I_D es fa gran pot passar que $V_D \gg V_j$. En el primer cas, V_D no pot ser mai més gran que V_{bi} perquè si ho fos l'esglaó de potencial V_{bi} desapareixeria i el corrent en la junció es faria tan gran que podria implicar la destrucció del dispositiu. En canvi quan els efectes resistius són importants podem trobar que $V_D > V_{bi}$, tot mantenint $V_j < V_{bi}$. La resistència sèrie actua en aquest cas de protecció del díode.

En polarització inversa hi ha generació neta en la ZCE, perquè $R = k(np - n_0 p_0)$ es fa negatiu en ser np més petit que el seu valor en equilibri $n_0 p_0$. Quan polaritzem més inversament, augmenta l'amplada de ZCE que és on es produeix la generació esmentada i dóna lloc a un terme de corrent que augmenta amb la tensió i, per tant el corrent no arriba a la saturació. Val a dir que l'augment d'amplada de la ZCE depèn de la tensió inversa com $V^{1/2}$, per la qual cosa l'augment de corrent és molt lent comparat amb el seu comportament, exponencial, en directa.

EXEMPLE 2.2

A la taula que segueix es mostren alguns valors límits del díode rectificador de baixes fuites BAS116 fabricat per Philips Semiconductors. A la figura posterior es presenten les característiques corrent-tensió d'aquest díode en diverses temperatures d'operació.

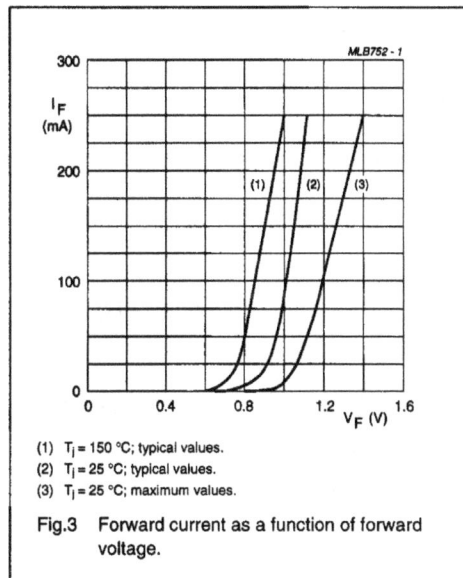

(1) $T_j = 150\ °C$; typical values.
(2) $T_j = 25\ °C$; typical values.
(3) $T_j = 25\ °C$; maximum values.

Fig.3 Forward current as a function of forward voltage.

LIMITING VALUES
In accordance with the Absolute Maximum Rating System (IEC 134).

SYMBOL	PARAMETER	CONDITIONS	MIN.	MAX.	UNIT
V_{RRM}	repetitive peak reverse voltage		–	85	V
V_R	continuous reverse voltage		–	75	V
I_F	continuous forward current	see Fig.2; note 1	–	215	mA
I_{FRM}	repetitive peak forward current		–	500	mA
I_{FSM}	non-repetitive peak forward current	square wave; T_j = 25 °C prior to surge; see Fig.4			
		t_p = 1 µs	–	4	A
		t_p = 1 ms	–	1	A
		t_p = 1 s	–	0.5	A
P_{tot}	total power dissipation	T_{amb} = 25 °C; note 1	–	250	mW
T_{stg}	storage temperature		–65	+150	°C
T_j	junction temperature		–	150	°C

Exercici 2.22

Suposant que en tota la ZCE $np \ll n_0 p_0$, calculeu el corrent generat en la ZCE en funció de la seva amplada w_d.

Integrant l'equació de continuïtat de forats en règim permanent entre x_P i x_N:

$$0 = \int_{x_P}^{x_N} (-qR)dx - \int_{x_P}^{x_N} dJp \;\; \Rightarrow J_p(x_N) - J_P(x_P) \cong -qRw_d = -q\left[\frac{-n_i^2}{\tau_p}\right]w_d = q\frac{n_i^2 w_d}{\tau_p}$$

que és el corrent generat en la ZCE i que circula de N a P, i que s'ha de sumar a J_s.

Exercici 2.23

Fent servir el resultat de l'exemple anterior, trobeu el corrent invers del díode en funció de la tensió inversa.

$J_D = -J_s - J_{ZCE} = -J_s - (qn_i^2 w_{d0}/\tau_p)[1 - V_D/V_{bi}]^{1/2}$ suposant que $exp(V_D/V_t) \ll 1$.

QÜESTIONARI 2.4.b

1. L'equació que descriu el tram ideal de la característica corrent-tensió en directa d'un díode de silici és $I_D = 10^{-15} exp\{V_D/V_t\}$ A. El corrent originat per la recombinació en la zona de càrrega espacial val $3 \times 10^{-12} exp\{V_D/2V_t\}$ A. Trobeu la tensió V_D de l'extrem inferior del tram ideal de la corba.
    a) 0.4 V   *b) 0.28 V*   *c) 0.2 V*   *d) 0.1 V*

2. Com hem vist en la teoria, el corrent invers de saturació, I_s, es proporcional a n_i^2. Es pot demostrra que I_{ro} de l'equació 2.40 és proporcional a n_i. A partir d'aquestes dades digueu quina de les afirmacions següents és falsa.

    a) Quan la temperatura augmenta la tensió límit es desplaça cap a valors més petits.

    b) Com més gran és el gap del semiconductor més alta és la tensió límit

    c) En un díode on les dues regions són curtes, com més estretes són aquestes regions més petita és la tensió límit.

    d) En un díode on les dues regions són llargues, com més profundeses són aquestes regions més gran és la tensió límit.

3. Un díode que té un corrent invers de saturació de 10^{-15} A entra en alta injecció quan la tensió de polaritzacio arriba a 0.8 V. Calculeu el corrent que circularà pel dispositiu quan la polarització sigui de 0.85 V.

    a) 24 mA   b) 78.9 mA   c) 214 mA   d) 583 mA

4. Suposem que la resistència paràsita en sèrie en el díode de la qüestió 1 val 10 Ω. Determineu el valor de V_D a partir del qual ja no es pot ignorar l'efecte d'aquesta resistència. Preneu com a criteri que la caiguda òhmica de tensió valgui 100 mV.

    a) 0.58 V   b) 0.7 V   c) 0.75 V   d) 0.92 V

5. En un díode PN^+ les característiques de la regió P són: $N_A = 10^{15}$ cm^{-3}, $w_p = 250$ μm, $\mu_n = 800$ cm^2/(Vs), $\tau_n = 100$ ns. El dopatge de la regió N val $N_D = 10^{19}$ cm^{-3}. La contribució de la generació en la ZCE a la densitat de corrent segueix la llei: $J_{gen} = qn_i w_d/\tau$ amb $\tau = 10$ ns. Es demana calcular la densitat de corrent, en A/cm^2, que circula pel díode a una polarització inversa de 5 V. Dada: $n_i = 1.5 \times 10^{10}$ cm^{-3} a 300 K.

    a) -5×10^{-10} b) -6.5×10^{-5} c) -1.5×10^{-9} d) -6.5×10^{-9}

PROBLEMA GUIAT 2.3

Considerem el díode dels problema guiats 2.1 i 2.2. Suposem que el corrent invers de saturació a 300 K val 10^{-14} A. Trobeu:

1. El corrent en el díode per a una tensió de polarització $V_D = 0.5$ V a 300 K i a 450 K.
2. La tensió de colze del díode per a corrents de l'ordre d' 1 A a les mateixes dues temperatures.
3. La tensió per sota de la qual el corrent dominant és el de recombinació en la ZCE. Preneu 10^{-10} A com a coeficient preexponencial de l'expressió d'aquest corrent
4. Estimeu el corrent màxim de la regió de baixa injecció.
5. La caiguda de tensió, V_D, entre els terminals del díode per un corrent de 500 mA si hi ha una resistència paràsita en sèrie de 15 Ω.
6. Calculeu:
a) La densitat de corrent en una polarització inversa de 5 V, suposant un comportament ideal.
b) La densitat del corrent tenint en compte la contribució de la generació en la ZCE, suposant que aquesta obeeixi la llei: $J_{gen} = qn_i w_d/\tau$ amb $\tau = 10$ ns. Dada: $n_i = 1.5 \times 10^{10}$ cm^{-3} a 300 K.

2.5 MODEL DINÀMIC DEL DÍODE

Quan apliquem un increment de la tensió de polarització a una junció PN hi ha una acumulació de portadors en el semiconductor, i es presenten, per tant, efectes capacitius. El primer dels efectes està relacionat amb la càrrega emmagatzemada en la ZCE i parlem de *capacitat de transició*. L'altre efecte capacitiu té com a causa l'acumulació de portadors en les regions neutres i dóna lloc al concepte de *capacitat de difusió*.

2.5.1 Capacitats en el díode

La capacitat de transició

Quan la tensió de polarització V_D augmenta, l'amplada de la ZCE disminueix, d'acord amb l'equació 2.13. Perquè es pugui produir aquesta disminució cal que entrin forats pel terminal de contacte de la regió P que vinguin a neutralitzar impureses acceptores ionitzades en el costat P de la ZCE, reduint-se així l'amplada de la regió de càrrega negativa del dipol. Podem fer una afirmació paral·lela en relació amb l'entrada d'electrons pel terminal de la regió N (vegeu la figura 2.13). Els forats i els electrons injectats des dels contactes queden així emmagatzemats en la ZCE. El valor de la capacitat que correspon a aquesta acumulació de càrrega és:

$$C_j \equiv \frac{dQ_j}{dV_D} = -\frac{qAN_A dw_{dP}}{dV_D} = -qAN_A \frac{N_D}{N_A + N_D} \frac{dw_d}{dV_D} = \frac{\varepsilon A}{w_o \sqrt{1 - V_D / V_{bi}}} = \frac{\varepsilon A}{w_d} \qquad (2.43)$$

L'expressió obtinguda per la capacitat de transició és la mateixa que presentaria un condensador pla d'àrea A, amb una separació entre plaques w_d i que tingués com a dielèctric el silici (la constant dielèctrica del qual és ε).

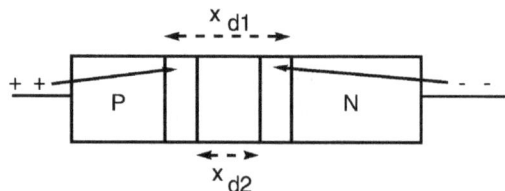

Figura 2.13 *Acumulació de càrregues en la ZCE en variar la tensió aplicada. Per efecte de l'increment de la tensió de polarització l'amplada de la ZCE passa de w_{d1} a w_{d2}.*

La capacitat C_j també es pot expressar com:

$$C_j = \frac{C_{jo}}{(1 - V_D / V_{bi})^m} \qquad (2.44)$$

amb $C_{jo} = \varepsilon A / w_{d0}$, i $m = 0{,}5$. Quan el perfil de dopatge no és el de la junció abrupta el valor de m és diferent. Així, és fàcil demostrar que en una junció gradual lineal $m = 0{,}33$. En díodes reals és fàcil trobar valors de m entre 0,33 i 0,5.

Pot resultar sorprenent que en la capacitat de transició el terminal que fa de placa positiva, la regió P, és la que conté la càrrega negativa de la ZCE, els acceptors ionitzats. Ara bé: la capacitat és un concepte relacionat amb la variació de càrrega i no amb el seu valor absolut. I, efectivament, quan fem més positiva la tensió de polarització la càrrega en la part P de la ZCE augmenta (disminueix la càrrega negativa acumulada) perquè hi injectem càrrega positiva (forats). El mateix raonament es pot fer en termes de la regió N.

Exercici 2.24

Calculeu la capacitat de transició del díode de l'exercici 2.3 per a $V_D = 0,5$ V. Repetiu el càlcul per a $V_D = -10$ V. Dades: $A = 10^{-3}$ cm^2, $\varepsilon = 10^{-12}$ F/cm.

Tenint en compte que per a aquest díode $w_{d0} = 0,91$ μm i $V_{bi} = 0,653$ V (exemple 2.4), resulta $C_{j0} = 11$ pF. Per tant, aplicant 2.44: $C_j(0,5V) = 22,7$ pF; $C_j(-10V) = 2,72$ pF.

La capacitat de difusió

Quan augmenta la tensió de polarització es produeix un increment de la càrrega de portadors minoritaris en excés en les zones neutres (vegeu les distribucions de minoritaris en la figura 2.14). La relació entre l'increment de càrrega i l'augment de tensió s'anomena capacitat de difusió.

Si definim Q_{sp} i Q_{sn} com les càrregues d'electrons i de forats acumulats en les zones neutres N i P respectivament, i Q_s com la suma $Q_{sp}+Q_{sn}$, aleshores:

$$C_s \equiv \frac{dQ_s}{dV_D} = \frac{d(Q_{sp}+Q_{sn})}{dV_D} \tag{2.45}$$

Podem avaluar fàcilment Q_{sp} i Q_{sn} en règim estacionari si coneixem el corrent en el díode. En efecte:

$$Q_{sp} = qA \int_{x_N}^{l_N} \Delta p(x)dx = qA(e^{V_D/V_t}-1)\int_0^{w_N} p_{No}\left[\cosh\frac{z}{L_p} - \frac{1}{\tanh(w_N/L_p)}\sinh\frac{z}{L_p}\right]dz = K_p(e^{V_D/V_t}-1)$$

$$\tag{2.46}$$

i de manera similar:

$$Q_{sn} = K_n(e^{V_D/V_t}-1) \tag{2.47}$$

coneguts els coeficients K_p i K_n podem escriure:

$$Q_s = Q_{sp}+Q_{sn} = [K_p+K_n](e^{V_D/V_t}-1) = K(e^{V_D/V_t}-1) = \tau_t I_D \tag{2.48}$$

atès que I_D també és proporcional a $[\exp\{V_D/V_t\}-1]$. El factor de proporcionalitat τ_t, anomenat *temps de trànsit* del díode, no depèn de la tensió. La seva expressió és:

$$\tau_t = \frac{Q_s}{I_D} = \frac{Q_{sp} + Q_{sn}}{I_D} = \frac{K}{I_s} \tag{2.49}$$

El seu significat físic es veu més fàcilment si escrivim l'expressió 2.49 com $I_D = Q_s/\tau_t$: si una càrrega Q_s és injectada cada temps τ_t en el dispositiu, el corrent resultant és I_D. O encara, escrita com $Q_s = I_D \tau_t$ ens permet dir que per mantenir una càrrega de minoritaris en excés Q_s de manera permanent en les zones neutres ens cal un corrent I_D, sense el qual Q_s acabaria desapareixent.

Si els dopatges de les dues regions són molt diferents, situació molt freqüent en la pràctica, dels dos valors de Q_{sp} i Q_{sn} normalment només importa el de la regió menys dopada. Cal Recordem que aquesta asimetria s'indica utilitzant el superíndex "+" per indicar quina és la regió més dopada, P^+N si és la P i PN^+ en cas contrari. La càrrega Q_s és apreciable quan ho és el corrent del díode, és a dir, més enllà de la tensió de colze, V_γ. En polarització inversa és, evidentment, inapreciable.

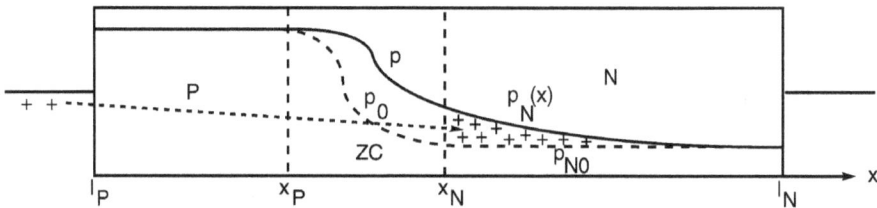

Figura 2.14 Acumulació de forats en la regió neutra N

Si ara considerem la variació de les càrregues calculades quan canvia la tensió de polarització tindrem la capacitat de difusió que trobarem substituint (2.48) en (2.45):

$$C_s = \frac{d(\tau_t I_D)}{dV_D} = \frac{d}{dV_D}\left[\tau_t I_s\left(\exp\frac{V_D}{V_t} - 1\right)\right] = \frac{\tau_t}{V_t} I_s \exp\frac{V_D}{V_t} \approx \frac{\tau_t I_D}{V_t} \tag{2.50}$$

que permet calcular la capacitat de difusió en un punt de treball donat.

Exercici 2.25

Calculeu la capacitat de difusió pel díode de l'exercici 2.3 per $V_D = 0.5$ V. Repetiu el càlcul per a $V_D = -0.1V$. Preneu $\tau_t = 5.3$ μs.

Aplicant 2.50: $C_s(0.5V) = (5.3 \cdot 10^{-6}/0.025) \cdot 6.82 \cdot 10^{-14} \cdot \exp(0.5/0.025) = 1.45 \cdot 10^{-17}$ $\exp(0.5/0.025) = 7$ nF. Per a $V_D = -0.1V$: $C_s(-0.1V) = 1.45 \cdot 10^{-17} \cdot \exp(-0.1/0.025) = 2.6 \cdot 10^{-19}$ F $\cong 0$.

Exercici 2.26

Demostreu que el temps de trànsit d'un díode N$^+$P amb una regió P curta és $\tau_t = w_P^2/(2D_n)$. Apliqueu el resultat per calcular τ_t en el díode de l'exercici 2.3.

Com que és un díode N$^+$P, tenim $p_{No} \ll n_{Po} \Rightarrow Q_{sp} \ll Q_{sn}$. Com que la regió P és curta, $\Delta n(z)$ és una recta i $Q_{sn} = qA \cdot [\Delta n(0)w_P]/2$ (àrea del triangle) i $I_D = qAD_n[\Delta n(0)/w_P]$, perquè en la ZCE $I_p \ll I_n$. Per tant, $\tau_t = Q_{sn}/I_D = w_P^2/2D_n$.
El temps que triga un electró a travessar la zona neutra P coincideix amb τ_t. En efecte, aquest temps és:

$$\tau_t = \int_0^{w_P} \frac{dz}{v_n} = \int_0^{w_P} \frac{dz}{J_n/(qn(z))} = \int_0^{w_P} \frac{qn(z)dz}{qD_n n(0)/w_P} = \int_0^{w_P} \frac{w_P n(0)[1-z/w_P]dz}{D_n n(0)} = \frac{w_P}{D_n} \int_0^{w_P} (1-\frac{z}{w_P})dz = \frac{w_P^2}{2D_n}$$

on hem fet servir la definició de corrent: $J_n = qnv_n$ i de la distribució lineal de $n(z)$ en la regió P. Amb els paràmetres del díode de l'exercici 2.3: $\tau_t = (200 \cdot 10^{-4})^2/(2 \cdot 0,025 \cdot 1500) = 5,3 \ \mu s$.

Exercici 2.27

Demostreu que en una regió llarga d'un díode N$^+$P τ_t és el temps de vida dels minoritaris en la regió menys dopada: $\tau_t = \tau_n$.

$\tau_t \cong Q_{sn}/I_n = [qAL_n n_{P0} \exp(V_D/V_t)]/[qA n_{P0} \exp(V_D/V_t)D_n/L_n] = L_n^2/D_n = \tau_n$.

El concepte de capacitat de difusió és subtil. En efecte, hem considerat la càrrega de minoritaris en zones neutres. Aquesta càrrega es troba neutralitzada per la de majoritaris i la càrrega neta és, per tant, nul·la. En aquest sentit no ens trobem davant d'un condensador ni d'una capacitat de transició on hi ha dues regions en què es localitzen càrregues netes de signes contraris. Això no obstant, té sentit parlar de capacitat perquè qualsevol canvi del nombre de portadors minoritaris emmagatzemats exigeix un corrent que travessi la junció, i com que aquest corrent és finit el procés de canvi té una certa durada. Aquest és el fet realment important en dispositius, com veurem en l'apartat següent. Vist el concepte d'aquesta manera queda justificat per què hem sumat les quantitats Q_{sp} i Q_{sn} amb el mateix signe encara que les càrregues d'electrons i de forats siguin de signes contraris.

QÜESTIONARI 2.5.a

1. *Calculeu la capacitat de transició d'una junció PN$^+$, amb $N_A = 10^{15}$ cm^{-3} i secció 10^{-3} cm^2 en equilibri tèrmic. Dades: $V_{bi} = 0.785$ V, $\varepsilon = 10^{-12}$ F/cm, $q = 1.6 \times 10^{-19}$ C.*
    a) 100 nF   b) 10 nF   c) 10 pF   d) 1 pF

2. *Raoneu en termes físics com variarà la capacitat de transició calculada en la qüestió 1 si multipliquem per 10 el valor de N_A i es manté constant N_D. Com a resultat digueu quina de les afirmacions següents és falsa.*

a) El canvi de dopatge farà disminuir w_{d0} i, per tant, C_{j0} augmentarà.

b) El canvi de dopatge farà augmentar V_{bi} i per tant w_{d0} augmentarà. El resultat serà una disminució de C_{j0}.

c) Es donen els dos efectes anteriors però el resultat net és un augment de C_{j0}.

d) Per mantenir el valor de C_j s'hauria de fer variar la secció en la mateixa proporció que ho fa w_d.

3. La capacitat de difusió està relacionada amb les càrregues de minoritaris en excés acumulades en les regions neutres. Examineu què significa tenir càrrega acumulada en una regió neutre i en conseqüència digueu quina de les afirmacions següents és falsa.

a) La càrrega de minoritaris en excés en una regió neutra està neutralitzada per una càrrega de majoritaris en excés del mateix valor però signe contrari.

b) Com que la neutralitat no és estricta en la regió neutra, la C_s no es pot calcular a partir de la càrrega de majoritaris en excés.

c) Associem la càrrega de minoritaris a una capacitat perquè la seva variació en el temps implica un terme addicional en el corrent que travessa el díode, com passa en un condensador.

d) Els electrons en excés de la regió P i els forats en excés de la regió N no són les càrregues iguals i de signe oposat de les dues plaques d'un condensador, sino que contribueixen a la capacitat de difusió amb termes independents que es sumen.

4. Calculeu la capacitat de difusió del díode de la qüestió 1 per una tensió de polarització de +0.5 V. Dades: gruix de la regió P, w_P=250 μm; longitud de difusió dels electrons en la regió P, L_n=14 μm; temps de trànsit, τ_t= 100 ns; n_i=1.5×10^{10} cm^{-3}.

  a) 9.7×10^{-10} F   b) 5.4×10^{-11} F   c) 2×10^{-18} F   d) 1.2×10^{-19} F

5. En un díode la regió P té un dopatge N_A, un gruix w_P, una difusivitat dels minoritaris D_n, un temps de vida τ_n i una longitud de difusió L_n. En la regió N aquests paràmetres són respectivament N_D, w_N, D_p, τ_p i L_p. Una de les avaluacions següents del temps de trànsit, τ_t, és incorrecta. Quina?

  a) $\tau_t = w_P^2/2D_n$ si $N_A \ll N_D$ i $L_n \gg w_P$ b) $\tau_t = w_N^2/2D_p$ si $N_A \gg N_D$ i $L_p \gg w_N$
  c) $\tau_t = \tau_n$ si $N_A \ll N_D$ i $L_n \ll w_P$ d) $\tau_t = \tau_n$ si $N_A \gg N_D$ i $L_n \ll w_P$

PROBLEMA GUIAT 2.4

Considerem el díode dels problemes guiats 2.1 a 2.3.

1. Calculeu la capacitat de transició, C_j, del dispositiu sense polaritzar.
2. Dibuixeu la gràfica de $1/C_j^2$ en funció de V_D. En quin punt talla l'eix d'abscises (tensions)? Quina influència té el més petit dels dopatges (N_D) en la corba?
3. Trobeu el temps de trànsit.
4. Determineu el valor de la capacitat de difusió per a una polarització $V_D = 0.5$ V.
5. Per a quin valor de la tensió de polarització les capacitats de transició i de difusió són iguals?

EXEMPLE 2.3

A la figura que segueix es mostra la capacitat del díode BAS116 de Philips Semiconductors en funció de la polarització inversa. Aquesta capacitat bàsicament és C_j.

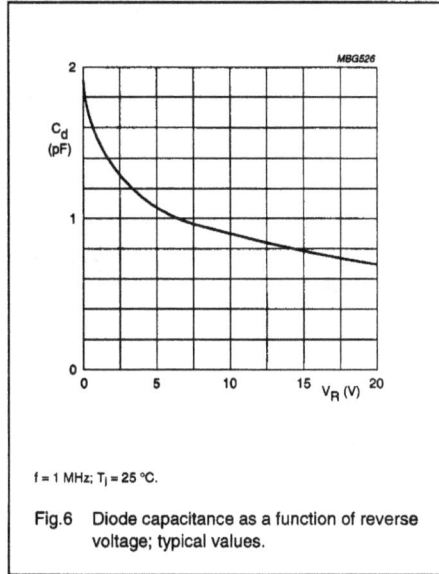

f = 1 MHz; T$_j$ = 25 °C.

Fig.6   Diode capacitance as a function of reverse voltage; typical values.

2.5.2 Model dinàmic del díode

El model de díode presentat en l'apartat 2.4 suposa règim estacionari. Quan la tensió de polarització varia en el temps hi ha efectes lligats als canvis de càrregues acumulades, és a dir, efectes capacitius, que aquell model no inclou. Per tenir-los en compte desenvoluparem un model dinàmic de la junció PN. El corrent en el díode en règim dinàmic serà la suma de diferents termes: per una banda el corrent en contínua ja conegut i, per una altra, els corrents necessaris per produir les variacions de càrrega en la ZCE i dels minoritaris en les zones neutres (vegeu figura 2.15). Podem parlar dels dos darrers termes com a corrents de càrrega o descàrrega de les capacitats de transició i de difusió respectivament.

El corrent en el díode serà, per tant:

$$i_D(t) = \frac{Q_s}{\tau_t} + \frac{dQ_j}{dt} + \frac{dQ_s}{dt} = I_D + \frac{dQ_j}{dV_D}\frac{dV_D}{dt} + \frac{dQ_s}{dV_D}\frac{dV_D}{dt} = I_D + C_j\frac{dV_D}{dt} + C_s\frac{dV_D}{dt} \tag{2.51}$$

on C_j i C_s són les capacitats de transició i de difusió respectivament i I_D és el corrent del díode calculat en condicions de règim estacionari. L'equació 2.51 es pot representar mitjançant el circuit de la figura 2.16.

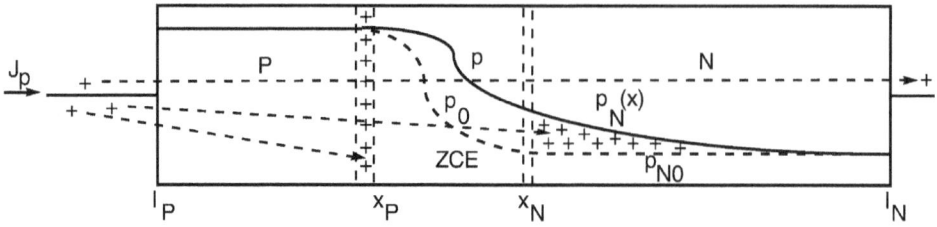

Figura 2.15 Components del corrent de forats en règim dinàmic

Les principals aplicacions del model dinàmic es situen en dos escenaris: per una part canvis grans de la tensió de polarització, incloent-hi canvis de signe de V_D i, per una altra, petits canvis del punt de treball al voltant d'un punt de repòs, causats per una terme de tensió aplicada depenent del temps. En el primer cas parlem de funcionament *en commutació* i en el segon de *petit senyal*.

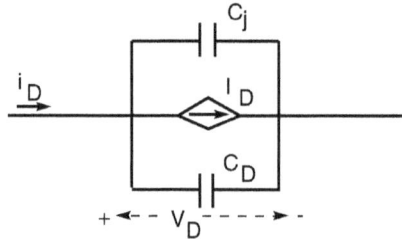

Figura 2.16 Circuit equivalent del díode en règim dinàmic. En aquesta figura la capacitat de difusió s'anomena C_D.

Exercici 2.28

Un díode que condueix un corrent continu I_F passa a estar en circuit obert en l'instant $t=0$. Calculeu la càrrega de portadors minoritaris en excés emmagatzemada en les regions neutres del díode en règim estacionari ($t<0$). Quan trigarien aquestes regions a buidar-se de minoritaris en excés si aquests portadors desapareixen exclusivament per recombinació?

A partir de l'equació 2.48, $Q_s = \tau_t I_F$.
Segons l'equació 2.51, incorporant-hi la relació 2.48 i ignorant la variació de Q_j:

$$i_D(t) = \frac{Q_s}{\tau_t} + \frac{dQ_s}{dt}$$

Com que per a $t > 0$ el corrent i_D és nul, la solució de l'equació diferencial anterior és $Q_s(t) = A exp(-t/\tau_t)$. Determinem la constant A aplicant la condició inicial $Q_s(0^+) = Q_s(0^-) = \tau_t I_F$. Resulta així la solució: $Q_s(t) = \tau_t I_F \cdot exp(-t/\tau_t)$. Buidar les regions neutres de minoritaris en excés prendrà un temps de $3\tau_t$ aproximadament.

Exercici 2.29

Repetiu l'exercici anterior si les càrregues s'extreuen mitjançant un corrent invers constant -I_R. Ignoreu l'eliminació de càrregues per recombinació.

Resolent: $-I_R = dQ_s/dt$ obtenim $Q_s(t) = \tau_t I_F - I_R t$. El temps de descàrrega serà $\tau_t I_F/I_R$

2.5.3 Model SPICE del díode

El programa de simulació de circuits electrònics SPICE modela el díode de tal manera que reprodueix amb una gran aproximació les característiques mesurades en díodes reals. Al mateix temps permet diversos graus de simplificació fins a arribar a l'equació del díode ideal.

Es modela el corrent del díode en polarització directa sumant l'expressió del corrent del díode ideal més el corrent de recombinació en la ZCE:

$$I_{d1} = I_s(e^{V_d/V_t} - 1) + I_{ro}(e^{V_d/2V_t} - 1)$$ (2.52)

Per modelar l'efecte d'alta injecció s'utilitza l'expressió:

$$I_d = \frac{I_{d1}}{\sqrt{1 + I_{d1}/I_{kf}}}$$ (2.53)

on I_{d1} és el corrent en baixa injecció i I_{kf} és el corrent que correspon al punt límit entre baixa i alta injecció. Per a corrents més petits que I_{kf} podem aproximar $I_d \approx I_{d1}$, mentre que per a corrents més grans $I_d \approx (I_{kf}I_{d1})^{1/2}$, i d'aquesta manera resulta una proporcionalitat $I_d \propto exp(V_D/2V_t)$.

Els efectes de la resistència sèrie es tenen en compte escrivint la caiguda de tensió entre els terminals del díode V_D com:

$$V_D = V_d + I_d R_s$$ (2.54)

on V_d és la tensió que cauria en el díode sense efectes resistius i R_s és la resistència paràsita en sèrie.

En polarització inversa, abans d'arribar a la tensió de ruptura, el díode es modela per l'equació del díode ideal i una conductància G_{min} en paral·lel. Aquesta conductància dóna compte d'efectes no ideals de l'augment de corrent amb la polarització inversa. Anomenant I_r aquest corrent invers, l'efecte de ruptura es modela mitjançant una exponencial:

$$I_d = I_r - I_{bv}e^{\frac{-V_d - BV}{\eta_{bv}V_t}}$$ (2.55)

on $BV = |V_z|$. Quan V_d es fa més negativa que $-BV$ l'exponent de 2.55 és positiu i gran i això fa créixer ràpidament el valor (negatiu) de I_d. El factor d'idealitat de l'exponent d'aquesta expressió, η_{bv}, pot ser ajustat per aproximar-se més bé a la característica real.

Les capacitats dels díodes es modelen amb expressions que segueixen les equacions vistes en l'apartat 2.6. Finalment SPICE permet tenir en compte la influència de la temperatura en els diferents paràmetres del dispositiu. Si l'usuari no especifica el valor d'un paràmetre, SPICE pren un valor per defecte. Els més importants són: $I_s = 10^{-14}$ A, $I_{bv} = 10^{-10}$ A, $\eta_{bv} = 1$, $V_{bi} = 1$ V i $m = 0,5$. La resta de paràmetres són de valor infinit (I_{kf}, BV) o nul. El díode *per defecte* segueix l'equació del díode ideal sense efectes capacitius ni resistius.

EXEMPLE 2.4

En el llistat que segueix es mostren els paràmetres SPICE del díode BAS116 de Philips Semiconductors proporcionats pel mateix fabricant.

```
Model of ▦ BAS116 (date: 23-2-00)

Simulation Values
*DEVICE=BAS116,D
* BAS116 D model
* created using Parts release 7.1 on 09/09/97 at 1
* Parts is a MicroSim product.
.MODEL BAS116 D
+ IS=805.84E-18
+ N=1.0246
+ RS=50.000E-3
+ IKF=362.16E-6
+ CJO=1.9002E-12
+ M=.35193
+ VJ=1.2722
+ ISR=298.95E-15
+ BV=113.30
+ IBV=10
+ TT=1.0230E-6
*$
```

▦ View this model

QÜESTIONARI 2.5.b

1. Un díode P^+N amb la regió N llarga condueix un corrent en directa I_F. En l'instant $t=0$ s'anul·la aquest corrent. Quant de temps farà falta perquè desapareguin les càrregues en excés en les regions neutres? Ignoreu l'efecte de la variació de la zona de càrrega d'espai i preneu com a criteri per dir que la càrrega ha desaparegut que el seu valor ha disminuït fins el 10 % del seu valor inicial. Dada: temps de trànsit $\tau_t = 0.1$ ns.

   a) 0.1 ns   b) 0.23 ns   c) 0.46 ns   d) 1 ns

2. Repetiu l'exercici anterior suposant que la càrrega emmagatzemada s'extreu del díode mitjançant un corrent invers $-I_R$ i que podem ignorar la recombinació de minoritaris en les zones neutres. Dades: $I_F = 10$ mA, $I_R = 40$ mA.

   a) 0.025 ns   b) 0.23 ns   c) 0.4 ns   d) 1 ns

3. Com canviaria el resultat de la qüestió 2 si ja no poguéssim negligir la recombinació de minoritaris?

    a) 5 ns   *b) 1.6 ns*   *c) 0.125 ns*   *d) 0.022 ns*

4. Per un díode inicialment polaritzat en inversa a una tensió $V_D = -V_R$ s'hi fa passar, a partir de l'instant $t=0$, un corrent positiu I_F. Com variarà la càrrega de la ZCE, Q_j, en funció del temps, a partir de $t=0$ i fins que la tensió V_D valgui zero?

    a) $Q_j(t)=Q_j(0)\ exp(t/\tau_t)$ *b) $Q_j(t)=Q_j(0)\ exp(-t/\tau_t)$*
    c) $Q_j(t)=Q_j(0)+I_Ft$ *d) $Q_j(t)=Q_j(0)-I_Ft$*

5. Volem construir el model SPICE per simular un díode que presenta un corrent invers de saturació de 10^{-15} A; el tram corresponent a l'equació ideal comença per $I_D = 10\ nA$; l'alta injecció s'inicia quan $I_D = 20\ mA$; per a $I_D = 1A$ la tensió entre terminals del díode és 2 V; i presenta una tensió de ruptura de 12 V. Quin dels següents conjunts de paràmetres és correcte?

    a) $I_{r0} = 3.3\times10^{-12}$ A   *$I_{kf} = 2\times10^{-2}$ A*   *$R_s = 1.04\ \Omega$*
    b) $I_{r0} = 3.3\times10^{-12}$ A   *$I_{kf} = 2\times10^{-2}$ A*   *$R_s = 1.34\ \Omega$*
    c) $I_{r0} = 1\times10^{-8}$ A   *$I_{kf} = 1\times10^{-8}$ A*   *$R_s = 1.04\ \Omega$*
    d) $I_{r0} = 1\times10^{-8}$ A   *$I_{kf} = 1$ A*   *$R_s = 1.04\ \Omega$*

2.6 EL DÍODE EN COMMUTACIÓ I EN PETIT SENYAL

Presentarem en aquest apartat els dos escenaris d'aplicació del model dinàmic del díode que hem presentat en l'apartat 2.5: el funcionament en commutació i en petit senyal. El primer és particularment important en circuits digitals, mentre que el petit senyal és un concepte lligat a circuits analògics.

2.6.1 Transitoris de commutació

Considerem ara el circuit de la figura 2.17, on es mostra un senyal quadrat que s'aplica a un díode a través d'una resistència. El senyal $e(t)$ commuta d'un valor inicial A a un valor $-A$. Si abans del canvi $e(t)$ val A des de fa un temps prou llarg, el díode opera en règim permanent i el corrent I_D val $I_F \approx (A-V_\gamma)/R$. Les capacitats C_s i C_j estan carregades a la tensió de polarització V_γ i no circula corrent pels condensadors que les simulen. Aquesta situació es manté fins a l'instant $t = 0^-$ de la figura 2.17.

En $t=0^+$ la tensió $e(t)$ commuta a $-A$. En aquest instant, la tensió en borns del díode és V_γ perquè els condensadors la mantenen. Per tant, en $t=0^+$ el corrent pel díode és $I_R = (-A-V_\gamma)/R \approx -I_F$ si $A >> V_\gamma$. El díode està polaritzat en inversa però no bloqueja el pas de corrent. A mesura que C_s i C_j es descarreguen, la tensió entre els terminals disminueix. Si aquests condensadors tinguessin un valor de capacitat constant la corba de caiguda de la tensió tindria un perfil exponencial amb una constant de temps RC. La capacitat del díode, però, varia amb la tensió entre terminals i amb ella la constant de temps. Inicialment quan V_D és positiva i gran, la capacitat dominant és C_s, que és gran, cosa que fa que la caiguda de tensió sigui lenta. Quan la tensió es fa més petita que la tensió llindar del díode, la capacitat de difusió es fa ràpidament petita i amb ella la constant de temps, la qual cosa implica que el corrent s'acosti ràpidament al valor de règim permanent. Val a dir que a partir d'un cert punt la capacitat de transició domina la de difusió i determina el valor de la constant de temps. C_j també va disminuint però no tan de pressa com C_s. En règim permanent el corrent és gairebé nul i, per tant, no hi ha caiguda en R i la tensió en borns dels condensadors és -*A*. Del temps transcorregut des de la commutació de *e(t)* fins que el díode bloqueja el corrent se'n diu *transitori de bloqueig*.

Si ara el senyal *e(t)* torna a commutar a +*A*, té lloc el *transitori de conducció*. Inicialment el corrent és més gran que el que correspon al règim estacionari perquè els condensadors mantenen la tensió en inversa -*A* en borns del díode. A mesura que la càrrega en els

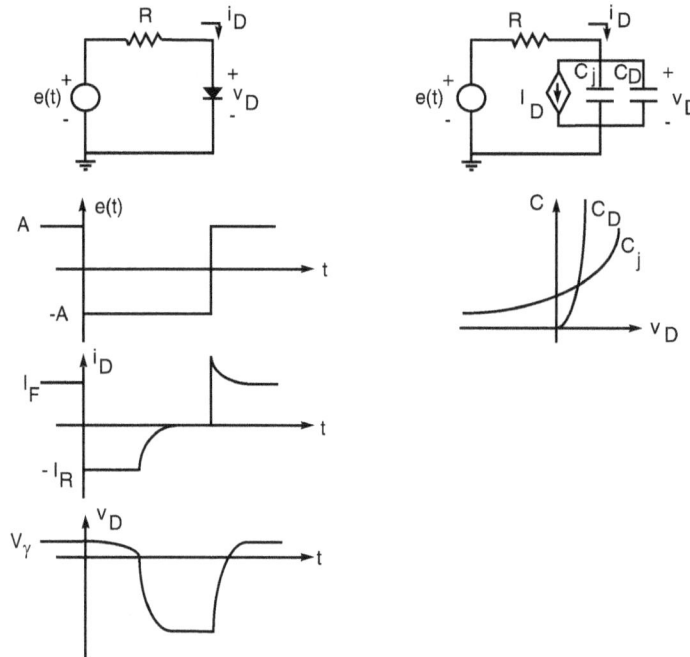

Figura 2.17 Transitoris de commutació en el díode, on C_D és la capacitat de difusió.

condensadors canvia, la tensió en els seus terminals augmenta fins al valor V_γ que és el valor final en règim permanent directe.

Exercici 2.30

Calculeu el temps t_s durant el qual el corrent invers del díode es manté aproximadament en el valor -I_R en el transitori de bloqueig (vegeu la figura 2.17).

Per mantenir el valor -I_R constant la tensió en borns del díode ha de ser propera a zero. t_s serà, doncs, aproximadament el temps que es trigui a eliminar la càrrega Q_s en el díode. Resolem l'equació:

$$-I_R = \frac{Q_s}{\tau_t} + \frac{dQ_s}{dt}$$

i obtenim $Q_s(t) = C\ exp(-t/\tau_t) - I_R\tau_t$. Determinem C amb la condició inicial $Q_s(0) = I_F\tau_t$ i resulta $Q_s(t) = \tau_t[I_F+I_R]exp(-t/\tau_t) - \tau_t I_R$. El temps t_s necessari per anul·lar $Q_s(0)$ serà $t_s = \tau_t\ ln[1+I_F/I_R]$.

Exercici 2.31

Calculeu el temps necessari per "adaptar" la ZCE des d'una polarització nul·la fins a una tensió $-V_R$ si el corrent invers que circula pel díode té el valor constant $-I_V$.

$\Delta Q_j = I_V t$; $\Delta Q_j = qAN_A[w_{dP}(-V_R) - w_{dP}(0)]$; $t_V = {}_{qANA}w_{dP0}[(1+V_R/V_{bi})^{1/2} - 1]/I_V$

2.6.2 Model del díode en petit senyal

Quan el díode opera en determinats circuits (p.e. un amplificador) se li aplica un petit senyal $\Delta v_D(t)$ superposat a un valor continu de polarització V_{DQ}. Com a conseqüència d'aquesta polarització el corrent que circula pel díode es pot descompondre en un valor continu (polarització) I_{DQ} més un valor incremental o senyal $\Delta i_D(t)$. En aquests circuits sovint interessa saber quina relació hi ha entre els increments de tensió i els de corrent en el díode. Del circuit que permet calcular aquesta relació se'n diu *circuit equivalent del díode en petit senyal*.

La figura 2.18.a representa la tensió i el corrent totals en el díode, el qual ha esta substituït pel seu model dinàmic. El circuit equivalent en petit senyal és com mostra la figura 2.18.b. S'obté del model dinàmic prenent per als condensadors C_s i C_j els valors fixos que prenen en el punt de repòs, $C_s(V_{DQ})$ i $C_j(V_{DQ})$. La poca amplitud del senyal justifica aquesta aproximació. D'altra banda, el corrent Δi_D que circula per la font depenent com a conseqüència de la tensió Δv_D és:

$$\Delta i_D = \left.\frac{dI_D}{dV_D}\right|_{V_{DQ}} \Delta v_D = \frac{I_s e^{V_{DQ}/V_t}}{V_t}\Delta v_D = \frac{I_{DQ}+I_s}{V_t}\Delta v_D = \frac{\Delta v_D}{r_d}; \qquad r_d = \frac{V_t}{I_{DQ}+I_s} \qquad (2.56)$$

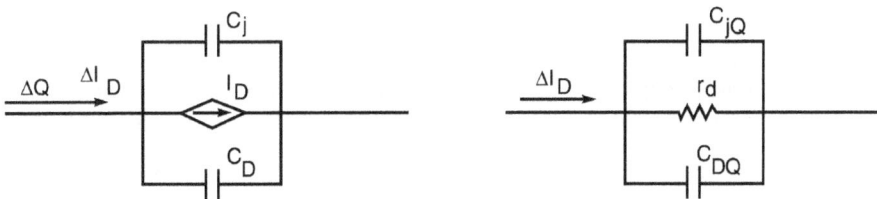

Figura 2.18 a) Tensió i corrent totals del díode. b) Circuit equivalent de petit senyal del díode. A la figura, C_D representa la capacitat dedifusió.

que hem modelat per una resistència de valor r_d anomenada *resistència dinàmica*.

En polarització directa el model en petit senyal del díode és un circuit RC, on la capacitat dominant sol ser C_s. En canvi en inversa la resistència dinàmica tendeix a infinit i la capacitat de difusió és inapreciable, per la qual cosa el dispositiu queda reduït a una capacitat de valor C_j, funció de la tensió aplicada V_{DQ}. Hi ha díodes dissenyats per utilitzar-los com a condensadors amb capacitat controlable per tensió, anomenats *varicaps* (díode de capacitat variable).

Exercici 2.32

Construïu el circuit equivalent del díode de l'exercici 2.3 per a una polarització directa de 0,5V, una d'inversa de -2 V i una altra d'inversa de -10 V.

Per a V_D = 0,5 V: r_d = 0,025/33·10^{-6} = 757 Ω; C_s = 7 nF; C_j = 22,7 pF (vegeu exercicis 2.13, 2.24 i 2.25).
Per a V_D = -2 V: r_d = ∞; C_s = 0; C_j = 5,5 pF.
Per a V_D = -10 V: r_d = ∞; C_s = 0; C_j = 2,7 pF.

QÜESTIONARI 2.6

1. *Analitzeu físicament de quins paràmetres interns del díode depén el temps de retard per emmagatzemamament t_s que apareix quan el díode commuta de directa a inversa. Quina de les afirmacions següent és falsa?*
a) *El temps t_s disminueix quan augmenta el dopatge de la regió menys dopada.*
b) *El temps t_s disminueix quan disminueix el temps de vida dels portadors.*
c) *El temps t_s disminueix quan disminueix la longitud del díode.*
d) *El temps t_s no varia amb els paràmetres anteriors.*

2. *Considereu la influència dels diferents paràmetres del circuit de polarització sobre el temps de retard per emmagatzemamament en la commutació ON-OFF: Tots menys un del següents canvis fan més petit t_s. Quin és?*
a) *Augment de la tensió de polarització inversa.*   b) *Disminució del corrent I_F.*
c) *Augment de la resistencia R*   d) *Augment del corrent I_R*

3. *Estudieu els canvis de tensions i corrents en la commutació d'inversa a directa i digueu quina de les afirmacions següents no és correcta.*
a) *El pic inicial de I_D és degut a les càrregues proporcionades per C_s*
b) *La capacitat del díode augmenta amb t després de la commutació.*
c) *La càrrega acumulada en les capacitats paràsites canvia de signe durant el transitori.*
d) *Quan s'arriba al règim permanent la capacitat dominant és C_s.*

4. *Un díode ideal amb un corrent invers de saturació de 10^{-15} A presenta una resistència dinàmica de 2.5 kΩ. Trobeu el seu punt de repòs.*
a) *I_D= 10 nA, V_D= 0.4 V*   b) *I_D= 10 μA, V_D= 0.58 V*
c) *I_D= 10 mA, V_D= 0.75 V*   d) *I_D= 1 A, V_D= 0.86 V*

5. *Considerem el cas d'un díode que té un corrent invers de saturació de 10^{-14} A i que té el seu punt de repòs en una tensió directa de 0.7 V. Suposem irrellevants els efectes capacitius. Avalueu l'error que cometem en utilitzar l'aproximació lineal*

(resistència dinàmica) com a aproximació de la característica $I(V)$ del díode en petit senyal quan apliquem als terminals del díode un increment de tensió de 10 mV.
        a) 100%   b) 20%   c) 10%   d) 5%

6. *Calculeu la capacitat total,C_+, d'un díode per on circula un corrent de 10 mA. Dades: $I_s= 2{\times}10^{-14}$ A, $\tau_t= 0.2$ ns, $C_{j0}= 0.2$ pF, $V_{bi}= 0.8$ V. Repetiu el càlcul per trobar C_- que correspon al díode polaritzat a 10 V en inversa.*
        a) $C_+= 80.5$ pF, $C_-= 54$ fF   b) $C_+= 80.19$ pF, $C_-= 0.5$ pF
        c) $C_+= 80$ pF, $C_-= 0.5$ pF   d) $C_+= 79.5$ pF, $C_-= 54$ fF

PROBLEMA GUIAT 2.5

Considerem el díode dels problemes guiats 2.1 a 2.4.
1. Quin corrent circularà pel díode quan el connectem en sèrie amb una resistència de 200 Ω i a una pila de 10 V.
2. Estimeu el temps que trigarà el díode a eliminar les càrregues de minoritaris de les regions neutres si en l'instant t=0 commutem la tensió d'alimentació a -5 V.
3. Avalueu la durada del transitori ON-OFF.
4. Determineu els paràmetres del circuit equivalent en petit senyal del díode si el punt de treball correspon a un corrent de 1 mA.
5. Repetiu el càlcul anterior per una tensió de polarització inversa de 5 V.

2.7 CONTACTES METALL-SEMICONDUCTOR

Els dispositius semiconductors es connecten entre ells mitjançant pistes o fils metàl·lics. En algun punt s'ha de fer el contacte entre semiconductor i metall. Les propietats elèctriques d'aquests contactes són importants en el funcionament del dispositiu. Hi ha dos tipus de contactes: rectificadors i òhmics. Els primers es comporten com a díodes, de manera similar a una junció PN. Els segons permeten el pas de corrent igualment en els dos sentits, amb una caiguda de tensió petita en el contacte. Els diferents tipus de comportament es poden explicar mitjançant un model simple que parteix del diagrama de bandes.

2.7.1 Diagrames de bandes en equilibri

Conceptes bàsics

a) Diagrama de bandes d'un metall

En un conductor el nivell de Fermi cau dins una banda permesa i, per tant, els electrons poden ocupar nivells veïns del nivell de Fermi. No parlarem de banda prohibida i, per tant, tampoc de forats. El diagrama de bandes queda reduït a la posició del nivell de Fermi.

A 0 K, tots els nivells per sota de E_f estarien ocupats, i els que es troben per damunt de E_f, buits. A $T > 0$ K alguns electrons hauran abandonat nivells $E<E_f$ per passar a nivells $E>E_f$. Però el nombre d'aquests electrons és, en termes relatius, petit, de manera que la imatge d'un metall com un sòlid amb nivells $E < E_f$ plens i nivells $E > E_f$ buits és essencialment correcta.

b) Nivell de buit (E_0)

Quan hàgim de posar en un mateix diagrama les bandes d'un semiconductor i les d'un metall haurem de tenir algun procediment per posicionar les unes en relació amb les altres. Aquest problema apareix sempre en el contacte de dos materials de naturalesa diferents. Per resoldre'l s'utilitza els conceptes de nivell de buit i de funció treball. Aquest problema no el teníem quan reuníem les d'un semiconductor de tipus P amb les d'un de tipus N. En efecte: el nivell de Fermi de l'un i de l'altre es trobaven en llocs diferents de la banda prohibida, però les vores d'aquesta banda E_c i E_v eren idèntiques en les dues regions.

El nivell de buit, que indicarem com E_0, és el nivell d'energia d'un electró en repòs fora del material, sigui fora del metall o del semiconductor. Aquest nivell de referència és útil si coneixem la posició dels nivells dels diagrames de bandes dels materials del problema en relació amb E_0. Això és el que fan els conceptes següents.

a) Afinitat electrònica d'un semiconductor $(q\chi)$. És l'energia necessària per fer passar un electró del fons de la banda de conducció, E_c, al nivell de buit, E_0:

$$q\chi \equiv E_c - E_0 \tag{2.57}$$

És un paràmetre amb un valor fix per a cada semiconductor, més ben conegut en uns que en altres. En el silici val 4.15 eV.

b) Funció treball $(q\Phi)$. És la diferència d'energia entre el nivell de buit, E_0, i el nivell de Fermi, E_f:

$$q\Phi \equiv E_0 - E_f \tag{2.58}$$

Aquest concepte es defineix tant per a un semiconductor $(q\Phi_s)$ com per a un metall $(q\Phi_m)$. La funció treball d'un semiconductor depèn del seu dopatge:

$$q\Phi_s \equiv E_0 - E_f = E_0 - E_c + E_c - E_f = q\chi + (E_c - E_f) \tag{2.59}$$

on el darrer parèntesi depèn de la concentració d'impureses. En canvi, la d'un metall és una propietat del material. Tenim, per exemple, $q\Phi_m$ = 4,1 eV en el cas de l'alumini.

Construcció del diagrama de bandes

Amb els conceptes anteriors podem passar a la construcció d'un diagrama de bandes en un contacte metall-semiconductor. Però serà més fàcil si abans tornem a mirar un resultat ja conegut, el diagrama de bandes de la junció PN des d'un punt de vista diferent. Considerem els diagrames de bandes d'un semiconductor de tipus P i d'un de tipus N com indica la figura 2.19. En aquesta figura també s'hi ha representat el nivell de buit.

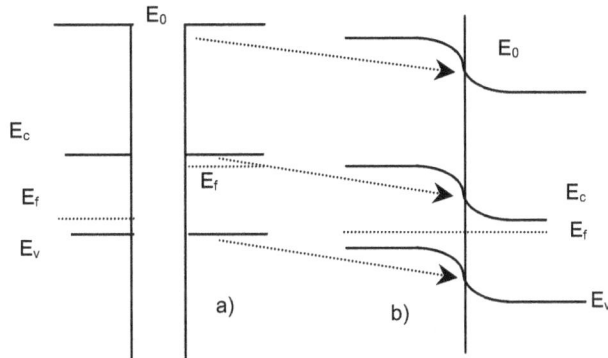

Figura 2.19 a) Diagrames de bandes d'un semiconductor P i d'un semiconductor N aïllats.
b) Diagrama de bandes dels mateixos semiconductors formant una junció PN

Construirem ara el diagrama de bandes de la junció en equilibri (figura 2.19b) de la manera següent. Els nivells de Fermi, en equilibri, han d'estar a la mateixa alçada i, per tant, el del material P haurà de desplaçar-se cap amunt al mateix temps que el del semiconductor N es mou cap avall. Pel que fa a les bandes, hi ha tres punts comuns a les dues parts de la junció: E_c i E_v en el punt de contacte, a fi de garantir la continuïtat de les bandes, i E_0 en el punt de contacte que ha de mantenir una distància constant, $q\chi$, amb E_c. Les tres fletxes de la figura 2.19 indiquen aquests tres punts de referència.

D'altra banda, lluny del pla de la junció, el diagrama de bandes, i concretament els valors E_f-E_v i E_c-E_f, han de ser iguals que els del semiconductor aïllat, tal com indica la figura 2.19.b. El resultat de tot plegat és la curvatura de bandes que ja ens era familiar, però que hem obtingut per un procediment diferent.

Sabem que l'amplada de la zona de càrrega d'espai en cada regió varia de forma inversa al seu dopatge. En termes de desplaçament del nivell de Fermi direm que quan la junció no és simètrica el desplaçament és més gran en la regió menys dopada.

L'exercici que acabem de fer per a la junció PN és immediatament aplicable a un contacte metall-semiconductor. Per construir el diagrama de bandes només hem de tenir en compte els criteris següents:

1. En equilibri el nivell de Fermi ha de ser constant en tot el sistema. Alinear els nivells de Fermi dels dos materials exigeix, en general, que les bandes es corbin. Aquesta curvatura és més gran en el material menys dopat. En el cas del contacte metall-semiconductor la asimetria en concentració de portadors és extremada i tota la deformació de les bandes es desenvolupa en el semiconductor.

2. El nivell de buit ha de ser continu en tots els punts. Com que l'afinitat electrònica del semiconductor és constant, resulta que el nivell de buit segueix la deformació de les bandes del semiconductor. La continuïtat de E_0 permet posicionar les bandes d'un material en relació amb les de l'altre. La figura 2.20 representa un exemple de construcció del diagrama de bandes. A partir d'aquesta construcció podem deduir algunes propietats del contacte.

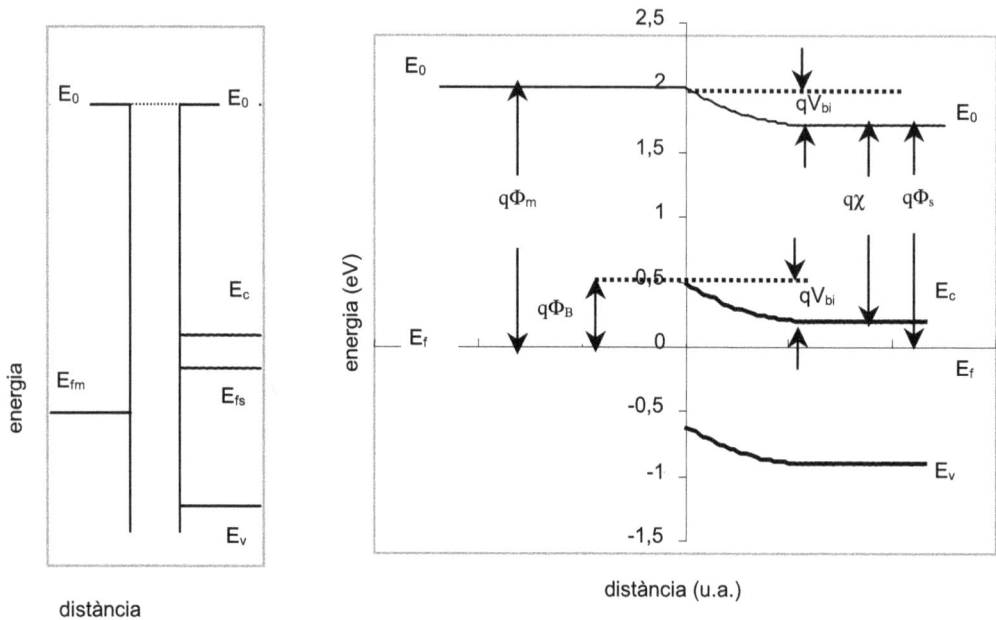

Figura 2.20 Construcció del diagrama de bandes d'un contacte metall-semiconductor.
Es representa el cas d'un semiconductor de tipus N amb $q\Phi_s< q\Phi_m$

Contactes òhmics i contactes rectificadors

La construcció dels diagrames de bandes dóna lloc a considerar quatre casos esquematitzats a la figura 2.21. En els casos *a)* i *b)* el semiconductor és de tipus N amb $q\Phi_m> q\Phi_s$ i $q\Phi_m< q\Phi_s$ respectivament. Les figures *c)* i *d)* repeteixen l'exercici per a un semiconductor de tipus P amb $q\Phi_m< q\Phi_s$ i $q\Phi_m> q\Phi_s$, respectivament. El procediment per crear tots aquests diagrames és el mateix que s'ha exposat per al primer dels quatre casos.

Notem que en els casos a) i *c)* el nivell de Fermi del semiconductor en la zona propera al pla de la junció "s'ha allunyat" de la banda dels portadors majoritaris en relació amb el volum (*bulk*) del semiconductor, i apareix, per tant, una zona de buidament (o zona de càrrega d'espai). El semiconductor queda amb càrrega positiva si és de tipus N i amb càrrega negativa si és de tipus P. El metall té una càrrega igual en magnitud i de signe contrari a la del semiconductor, localitzada en la seva superfície.

Veurem, tot seguit, quines conseqüències té l'aparició d'aquesta configuració de les bandes. Considerem la figura 2.22, que representa un contacte del tipus *a)* polaritzat. La mateixa anàlisi seria vàlida per a un del tipus *c)*.

En equilibri el corrent d'electrons del semiconductor cap al metall, I_{SM}, s'equilibra amb un flux igual i de sentit contrari, I_{MS}, i en resulta un corrent net $I_{SM}- I_{MS} = 0$. Quan polaritzem negativament el semiconductor en relació amb el metall, la curvatura de les bandes

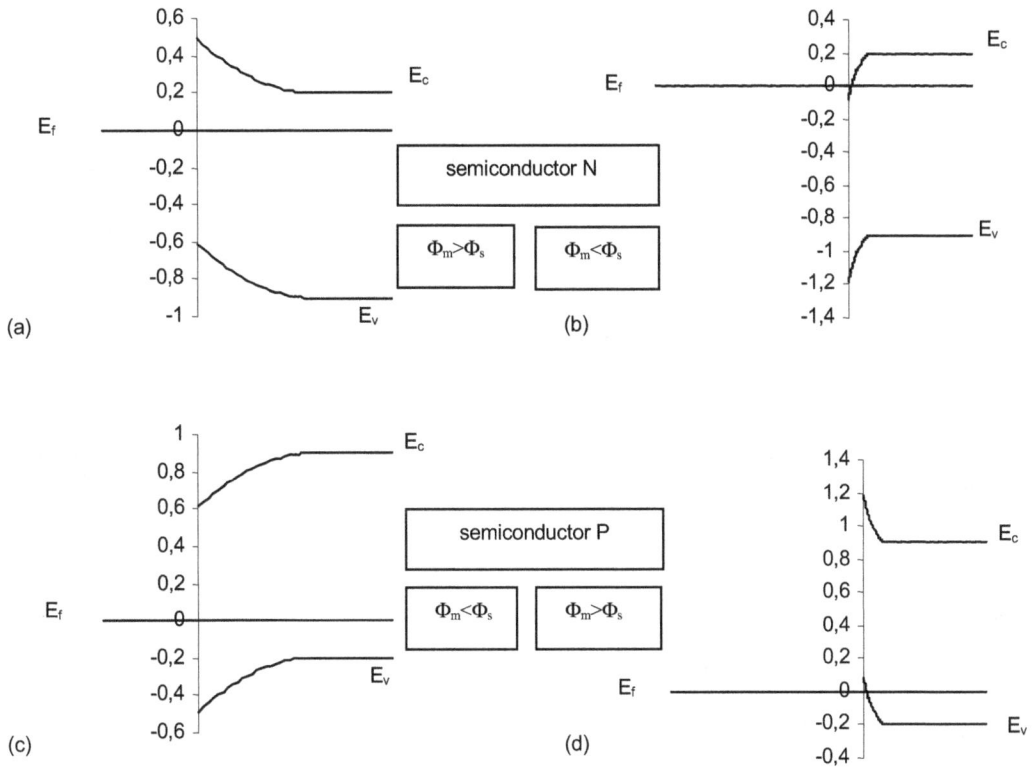

Figura 2.21 Diagrama de bandes d'un contacte metall-semiconductor: els 4 casos possibles

disminueix (fig. 2.22.a) perquè el camp que apliquem té sentit contrari al del camp en equilibri. Aleshores la barrera de potencial que els electrons troben per passar del semiconductor al metall és més petita que en equilibri, mentre que la que troben per moure's en sentit contrari no ha canviat. El resultat és un pas net d'electrons del semiconductor al metall. Aquest corrent pot fer-se molt gran amb la polarització, per la mateixa raó que se'n fa a la junció PN polaritzada directament.

Si ara polaritzem el semiconductor positivament en relació amb el metall, incrementarem la curvatura de les bandes. Els portadors majoritaris troben una barrera molt més gran que en equilibri per passar del semiconductor al metall. El flux d'electrons en aquest sentit pot arribar a ser negligible. Els electrons que es mouen en sentit contrari troben la mateixa barrera que en equilibri. El resultat és un flux net d'electrons de metall a semiconductor. Aquest corrent assoleix un valor màxim, igual a I_{MS}, que és molt petit (zero en aplicacions pràctiques).

La conclusió d'aquests raonaments és que les estructures que corresponen als diagrames *a)* i *c)* són rectificadores. Si el semiconductor és de tipus N la polarització és directa quan el metall és positiu en relació amb el semiconductor. El criteri és invers en cas de semiconductors de tipus p. Aquest dispositiu rectificador és conegut com a díode Schottky.

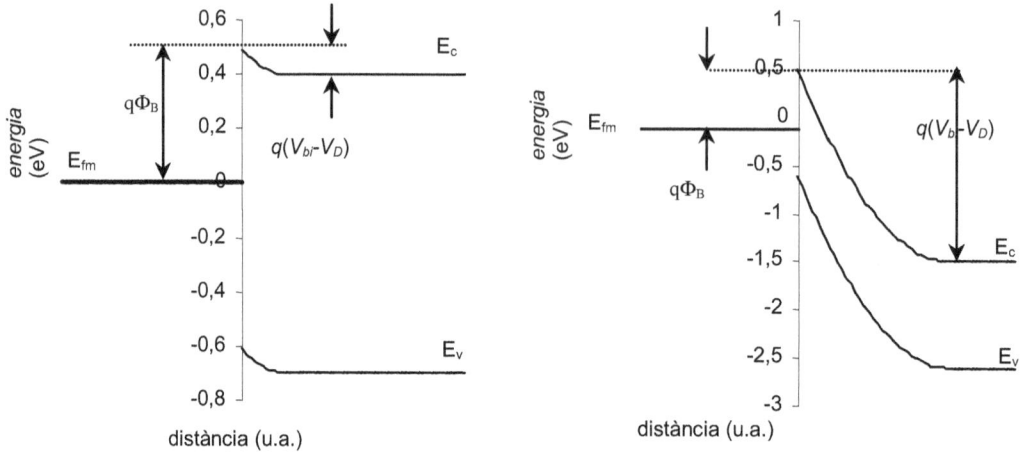

Figura 2.22 Diagrama de bandes del contacte metall-semiconductor de la figura 2.20 polaritzat: a) en directe, b) en inversa

En els altres dos casos, *b)* i *d)*, la regió del semiconductor propera al metall presenta una acumulació de majoritaris. Els portadors majoritaris poden passar del semiconductor al metall i viceversa sense trobar cap barrera de potencial creada per una ZCE. El contacte no presenta cap efecte rectificador i s'anomena òhmic.

2.7.2 El díode Schottky

Electrostàtica

Analogament al que es feia en la junció PN, definirem el potencial de contacte, V_{bi}, com la caiguda de tensió en el semiconductor en equilibri. En el cas *a)* (vegeu el nivell E_0 en la figura 2.20) té per valor:

$$qV_{bi} = q\Phi_m - q\Phi_s = q\Phi_m - q\chi - \left(E_c - E_f\right)_{volum} \tag{2.60}$$

En el cas *c)* l'expressió és:

$$qV_{bi} = q\Phi_s - q\Phi_m = q\chi + \left(E_c - E_f\right)_{volum} - q\Phi_m = q\chi + E_g - \left(E_f - E_v\right)_{volum} - q\Phi_m \tag{2.61}$$

En polarització la caiguda de tensió en el semiconductor val $V_{bi}-V_D$. A partir d'aquí valen les mateixes equacions que en la junció PN per calcular l'amplada de la ZCE, el camp elèctric màxim, la capacitat de transició, etc. En el cas de semiconductor de tipus N:

$$E_{elmax} = \sqrt{\frac{2q}{\varepsilon} N_D (V_{bi} - V_D)} \qquad w_{dN} = \sqrt{\frac{2\varepsilon}{q} \frac{1}{N_D} (V_{bi} - V_D)} \tag{2.62}$$

Tota la ZCE es troba dins el semiconductor. Les equacions (2.62) són com les d'una junció PN tractant el metall com una regió amb un nivell de dopatge infinit. El punt de camp elèctric màxim és el pla de la junció.

Corrent

Es pot demostrar mitjançant una avaluació senzilla del pas de portadors per damunt d'una barrera de potencial (dit efecte termoiònic) que el de corrent en un contacte rectificador metall-semiconductor ideal a una tensió de polarització V_D val:

$$I_D = I_0 \left[e^{V_D / \eta V_t} - 1 \right] \qquad I_0 \propto e^{-q\Phi_B / KT} \tag{2.63}$$

on I_0 és el corrent invers de saturació i η el factor d'idealitat que, a diferència del díode de junció PN pot ser més gran que 2.

Els díodes Schottky presenten dues diferències importants amb els de junció PN:

a) Un corrent invers de saturació més gran, la qual cosa vol dir una tensió de colze del díode més petita (0,3-0,4 V). En conseqüència, fixat un corrent en directa, la tensió que cau en el díode és més petita en un Schottky. Això els fa útils com a rectificadors de potència. Posats en paral·lel amb una junció PN, fan de limitadors de tensió d'aquesta; aquesta propietat s'utilitza en tecnologia TTL per fer més ràpids els circuits digitals que utilitzen aquesta tecnologia bipolar.
b) El corrent no depèn de la injecció de minoritaris, és a dir, no hi ha capacitat de difusió. El baix valor de capacitat fa que siguin dispositius ràpids.

Els díode Schottky es troben entre els dispositius més antics obtinguts amb semiconductors. Els primers es feien per contacte d'una punta metàl·lica damunt un semiconductor. Actualment es fabriquen dipositant una capa prima de metall en la superfície del semiconductor.

Exercici 2.33

Trobeu el potencial de contacte entre el metall i un semiconductor N dopat amb $N_D = 10^{16}$ cm^{-3}. Dades: la funció treball del metall és $q\Phi_m = 4,75$ eV i l'afinitat electrònica del silici és $q\chi = 4,15$ eV.

La funció treball del semiconductor és $q\Phi_s = q\chi + (E_c - E_f) = q\chi + E_g/2 - kT \ln(N_D/n_i) = 4,15 + 0,55 - 0,33 = 4,36$ *eV. D'acord amb 2.60,* $V_{bi} = 4,75 - 4,36 = 0,39$ *V.*

Exercici 2.34

Dibuixeu l'estructura de bandes de l'exercici anterior si el dopatge del semiconductor fos $N_A = 10^{16}$ cm^{-3}.

$q\Phi_s = 5,03$ eV. Els forats, majoritaris, troben una barrera per passar del semiconductor al metall.

EXEMPLE 2.5

A la figura que segueix es mostra la característica corrent-tensió del díode rectificador Schottky PBYL1025 de Philips Semiconductors. Noteu que la tensió de colze per a un corrent de 10 ampers és inferior a 0.4 V.

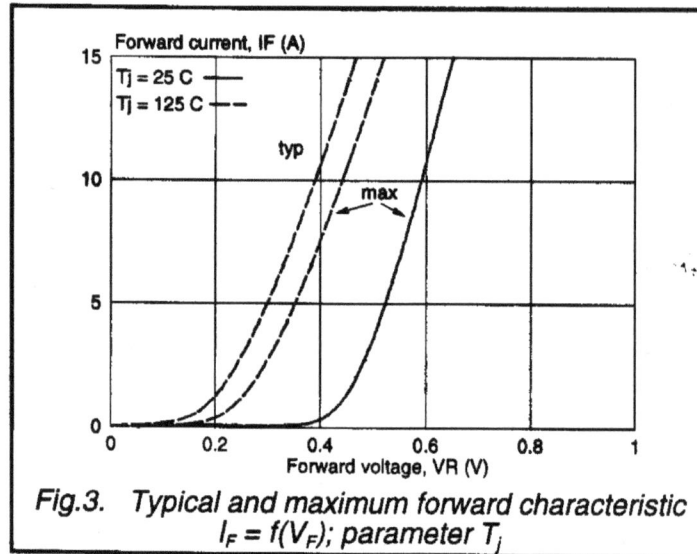

Fig.3.   Typical and maximum forward characteristic
$I_F = f(V_F)$; *parameter* T_j

Exercici 2.35

Calculeu els corrent invers de saturació d'un díode Schottky que té una tensió llindar de 0,4 V i un factor d'idealitat igual a la unitat.

Suposant corrents de referència de l'ordre del mA, resulta $I_0 = I_{Dref}/exp(V_\gamma/V_t) = 1,1 \cdot 10^{-10}$, *uns cinc ordres de magnitud més gran que en els díodes de junció PN.*

Exercici 2.36

Considereu un díode de junció PN en paral·lel amb un díode Schottky, tots dos alimentats amb una font de corrent d' 1 mA. Calculeu el corrent que condueix cada díode sabent que les tensions llindar respectives són 0,7 V i 0,4 V.

Per al díode de junció PN passa $6,1 \times 10^{-9} A$ *i per al Schottky pràcticament* 10^{-3} *A, ja que la tensió aplicada als dos díodes és aproximadament 0,4 V.*

2.7.3 Contactes òhmics reals

L'aplicació directa del model de contacte presentat per la realització de contactes òhmics en dispositius semiconductors exigiria l'ús de metalls diferents depenent del dopatge del semiconductor. Aquesta exigència és tecnològicament complicada. Això sense comptar amb la influència d'efectes no ideals que no hem discutit.

La manera pràctica de fer contactes òhmics és utilitzar el fet que, quan el semiconductor és molt dopat, les zones de càrrega d'espai de les figures 2.21a i 2.21c són molt estretes i, en conseqüència, hi ha pas de corrent per efecte túnel entre metall i semiconductor. L'efecte túnel és igual en tots dos sentits i, per tant, el corrent no mostra cap efecte rectificador: el contacte és òhmic. Es diu que la barrera és permeable per efecte túnel i això succeix si w_d es igual o menor a uns 100 Å. Es diu que la barrera és permeable per efecte túnel

Quan s'ha de fer un contacte metàl·lic damunt un semiconductor poc dopat, el que es fa és introduir impureses del mateix tipus, en concentracions elevades, en les proximitats de la zona a metal·litzar, resultant així una estructura metall/N$^+$/N o bé metall/P$^+$/P. Els contactes n$^+$n i p$^+$p són sempre òhmics. La figura 2.23 representa un contacte òhmic real entre un metall i un semiconductor de tipus N.

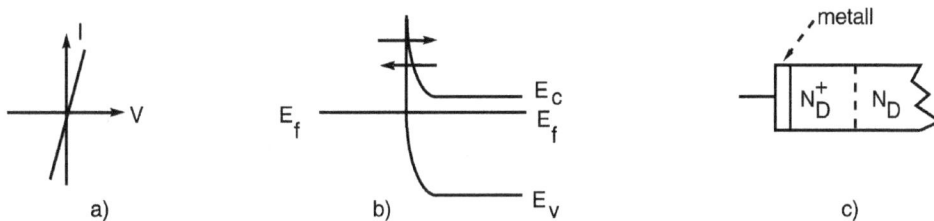

Figura 2.23 a) Característica I(V) d'un contacte òhmic. b) Diagrama de bandes mostrant la permeabilitat d'una barrera molt estreta. c) Realització tecnològica del contacte òhmic

---

Exercici 2.37

Calculeu l'amplada de la barrera de potencial d'un contacte entre un metall i una semiconductor si aquest està dopat amb $N_D = 10^{19}$ cm^{-3}.
Segons l'expressió 2.62, en equilibri tèrmic tenim $w_{dN} = 112 \cdot (V_{bi})^{1/2}$ Å. Procedint com a l'exercici 2.33 resulta $q\Phi_s = 4,19$ eV, i per tant $V_{bi} = 4,75 - 4,19 = 0,56$ V. Substituint aquest valor en l'expressió anterior, resulta $w_{dN} = 83,8$ Å, que permetria que la barrera fos permeable per efecte túnel.

Exercici 2.38

Quant hauria de valer la funció treball del metall per tal que el contacte amb silici dopat amb $N_D = 10^{18}$ cm^{-3} fos òhmic?

Per a una barrera de 100 Å, $q\Phi_m$ s'hauria de ser superior o igual a 4,33 eV.

QÜESTIONARI 2.7

1. Quina longitud d'ona hauria de tenir una radiació que fos capaç d'arrencar electrons de l'or (efecte fotoelèctric) a 0 K? Dada: la funció treball de l'or és 5.1 eV. Dada: $hc = 1.24$ eV·μm.

    a) 0.24 μm b) 1.12 μm c) 4.11 μm d) 6.32 μm

2. A partir dels coneixements que tenim dels contactes metall-semiconductor estudiarem un contacte entre dos metalls amb funcions de treball diferents: $q\Phi_1$ el de l'esquerra i $q\Phi_2$ el de la dreta, amb $\Phi_1 > \Phi_2$. Quin dels diagrames següents és correcte si designem per V_{21} el potencial de la regió dreta del contacte menys el de la regió esquerra?

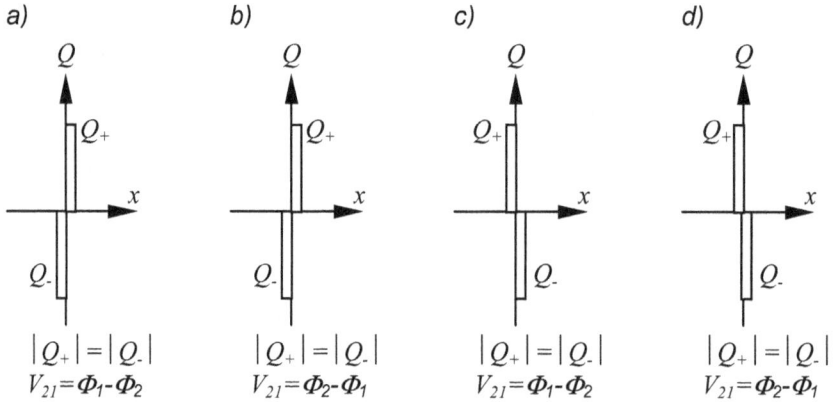

a)   b)   c)   d)

$|Q_+| = |Q_-|$ $|Q_+| = |Q_-|$ $|Q_+| = |Q_-|$ $|Q_+| = |Q_-|$
$V_{21} = \Phi_1 - \Phi_2$ $V_{21} = \Phi_2 - \Phi_1$ $V_{21} = \Phi_1 - \Phi_2$ $V_{21} = \Phi_2 - \Phi_1$

3. Trobeu el potencial de contacte entre un metall, que té una funció treball de 4.2 eV, y silici, sabent que té una afinitat electrònica de 4.15 eV i un dopat de 10^{16} donadors/cm^3.

    a) −0.82 eV   b) 0.82 eV   c) −0.16 eV   d) 0.16 eV

4. Dibuixeu el diagrama de bandes en equilibri d'un sistema format per una junció PN, amb la regió P tal que E_f-$E_v = E_g/4$, la regió N tal que E_c-$E_f = E_g/4$, i en els extrems contactes amb un metall tal que $q\Phi_m = q\chi + E_g/2$. Quin dels quatre esquemes és correcte? Utilitzeu el resultat per demostrar que la tensió de difusió no es pot mesurar en els terminals metàl·lics.

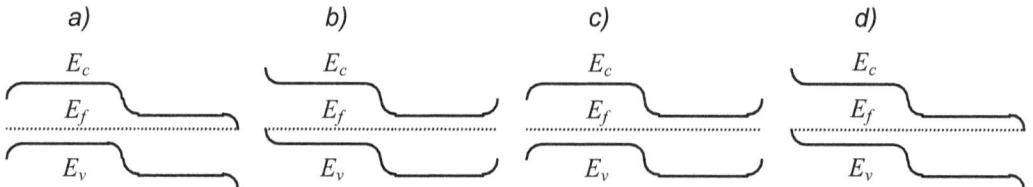

a)   b)   c)   d)

5. Serà òhmic el contacte entre un metall que té una funció treball de 4.75 eV i silici dopat amb 10^{17} donadors/cm^3?. I si el dopatge fos de 10^{19} acceptors/cm^3? Podeu considerar que el corrent túnel en el contacte és important quan l'amplada de la barrera és inferior a 100 Å. Dades: $q\chi = 4.15$ eV.

    a) Tots dos contactes són rectificadors.
    b) El primer contacte és rectificador i el segon òhmic.
    c) El primer contacte és òhmic i el segon rectificador
    d) Tots dos contacte són òhmics

6. La tensió de colze d'un díode Schottky és de 0.4 V quan treballem amb corrents de l'ordre de 50 mA. Volem modelar l'equació $I(V)$ utilitzant un corrent invers de saturació, I_s, i un factor d'idealitat, η. Quin dels següents conjunts de valors no és admissible?

    a) $I_s = 5.6 \times 10^{-9}$ A, $\eta = 1$ b) $I_s = 1.2 \times 10^{-6}$ A, $\eta = 1.5$
    c) $I_s = 1.7 \times 10^{-6}$ A, $\eta = 2$ d) $I_s = 8.3 \times 10^{-5}$ A, $\eta = 2.5$

2.8 EL DÍODE D'HETEROJUNCIÓ

La junció PN que hem presentat s'anomena a vegades *homojunció* per fer èmfasi en el fet que les dues regions són del mateix semiconductor. Una junció formada per dos materials diferents és coneguda com una *heterojunció*. Per fer un dispositiu electrònic cal que entre els dos materials hi hagi continuïtat de l'estructura cristal·lina. Altrament apareixen en el pla de la heterojunció un gran nombre d'estats permesos dins de la banda prohibida que actuen com a centres de recombinació i malmeten el funcionament del dispositiu. Aquest requeriment només és satisfet en determinats casos quan les xarxes cristal·lines dels dos materials són prou semblants entre elles i es disposa d'una tecnologia adient de creixement cristal·lí que permeti obtenir una interfície amb una densitat moderada de defectes i centres de recombinació. Si es poden superar aquests problemes, la combinació de materials amb estructures de bandes diferents obre la possibilitat de fabricar una gamma molt extensa de dispositius. L'estudi d'aquestes combinacions és sovint coneguda com a *enginyeria de la banda prohibida (del bandgap)*. Les heterojuncions que han estat obtingudes amb èxit utilitzen gairebé sempre *semiconductors compostos*. Esmentem entre aquests el cas de les estructures basades en el sistema $Al_xGa_{1-x}As$, on el contingut d'alumini x pot variar des de zero (GaAs) fins a 1 (AlAs), així com altres compostos com InP i InGaAs, que també presenten bon acoblament cristal·lí.

En la figura 2.24 es representa el diagrama de bandes d'energia d'una heterojunció. A 2.24a hi trobem els nivells d'energia dels dos semiconductors aïllats. Les afinitats electròniques, les amplades de banda prohibida i les posicions respectives del nivell de Fermi dels dos materials són diferents. Quan es posen en contacte (procés conceptual, no tecnològic) es produeix un bescanvi de càrregues entre ells fins que s'assoleixi una situació d'equilibri tèrmic en la qual el nivell de Fermi és constant en tota l'estructura. Com a conseqüència del moviment de càrregues es forma un dipol a la regió de transició semblant al que apareixia en les homojuncions (i en el contactes Schottky), que dóna lloc a una variació del potencial en la regió esmentada. El potencial de contacte V_{bi} és:

$$qV_{bi1} = \{q\chi_2 + (E_{c2} - E_f)\} - \{q\chi_1 + (E_{c1} - E_f)\} \tag{2.64}$$

Aquesta caiguda de potencial es compon de dues parts, V_{bi1} i V_{bi2}, que corresponen als semiconductors 1 i 2 respectivament. Aquestes quantitats es poden determinar en aproximació de buidament, imposant les condicions de neutralitat global de càrrega del dipol i el fet que en la interfície s'ha de mantenir la continuïtat del vector desplaçament elèctric, εE_{el}, en lloc de la continuïtat del camp E_{el}. El resultat és:

$$V_{bi1} = \frac{\varepsilon_2 N_A}{\varepsilon_1 N_D + \varepsilon_2 N_A} V_{bi} \qquad V_{bi2} = \frac{\varepsilon_1 N_D}{\varepsilon_1 N_D + \varepsilon_2 N_A} V_{bi} \tag{2.65}$$

i les amplades de les zones de buidament:

$$w_{dP2} = \sqrt{\frac{2\varepsilon_2}{q} \frac{1}{N_A} V_{bi2}} \qquad w_{dN1} = \sqrt{\frac{2\varepsilon_1}{q} \frac{1}{N_D} V_{bi1}} \tag{2.66}$$

Per construir el diagrama de bandes 2.24.b procedirem de la manera següent: dibuixarem primer el nivell de Fermi, constant al llarg de tota l'estructura. Després fixarem els nivells E_o, E_c i E_v lluny de la ZCE. Finalment dibuixarem el nivell E_o, que ha de ser continu, unint les posicions de E_o en els extrems a través de la regió de transició. La variació total d'aquest nivell en la ZCE és qV_{bi}. Aquesta caiguda es divideix en dues parts: qV_{bi1} i qV_{bi2}. Coneixent aquestes quantitats podem fixar la posició de E_o en la interfície. Com que en cada semiconductor $q\chi$ i E_g han de ser constants, apareixen en la junció una discontinuïtat en el nivell E_c, ΔE_c, i en el nivell E_v, ΔE_v. Per inspecció del diagrama resulta:

$$\Delta E_c = q\chi_2 - q\chi_1 \qquad \Delta E_v = (E_{g1} - E_{g2}) - \Delta E_c \tag{2.67}$$

Exercici 2.39

Demostreu les expressions 2.65 i 2.66

Per neutralitat del dipol $w_{dP}N_A = w_{dN}N_D$. Per continuïtat de la càrrega elèctrica $\varepsilon_1 E_{el}(0^-) = \varepsilon_2 E_{el}(0^+)$. Integrant el camp elèctric $V_{bi1} = w_{dN}E_{el}(0^-)/2$; $V_{bi2} = w_{dP}E_{el}(0^+)/2$. Aleshores $V_{bi} = V_{bi1} + V_{bi2} = V_{bi1} + (w_{dN}N_D/N_A)(\varepsilon_1 E_{el}(0^-)/2\varepsilon_2) = V_{bi1} + [w_{dN}N_D E_{el}(0^-)/2](N_D\varepsilon_1/N_A\varepsilon_2) = V_{bi1}[1+N_D\varepsilon_1/N_A\varepsilon_2]$. Aïllant $V_{bi1} = V_{bi}[\varepsilon_2 N_A/(\varepsilon_1 N_D+\varepsilon_2 N_A)]$. Finalment $V_{bi2} = V_{bi}-V_{bi1} = V_{bi}[\varepsilon_1 N_D/(\varepsilon_1 N_D+\varepsilon_2 N_A)]$.
Per Gauss: $E_{el}(0^-) = qw_{dN}N_D/\varepsilon_1$. D'aquí: $V_{bi1} = w_{dN}E_{el}(0^-)/2 = w_{dN}qw_{dN}N_D/2\varepsilon_1 = w_{dN}^2 qN_D/2\varepsilon_1$. Per tant, $w_{dN} = [(2\varepsilon_1/qN_D)V_{bi1}]^{1/2}$. De la mateixa manera, $E_{el}(0^+) = qw_{dP}N_A/\varepsilon_2$ i $V_{bi2} = w_{dP}E_{el}(0^+)/2$. I d'aquí, $w_{dP} = [(2\varepsilon_2/qN_A)V_{bi2}]^{1/2}$.

Exercici 2.40

Calculeu ΔE_c i ΔE_v per a un díode d'heterojunció de $InP/In_{0.53}Ga_{0.47}As$ dopat amb $N_D = 10^{17}$ cm^{-3} (InP) i $N_A = 10^{19}$ cm^{-3} (InGaAs). Dades: $E_g(InP) = 1,35$ eV; $E_g(InGaAs) = 0,75$ eV; $q\chi(InP) = 4,4$ eV; $q\chi(InGaAs) = 4,61$ eV; $\varepsilon_r(InP) = 12,4$; $\varepsilon_r(InGaAs) = 13,5$; $\varepsilon_o = 8,85 \cdot 10^{-14}$ F/cm; $N_c(InP) = 5.68 \cdot 10^{17}$ cm^{-3}; $N_c(InGaAs) = 2.8 \cdot 10^{17}$ cm^{-3}; $N_v(InP) = 6.36 \cdot 10^{18}$ cm^{-3}; $N_v(InGaAs) = 6 \cdot 10^{18}$ cm^{-3}; $n_i(InP) = 10^7$ cm^{-3}; $n_i(InGaAs) = 4 \cdot 10^{11}$ cm^{-3}.

Solució: $\Delta E_c = 0,21$ eV; $\Delta E_v = 0,39$ eV

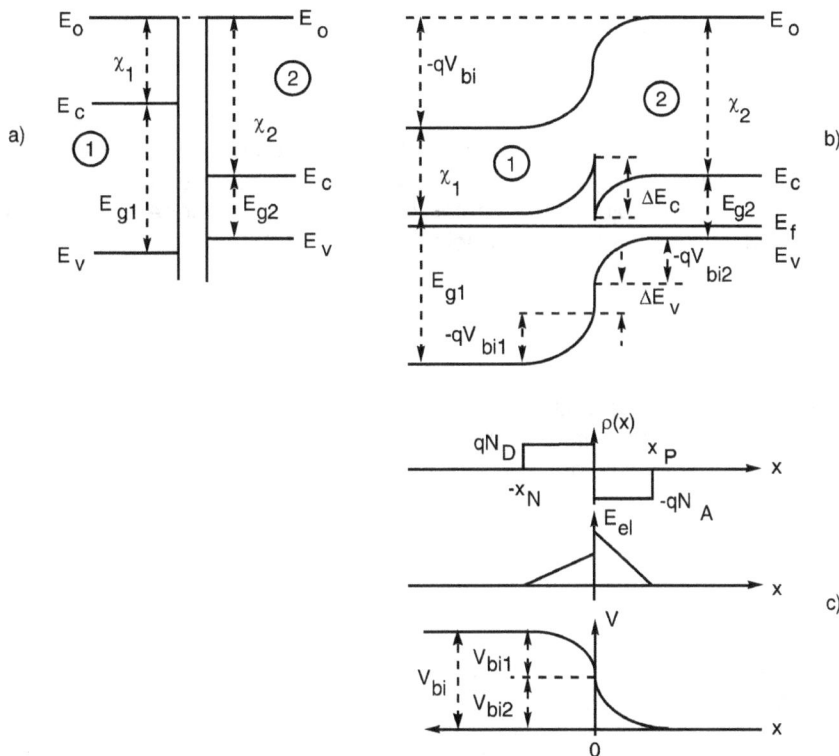

Figura 2.24 a) Diagrama de bandes d'una heterojunció. b) Densitat de càrrega, camp elèctric i potencial

L'estructura de bandes representada en la figura 2.24 presenta dues característiques notables. Una és que la barrera que han de remuntar els forats per passar de la regió P a la regió N és més gran que la que han de superar els electrons per passar de N a P. Aquesta heterojunció confina els forats a la regió P, mentre que permet el pas dels electrons. Aquesta propietat és utilitzada en diversos dispositius com els díodes làser i els transistors bipolars d'heterojunció, com veurem en els capítols 4 i 5 respectivament.

L'altra característica és la discontinuïtat en forma de pic que presenta el nivell E_c. Els electrons de la regió 1 han de superar aquest pic per passar a la regió 2. Quan aquest pic sobresurt per damunt del nivell E_c de la regió 2, la barrera d'energia que troben els electrons de la regió 1 per arribar a la 2 és més gran que la diferència entre els nivells E_c de les regions neutres 1 i 2. L'efecte del pic és fer més difícil el pas d'electrons en el sentit del material 1 al material 2.

El perfil de la banda de conducció que hem obtingut ens mostra la formació d'una vall profunda i estreta, com una clivella, en el costat 2 de la interfície, on trobarem electrons atrapats. La poca amplada d'aquest pou de potencial fa que el comportament d'aquests electrons sigui diferent del de la resta dels que estàn a la banda de conducció perquè manifesten efectes quàntics, com la seva distribució en nivells d'energia discrets, com ha estat presentat en l'apèndix 1.2 del capítol 1. La mobilitat dels electrons confinats és molt més alta que la dels altres. Aquest efecte s'utilitza en alguns dispositius com els transistors d'electrons d'alta velocitat HEMT (*High Electron Mobility Transistors*).

En altres aplicacions convé evitar la formació del pic en la banda de conducció i això s'aconsegueix amb un canvi de composició gradual entre els materials 1 i 2. Es parla aleshores d'heterojuncions graduals i la curvatura de les bandes en la ZCE té un aspecte similar al cas de les homojuncions. La llei tensió-corrent del díode és com l'equació (2.31) però, en lloc del corrent invers de saturació donat per (2.32), tenim una expressió:

$$I_s = I_{sp} + I_{sn} \qquad I_{sp} = qA\frac{D_p}{L_p \tanh(w_N/L_p)}\frac{n_{iN}^2}{N_D} \qquad I_{sn} = qA\frac{D_n}{L_n \tanh(w_P/L_n)}\frac{n_{iP}^2}{N_A} \quad (2.68)$$

Les concentracions intrínseques de portadors en els dos material no són iguals: n_{iN} pot ser de diversos ordres de magnitud diferent de n_{iP} a causa de la diferència d'amplada de la banda prohibida. En el cas de la figura 2.24, n_{iN} serà aproximadament igual a $n_{iP}\cdot exp(-\Delta E_g/k_BT)$. La relació entre I_p i I_n en la ZCE serà, doncs:

$$\left.\frac{I_p}{I_n}\right|_{ZCE} = \frac{I_{sp}}{I_{sn}} = C\frac{N_A}{N_D}\frac{n_{iN}^2}{n_{iP}^2} \cong C\frac{N_A}{N_D}e^{-\Delta E_g/k_BT} \quad (2.69)$$

Aquesta expressió quantifica l'efecte de confinament dels forats en la regió 2 que hem esmentat anteriorment a propòsit de l'heterojunció de la figura 2.21. La relació de corrents en una heterojunció pot ser controlada mitjançant la relació de dopatges i també a través de la diferència entre les bandes prohibides dels dos materials. En una homojunció només es pot actuar sobre els dopatges. Aquest increment de graus de llibertat té una gran importància en tecnologia de transistors bipolars, com veurem en el capítol 5.

QÜESTIONARI 2.8

1. Quina de les següents condicions s'ha de complir entre una parella de semiconductors perquè puguin constituir un díode d'heterojunció?
  a) Que les dues amplades de banda prohibida siguin similars.
  b) Que les dues estructures cristal·lines siguin quasi idèntiques.
  c) Que les dues afinitats electròniques siguin iguals.
  d) Que un sigui de tipus P i l'altre de tipus N.

2. Calculeu la tensió de difusió, V_{bi}, en un díode d'heterojunció InP/In$_{0.53}$Ga$_{0.47}$As dopat amb $N_D=10^{17}$ cm^{-3} (InP) i $N_A=10^{19}$ cm^{-3} (In$_{0.53}$Ga$_{0.47}$As). Dades: E_g (InP) = 1.35 eV, E_g (In$_{0.53}$Ga$_{0.47}$As) = 0.75 eV, $q\chi$ (InP) = 4.4 eV, $q\chi$ (In$_{0.53}$Ga$_{0.47}$As) = 4.61 eV, n_i(InP) = 1.1·10^7 cm^{-3}, n_i(In$_{0.53}$Ga$_{0.47}$As) = 6.5·10^{11} cm^{-3}.
  a) 0.225 V   b) 0.6 V   c) 0.9 V   d) 1.275 V

3. Trobeu, en el díode de la qüestió anterior, quina fracció de V_{bi} caurà en cadascun dels dos materials. Dades: ε_r(InP)= 12.4, ε_r(In$_{0.53}$Ga$_{0.47}$As)= 13.5, ε_0= 8.85x10^{-14} F/cm
  a) $V_{bi1} = 0.99V_{bi}$; $V_{bi2} = 0.01V_{bi}$ b) $V_{bi1} = 0.01V_{bi}$; $V_{bi2} = 0.99V_{bi}$
  c) $V_{bi1} = 0.9V_{bi}$; $V_{bi2} = 0.1V_{bi}$ d) $V_{bi1} = 0.1V_{bi}$; $V_{bi2} = 0.9V_{bi}$

APENDIX 2.1. Condicions de contorn: la velocitat de recombinació superficial

En la superfície del cristall hi ha una discontinuïtat de l'estructura cristal·lina. Els enllaços covalents incomplets donen lloc a densitats de nivells permesos dintre de la banda prohibida que poden actuar com a centres de recombinació. Com a conseqüència, la recombinació en la superfície és més gran que a l'interior. Per modelar el comportament del semiconductor en la superfície es defineix *una velocitat de recombinació neta en la superfície, S*, a través de l'expressió:

$$R_S = r_s - g_{th} = S \cdot \Delta\text{minoritaris} \tag{2.70}$$

on R_S és la recombinació neta en la superfície per unitat d'àrea. Les unitats de S són cm/s.

Considerem el cas d'un semiconductor on, en condicions estacionàries, hi ha un excés de minoritaris com a conseqüència d'una generació uniforme en tot el volum. En haver-hi més recombinació a la superfície hi ha una concentració de minoritaris més petita que a l'interior. Com a conseqüència hi haurà un flux de portadors des de l'interior cap a la superfície. Podem dir que aquest corrent és necessari per *alimentar* la recombinació superficial.

$$J_{\text{minoritaris}} = qS \cdot \Delta\text{minoritaris} \tag{2.71}$$

Quan hi ha un contacte òhmic a la superfície el valor de S és molt gran, superior a 10^7 cm/s, i com a resultat, la concentració de minoritaris en excés en la superfície és molt petita. Sovint s'aproxima per zero, que seria equivalent a prendre $S \to \infty$. Aquesta és l'aproximació que hem utilitzat al llarg del capítol 2. No obstant això, en l'estudi d'alguns dispositius, particularment en aquells on hi ha parts de la superfície del semiconductor no recobertes per un contacte metàl·lic, pot ser necessari prescindir d'aquesta hipòtesi.

Quan en un sistema com una junció PN polaritzada considerem una velocitat de recombinació superficial finita, en lloc d'un excés nul de minoritaris posarem 2.71 com a condició de contorn de l'equació de continuïtat. Matemàticament és una mica més incòmoda perquè és una expressió que inclou la derivada de la concentració, continguda en l'expressió del corrent de minoritaris. La concentració de majoritaris es determina a partir de la de minoritaris imposant la condició de neutralitat.

Exercici 2.41

Calculeu la densitat de corrent invers de saturació J_{sp} si suposem que en el contacte òhmic de la regió N hi ha una velocitat de recombinació superficial S en lloc d'un contacte ideal. Preneu la regió neutra N curta.

Com que la regió N és curta: $J_{sp} = J_p(x_N) = qD_p[\Delta p(x_N)-\Delta p(l_N)]/w_N$.
S'ha d'obtenir el valor de $\Delta p(l_N)$ aplicant la condició de contorn en el contacte: $J_p(l_N) = qS\Delta p(l_N)$. Com que podem aproximar $J_p(l_N)$ per $J_p(x_N)$ atés que la distribució de forats és lineal, resulta que $\Delta p(l_N) = \Delta p(x_N)/[1+Sw_N/D_p]$. Substituint aquest valor en l'expressió de $J_p(x_N)$ tenim $J_{sp} = q(D_p/w_N)\cdot[1/(1+D_p/Sw_N)]\cdot p_{No}[exp(V_D/V_t)-1]$. Noteu que quan S tendeix a infinit (contacte ideal) J_{sp} tendeix a l'expressió habitual.

PROBLEMES PROPOSATS

Si no s'especifica el contrari, utilitzeu les següents dades referides al silici: $E_g = 1.1$ eV; $k_B = 8.62 \cdot 10^{-5}$ eV/K; $n_i(300K) = 1.5 \cdot 10^{10}$ cm^{-3}; $hc = 1.24$ eV·µm; $q = 1.6 \cdot 10^{-19}$ C; $\varepsilon = 10^{-12}$ F/cm.

P2.1 Es vol fabricar un díode N$^+$P que tingui una tensió de ruptura de 12 V. a) Prenent com a camp de ruptura el valor de $3 \cdot 10^5$ V/cm, quin ha de ser el dopatge del substrat P suposant que el dopatge de la part N sigui 100 vegades superior al de la part P? b) Dibuixeu el diagrama de bandes en equilibri. c) Calculeu el corrent invers de saturació d'aquest díode, suposant una àrea de 10^{-4} cm^2. d) Calculeu la tensió de colze d'aquest díode per a corrents de l'ordre d' 1 mA i per a corrents de l'ordre de 10 A. Dades: regió N: $\mu_n = 300$ cm^2/Vs; $\mu_p = 100$ cm^2/Vs; $\tau_p = 1$ ns; gruix de la regió N, $w_N = 5$ µm. Regió P: $\mu_n = 1200$ cm^2/Vs; $\mu_p = 400$ cm^2/Vs; $\tau_n = 1$ ms; gruix de la regió P, $w_P = 200$ µm. Suggeriment per l'apartat a: comenceu suposant un valor de V_{bi} de 1 V i calculeu els dopatges. Amb aquests valors de N_A i N_D calculeu V_{bi}, i repetiu el procediment anterior amb aquest nou valor. Aquest procediment convergeix en un parell d'iteracions.

P2.2 Calculeu la capacitat de transició d'una junció gradual, en la qual el dopatge net en la regió de transició de P a N varia d'acord amb $N = N_D-N_A = ax$. Suposeu vàlida l'aproximació de buidament, és a dir, que el dipol de càrrega està format per dos triangles iguals definits pel dopatge. A partir d'aquesta $\rho(x)$ calculeu $E_{el}(x)$ per integració de la densitat de càrrega i després $V(x)$ integrant $E_{el}(x)$.

P2.3 a) Considereu dos díodes idèntics connectats en paral·lel en sentits oposats. Trobeu l'expressió de la capacitat del conjunt en funció de la tensió V aplicada entre els terminals, i trobeu el valor mínim d'aquesta capacitat fent un raonament qualitatiu. b) Considereu ara la connexió en sèrie dels dos díodes també en sentits oposats. Trobeu la capacitat del conjunt i representeu gràficament la funció C(V) essent V la tensió aplicada al conjunt dels dos díodes. Trobeu el valor màxim d'aquesta capacitat de forma similar a l'apartat anterior. Dades: $C_{jo} = 4 \cdot 10^{-13}$ F; $C_{so} = \tau_t \cdot I_s/V_t = 4 \cdot 10^{-21}$ F; $V_{bi} = 0.75$ V.

P2.4 Considereu un díode de junció PN que té un corrent invers de saturació de 10^{-14} A i un temps de trànsit de 0.5 ns. Aquest díode està connectat a un generador de tensió de 24 V a través d'una resistència d' 1 kΩ. A l'instant t = 0 canviem aquesta resistència per una de 2 kΩ. a) Escriviu l'equació diferencial que s'ha de resoldre per trobar la càrrega de portadors minoritaris emmagatzemats a les regions neutres del díode. b) Quina condició inicial s'ha de complir? c) Resoleu l'equació diferencial i trobeu la solució. d) Trobeu l'expressió de la tensió entre els terminals del díode en funció del temps i l'interval de valors entre els quals varia aquesta tensió. e) Determineu quant de temps ha de transcórrer perquè la tensió trobada a l'apartat anterior variï just la meitat de l'interval total de variació.

FORMULARI DEL CAPÍTOL 2

Potencial de contacte: $V_{bi} = V_t \ln \dfrac{N_A N_D}{n_i^2}$

Amplada de la ZCE: $w_d = \sqrt{\dfrac{2\varepsilon}{q}\left[\dfrac{1}{N_A} + \dfrac{1}{N_D}\right](V_{bi} - V_D)} = w_{d0}\sqrt{1 - \dfrac{V_D}{V_{bi}}}$

Camp elèctric màxim: $E_{elmax} = \sqrt{\dfrac{2q}{\varepsilon}\left[\dfrac{N_A N_D}{N_A + N_D}\right](V_{bi} - V_D)} = E_{elmax\,0}\sqrt{1 - \dfrac{V_D}{V_{bi}}}$

Concentració de minoritaris en x_N: $p_N(x_N) = p_{No}e^{V_D/V_t} = \dfrac{n_i^2}{N_D}e^{V_D/V_t}$

Distribució de minoritaris en N:

$$\Delta p_N(z) = \Delta p_N(0)\left[\cosh\dfrac{z}{L_p} - \dfrac{1}{\tanh(w_N/L_p)}\sinh\dfrac{z}{L_p}\right]; \qquad z = x - x_N$$

Aproximació de regió "llarga" ($w_N \gg L_p$): $\quad \Delta p_N(z) = \Delta p_N(0)e^{-z/L_p}$

Aproximació de regió "curta" ($w_N \ll L_p$): $\quad \Delta p_N(z) = \Delta p_N(0)\dfrac{w_N - z}{w_N}$

Densitat de corrent invers de saturació:

$$J_s = J_{sp} + J_{sn} = q\dfrac{D_p}{L_p}\dfrac{1}{\tanh\dfrac{w_N}{L_p}}p_{No} + q\dfrac{D_n}{L_n}\dfrac{1}{\tanh\dfrac{w_P}{L_n}}n_{Po}$$

Capacitat de transició: $C_j = \dfrac{A\varepsilon}{w_d} = \dfrac{C_{jo}}{\sqrt{1 - V_D/V_{bi}}} \qquad C_{jo} = \dfrac{A\varepsilon}{w_{d0}}$

Capacitat de difusió: $C_s = \tau_t \dfrac{dI_D}{dV_D}\bigg|_Q = \tau_t \dfrac{I_{DQ} + I_s}{V_t} = \tau_t \dfrac{I_s}{V_t}e^{V_D/V_t}$

Model dinàmic del díode: $i_D(t) = \dfrac{Q_s}{\tau_t} + \dfrac{dQ_s}{dt} + \dfrac{dQ_j}{dt} \qquad I_D = \dfrac{Q_s}{\tau_t}$

Resistència dinàmica: $r_d = \dfrac{V_t}{I_{DQ} + I_s}$

Velocitat de recombinació superficial: $S = \dfrac{J_{\text{minoritaris}}}{q\Delta\text{minoritaris}}\bigg|_{Superficie}$

Potencial de contacte metall-semiconductor: $qV_{bi} = q\Phi_m - q\Phi_s = q\Phi_m - \left[q\chi + \dfrac{E_g}{2} - kT\ln\dfrac{N_D}{n_i}\right]$

Distribució de potencials en l'heterojunció: $V_{bi1} = \dfrac{\varepsilon_2 N_A}{\varepsilon_1 N_D + \varepsilon_2 N_A}V_{bi}; \qquad V_{bi2} = \dfrac{\varepsilon_1 N_D}{\varepsilon_1 N_D + \varepsilon_2 N_A}V_{bi}$

Discontinuïtat de bandes en l'heterojunció: $\quad \Delta E_c = q\chi_2 - q\chi_1; \qquad \Delta E_v = (E_{g1} - E_{g2}) - \Delta E_c$

Capítol 3
Tecnologia de fabricació

3.1 INTEGRACIÓ D'UN CIRCUIT EN SILICI

3.1.1 Introducció

El present capítol presenta una introducció a les tècniques emprades per la fabricació de dispositius semiconductors i circuits integrats. La finalitat del present estudi és doble. Per una part, mostrar el procés de producció com un possible camp d'activitat propi de l'enginyeria electrònica. Per una altra, mostrar l'estructura real dels dispositius que ha de ser tinguda en compte en un estudi del seu funcionament que vagi més enllà dels models simples que presentem en aquest curs.

L'amplitud disponible per tractar aquest tema ens imposa algunes limitacions. La primera és que tractarem quasi exclusivament de la tecnologia del silici, i ens referirem només ocasionalment a la dels semiconductors III-V. La segona és que posarem més èmfasi en aquells punts més necessaris per comprendre el funcionament del dispositiu, per exemple els perfils de dopatge que s'obtenen, en detriment d'altres que són importants en el món de la producció, com ara l'encapsulament o la verificació dels dispositius, però que no ho són tant en el context del nostre estudi.

Començarem examinant l'estructura real d'alguns dispositius que posaran en evidència la necessitat de disposar de determinades operacions (en direm etapes) del procés de fabricació. Continuarem examinant les característiques de cadascuna d'aquestes etapes, donant més importància als aspectes conceptuals que als desenvolupaments matemàtics o que als problemes pràctics. Finalment presentarem les etapes formant uns seqüència que integra el cicle complet de fabricació. En aquest punt s'ha de dir que es tractarà de processos genèrics, amb propietats comunes a gairebé tots els fabricants. Els detalls són diferents en cada línia de producció.

3.1.2 Estructura d'un dispositiu i tècniques de fabricació

Cas 1: un díode discret

Considerem un dels dispositius més simples que podem imaginar: un díode de junció PN amb els terminals units a fils de connexió (dispositiu discret). La figura 3.1.a representa un possible tall esquemàtic d'aquest dispositiu. En aquest cas hem considerat les regions P i N amb nivells de dopatge moderats, de manera que per tal d'obtenir contactes òhmics amb el metall dels terminals hem de disposar de les respectives regions P^+ i N^+. Les capes de metall i els fils conductors soldats completen el dispositiu. Passem per alt l'encapsulament. Per fabricar aquest dispositiu necessitarem com a mínim dos grups de tècniques:

- Tècniques per dopar els semiconductors. Partint d'un material amb un sol tipus de dopatge, sigui per exemple de tipus P, s'ha de crear la regió N introduint-hi àtoms donadors fins a una certa profunditat en concentració suficient per compensar el dopatge P i crear un regió N. Les regions P^+ i N^+ s'obtindran de manera similar amb una aportació addicional d'acceptors i donadors respectivament. Hi ha dues tècniques principals per dopar: la difusió tèrmica d'impureses i la implantació iònica. Totes dues seran descrites en propers apartats.

- Tècniques per metal·litzar les superfícies de contacte. Més endavant presentarem les tècniques d'evaporació tèrmica i de polvorització catòdica (*sputtering*) per realitzar aquesta operació. No ens ocuparem de la soldadura de fils de contacte.

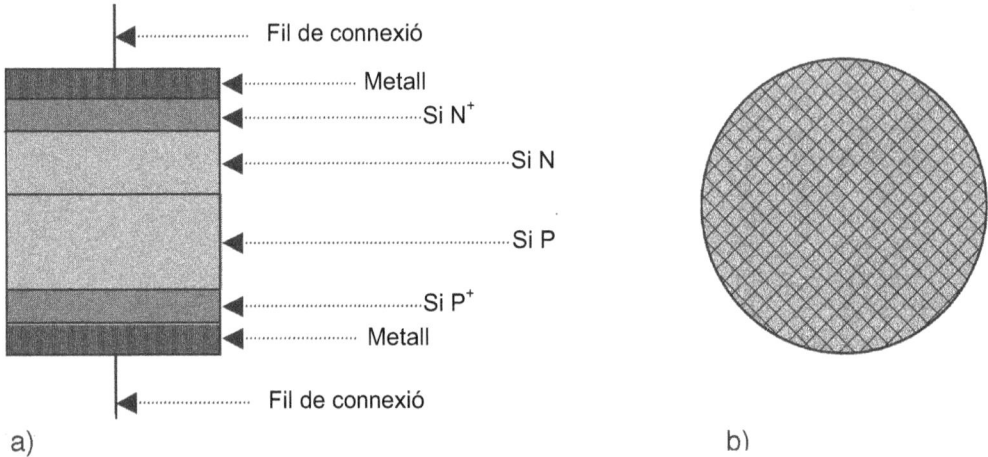

a)

b)

Figura 3.1 a)Tall esquemàtic d'un díode de junció PN discret. Per simplicitat no s'han representat els recobriments de protecció ni l'encapsulament. b) Superfície de l'oblia. Cada quadrat (dau) serà un díode una vegada tallat i muntat

Totes aquestes operacions no es realitzen per a cada unitat que s'ha de fabricar, sinó per a un nombre gran a la vegada, les quals seran separades tallant el bloc de material, anomenat *oblia*. La figura 3.1.b representa la superfície de l'oblia on s'han fabricat un gran nombre de díodes. Els plans de les figures 3.1.a i 3.1.b són perpendiculars entre ells.

EXEMPLE 3.1

Una cèl·lula solar de silici monocristal·lí és un díode PN$^+$, on podem trobar la regió P constituïda per l'oblia de silici, de gruix entre 300 i 500 µm i dopatge moderat (10^{16} cm^{-3} per exemple). La regió N$^+$, molt dopada, pot tenir una profunditat de l'ordre de 0.5 µm.

EXEMPLE 3.2

Un díode rectificador de potència tindrà les dues regions poc dopades per tal de fer petit el camp elèctric màxim de la junció per a una tensió donada, i a la vegada les dues regions han de tenir un gruix considerable (fins a desenes de micres) per tal que puguin contenir una ZCE molt extensa.

Exercici 3.1

En el cas d'un díode rectificador de potència on els dopatges de les regions P i N són respectivament 10^{15} acceptors/cm^3 i 10^{16} donadors/cm^3, determineu quin gruix ocupa la ZCE quan el dispositiu suporta una tensió inversa de 200 V.

Solució: 16.6 µm

Cas 2: un díode integrat

Suposem ara que el díode ha de formar part d'un circuit integrat. En aquest cas els dos terminals de contacte han de trobar-se en una mateixa cara, la superfície del xip (o de l'oblia). Una alternativa a l'estructura de la figura 3.1.a és la representada en la figura 3.2. Per simplificar el dibuix s'ha pres la regió N molt dopada (N⁺), de manera que no calgui un dopatge addicional per fer el contacte òhmic damunt la regió N.

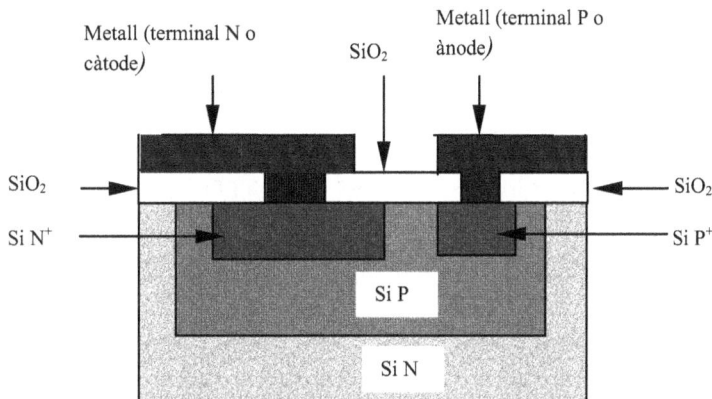

Figura 3.2 Tall esquemàtic d'un díode de junció PN⁺ integrat

Notem que hem posat la regió P "encastada" dins un substrat N. La finalitat és que dispositius adjacents (dos díodes en el nostre cas) no tinguin les respectives regions P comunes, és a dir, curtcircuitades entre elles. D'aquesta manera, per anar de la regió P d'un díode a la regió P d'un altre caldrà travessar dues juncions PN, amb polaritats oposades. És una tècnica habitual d'aïllar un dispositiu de l'altre pertanyent al mateix circuit integrat.

Els elements nous que apareixen en la figura 3.2 en relació amb la 3.1 són els següents:

a) Els dopatges que introduïm ja no afecten tota l'amplada del dispositiu, sinó únicament certes regions. La conseqüència és que haurem de trobar tècniques per definir les àrees seleccionades per dopar. Ho farem mitjançant dues operacions encadenades:

- L'oxidació tèrmica del silici, que crearà una capa protectora contra l'entrada d'impureses.

- La fotolitografia (fotogravat, per ser més precisos), per eliminar aquesta capa protectora de les regions on volem introduir dopants.

Aquestes operacions seran descrites en els apartats corresponents.

Observem de passada que hem creat una regió P, la d'ànode, dins un bloc N (el substrat) i que hem tornat a invertir el tipus de conductivitat d'una part d'aquesta regió P per crear la regió N^+ de càtode. Aquests processos de doble dopatge són habituals però estableixen restriccions sobre la gamma de valors de les concentracions d'impureses que podem obtenir.

b) La creació de pistes conductores per les connexions entre dispositius del mateix circuit, per substituir els fils soldats als terminals. Perquè aquestes pistes no provoquin curtcircuits entre les regions del semiconductor subjacents, cal que puguem crear capes aïllants, en aquest cas constituïdes per diòxid de silici (SiO_2). Aquesta capa aïllant té unes perforacions anomenades obertures de contacte que permeten a la pista metàl·lica arribar a la superfície del silici. Per crear aquestes regions de conductors i aïllants ens caldrà disposar de més etapes de procés:

- Obtenció de capes de dielèctrics. Veurem dos grups d'operacions: l'oxidació tèrmica del silici, ja esmentada, i el dipòsit de materials, per tècniques anomenades de CVD (*chemical vapor deposition*, dipòsit químic en fase vapor).

- Obertura de contactes a través d'aquestes capes per fotolitografia ja esmentada.

- Definició de la forma de les pistes en una capa metàl·lica dipositada, mitjançant una tècnica de fotogravat similar a la utilitzada pels dielèctrics.

EXEMPLE 3.3

Suposem que el dispositiu de la figura 3.2 és un díode rectificador. En el procés de disseny decidirem la separació de les regions N^+ i P^+ en base a un seguit de criteris, entre ells: que sigui prou gran per permetre l'extensió de la ZCE en polarització inversa i prou petita per no malbaratar superfície de silici ni introduir una resistència sèrie innecessària.

Exercici 3.2

La regió N^+ de la figura 3.2 té una secció de 25 μm × 25 μm i una profunditat de 2μm. Si volem estudiar aquest dispositiu amb el model unidimensional de junció PN presentat en el capítol 2, proposeu un valor per assignar a la secció del díode.

$A = 25 \ \mu m \times 25 \ \mu m + 4 \times (2 \ \mu m \times 25 \ \mu m) = 825 \ \mu m^2 = 8.25 \times 10^{-6} \ cm^2$.

Arribats a aquest punt observem que la representació d'un tall és insuficient per conèixer la geometria del dispositiu i que s'ha de completar amb una imatge de la superfície a la manera d'un plànol, coneguda amb el nom de composició en planta o *layout*. Aquesta representació recull els perímetres de les diferents regions que componen l'estructura. La figura 3.3 presenta un dels possibles layouts compatibles amb el tall de la figura 3.2.

Podem observar que les obertures de contactes a través de l'òxid de silici no ocupen la totalitat de les respectives regions N^+ i P^+, sinó que es deixa un marge de tolerància perquè no es produeixi un curtcircuit en cas que hi hagi un cert error en el procés d'obertura. Per la mateixa raó la pista metàl·lica recobreix "generosament" l'obertura del contacte. Aquestes toleràncies són essencials per garantir l'èxit d'un procés de fabricació.

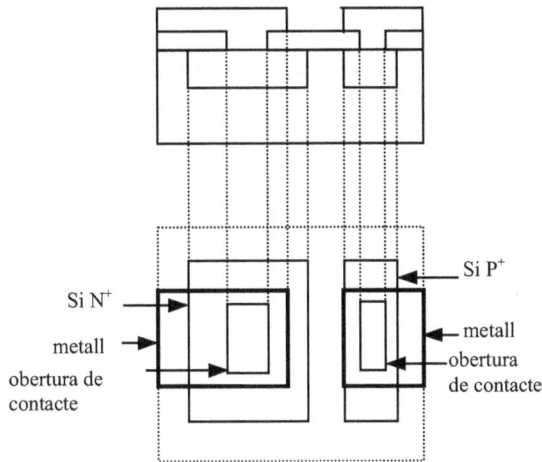

Figura 3.3 Composició en planta del díode de la figura 3.2

Si l'estructura de la figura 3.2 es troba encastada en un bloc de silici de tipus N, obtenim un transistor bipolar NPN, com indica la figura 3.4. Aquest dispositiu és discret perquè requereix un contacte per la cara posterior. Serà estudiat en el capítol 5 d'aquest volum.

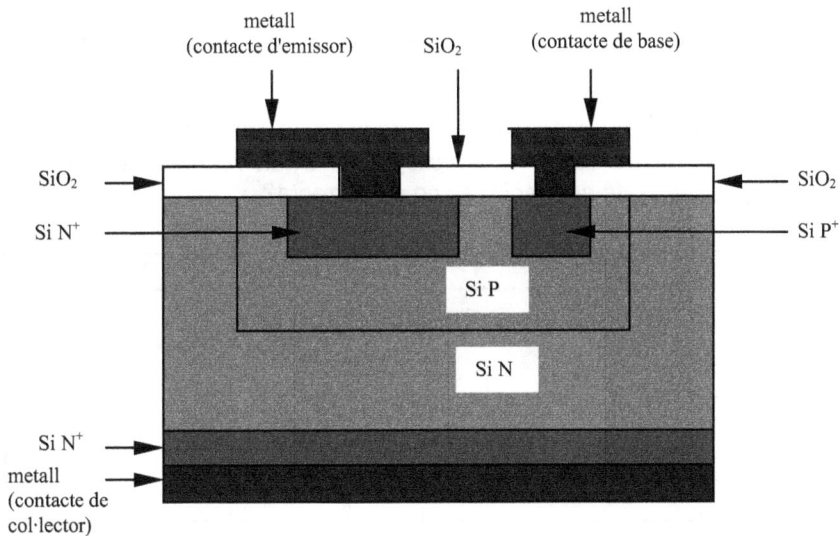

Figura 3.4 Tall esquemàtic d'un transistor bipolar NPN discret

Un circuit integrat constituït per dispositius com el de la figura 3.2 tindria un sol nivell de connectivitat, és a dir, totes les pistes metàl·liques es trobarien en el mateix pla i no es podrien, per tant, encreuar entre elles. Evidentment aquesta és una limitació massa severa per al dissenyador d'un circuit complex.

En la pràctica el que hi ha és diversos pisos o nivells de pistes de conductors separats entre elles per capes de dielèctrics. Cada capa d'aïllament té obertures en els punts on calgui fer contactes entre pistes allotjades en diferents nivells. En el nombre de capes necessàries per connexions és més gran que el de les que hi ha a l'interior del cristall semiconductor.

Atès que el funcionament dels dispositius depèn essencialment dels elements dins el semiconductor, dedicarem la major part del nostre estudi a les operacions necessàries per crear-los i deixarem de costat els problemes de la interconnectivitat.

QÜESTIONARI 3.1.a

1. *Considerem dos dispositius, que per simplicitat seran dues resistències, que formen part d'un circuit integrat realitzat sobre una oblia tipus P, tal com indica la figura. Quin serà el corrent paràsit entre els dos dispositius?*

a) Zero
b) Proporcional a la diferencia de tensió entre les regions N^+
c) El corrent invers de saturació del díode N^+P
d) La que circula pel diode N^+P polaritzat directament amb la diferencia de tensions aplicades a les dues regions N^+.

2. *Considerem els dos díodes discrets de la figura, on D, que és el gruix de l'oblia, val 500 μm en el nostre cas. Per simplicitat no s'han representat les metal·litzacions. Quina de les següents afirmaciones no és correcta?*

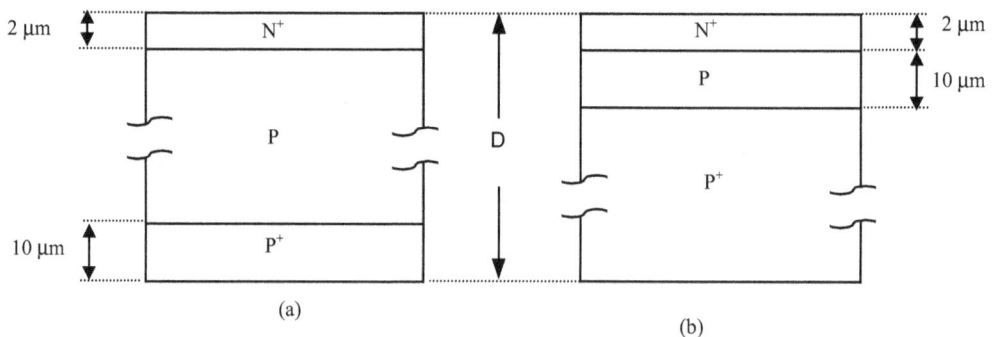

(a)   (b)

a) El disseny a) tindrà una resistència sèrie molt gran
b) La resistència paràsita de la regió P de b) serà unes 50 vegades inferior a la de a)

c) El disseny b) és més complicat de fabricar ja que requereix tenir una capa P poc dopada sobre un substrat P^+

d) És preferible el disseny a) al b) ja que té menys capacitat paràsita.

3. En la figura adjunta es representa el layout d'un circuit integrat i el tall en profunditat corresponent. Es demana quina de les següents afirmacions és falsa.

a) Es tracta de dos díodes en paral·lel d'entrades 2 i 3 en sèrie amb una resistència amb sortida el terminal 5.

b) Obtenim una porta OR d'entrades 2 i 3 i sortida 4, connectant 5 a 0 V.

c) Per aïllar els dispositius entre sí cal aplicar 0V al terminal 1 i 5V al terminal 6

d) Per un funcionament correcte del circuit cal conectar el terminal 4 a la tensió més negativa disponible.

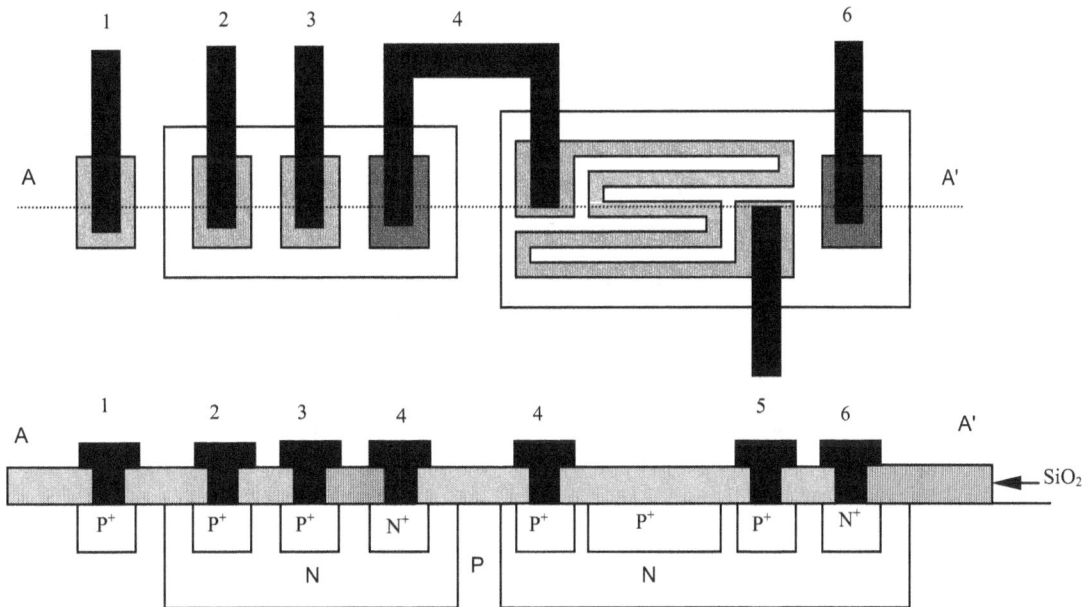

3.1.3 Obtenció del material semiconductor

L'obtenció de semiconductors és una branca especialitzada de la indústria metal·lúrgica els clients de la qual són els fabricants de dispositius semiconductors i circuits integrats. La producció de silici monocristal·lí comprèn tres grups d'etapes: la purificació química del silici, el creixement del cristall i la presentació en forma d'oblia. El material inicial és habitualment quars (SiO_2), tal com es troba en la natura. La reducció mitjançant carboni en un forn dóna Si de grau metal·lúrgic, molt impur. Per poder-lo purificar per destil·lació es transforma en un compost líquid, habitualment triclorsilà ($SiHCl_3$). Finalment es descompon aquest compost i s'obté Si molt pur però sense estructura cristal·lina.

La cristal·lització es pot aconseguir per diferents procediments que tenen un principi en comú: la fusió del silici seguida d'una solidificació. Aquesta solidificació es fa de manera que comenci en un punt en contacte amb una mostra de material monocristal·lí, anomenada llavor (*seed*). D'aquesta manera el material que s'incorpora al sòlid prolonga l'ordenació cristal·lina dels àtoms de la llavor. Hi ha dues variants principals per fer créixer el cristall:

- El mètode Czochralski (CZ): el Si líquid es troba en un recipient (gresol) amb la llavor suspesa damunt de la seva superfície. Un desplaçament lent de la llavor cap amunt, acompanyat d'una rotació, arrossega el Si fos, que es va refredant i solidificant. D'aquesta manera es genera un lingot cilíndric de material monocristal·lí. La figura 3.5.a representa esquemàticament aquest procediment.

- El mètode de zona flotant (FZ): el material no cristal·lí en forma de lingot està en contacte amb una llavor en un dels seus extrems. Es provoca la fusió local (fusió de zona) del lingot mitjançant una bobina d'inducció que l'envolta començant per l'extrem en contacte amb la llavor. Quan la bobina s'allunya d'aquest extrem el material fos es va solidificant al voltant de la llavor, prenent així estructura cristal·lina, al temps que es fon material més allunyat d'aquest extrem. La figura 3.5.b esquematitza el mètode.

El mètode FZ dóna un material més pur perquè el material no està en contacte amb el gresol i de més a més la fusió local arrossega impureses. El mètode CZ permet obtenir lingots de diàmetre més gran. Aquest darrer és el més àmpliament utilitzat.

En totes dues tècniques es poden incorporar impureses al silici de partida per tal d'obtenir material dopat. Cal saber que la majoria de dopants són més solubles en el silici líquid que en el sòlid. Així, en el mètode CZ, a mesura que el lingot creix, augmenta la concentració de dopant en la massa fosa i això causa una variació de concentració d'impureses al llarg del lingot. En el cas FZ és la zona fosa la que en desplaçar-se s'emporta impureses; aquest fet, que és bo per eliminar impureses no desitjades (la fusió de zona també és una tècnica de purificació), afecta les impureses utilitzades com a dopants i provoca una variació de concentració al llarg del lingot. En tots els casos ens trobarem amb una dispersió apreciable de valors de conductivitat del material especificada pel fabricant del silici.

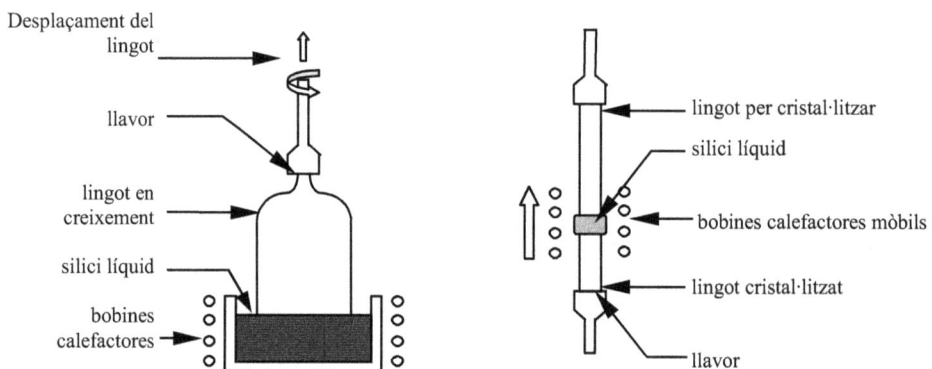

Figura 3.5 Tècniques de creixement del cristall de silici. a) Mètode de Czochralski. b) Mètode de zona flotant

EXEMPLE 3.4

La taula 3.1 presenta dades de catàleg d'un fabricant de silici (TOPSIL) sobre toleràncies en la resistivitat d'oblies de silici FZ:

Resistivitat	Tolerància al llarg del lingot		Variació radial	Temps de vida
($\Omega \times$ cm)	Estàndard (%)	Radial (%)	típica (%)	(μs)
8 a 100	±15	±12	20	> 500
100 a 1000	±20	±15	25	> 1000

Taula 3.1 Dades d'oblies de silici disponibles comercialment

Exercici 3.3

Estimeu les concentracions d'impureses en silici de 20 $\Omega \times$ cm de resistivitat. Preneu com a mobilitat dels portadors 1000 cm^2/(Vs) en el cas dels electrons i 400 cm^2/(Vs) en el cas dels forats.

Solució: $\cong 3.1 \times 10^{14}$ donadors/cm^3 en material N i $\cong 7.8 \times 10^{14}$ acceptors/cm^3 en material P.

El semiconductor es presenta en forma de discos, anomenats oblies (*wafers*). Per fer-ho hi ha un seguit de processos mecànics de tall i de poliment de la superfície. Les operacions que tindran lloc en la fabricació de dispositius exigeixen que la superfície tingui un poliment òptic (aspecte de mirall). Els discos tenen uns talls en la perifèria (*flats*) que indiquen l'orientació dels plans cristal·lins i el tipus de dopatge (vegeu la figura 3.6). El diàmetre més freqüent de les oblies utilitzades industrialment és de 200 mm, amb tendència a passar a formats més grans. Oblies més petites són útils en laboratori.

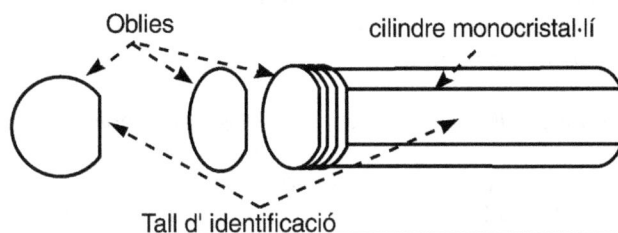

Figura 3.6 Lingot de silici i producció d'oblies

EXEMPLE 3.5

La taula 3.2 presenta les posicions dels talls de l'oblia més utilitzades. En cadascun dels quatre casos s'indica la posició del tall més gran, anomenat primari (P), i del petit o secundari (S).

	Orientació 100	Orientació 111
Silici P		
Silici N		

Taula 3.2 Posicions dels talls en oblies de silici

Les tècniques d'obtenció de semiconductors III-V són una mica diferents, però els principis són els mateixos. La principal dificultat ve del fet que per fondre un compost s'ha de controlar molt bé l'atmosfera que l'envolta si no es vol que el material s'empobreixi en el component més volàtil. Les oblies de semiconductors III-V són, en general, més petites que les de silici.

QÜESTIONARI 3.1.b

1. Suposem un lingot de silici obtingut pel mètode de Czochralski. Per dopar-lo hem afegit fòsfor a la massa de material líquid. Sabent que la impuresa és més soluble en la fase líquida que en la sòlida, quin extrem del lingot quedarà més dopat?
   a) L'extrem superior   *b) L'extrem inferior*
   c) El dopatge és uniforme   *d) Depen del tipus d'impuresa*

2. La fusió local del lingot (fusió de zona) és una tècnica emprada no solament per transformar material no cristal·lí en un monocristall sinó també per eliminar impureses no desitjades. Digueu quina afirmació no és correcta
   a) La zona fosa té més densitat d'impureses que la cristal·litzada
   b) La zona fosa té igual densitat d'impureses que la acabada de cristal·litzar
   c) L'extrem superior té més impureses que l'extrem inferior
   d) La zona fosa a l'extrem superior té la major densitat d'impureses del lingot

3. El proveïdor de silici no especifica la concentració d'impureses que ha posat en les seves oblies, sinó la seva resistivitat. Si la precisió de les dades és de ±10%, amb quantes xifres significatives expressarem la concentració d'impureses?
        a) una xifra   *b) dues xifres*   *c) tres xifres*   *d) quatre xifres*

3.2 ETAPES DE PROCESSOS DE FABRICACIÓ

3.2.1 Les tècniques de dopatge

Difusió tèrmica d'impureses

La introducció d'impureses per difusió consisteix en la dissolució d'un solut (dopant) en un dissolvent (silici). Com que la solubilitat d'un sòlid dins un altre és molt petita, cal facilitar l'operació treballant a temperatures molt altes, típicament entre 850 i 1150 °C. Hi ha dos grups de processos de difusió. Considerem, en primer lloc, que escalfem l'oblia de silici en una atmosfera que conté àtoms dopants en concentració constant. Aquests aniran penetrant cap a l'interior del cristall, mentre la temperatura sigui alta, i donaran lloc a un perfil de distribució de dopant que tindrà un màxim en la superfície. Quan la temperatura baixi es mantindrà la distribució de dopant assolida. La profunditat de penetració serà més gran com més alta sigui la temperatura de difusió i com més estona duri el procés. La concentració en superfície, suposant que no hi ha limitació en la disponibilitat d'àtoms de dopant (font infinita), depèn únicament de la temperatura: és la solubilitat (dita solubilitat límit) de la impuresa en el silici per a aquesta temperatura. La figura 3.7.a representa esquemàticament uns perfils de dopatge obtinguts en aquestes condicions

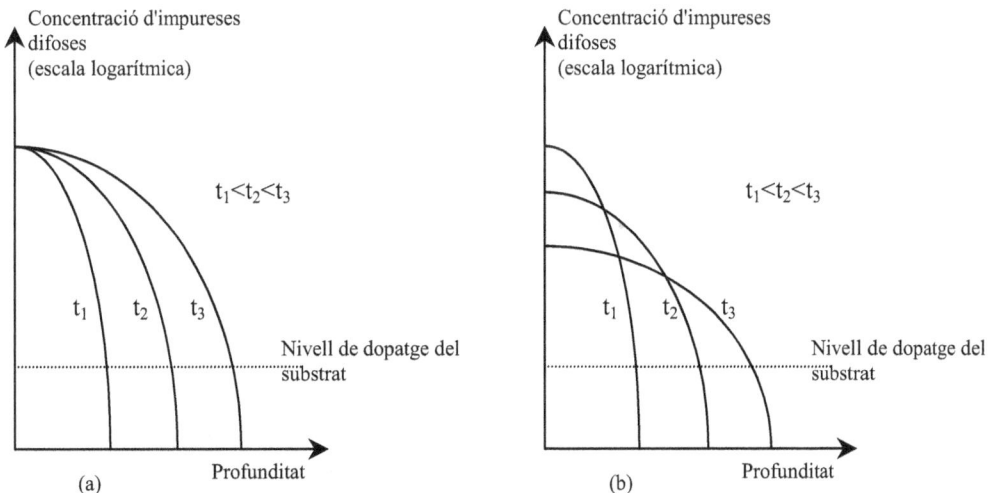

Figura 3.7 Perfils d'impureses obtinguts per difusió tèrmica amb diferents durades del procés: (a) amb font infinita, (b) amb font finita. Quan el substrat té el tipus de conductivitat contrari al de la regió en la que s'ha realitzat la difusió, aleshores trobem una junció PN localitzada en el tall entre la línia contínua i la puntejada

En l'altre grup de processos considerem que una regió del semiconductor ja té una determinada concentració d'impureses i que portem el silici a temperatures altes sense aportació de nous àtoms dopants. Aleshores les impureses presentaran un procés de difusió des de les regions més dopades cap a les menys dopades. Parlem de difusió amb font finita o redistribució d'impureses (*drive-in*). El dopatge s'incrementa en unes regions a costa d'altres on disminueix. La figura 3.7.b representa aquest tipus de perfil.

Tots dos tipus de procés són utilitzats en la pràctica, depenent del perfil de dopatge que vulguem obtenir. És freqüent que s'utilitzi el segon a continuació del primer. Aquest és el cas de capes difoses relativament profundes amb un dopatge moderat en superfície: la primera etapa, anomenada predeposició, amb font infinita, serveix per introduir la dosi d'impureses desitjada. La segona, sense aportació externa d'impureses (font finita) serveix per incrementar la seva penetració i per fer disminuir la concentració en superfície. Si haguéssim volgut fer-ho utilitzant només el procés amb font infinita hauríem hagut de treballar a temperatura baixa per tal d'aconseguir una concentració baixa en superfície i això hauria volgut dir una difusió tan lenta que el temps necessari per obtenir una penetració gran hauria estat prohibitivament llarg.

EXEMPLE 3.6

Amb una predeposició de bor a 900 °C durant 15 minuts en un substrat de tipus N amb 10^{16} donadors/cm^3, obtenim una concentració en superfície de $3.7{\times}10^{20}$ acceptors/cm^3 i una junció situada a 0.21 μm de la superfície. Si ara fem una redistribució d'aquestes impureses durant 60 minuts a 1100 °C, la profunditat de la junció passa a ser 1.7 μm, mentre que la concentració en superfície ha disminuït fins a $6.2{\times}10^{18}$ acceptors/cm^3. Aquestes xifres han estat obtingudes amb el simulador de procés SUPREM II.

Exercici 3.4

El perfil de bor obtingut en el darrer procés es pot aproximar per una funció de tipus gaussià $C(x) = C_S\ exp\{-(x/x_0)^2\}$ on C_S és la concentració en superfície, $6.2{\times}10^{18}$ cm^{-3}, i x és la distància a la superfície. Determineu el valor del paràmetre x_0.

Solució: $C(x = 1.7\,\mu m) = N_{Dsubstrat} \Rightarrow 6.2{\times}10^{18}\ exp\{-(1.7\,\mu m/x_0)^2\} = 10^{16} \Rightarrow x_0 = 0.67\,\mu m$

Per a les difusions de donadors s'utilitza habitualment el fòsfor, perquè és un difusor relativament ràpid (més que l'arsènic i l'antimoni i també més que el bor). Els processos de difusió es fan habitualment en un forn que consisteix en un tub de quars envoltat d'unes resistències calefactores. El forn pot contenir un gran nombre d'oblies, fins a un centenar, suportades en una naveta, també de quars. La figura 3.8 esquematitza un d'aquest sistemes. Per una etapa de predeposició s'acostuma a treballar en atmosfera oxidant de manera que es forma una capa de SiO$_2$ amb dopant en la superfície del silici. Aquest òxid és la font (infinita en la pràctica) d'impureses per al silici.

Si volem dopar només una part de l'oblia hem de protegir la resta amb una capa protectora. La més utilitzada és l'òxid de silici no dopat perquè suporta bé la temperatura de procés i perquè la penetració dels dopants habituals en aquest material és molt lenta. Si en l'exemple anterior de predeposició hi hagués hagut una capa de 0.5 μm de gruix damunt la superfície, la quantitat de bor que hauria arribat al silici hauria estat inapreciable. La manera de produir la capa d'òxid i de delimitar-ne el perímetre serà descrita més endavant.

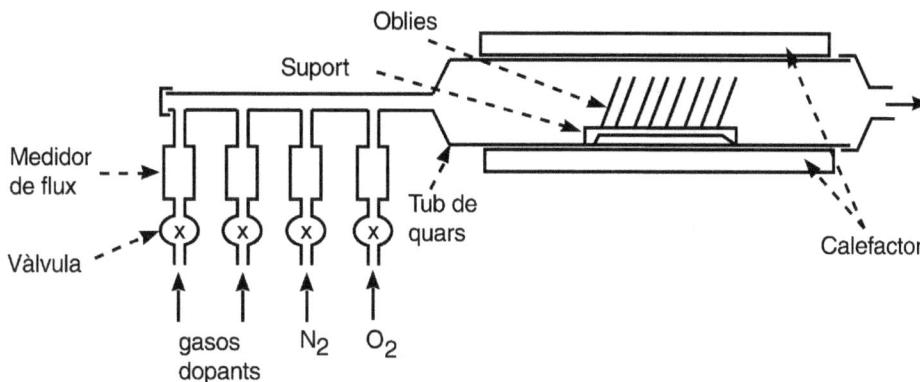

Figura 3.8 Diagrama esquemàtic d'un sistema de difusió

Implantació iònica

És una tècnica per dopar, més recent i més sofisticada que la de difusió. Consisteix a enviar damunt la superfície del semiconductor un flux d'àtoms de dopant a una velocitat prou gran perquè es "clavin" en el sòlid com un projectil en la seva diana. Per poder comunicar aquesta velocitat als àtoms, aquests s'han d'ionitzar i accelerar mitjançant un potencial elèctric.

La figura 3.9 presenta esquemàticament l'estructura d'un implantador iònic. Els ions tenen sempre càrrega positiva, tant si són donadors com acceptors. Una vegada dins el silici es neutralitzen mitjançant un corrent d'electrons. Més tard, quan ocupin posicions substitucionals dels àtoms de silici, les impureses es ionitzaran, amb càrrega positiva o negativa segons siguin donadors o acceptors respectivament. Els perfils d'impureses obtinguts per implantació tenen l'aspecte representat en la figura 3.10. Observem que ara el màxim no es troba en la superfície sinó a una certa profunditat R_p, conegut com a abast (*range*) o penetració. Aquest valor depèn del potencial accelerador, i augmenta al augmentar l'energia dels ions implantats. Els potencials emprats van, habitualment, de 10 kV a 500 kV. El nombre total d'impureses implantades depèn de la intensitat del flux d'ions (corrent de l'implantador, habitualment de nA o mA) i de la durada del procés (minuts, generalment). S'anomena dosi el nombre d'impureses implantades en cada cm^2 de superfície de l'oblia, és a dir, la concentració de dopant integrada al llarg de la profunditat.

EXEMPLE 3.7

Una implantació de bor amb un potencial de 50 keV i una dosi de 10^{13} àtoms/cm^2 en un substrat de tipus N amb un dopatge de 10^{16} donadors/cm^3 dóna una profunditat de junció $x_j=$ 0.4 μm. La penetració és de 0.15 μm; el valor del dopatge en el pic és de 7.1×10^{17} cm^{-3}, i la concentració d'acceptors a la superfície, de 1.5×10^{16} cm^{-3}.

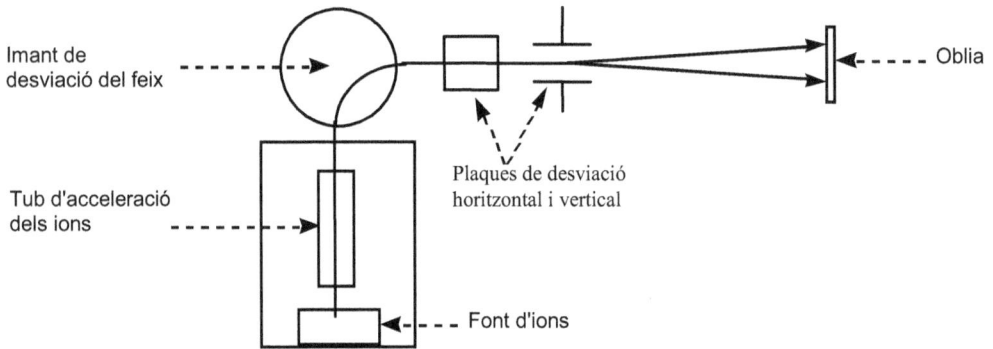

Figura 3.9 Diagrama esquemàtic d'un procés d'implantació iònica

Exercici 3.5

Determineu quina seria la concentració d'impureses en la implantació de l'exemple anterior si el perfil obtingut fos uniforme.

Solució: 10^{13} àtoms/cm^2 / 0.4 μm = 10^{13} àtoms/cm^2 / 4×10^{-5} cm = 2.5×10^{17} cm^{-3}.

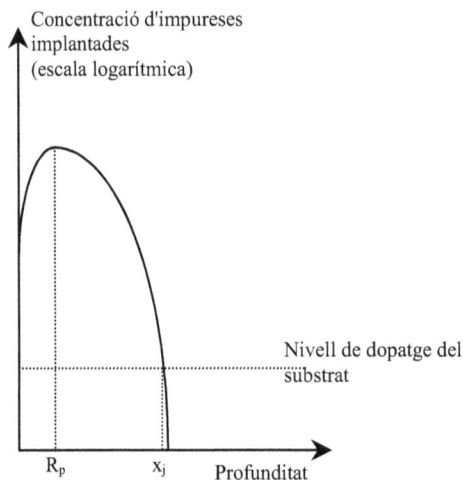

Figura 3.10 Perfil d'impureses implantades per ions d'una determinada energia. Al augmentar l'energia dels ions augmenten els valors de R_p i x_j.

Les principals característiques del procés d'implantació són les següents:

- Permet un control molt bo de la dosi implantada mitjançant el corrent de neutralització de les impureses implantades. El procés es pot aturar quan arribem al valor desitjat. Per aquesta raó substitueix en moltes ocasions la predeposició tèrmica.

- És difícil obtenir grans penetracions per implantació. Quan fan falta juncions profundes s'ha de recórrer a una implantació seguida d'una redistribució tèrmica.

- No cal treballar a temperatura alta. La conseqüència és que podem utilitzar una gamma més variada de materials com a barrera per protegir les zones que no volem dopar. S'utilitza, com en difusió, l'òxid de silici, però també se'n poden fer servir d'altres, com, per exemple les fotoresines, que presentarem més endavant.

- L'impacte dels ions implantats en el semiconductor provoca l'aparició de defectes en l'estructura cristal·lina. Sovint fa falta un recuit post-implantació per resoldre aquest inconvenient.

- La implantació iònica es realitza oblia a oblia.

Les impureses habitualment utilitzades són B com a acceptor i P, As i Sb com a donadors. Entre aquests darrers l'arsènic és especialment popular.

3.2.2 Definició d'àrees

El problema que examinarem ara és com crear una capa protectora d'òxid en la superfície del silici utilitzant un procés anomenat oxidació tèrmica. Tot seguit veurem com es pot delimitar un contorn desitjat d'aquesta capa utilitzant la tècnica de fotogravat.

Oxidació tèrmica del silici

El diòxid de silici (en direm simplement òxid si no hi ha perill de confusió), SiO_2, és un material amb un conjunt de propietats excepcionals:

- mecàniques: és un recobriment dur i que s'adhereix bé a la superfície del silici.
- elèctriques: és un excel·lent dielèctric.
- òptiques: és perfectament transparent.
- químiques: es pot obtenir en forma de capa molt uniforme per oxidació de la superfície del silici; és químicament molt estable però pot ser atacat, quan convé, per un producte com l'àcid fluorhídric, que no afecta el silici. A més, els dopants habituals és difonen molt lentament a través del SiO_2.

El paper central del silici en la tecnologia de semiconductors es deu, en part, a aquestes propietats del seu òxid. Altres materials com el GaAs no gaudeixen d'aquests avantatges. L'oxidació tèrmica del silici és una reacció química entre el silici de la superfície de l'oblia i una espècie oxidant, normalment oxigen (parlem aleshores d'oxidació seca) o vapor d'aigua (i aleshores en diem oxidació humida). Per facilitar aquesta reacció s'ha de treballar a temperatures elevades, del mateix ordre que les de difusió d'impureses.

Excepte en el moment d'iniciar el procés, l'espècie oxidant arriba a la superfície del silici travessant la capa d'òxid que ja s'ha format per un procés de difusió similar al de difusió tèrmica de dopants. Com més gruixuda sigui la capa ja formada més lent és aquest transport. El resultat és que la velocitat de creixement de l'òxid es va fent lenta a mesura que la capa creix. La figura 3.11 representa aquest procés.

EXEMPLE 3.8

Una oxidació humida de 60 minuts de durada permet obtenir un gruix d'òxid de 0.58 μm si treballem a 1100 °C i de 0.12 μm si ho fem a 900 °C. En cas d'oxidació seca els valors respectius són 0.11 μm i 0.027 μm. L'oxidació humida és més ràpida, indicada per crear barreres de dopatge, mentre que la seca permet obtenir òxids de gran qualitat com a dielèctrics.

Exercici 3.6

Observant la figura 3.11.b notem que per a capes d'òxid molt primes la llei de creixement $d_{ox}(t)$ es pot aproximar per una relació lineal. Suposant que les oxidacions a 900 °C de l'exemple anterior es trobin dins aquesta aproximació, determineu la velocitat de creixement de l'òxid.

Solució: 0.12 μm/60 min = 2 nm/min en el cas del procés humit, 0.027 μm/60 min = 0.45 nm/min en el cas d'oxidació seca.

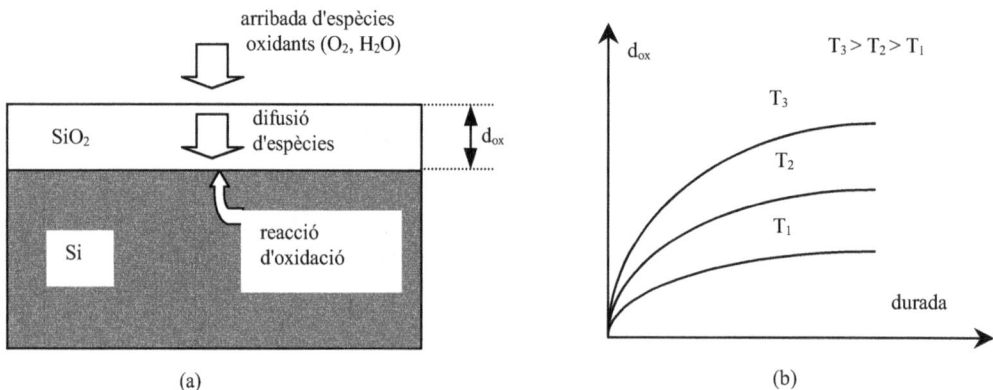

(a)   (b)

Figura 3.11 a)Representació esquemàtica del procés d'oxidació del silici. b) Gruix d'òxid obtingut en funció del temps per a diferents temperatures de procés

La realització pràctica dels processos d'oxidació es porta a terme en forns molt similars als emprats en difusió. També és un procés que es realitza en un lot d'oblies a la vegada. Entre les característiques del procés que hem de tenir en compte hi ha:

- És un procés a alta temperatura. Si en el silici que oxidem hi hem realitzat prèviament una difusió o una implantació d'impureses, aquestes canviaran de perfil per redistribució.

- L'òxid tèrmic no solament serveix com a barrera d'impureses. Entre altres aplicacions hi ha la protecció de la superfície del silici. Una pista de connexió pot quedar aïllada del substrat mitjançant aquesta capa.

- No podem utilitzar l'oxidació tèrmica per a aplicacions com l'aïllament entre nivells de connexió. Aleshores caldrà disposar d'altres mètodes per crear capes de SiO_2 (tècniques de dipòsit).

Fotogravat

El fotogravat és el conjunt d'operacions que transfereixen la forma d'un dels nivells del layout que hem dissenyat a la superfície de l'oblia. Per estudiar-lo començarem considerant un cas simple: suposem que en la superfície d'una oblia de silici volem dopar unes regions determinades corresponents a cadascun dels dispositius que hi volem fabricar. Per això hem començat oxidant el silici i ara volem eliminar la capa protectora resultant en les regions que cal dopar.

El fotogravat comprèn dos conjunts de tasques: la fotolitografia i el gravat. La fotolitografia consisteix a recobrir l'òxid d'una capa protectora en aquelles regions on el volem conservar. Hi ha tres conceptes a considerar: les màscares, les fotoresines i l'exposició de les fotoresines. El gravat consisteix a eliminar l'òxid de les regions no protegides. Es tracta d'una atac químic específic.

- Una màscara és una làmina de vidre amb parts transparents i parts opaques que conté el dibuix que volem transferir a la superfície de l'òxid. Més endavant ens referirem breument a la manera com es pot obtenir la màscara.

- Una fotoresina (o simplement resina, si no hi ha perill de confusió) és una substància que canvia de propietats físicoquímiques quan rep radiació ultraviolada. Una capa de fotoresina dipositada a la superfície del silici esdevé soluble en un producte anomenat revelador quan ha sofert l'efecte de la llum UV.

- L'exposició de la resina a la radiació UV es fa a través de la màscara. D'aquesta manera només les zones situades sota les regions transparents de la màscara seran solubles en el revelador.

La figura 3.12 esquematitza aquests conceptes. Tot seguit resumirem els principals detalls del procés que convé conèixer. Hem descrit la tècnica de fotogravat d'una capa d'òxid crescuda damunt el substrat del silici però el mateix procés s'aplica també a altres nivells de material, especialment les diferents capes de conductors, per definir les pistes, i dels dielèctrics entre elles, per definir les obertures de contactes entre nivells.

Un procés de fabricació inclou sempre diversos passos de fotogravat. El seu nombre depèn de la complexitat del disseny però rarament serà inferior a 6 o 7. Quan fem un pas de fotolitografia en una oblia on ja hi ha dibuixos (motius, *patterns*) definits, el nou dibuix s'ha de posicionar (se'n diu alinear) en relació amb els anteriors. Aquesta tasca és delicada i és un dels factors que més limita la capacitat per miniaturitzar les dimensions dels motius a transferir.

La fotoresina que hem presentat és de les anomenades positives perquè durant el revelat s'elimina la part exposada. També n'hi ha de negatives en les quals la part que es disol és la no exposada. En microelectrònica les primeres són les més utilitzades.

El sistema d'exposició esquematitzat en la figura 3.12 és conegut com a fotolitografia (o simplement litografia) de contacte. La màscara, que durant l'exposició està en contacte amb la resina, conté tots els dibuixos a transferir. La figura 3.13 esquematitza la visió en planta d'una d'aquestes màscares.

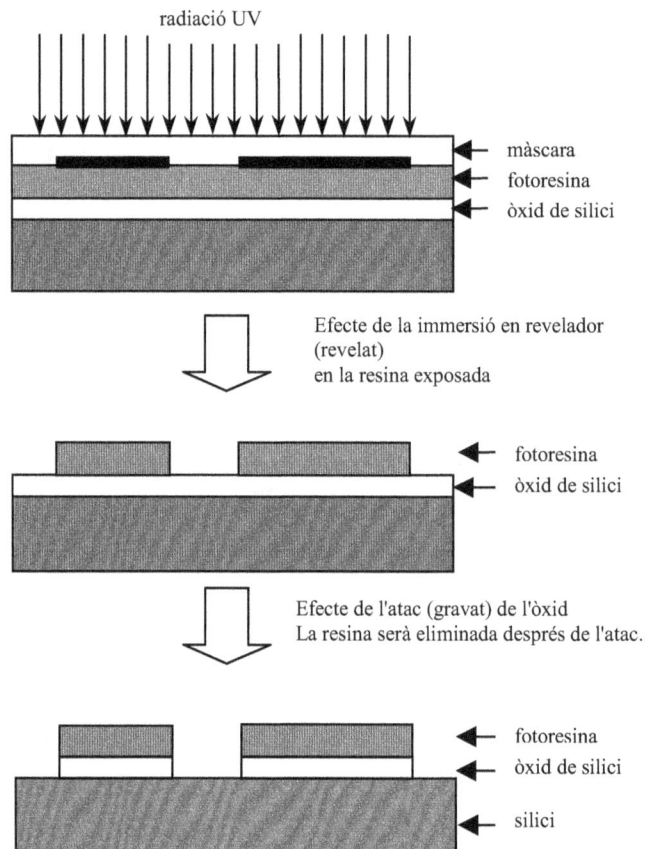

radiació UV

màscara
fotoresina
òxid de silici

Efecte de la immersió en revelador
(revelat)
en la resina exposada

fotoresina
òxid de silici

Efecte de l'atac (gravat) de l'òxid
La resina serà eliminada després de l'atac.

fotoresina
òxid de silici
silici

Figura 3.12 Esquematització de l'exposició de la fotoresina,
el seu revelat i el gravat de l'òxid

La tecnologia actual porta a treballar amb oblies cada vegada més grans per optimitzar la productivitat, i al mateix temps els dispositius continguts en els circuits integrats són cada vegada més petits (detalls de dimensions de menys d'una micra en processos avançats). Els dos factors a la vegada fan difícil el procés d'alineació en litografia de contacte. El resultat ha estat l'aparició de tècniques de litografia, anomenades de projecció, emprades en circuits d'alta escala d'integració.

En litografia de projecció no s'exposa tota l'oblia simultàniament, sinó que es fa per regions, sovint un xip (dau) cada vegada. Per fer-ho la màscara no està en contacte amb la resina, sinó que l'eina d'exposició disposa d'una òptica que enfoca en les distintes regions on s'ha de transferir el motiu. Les màscares que s'utilitzen en projecció no cal que continguin tantes rèpliques del motiu com la de la figura 3.13. Sovint n'hi ha prou amb una, anomenada retícula. A més a més, la retícula pot tenir dimensions més grans que la figura final, típicament 5 o 10 vegades més gran, i aleshores l'òptica fa la feina de reducció entre l'objecte (retícula) i la imatge (àrea de resina exposada).

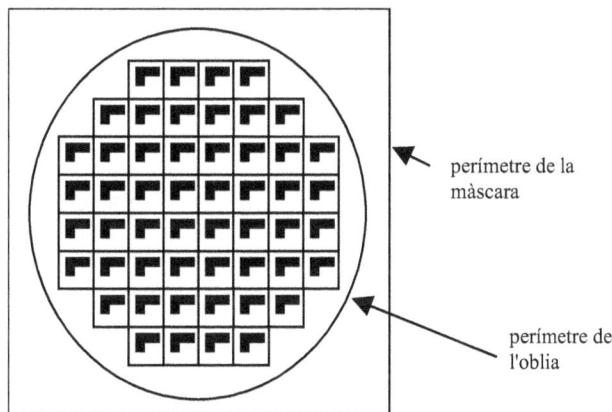

Figura 3.13 Representació d'una màscara dissenyada per fabricar 52 daus (dispositius o circuits integrats) en cada oblia. Amb aquesta màscara definirem un motiu en forma de L invertida en la resina en cadascun dels xips. La superfície exterior a aquest motiu quedarà exposada a l'atac (gravat).

La fabricació de les màscares o de les retícules és una tasca especialitzada, generalment externa a la fàbrica de semiconductors. La tècnica més utilitzada actualment es pot resumir de la manera següent. Es parteix d'una làmina de vidre recoberta amb un capa opaca (el crom és el recobriment més utilitzat), damunt de la qual s'aplica una capa de resina sensible a la incidència d'electrons en lloc de la radiació UV. Aquesta resina és sensibilitzada per un feix d'electrons a l'interior d'un tub de raigs catòdics. El feix descriu la forma del motiu a transferir perquè la seva deflexió, controlada per les plaques del tub, és determinada a partir d'un fitxer numèric que conté, digitalitzat, el disseny del motiu. La resina sensibilitzada és revelada i la capa de recobriment opac gravada de manera similar a la que hem descrit en el procés damunt l'oblia.

Aquesta manera de generar motius es pot utilitzar també directament damunt l'oblia sense passar per la màscara (escriptura directa). Si no es fa habitualment en producció és per raons de productivitat, ja que el procés amb electrons és lent comparat amb la litografia amb UV fent servir màscara. En canvi, pot ser rendible aplicar-lo en feines de recerca i desenvolupament on es processa un nombre petit d'oblies.

Presentarem ara unes consideracions sobre el procés de gravat. Ja hem esmentat anteriorment que l'òxid de silici es pot eliminar atacant-lo amb àcid fluorhídric (HF), que no afecta pràcticament el silici. Les fotoresines que s'utilitzen han estat preparades perquè resisteixin l'efecte d'aquest producte. Per a altres atacs, per exemple per definir pistes de conductors, faran falta reactius específics, que hauran de ser prou respectuosos amb els materials subjacents i amb la resina emprada. Quan s'utilitzen atacs amb reactius líquids com el descrit es parla d'atac humit. La tecnologia dels atacs humits és molt desenvolupada i utilitzada però presenta un problema, conegut com a _undercutting_, consistent en la manca de verticalitat de les parets laterals del material gravat, i que està esquematitzat en la figura 3.14.

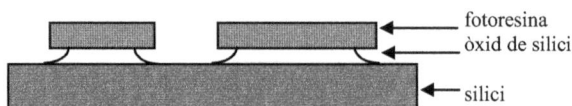

Figura 3.14 Perfil real d'atac en gravat humit

La causa d'aquest fenomen és que els reactius ataquen en totes direccions, de manera que penetren horitzontalment per sota la resina a mesura que l'atac progressa verticalment. Quan les dimensions horitzontals del motiu a gravar són petites aquest fenomen limita seriosament la miniaturització. L'alternativa que s'ha trobat és el gravat sec.

El gravat sec treballa amb reactius que són gasos ionitzats coneguts com a plasmes. El procés d'atac no és solament una reacció química, sinó també un efecte físic d'impacte dels ions damunt el material a gravar. El resultat és un atac molt més direccional, que crea perfils laterals més verticals i, per tant, més semblants a l'ideal de la figura 3.12. El gravat sec demana un utillatge més sofisticat que l'humit i és menys selectiu en relació amb els materials que ha d'atacar i els que ha de respectar. En un procés complex s'utilitzen els dos tipus d'atacs depenent de les característiques de cada etapa.

EXEMPLE 3.9

Un procés típic utilitzat per gravar òxid tèrmic pot tenir les característiques següents:

- Resina de la sèrie HPR de Hunt. Gruix de la capa: una micra.
- Font de radiació: làmpada de vapor de mercuri, que presenta pics discrets d'emissió. (els més importants per sensibilitzar la resina són els de 305, 365 i 400 nm).
- Exposició a la radiació: inferior a 20 s, depenent de l'instrument utilitzat.
- Atac de l'òxid: amb àcid fluorhídric tamponat (HF/NH_4F), a una velocitat de 80 nm/min a temperatura ambient.

Amb aquesta tècnica, fent servir litografia de contacte, es pot obtenir motius d'unes poques micres de grandària en una capa d'òxid d'una micra de gruix.

3.2.3 Nivells de connectivitat

Un circuit integrat pot tenir diferents nivells de connexió perquè hi ha tècniques per dipositar capes de conductors i definir-hi pistes, així com dipositar capes de dielèctrics entre elles on es defineixen obertures en determinats punts on han de connectar diferents nivells de conductors entre ells. La figura 3.15 presenta una estructura multinivell.

Aquesta part de la tecnologia és tan important, en un procés de producció, com les operacions que hem vist anteriorment, però ens interessa molt menys des del punt de vista de comprensió del funcionament intern del dispositiu i, per aquesta raó, li dedicarem menys atenció.

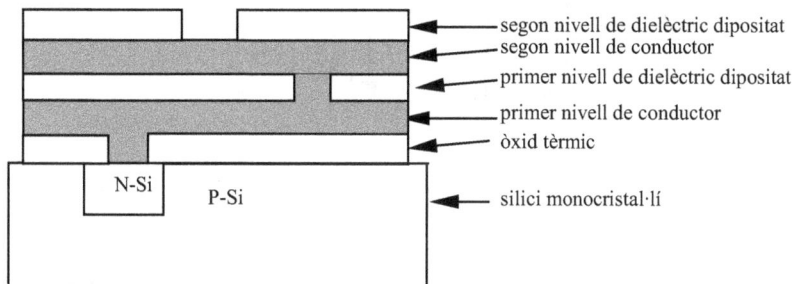

Figura 3.15 Representació esquemàtica de dos nivells de connexió en un circuit integrat. Els gruixos de les capes conductores i aïllants són habitualment de l'ordre d'una micra, mentre que l'amplada de les pistes i de les obertures de contacte poden variar des de menys d'una micra fins a desenes de micres depenent de la tecnologia i del disseny del circuit

Dipòsit de conductors

Els conductors més utilitzats són els metalls i, d'aquests, el més freqüent és l'alumini perquè té bona conductivitat, és fàcil de dipositar i de definir pistes en la capa dipositada i no crea especials problemes de contaminació. Les tècniques més utilitzades per dipositar metalls són l'evaporació tèrmica i la polvorització catòdica que pertanyen al grup anomenat PVD (*Physical Vapor Deposition*)

La tècnica més antiga per dipositar una capa d'alumini és l'evaporació tèrmica. Consisteix a escalfar material en un recipient (gresol o naveta) fins que es fongui i s'evapori. El vapor es condensa en la superfície de l'oblia i la recobreix d'una pel·lícula de metall. Aquesta tècnica, que es representa esquemàticament en la figura 3.16, s'ha de realitzar en condicions de buit per no alterar el moviment dels àtoms des del gresol fins a l'oblia.

Actualment s'utilitza molt poc l'alumini pur. Les seves propietats són millorades incorporant-hi additius com el silici i el coure. En aquest cas la tècnica d'evaporació és poc indicada perquè en la massa fosa s'evapora més ràpidament el component més volàtil i la composició de la capa es fa difícil de controlar. L'alternativa més utilitzada és la tècnica de polvorització catòdica (*cathodic sputtering*).

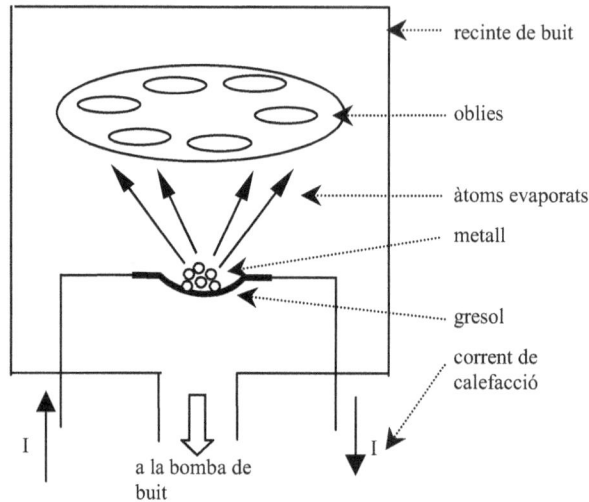

Figura 3.16 Metal·lització d'oblies per evaporació

En el procediment de *sputtering* el material a dipositar no passa per fase líquida, sinó que s'arrenca d'un bloc (diana, *target*) per impacte d'ions d'un gas inert (Ar, generalment) accelerats per un potencial elèctric. El potencial accelerador ha de ser més petit, fins a pocs kV, que el d'un implantador iònic perquè el projectil impacti però no es clavi. La figura 3.17 representa esquemàticament aquest procés, que també s'ha de realitzar en condicions de buit.

La principal limitació de les metal·litzacions amb alumini ha estat, històricament, que no suporten temperatures elevades, de més d'uns 500 °C, i això és una severa limitació per posar al seu damunt capes aïllants utilitzant determinades tècniques de dipòsit. Una de les alternatives clàssiques consisteix a utilitzar silici policristal·lí, també anomenat polisilici.

El polisilici és silici que no és un únic cristall (monocristall) en tot el seu volum, sinó que està format per una agregació de cristalls, anomenats grans, generalment d'una fracció de micra de diàmetre. El polisilici molt dopat és conductor. La seva conductivitat és molt més petita que la de l'alumini però, en canvi, pot suportar temperatures de procés altes. És, doncs, un material adient per fer pistes curtes en els nivells de connexió més profunds.

La tècnica habitualment emprada per obtenir una capa de polisilici és un procés de la família CVD (*chemical vapor deposition*, dipòsit químic en fase vapor). Aquestes tècniques tenen en comú que uns compostos en fase gas reaccionen en la superfície de l'oblia deixant un pòsit sòlid del material que volem obtenir. En el cas que ens ocupa el silici s'obté per descomposició del silà, SiH_4, a una temperatura superior a 600 °C a l'interior d'un forn similar als que hem presentat per a difusions. El material que s'obté en aquestes condicions no és monocristal·lí. Si ho fos seria més conductor, però les condicions per obtenir-lo no es presenten en el cas que ens ocupa. El polisilici es dopa durant el procés de dipòsit o, més sovint, una vegada dipositat.

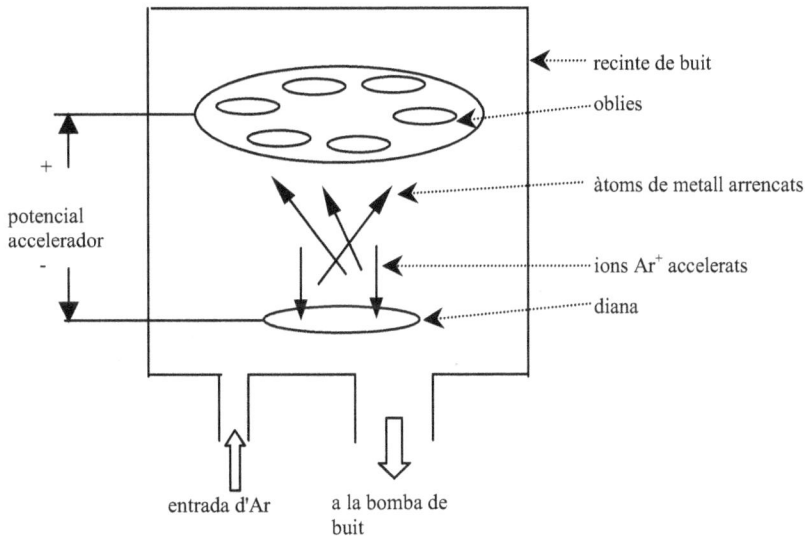

Figura 3.17 Dipòsit d'una capa prima per polvorització catòdica

L'ús del polisilici va néixer en el context de la tecnologia MOS. Actualment té també aplicacions específiques per fer contactes en transistors bipolars.

S'han buscat com a alternatives materials més conductors que el polisilici i que suportin temperatures altes, com els metalls refractaris (W, Mo, Ta,...) i els seus compostos binaris amb el silici, anomenats siliciürs (W_2Si, Mo_2Si, ...). La seva tecnologia és complicada. Recentment s'ha començat a fer pistes de coure (Cu) amb la finalitat de reduir els retards de propagació. És una tecnologia emergent que promet tenir un gran futur.

Com s'ha dit més amunt, la definició de pistes de les pel·lícules conductores dipositades es fa utilitzant alguna de les tècniques de fotogravat que hem estudiat. Els atacs que s'utilitzen són específics per a cada material.

EXEMPLE 3.10

Quan s'utilitza alumini per fer contactes òhmics en silici, després del dipòsit del metall i de la definició de les pistes cal fer un recuit per assegurar un bon contacte entre els dos materials. L'alumini tendeix a dissoldre silici i això pot crear problemes, especialment quan les juncions són poc profundes. Per això es fa servir alumini que ja contingui silici fins a la saturació (amb menys d' 1,5% n'hi ha prou). Aquesta mescla és difícil de dipositar per evaporació perquè l'alumini s'evapora molt més ràpidament que el silici i s'acostuma a recórrer a la tècnica de sputtering.

EXEMPLE 3.11

Quan una pista metàl·lica ha de transportar una gran densitat de corrent es presenta un problema conegut com electromigració: els grans de la pel·lícula de metall són arrossegats, cosa que pot causar la destrucció de la pista. Entre les tècniques emprades per reduir aquest efecte hi ha l'addició de coure (un 4%) o titani (fins a 0.5%) a l'alumini de la pista.

Exercici 3.7

Per tal d'evitar el fenomen de l'electromigració, imposarem que la densitat de corrent que circuli per una pista d'un circuit integrat no superi el valor de 10^4 A/cm^2. Si treballem amb capes de metall d' 1 μm de gruix, volem saber quina amplada haurà de tenir una pista que hagi de transportar un corrent de 10 mA.

Solució: 10 mA $\leq 10^4$ A/cm^2 × secció $\Rightarrow$ secció = 1 μm × amplada $\geq 10^{-6}$ cm^2 $\Rightarrow$ amplada $\geq$ 10^{-2} cm = 100 μm.

Dipòsit de dielèctrics

El material aïllant entre nivells de connexió no pot ser l'òxid obtingut per oxidació tèrmica del silici. Però hi ha una gamma de tècniques que permeten dipositar capes de SiO$_2$, que és el material més utilitzat en aquesta aplicació.

Aquestes tècniques són de la família CVD, però la reacció química és més complicada que en el cas del polisilici. Si s'utilitzen SiH$_4$ i N$_2$O com a gasos de partida (anomenats precursors), el sòlid que es diposita és òxid de silici, SiO$_2$. Hi ha processos a alta temperatura, HTO (*high temperature oxide,* òxid d'alta temperatura), a més de 600 ºC, i a baixa temperatura, LTO (*low temperature oxide,* òxid de baixa temperatura). En general les propietats del procés HTO són superiors, però l'LTO es pot dipositar damunt l'alumini. L'òxid es dopa sovint amb P i B durant el dipòsit per millorar les seves propietats mecàniques. L'òxid dopat, anomenat vidre, continua sent aïllant.

Una altre dielèctric utilitzat és el nitrur de silici (Si$_3$N$_4$), que s'obté quan en lloc de N$_2$O s'utilitza NH$_3$ com a precursor.

En qualsevol procés de fabricació la darrera etapa en l'oblia és el dipòsit d'una capa de protecció on només es deixen obertures en els punts on s'hauran de soldar els fils de connexió amb els terminals de les pistes metàl·liques.

Dipòsit de semiconductors: processos d'epitàxia

L'epitàxia és una tècnica de creixement cristal·lí que consisteix a dipositar una capa de material semiconductor damunt la superfície de l'oblia de manera que els àtoms de material dipositat quedin ordenats continuant l'estructura cristal·lina del substrat. Les tècniques de dipòsit més habituals en tecnologia del silici són del grup CVD, treballant en condicions adequades (molt alta temperatura, baixa pressió, etc.) perquè els nous àtoms dels sòlid trobin la posició adient en la xarxa cristal·lina, i la prolonguin.

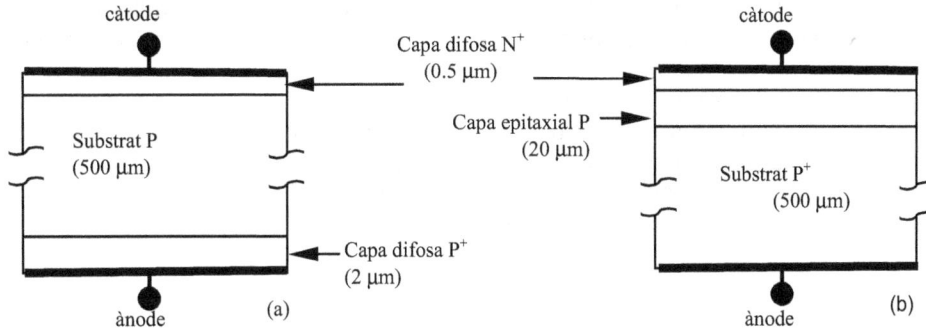

Figura 3.18 Comparació de dos díodes: a) Obtingut per difusió d'una capa N^+ en un substrat P de 500 micres de gruix. b) Obtingut per difusió d'una capa N^+ en una capa epitaxial P de 20 micres de gruix crescuda en un substrat P^+ de 500 micres. La contribució de les regions neutres a la resistència paràsita del dispositiu és molt més petita en el cas b).

Una capa epitaxial pot tenir un dopatge independent del substrat. Si volem obtenir una regió amb un nivell de dopatge inferior al del substrat, hem de recórrer forçosament a un procés d'epitàxia perquè ni la implantació iònica ni la difusió tèrmica d'impureses tenen aquestes prestacions. Un exemple elemental d'aplicació d'aquesta tècnica el podem trobar en la figura 3.18, on és utilitzat per millorar les característiques d'un díode com el de la figura 3.1, reduint la resistència sèrie de la regió neutra P. L'epitàxia es fa indispensable en la tecnologia de circuits integrats basats en transistors bipolars. Ho presentarem en el capítol 5, dedicat a aquest dispositiu.

El creixement epitaxial té una importància extraordinària en la tecnologia dels semiconductors III-V, particularment per obtenir dispositius optoelectrònics. Hi ha moltes parelles de semiconductors d'aquest conjunt que tenen xarxes cristal·lines prou semblants entre elles perquè es pugui epitaxiar un material damunt de l'altre. Es parla aleshores d'heteroepitàxia. La majoria d'heterojuncions s'obtenen d'aquesta manera.

3.2.4 Etapes finals: test i encapsulament

Acabat el procés de fabricació en oblia, es procedeix a les etapes finals.

- Test de les característiques elèctriques dels circuits integrats obtinguts en l'oblia. Són mesures que es fan amb un conjunt de puntes entre els *pads,* zones terminals, més amples, de les pistes que més endavant hauran de servir per soldar-hi fils de contacte. Les mesures que s'han de fer depenen del DUT (*device under test,* dispositiu o circuit en estudi) i normalment és una tasca automàtica programada. Definir una estratègia de test és una feina complementària del disseny d'un circuit integrat. Els daus defectuosos són marcats i ja no seran encapsulats.

- Separació de daus, per un procés de tall, generalment amb una serra de diamant.

- Muntatge i encapsulament. Comprèn les tasques següents: adhesió del dau a la càpsula, soldadura de fils entre els *pads* i els terminals de la càpsula anomenats *pins* (vegeu figura 3.19), i immersió del conjunt en una massa de material plàstic (epoxi) del qual només en surten els *pins*. Hi ha una varietat de tipus de càpsules, que no descriurem aquí. Un dels principals aspectes a considerar a l'hora de triar quin tipus es fa servir és la dissipació de calor necessària per al funcionament del C.I. Per això hi ha encapsulaments que inclouen contactes tèrmics (no elèctrics) metàl·lics que poden unir-se a radiadors quan la dissipació prevista és molt intensa.

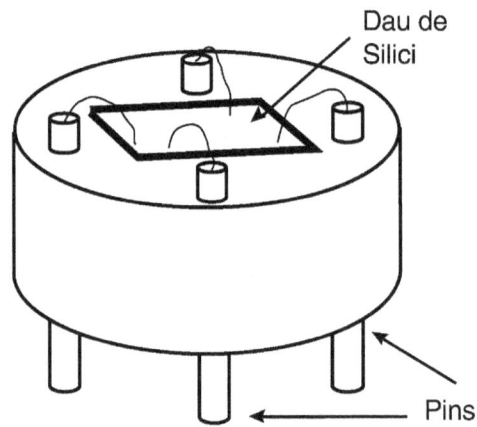

Figura 3.19 Representació del muntatge d'un dau en una càpsula, amb fils soldats i abans de tancar la càpsula.

En aquest punt farem algunes consideracions sobre la miniaturització. Els progressos en tecnologia de fabricació, molt particularment en fotolitografia, han anat en el sentit de fer dispositius cada vegada més petits. Hi ha diverses raons per fer-ho. En primer lloc, pel que fa al disseny, un circuit ràpid requereix capacitats, paràsites o no, petites, i això demana reduir les dimensions dels dispositius. Una segona raó és la productivitat: obtenir, amb les mateixes etapes de procés, un nombre més gran de dispositius en una oblia. Finalment, millorar el rendiment de procés (*yield*). Per entendre aquest argument considerem la figura 3.20, on s'esquematitza el nombre de daus que haurem de descartar si el procés de fabricació presenta un nombre fix de defectes.

EXEMPLE 3.12

En una tecnologia emergent el rendiment de procés pot ser d'unes poques unitats per cent. En una primera fase aquesta xifra augmenta molt lentament. Després experimenta un ràpid creixement que la porta a valors de l'ordre del 80% o superiors, i que tendeixen a saturar-se en l'etapa de maduresa de la tecnologia. Es tracta de la corba en "S" de la funció $\eta(t)$, important en l'avaluació del cost de la producció.

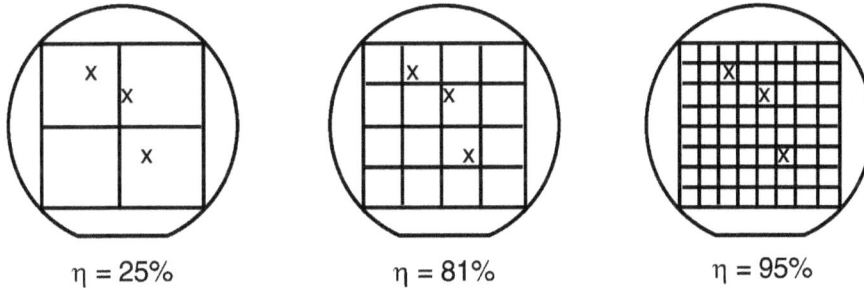

$$\eta = 25\% \qquad\qquad \eta = 81\% \qquad\qquad \eta = 95\%$$

Figura 3.20. Conseqüències en el rendiment del procés de tres defectes en daus de diferents dimensions.

EXEMPLE 3.13

Els circuits integrats contenen un nombre cada vegada més gran de components i per això els dispositius han de ser cada vegada més petits. Tot i això, els daus de circuits complexos, com un microprocessador, tenen una superfície relativament gran, de més d'un centímetre quadrat. Per mantenir el rendiment de procés el nombre absolut de defectes ha de disminuir quan les dimensions del dau augmenten. Això porta a treballar en condicions (p.e. netedat de l'ambient) cada vegada més exigents.

Exercici 3.8

Suposem que en els tres exemples de la figura 3.20 dupliquem les dimensions dels daus (quadrupliquem la superfície). Determineu el valor de rendiment de procés que obtindrem en cada cas.

Solució: en el primer cas tindrem un sol dau i un rendiment nul. En el segon sortiran 4 daus i 3 de defectuosos, amb què s'obtindrà un rendiment del 25%. En el tercer hi haurà 16 daus, 3 dels quals amb defectes, cosa que donarà un rendiment del 81%.

QÜESTIONARI 3.2

1. En una oblia de silici de tipus P amb una concentració d'acceptadors de 10^{16} cm^{-3} hi fem una difusió d'arsènic que dóna com a resultat un perfil d'impureses definit per l'expressió:

$$N_D(x) = 10^{19} e^{-(x/0.1\mu m)^2} \, cm^{-3}$$

on la variable x és la profunditat partint de la superfície. Determineu la profunditat de la junció obtinguda.

a) 0.026 µm   b) 0.26 µm   c) 2.6 µm   d) 26 µm

2. *En el mateix silici de la qüestió anterior el dopatge es realitza per implantació iònica. Ara el perfil de dopatge és:*

$$N_D(x) = 10^{18} e^{-[(x-0.2\mu m)/0.1\mu m]^2} \, cm^{-3}$$

Calculeu la profunditat de la junció.

a) 0.041 µm   b) 0.41 µm   c) 4.1 µm   d) 41 µm

3. *En un determinat procés d'oxidació el gruix de l'òxid, x_o, creix amb el temps segons l'equació:*

$$x_o(t) = -2.475 + \sqrt{6.126 + 2.245\,t} \ \ \mu m$$

on t són hores. Calculeu quin gruix tindrà l'òxid al cap d' 1 hora d'oxidació. Si ara tornem a aplicar el procés a l'oblia que hem oxidat durant 3 hores més, quin serà el gruix final de la capa d'òxid?

a) $x_o(1h)$ = 0.42 µm; $x_o(4h)$ = 1.41 µm   b) $x_o(1h)$ = 0.42 µm; $x_o(4h)$ = 1.68 µm
c) $x_o(1h)$ = 4.2 µm; $x_o(4h)$ = 16.8 µm   d) $x_o(1h)$ = 4.2 µm; $x_o(4h)$ = 8.4 µm

4. *Suposem que una màscara de fotolitografia conté un quadrat que ha de ser posicionat (alineat) dins un motiu, també quadrat de 5 µm×5 µm, prèviament gravat a l'oblia. El perímetre d'aquest està definit amb una precisió de ±0.4 µm. La nostra capacitat per posicionar la màscara té una precisió de ±0.3 µm. Quines dimensions màximes haurà de tenir el quadrat de la màscara?*

a) 4.6 µm   b) 4.3 µm   c) 4.2 µm   d) 3.6 µm

5. *En un procés de gravat humit el fenomen de undercutting produeix un perfil de les vores que podem suposar que és un quadrant de circumferència, tal com representa la figura adjunta. Suposem que volem aplicar aquesta operació per definir un pista en una capa de 0.8 µm de gruix. Quin és el valor mínim d'amplada de la pista imposada pel fenomen esmentat?*

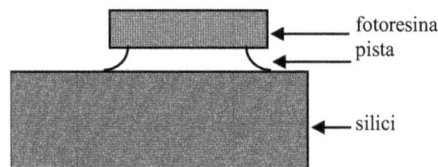

a) 0.8 µm   b) 1.6 µm   c) 2.4 µm   d) 3.2 µm

6. *En un procés que es compon de dues etapes tenim un rendiment de procés (percentatge de daus bons) del 90% en cada etapa. Suposant que els defectes d'una etapa són independents dels de l'altra, quant valdrà el rendiment del conjunt del procés?*

a) 0.90   b) 0.10   c) 0.81   d) 0.18

3.3 SEQÜÈNCIA D'ETAPES DE FABRICACIÓ D'UN CIRCUIT INTEGRAT

Un circuit integrat monolític està format per un gran nombre de dispositius realitzats en el mateix dau de silici, i connectats uns amb altres a través de pistes metàl·liques dipositades en la superfície (tecnologia planar). Quan es dissenya el circuit s'ha de preveure una seqüència d'operacions que, a través del conjunt de màscares adient, generin tots els dispositius del circuit i les connexions entre ells. Aquest problema pot esser molt complex i per a solucionar-lo possible cal una organització estricta del treball.

Per una part, un procés de fabricació inclou una seqüència ben definida d'etapes compatibles entre si que constitueixen la tecnologia. Aquesta seqüència permet generar un ventall de dispositius (díodes, transistors, resistències, condensadors, etc.) de característiques ben conegudes. Una alteració en una de les etapes obliga, en general, el tecnòleg a replantejar tot el conjunt. Per un altre costat, el dissenyador del circuit dibuixarà les màscares que seran utilitzades en una seqüència d'etapes definida, i decidirà quins dispositius, entre els que la tecnologia ofereix, utilitzarà i com els connectarà.

Entre les previsions importants que un procés ha d'incloure, hi ha l'aïllament entre dispositius. La tècnica més utilitzada en silici és l'aïllament per juncions PN en inversa, de manera que per fer una connexió no desitjada entre dos dispositius veïns calgui travessar dos díodes amb polaritat oposada, i així sempre en trobarem un en inversa, com ja hem esmentat en parlar de la integració d'un díode. En el capítol dedicat al transistor bipolar tornarem sobre aquest punt. Una alternativa és la coneguda com a SOI (*silicon on insulator*), on el silici forma illes damunt un material dielèctric. És una tecnologia sofisticada, utilitzada només per a aplicacions molt específiques.

Un exemple d'integració de dispositius

Per il·lustrar les idees d'integració de dispositius analitzarem una circuit particularment simple: un filtre passabaix de primer ordre. L'esquema elèctric és representat en la figura 3.21

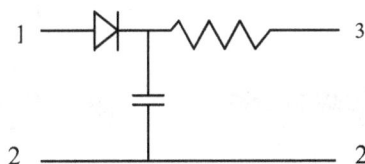

Figura 3.21 Circuit a integrar monolíticament en silici

Construirem els tres dispositius en un substrat de silici de tipus P fent servir les estructures següents:

- El díode serà una junció constituïda per una regió P^+ (ànode), el terminal 1, envoltada d'una regió N (càtode). El contacte entre díode i substrat serà la junció càtode del díode (N)-substrat (P), que mai haurà d'estar polaritzada en directa per garantir l'aïllament del dispositiu. Per assegurar un contacte òhmic entre la regió de càtode i la pista metàl·lica de connexió (node intern, comú als tres dispositius, sense numerar en la figura 3.21), caldrà fer una regió molt dopada N^+ entre la N i el metall.

- El condensador tindrà com a elèctrode superior la pista metàl·lica esmentada. L'altre serà una regió P^+, de dopatge igual al de l'ànode del díode, creada en el substrat P. Aquesta segona placa no està aïllada del substrat sinó que és el node 2 de la figura 3.21. El dielèctric del condensador és una capa d'òxid tèrmic crescuda en la superfície del silici.

- La resistència és una regió N^+, de dopatge igual al de la regió N^+ del díode, creada en el substrat P. Els seus extrems són el node intern i el terminal 3. L'aïllament d'aquest dispositiu exigeix que la tensió del substrat no superi la de cap punt de la resistència.

La figura 3.22 presenta esquemàticament una secció d'aquest conjunt. El terminal 2 haurà d'anar unit a la tensió més baixa disponible en el circuit per tal de complir les condicions d'aïllament. La mateixa figura mostra un layout del circuit, indicant la posició XY del tall que correspon a la secció dibuixada. En aquest layout només s'indica el contorn de les màscares que s'haurà d'utilitzar sense precisar si són motius opacs sobre camp transparent o a l'inrevés. La màscara de metall de connexió s'indica amb una línia més gruixuda. La pista que constitueix el node intern té una regió ampla per fer d'elèctrode del condensador. D'altra banda, s'ha donat forma de serpentí a la resistència per tal de fer més gran la relació entre llargada i secció i així obtenir un valor de resistència més alt.

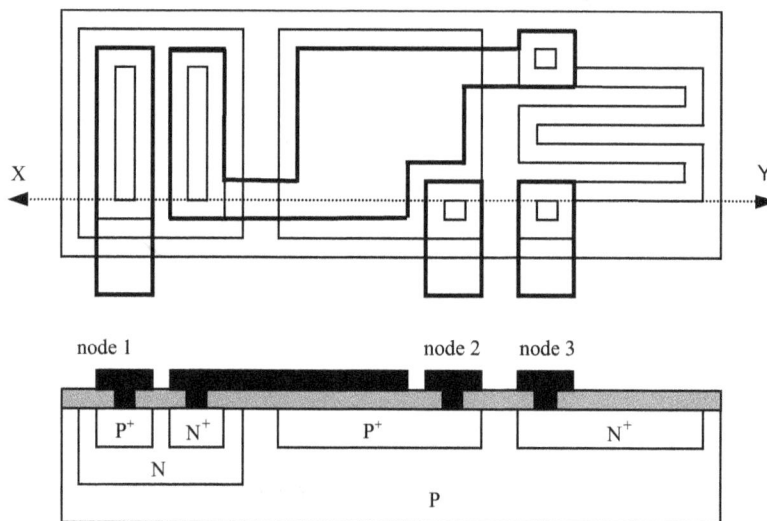

Figura 3.22 Layout i secció esquemàtica del circuit integrat corresponent al diagrama elèctric de la figura 3.21

EXEMPLE 3.14

En el condensador de la figura 3.22 utilitzem com a dielèctric l'òxid tèrmic que recobreix la superfície lliure del silici, conegut com a òxid de camp. Aquest òxid té habitualment un gruix proper a una micra. Aleshores el valor de la capacitat per unitat de superfície que obtindrem és $\varepsilon_{\text{òxid}}/1\ \mu m \approx (3.45 \times 10^{-13}\ F/cm)/1\ \mu m = 3.45 \times 10^{-17}\ F/cm^2$. Per obtenir un condensador d' 1 pF caldrà una superfície de $3.45 \times 10^{-5}\ cm^2$, que pot suposar un quadre de $\approx 60\ \mu m \times 60\ \mu m$. Això és molta superfície en un circuit integrat. Es pot reduir en dos ordres de magnitud fent servir una capa d'òxid cent vegades més prima. És l'ordre de magnitud dels òxids de porta utilitzats en tecnologia MOS.

EXEMPLE 3.15

La resistència obtinguda per difusió és una pista de llargada L, d'amplada W i de profunditat t. Si la resistivitat de la regió N^+ val ρ aleshores el valor de la resistència és: $R = \rho L/(Wt)$. El factor ρ/t, que té unitats de resistència, depèn del procés de difusió i se'n diu resistència de quadre (és el valor de R quan $L = W$), mentre que el quocient L/W, adimensional, és determinat pel disseny de les màscares i se'n diu relació d'aspecte. Amb una tècnica de difusió podem fàcilment obtenir valors de l'ordre de $\rho \approx 1\ m\Omega \times cm$, $t \approx 1\ \mu m \Rightarrow$ resistència de quadre $\approx 10\ \Omega$.

Exercici 3.9

Una resistència integrada està feta amb una difusió que presenta una resistència de quadre de 15 Ω. Si volem obtenir un valor de resistència de 1 kΩ, determineu la seva relació d'aspecte. Avalueu la superfície que ocuparà si l'amplada de la pista és de 2 μm.

Solució: $R = 10^3\ \Omega = 15\ \Omega \times L/W \Rightarrow L/W \approx 66$. Si $W = 2\ \mu m \Rightarrow L \approx 132\ \mu m$. Un serpentí com el de la figura 3.22 podria estar format per 6 pistes de 22 μm de llargada; si l'espai entre pistes és de 2 μm, aleshores les dimensions del serpentí són aproximadament: 22 μm × (6 × 2 μm + 5 × 2 μm) = 22 μm × 22 μm. Les resistències consumeixen molta superfície de circuit integrat.

A continuació descriurem les etapes de procés necessàries per fabricar aquest circuit fent ús de la figura 3.23, on es representa l'aparició de cada capa de l'estructura al costat de la màscara necessària per definir el corresponent nivell.

Partirem d'una oblia de silici P, de baix dopatge, que recobrirem d'una capa de protecció per un procés d'oxidació tèrmica.

1. Creació de la regió de càtode del díode. Per fer-ho obrirem una finestra en l'òxid que hem fet créixer anteriorment, per on introduirem les impureses donadores fent servir, per exemple, la tècnica de difusió tèrmica. L'obertura de la finestra requereix els passos habituals en fotogravat: dipòsit de fotoresina, exposició a través de la màscara representada, atac de l'òxid no recobert i eliminació de la resina. Fent servir resina positiva, com en tot el procés, la màscara consistirà en un rectangle transparent per cada xip en un camp opac (màscara de camp fosc). La concentració d'impureses donadores que hem

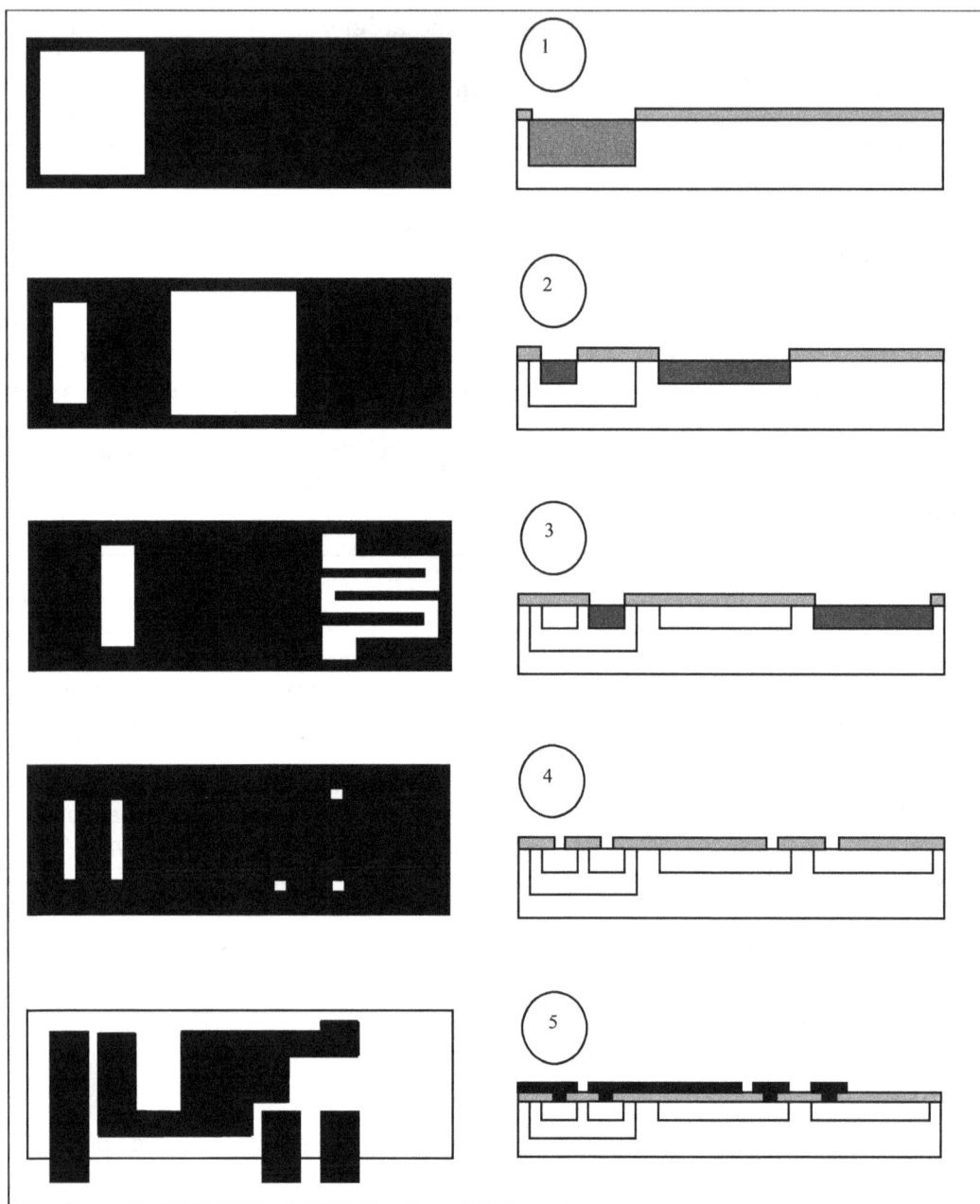

Figura 3.23.- Resum de les etapes de procés de fabricació del circuit integrat de la figura 3.22 indicant en cada cas la màscara que s'ha fet servir.

introduït haurà de compensar les acceptores de la regió de substrat corresponent i arribar a invertir-la. Per això hem hagut de partir d'una oblia amb dopatge petit.

2. A continuació introduirem el dopatge P^+. Començarem reoxidant la superfície del silici per eliminar la finestra de l'etapa anterior (de manera opcional podem eliminar prèviament l'òxid de la primera etapa). Tot seguit obrirem les finestres corresponents fent servir una seqüència d'operacions de fotogravat, similar a l'anterior. El dopatge es pot fer, per exemple, per implantació. La concentració d'acceptors ha de ser superior a la de donadors introduïts en la difusió anterior. En aquesta etapa la màscara és també de camp fosc.

3. Després d'una nova oxidació, obrirem finestres i crearem les regions N^+, de manera similar a la manera com hem fet les P^+.

4. Una nova oxidació recobrirà tota la superfície del silici d'una capa aïllant. A través d'aquesta capa obrirem finestres de contacte per un procés de litografia amb una màscara de camp fosc.

5. Finalment recobrirem tota la cara de l'oblia d'una pel·lícula metàl·lica en la qual definirem les pistes de connexió fent servir un procés de fotogravat amb una màscara de camp clar.
Entre les simplificacions que hem fet servir per no complicar exageradament l'exemple, la més important és que hem utilitzat com a dielèctric del condensador una capa de l'òxid utilitzat per protegir el silici, conegut com a òxid de camp. Aquestes capes són relativament gruixudes, típicament de més de 0.5 μm, cosa que faria que la capacitat per unitat d'àrea del condensador fos molt petita. En realitat es fan servir dielèctrics més prims, la qual cosa exigeix una etapa més en el procés descrit.

QÜESTIONARI 3.3

1. *Per integrar una resistència de 10 kΩ en un circuit integrat fem servir una regió dopada N per difusió en un substrat P. La profunditat de la difusió és 1 micra, el dopatge mitjà de 10^{18} impureses per cm^3 i la mobilitat mitjana dels majoritaris de 200 cm^2/(Vs). Si la pista és rectilínia i té una amplada de 2 μm, avalueu la superfície que ocuparà la resistència en la oblia del circuit integrat.*
a) 12,5 μm^2 b) 125 μm^2 c) 1250 μm^2 d) 12500 μm^2

2. *Un condensador en un circuit integrat es fa utilitzant com a elèctrodes una pista metàl·lica i el substrat de silici, i com a dielèctric una capa d'òxid tèrmic que fa 0.75 micres de gruix. Quina superfície hauria de tenir un condensador d' 1 pF de capacitat. Dades: constant dielèctrica relativa de l'òxid de silici: ε_r = 3.9; permitivitat dels buit: ε_0 = 8.85x10^{-14} F/cm.*
a) 2.17x10^4 μm^2 b) 2.17x10^{-4} μm^2 c) 2.17x10^2 μm^2 d) 2.17x10^{-2} μm^2

3. *En el condensador de la qüestió anterior la pista de connexió per accedir a l'elèctrode superior del condensador té una llargada de 100 μm i una amplada de 10 μm. Tota ella es troba damunt l'òxid tèrmic. Calculeu el valor de la capacitat paràsita que suposa la pista i compareu-la amb la del condensador.*
a) 4.6%   b) 0.46%   c) 2.3%   d) 0.23%

4. *Un díode té l'estructura esquematitzada en el tall de la figura adjunta. Els dopatges s'han obtingut per difusió. Digueu quina de les etapes de procés indicades no és correcta per fer aquest dispositiu.*

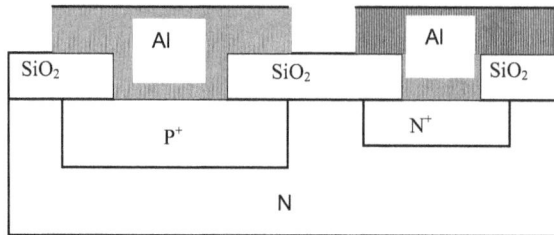

a) *Oxidació de la oblia*
b) *Fotolitografia per obrir la finestra per fer la difusió P*
c) *Fotolitografia per obrir la finestra per fer la difusió N*
d) *Epitàxia per crear la capa d'alumini*

5. Considerem el dispositiu de la figura anterior. Raoneu quina part de la màscara serà transparent i quina serà opaca, sabent que treballem amb fotoresina positiva. Indiqueu quina de les següents afirmacions es falsa

a) *La màscara de la finestra P és un quadrat transparent sobre fons opac*
b) *La màscara de la finestra N és un rectangle opac sobre fons transparent*
c) *La màscara de l'obertura de contactes són dos rectangles transparents sobre fons opac*
c) *La màscara de definició de pistes són dos rectangles opacs sobre fons transparent*

6. Com modificaríeu el díode de les qüestions anteriors per transformar-lo en un díode Schottky?

a) *S'hauria d'eliminar la regió P$^+$*   b) *S'hauria d'eliminar la regió N$^+$*
c) *S'hauria d'utilitzar un substrat P*   d) *S'hauria d'utilitzar or en lloc d'alumini*

NOTES PER UNA PERSPECTIVA HISTÒRICA

Des del naixement del circuit integrat en la dècada dels anys cinquanta, la tecnologia de semiconductors i, particularment, la del silici ha presentat una evolució ininterrompuda de canvis que han permès fabricar xips amb prestacions millorades a preus cada vegada més baixos. Entre les causes més importants que han determinat aquesta evolució podem assenyalar les següents:

- Increment del diàmetre de les oblies utilitzades, com a conseqüència dels progressos en la tecnologia de creixement de cristalls i també dels equips utilitzats en les diferents etapes de fabricació presentades en aquest capítol, molt particularment de litografia. El fet de treballar amb oblies més grans ha permès un augment de la productivitat que ha portat a una reducció de preus espectacular. La figura 3.24 recull aquests canvis al llarg de les darreres tres dècades i una previsió en el futur immediat.

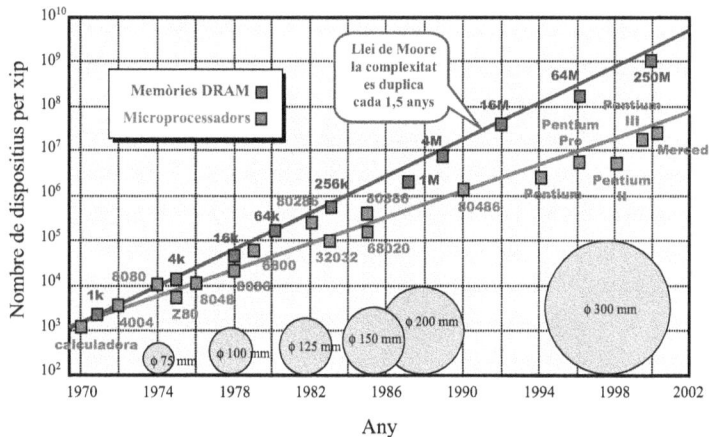

Figura 3.24 Evolució al llarg del temps de la integració de dispositius en silici

- Reducció de les dimensions dels motius que es poden delimitar en el semiconductor per definir els dispositius. Els progressos en litografia han estat també clau en aquest punt. El resultat ha estat un increment del nombre de dispositius que un xip pot contenir (vegeu figura 3.24), i això vol dir la possibilitat de realitzar circuits més complexos en la mateixa superfície de silici i/o obtenir més dispositius per oblia, reduint així el cost de producció. Aquest augment de la densitat d'integració ha estat quantificada amb l'anomenada llei de Moore, segons la qual el nombre de transistors continguts en un xip es multiplica per dos cada divuit mesos.

- Entre les prestacions que més s'han beneficiat de la reducció de dimensions hi ha l'increment de velocitat de funcionament dels dispositius, especialment perceptible en la freqüència de rellotge que utilitzen els sistemes digitals. La taula 3.3 resumeix algunes dades rellevants en l'evolució de la tecnologia en els darrers anys i una previsió de futur.

ANY	1997	1999	2002	2005	2008
Amplada de línia (μm)	0.25	0.18	0.13	0.10	0.07
DRAM: bits/xip	267M	1.07G	4.29G	17.2G	68.7G
μP: transistors/xip	11M	21M	76M	200M	520M
Freqüència xip (MHz)	750	1250	2100	3500	6000
Grandària μP: (mm^2)	300	400	560	790	1120
Nombre de nivells de metal·lització	6	6-7	7	7-8	8-9
Diàmetre oblia (cm)	20	30	30	30	45
Tensió alimentació (V)	1.8-2.5	1.5-1.8	1.2-1.5	0.9-1.2	0.6-0.9
Cost transistor μP ($10^{-8}$$)	3000	1735	580	255	110

Taula 3.3 Algunes característiques específiques de l'estat actual de la tecnologia de circuits integrats i previsions de futur (International Technology Roadmap for semiconductors, 1998 update)

Capítol 4
Dispositius optoelectrònics

L'objectiu d'aquest capítol és estudiar dispositius receptors de llum que es poden construir amb un semiconductor (fotoconductors) o amb un díode (fotodíodes i cèl·lules fotovoltaiques), així com els dispositius emissors de llum (díodes electroluminiscents, díode làser). Es requereix, com a coneixements previs, els fenòmens d'interacció entre la radiació electromagnètica i els semiconductors, i per això en resumirem breument els punts principals abans de presentar els dispositius esmentats. Alguns dispositius, com els fototransistors, seran analitzats més endavant quan hagin estat presentats els conceptes necessaris per al seu estudi.

4.1 RADIACIÓ ELECTROMAGNÈTICA I SEMICONDUCTORS

4.1.1 La radiació electromagnètica

La radiació lluminosa, es manifesta com una ona contínua (radiació electromagnètica clàssica) en uns fenòmens i com a feix de corpuscles (quanta d'energia) ens uns altres. Com a ona presenta fenòmens d'interferència, difracció, etc, i els seus paràmetres característics són la freqüència (f) i la longitud d'ona (λ). En el buit la relació entre aquestes dues quantitats ve donada per l'equació $\lambda = c/f$, on c és una constant universal: la velocitat de la llum en el buit, 2.998×10^8 m/s aproximadament. La relació entre c i les constants electromagnètiques del buit (permitivitat elèctrica, ε_0, i permeabilitat magnètica, μ_0) és:

$$c = \frac{1}{\sqrt{\varepsilon_0 \mu_0}} \tag{4.1}$$

En un medi material la velocitat de la llum, v, és determinada per l'índex de refracció del material, n, definit com:

$$n \equiv \frac{c}{v} \tag{4.2}$$

L'índex de refracció és funció de la longitud d'ona, $n(\lambda)$. En un material caracteritzat per una constant dielèctrica relativa ε_r i per una permeabilitat magnètica relativa μ_r es complirà:

$$n = \sqrt{\varepsilon_r \mu_r} \tag{4.3}$$

EXEMPLE 4.1

Índex de refracció d'interès en optoelectrònica en els extrems de l'espectre visible:

Material	$\lambda = 0.4$ μm	$\lambda = 0.7$ μm	Material	$\lambda = 0.4$ μm	$\lambda = 0.7$ μm
GaAs	4.373	3.755	SiO_2	1.470	1.455
Si	5.570	3.787	Si_3N_4	2.072	2.013

Exercici 4.1

Calculeu les velocitats de les radiacions dels dos extrems de l'espectre visible en el diòxid de silici.

Solució: 2.060×10^8 m/s en el roig, 2.039×10^8 m/s en el violat.

Exercici 4.2

Considerem una fibra òptica feta de diòxid de silici. Calculeu la diferència entre el temps que la radiació de 0.4 μm de longitud d'ona necessita per recórrer 1 km de fibra i el que necessita una radiació de 0.7 μm.

Solució: 50 ns.

Quan un raig de llum incideix en la superfície que separa dos medis de diferent índex de refracció formant un angle θ_i (angle d'incidència) amb la perpendicular al pla de separació, aleshores, en el cas més general, una part de la llum és transmesa a l'altre medi, i forma l'anomenat raig refractat, mentre que una part és reenviada al mateix medi i forma el raig dit reflectit, tal com indica la figura 4.1

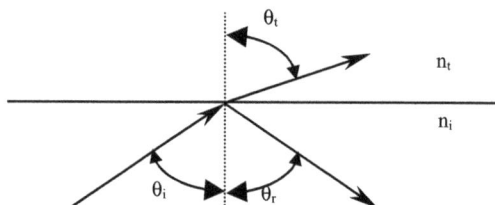

Figura 4.1 Reflexió i refracció d'un raig de llum

Les relacions entre les direccions d'aquest raigs obeeixen les lleis següents:

- Llei de reflexió: l'angle d'incidència és igual al de reflexió, $\theta_i = \theta_r$; el raig incident, el reflectit i la normal es troben en un mateix pla.

- Llei de refracció (o de Snell): entre l'angle d'incidència i el de refracció hi ha la relació:

$$\frac{sin\theta_i}{sin\theta_t} = \frac{n_t}{n_i} \tag{4.4}$$

on n_i i n_t són, respectivament, l'índexs de refracció del medi des d'on incideix el raig i el del medi on és transmès.

Si es dóna el cas que $(n_i/n_t)\ sin\ \theta_i > 1$, aleshores no hi ha cap angle θ_t que compleixi l'equació 4.4 i no hi ha raig refractat, sinó que tota la llum és reflectida. És el fenomen conegut com a reflexió total i és particularment important per entendre el funcionament de les fibres òptiques, com veurem més endavant. El màxim angle d'incidència que permet la transmissió de llum al segon medi és:

$$\theta_i = arcsin\frac{n_t}{n_i} \tag{4.5}$$

En el fenomen de la reflexió i refracció una part de la potència incident és transmesa al segon medi i la resta és reflectida cap al primer. La fracció R de potència reflectida és:

$$R = \left(\frac{n_i - n_t}{n_i + n_t}\right)^2 \tag{4.6}$$

El flux P d'energia que es propaga es mesura en J/(cm^{2}s)=W/cm^2. En el cas més general la radiació és la superposició, en proporcions variables, de radiacions de diferents longituds d'ona. La contribució de cadascuna d'elles a la potència del flux radiant ve donada per la funció de distribució espectral $dP/d\lambda$, expressada en W/(cm^2×μm).

Quan ens interessa l'efecte de la llum sobre la visió humana, aleshores aquesta distribució es pondera segons la sensibilitat de l'ull humà d'acord amb una corba normal estàndard, representada en la figura 4.2. La unitat de potència lluminosa (il·luminació) és el *lumen*. Un watt de llum de 555 nm de longitud d'ona (màxim de la corba estàndard) equival a 680 lumen. Per altres longituds d'ona aquesta quantitat s'ha de multiplicar pel valor indicat per la corba normal. Un lumen per metre quadrat dóna una densitat d'il·luminació (dita luminància) coneguda com *lux*.

Exercici 4.3

La corba normal de resposta de l'ull humà ens dóna els valors 30% per a una llum de 500 nm de longitud d'ona i 60% per a una de 600 nm. Calculeu els watts de llum necessaris per il·luminar una superfície de 100 m^2 amb 100 lux.

Solució: 49 W i 24,5 W, respectivament.

Exercici 4.4

La corba adjunta representa una aproximació per trams de la distribució espectral de la llum solar que arriba a la superfície de la terra en incidència perpendicular després de travessar l'atmosfera en condicions òptimes, conegut com espectre estàndard AM1. Calculeu la potència de la radiació per unitat de superfície.

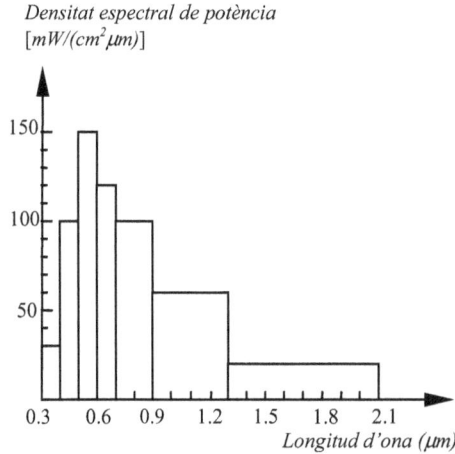

Densitat espectral de potència $[mW/(cm^2\mu m)]$

Longitud d'ona (μm)

Solució: 100 mW/cm².

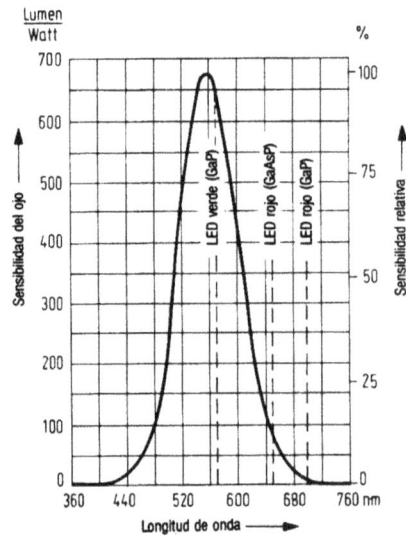

Figura 4.2 Corba normal de sensibilitat de l'ull humà

Nom		Longitud d'ona (μm)	Energia del fotó (eV)
Raigs còsmics		$< 3 \times 10^{-7}$	$> 4.1 \times 10^{6}$
Raigs gamma		10^{-8} a 8×10^{-3}	1.24×10^{8} a 155
Raigs X		2×10^{-6} a 0.2	6.2×10^{-5} a 6.2
Ultraviolat	extrem	0.01 a 0.2	124 a 6.2
	llunyà	0.2 a 0.3	6.2 a 4.13
	proper	0.3 a 0.39	4.13 a 3.18
Visible	violat	0.39 a 0.455	3.18 a 2.73
	blau	0.455 a o.492	2.73 a 2.52
	verd	0.492 a 0.577	2.52 a 2.15
	groc	0.577 a 0.597	2.15 a 2.08
	taronja	0.597 a 0.622	2.08 a 1.99
	roig	0.622 a 0.77	1.99 a 1.61
Infraroig	proper	0.77 a 1.5	1.61 a 0.827
	mitjà	1.5 a 6	0.827 a 0.207
	llunyà	6 a 40	0.207 a 0.031
	extrem	40 a 10^{3}	0.031 a 0.00124
Ones mil·limètriques		10^{3} a 10^{4}	1.24×10^{-3} a 1.24×10^{-4}
Microones		10^{4} a 3×10^{6}	1.24×10^{-4} a 4.13×10^{-7}
Ones de ràdio		3×10^{6} a 2×10^{11}	4.13×10^{-7} a 6.2×10^{-12}
Oscil·lacions elèctriques		$> 2 \times 10^{11}$	$< 6.2 \times 10^{-12}$

Taula 4.1 Espectre electromagnètic

El caràcter corpuscular es manifesta en els fenòmens d'emissió i absorció de llum per la matèria. La radiació és composta per unitats (quanta) indivisibles d'energia anomenats fotons. El valor de l'energia d'un fotó de radiació de freqüència f és:

$$E = hf = h\frac{c}{\lambda} = \frac{1.24 \; eV \times \mu m}{\lambda} \qquad (4.7)$$

on h és la constant de Planck. Com a partícula el fotó també té quantitat de moviment. El seu valor és h/λ. La taula 4.1 presenta les regions de l'espectre electromagnètic.

EXEMPLE 4.2

Valors típics de il·luminància:

Font	Il·luminància (lux)
Ple sol	10^{5}
Dia amb núvols	10^{3}
Habitació il·luminada	10^{2}
Lluna plena	1

EXEMPLE 4.3

Els fotons de la radiació per la qual la corba normal de sensibilitat té un màxim tenen una energia 1.24/0.555 = 2.23 eV.

Exercici 4.5

Calculeu l'energia dels fotons dels extrems de l'espectre visible (vegeu taula 4.1).

Solució: 1.61 eV en l'extrem roig i 3.18 eV en l'extrem blau.

QÜESTIONARI 4.1a

1. Prenent com a valors límits de longitud d'ona de l'espectre visible 0.4 μm i 0.7 μm, determineu els límits en freqüència en Hz. Dades: velocitat de la llum en el buit: c = 3×10^{10} cm/s.

    a) 7.5×10^{14}, 4.3×10^{14}   *b) 7.5×10^{12}, 4.3×10^{12}*

    c) 7.5×10^{12}, 4.3×10^{14}   *d) 4.3×10^{12}, 7.5×10^{14}*

2. Quants fotons per centímetre quadrat i per segon incideixen en una superfície que rep una radiació d' 1 mW/cm^2 de llum de 0.65 μm de longitud d'ona? Dada: hc = 1.24 eV·μm.

    a) 3.3×10^{18}   *b) 3.3×10^{12}*   *c) 3.3×10^{15}*   *d) 3.3×10^{21}*

3. Determineu la velocitat de la llum en l'òxid de silici. Dades: constant dielèctrica relativa de l'òxid de silici: ε_r = 3.9; permitivitat del buit: ε_0 = 8.85×10^{-14} F/cm; permeabilitat magnètica relativa μ_r = 0.55; permeabilitat magnètica del buit μ_0 = $4\pi \times 10^{-7}$ Vs^{2}C^{-1}.

    a) c/1.46   *b) c×1.46*   *c) c/2.13*   *d) c×2.13*

4.1.2 Interacció entre radiació electromagnètica i semiconductors

Absorció de la llum

El procés més important d'absorció de la llum en un semiconductor és la creació de parells electró-forat. Cada fotó absorbit provoca una transició de la banda de valència a la de conducció. Perquè un fotó sigui absorbit per un semiconductor cal que la seva energia sigui més gran que la de la banda prohibida del material:

$$E > E_g \Leftrightarrow \lambda \le \lambda_{max} = \frac{1.24\ eV \times \mu m}{E_g} \qquad (4.8)$$

Per a cada aplicació caldrà escollir el semiconductor amb el gap més adaptat a la radiació del problema. La taula 4.2 presenta una llista de semiconductors i el seu marge d'aplicació en detecció de llum.

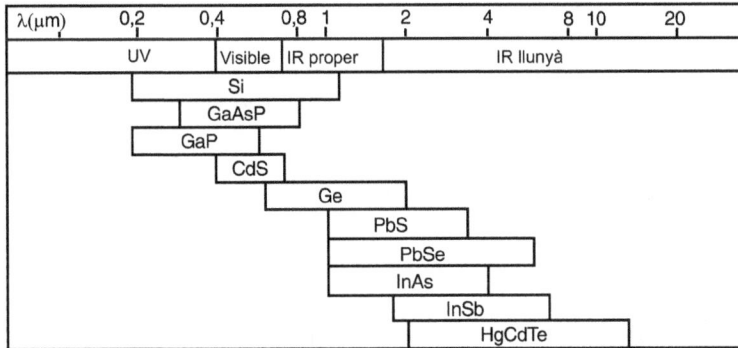

$\lambda(\mu m)$	0,2	0,4	0,8 1	2	4	8 10	20
	UV		Visible	IR proper	IR llunyà		

Si
GaAsP
GaP
CdS
Ge
PbS
PbSe
InAs
InSb
HgCdTe

Taula 4.2 *Semiconductors per a la detecció de llum. Els semiconductors de gap molt petit, com InAs, InSb o HgCdTe, han de treballar a temperatures baixes per tal de reduir la concentració intrínseca de portadors, que emmascararia les concentracions de portadors fotogenerats. La temperatura de 77 K és aproximadament la del nitrogen líquid a pressió atmosfèrica.*

EXEMPLE 4.4

Les longituds d'ona d' 1.3 µm i 1.5 µm són utilitzades en comunicacions per fibra òptica. Els semiconductors utilitzats per detectar els senyals han de tenir amplades de banda prohibida no superiors a 0.95 eV i 0.83 eV, respectivament.

Exercici 4.6

La fibra òptica també transmet bé la radiació de 0.8 µm de longitud d'ona. Podríem detectar senyals transmesos amb aquesta llum fent servir un dispositiu de GaAs?

Solució: sí

La relació entre el flux de fotons Φ_0 (cm^{-2}s^{-1}) i la densitat de potència P (W/cm^2) de la radiació incident és:

$$\Phi_0 = \frac{P}{E_{fot\acute{o}}} = \frac{P}{hf} = \frac{P\lambda}{hc} \qquad (4.9)$$

La reflexió que té lloc en la superfície fa que només una fracció η del fotons incident penetri a l'interior del semiconductor. La relació entre la velocitat de generació de parells $g(x)$, expressada en cm^{-3}s^{-1}, i el flux $\Phi(x)$ que arriba a una profunditat x és:

$$g(x) = -\frac{d\Phi}{dx} = \alpha(\lambda)\Phi(\lambda) \qquad (4.10)$$

on $\alpha(\lambda)$ és el coeficient d'absorció de la llum, característic de cada semiconductor. Notem que en la superfície es compleix la relació: $\Phi(0) = \eta\Phi_0$.

La integració de l'expressió anterior porta a:

$$\Phi(x) = \eta\Phi_0 e^{-\alpha x} \qquad\qquad g(x) = \eta\alpha\Phi_0 e^{-\alpha x} \qquad (4.11)$$

Aquesta funció de generació de portadors haurà de ser inclosa en les equacions de continuïtat per analitzar dispositius. La figura 4.3 presenta el coeficient d'absorció d'alguns semiconductors.

La quantitat $1/\alpha$ és coneguda com a profunditat de penetració de la radiació en el semiconductor perquè és igual a la distància mitjana que els fotons recorren abans de ser absorbits.

EXEMPLE 4.5

Considerem dues radiacions en els dos extrems de l'espectre visible amb una intensitat d' 1mW/cm^2. Els fluxos de fotons respectius són:

$$\Phi_0 = \frac{1\,mW/cm^2}{1.61\,eV} = \frac{10^{-3}\,J/cm^2 s}{1.61\times1.6\times10^{-19}\,J} = 3.9\times10^{15}\,cm^{-2}s^{-1} \text{ en l'extrem roig i } 2.0\times10^{15}\,cm^{-2}s^{-1}$$

en l'extrem blau.

EXEMPLE 4.6

Quan una radiació de 0.5 μm de longitud d'ona és absorbida en el silici la intensitat del feix de fotons s'atenua en un factor e, és a dir en un 67%, en una profunditat $1/\alpha(\lambda=500\ nm) = 9\times10^{-5}$ cm = 0.9 μm. En el GaAs la profunditat necessària per a aquesta mateixa absorció és només de 0.1 μm.

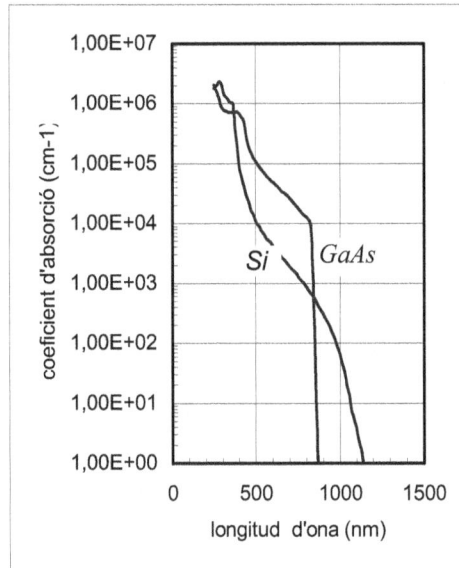

Figura 4.3 Coeficient d'absorció de la llum en el silici i l'arseniür de gal·li

---

Exercici 4.7

Si ara prenem una radiació de 0.78 µm, calculeu la profunditat de silici necessària per absorbir el 63% dels fotons.

Solució: $1/\alpha(\lambda=780\ nm) = 10^{-3}\ cm = 10\ \mu m$.

4.1.3 Semiconductors de gap directe i de gap indirecte

Un fotó, com a partícula, té no solament energia sinó també moment. En un procés d'absorció o d'emissió de llum, aquesta es comporta com un feix de partícules, els fotons. Aquests, doncs, intercanvien energia i moment amb el semiconductor, obeint les respectives lleis de conservació. En una partícula material la relació entre l'energia cinètica $E=1/2\ mv^2$ i el moment $p=mv$ és $E=p^2/(2m)$. Per a un fotó la relació entre $E=hf$ i $p=h/\lambda$ és $E=pc$.

EXEMPLE 4.7

Un fotó amb una energia de 2 eV, que correspon a 0.6 µm de longitud d'ona (color vermell), té un moment $p=E/c= 2\times1.6\times10^{-19}$ J/ 3×10^8 m/s $\approx 1.1\times10^{-26}$ kg m/s.

Exercici 4.8

Compareu el moment calculat en l'exemple anterior amb el d'un electró d'igual energia en el buit. Assigneu a la massa de l'electró el seu valor en repòs, $m_0 = 9.1\times10^{-31}$ kg.

Solució: $p = \sqrt{2Em_0} = \sqrt{2\times2\times1.6\times10^{-19}\,J\times9.1\times10^{-31}\,kg} \approx 7.63\times10^{-25}$ kg m/s .

Un fotó pot ser absorbit per un semiconductor si la seva energia és suficient per provocar el pas d'un electró de la banda de valència a la de conducció, i es genera així una parella electró-forat. En aquest procés es conserva l'energia i també el moment. Ens hem de preguntar, doncs, quin moment tenen els electrons.

Els electrons d'un cristall no són partícules lliures i, per tant, no val la relació $E=p^2/(2m)$, sinó que la relació és més complexa. En efecte, l'electró dins un sòlid està sotmès als potencials creats pels àtoms de la xarxa (i pels altres portadors). Determinar l'energia i el moment de la partícula en aquestes condicions és un problema que excedeix els límits del nostre estudi i pertany a la física de l'estat sòlid, que aplica la mecànica quàntica a l'anàlisi de la dinàmica dels electrons. Un dels seus resultats és la relació energia-moment $E(\vec{p})$, expressada habitualment mitjançant una funció $E(\vec{k})$, a on $\vec{k} = \vec{p}/\hbar$. Així, apareixen relacions com les de la figura 4.4, on per simplicitat hem pres un sol eix del vector $\vec{k}$ reduint-lo a un escalar. Aquests diagrames de bandes substitueixen els del capítol 1, on només havíem considerat l'eix d'energies. Noteu que aquelles distribucions dels nivells d'energia són la projecció en l'eix vertical d'aquests diagrames.

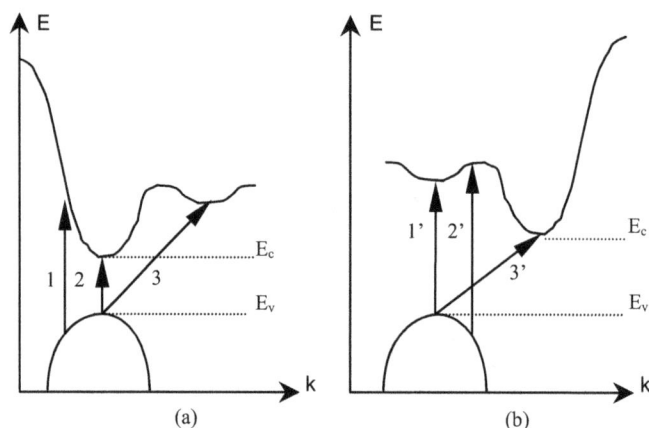

Figura 4.4 Diagrames de bandes en semiconductors. Transicions directes (1, 1', 2 i 2') i indirectes (3 i 3') entre la banda de valència i la de conducció

Hi ha semiconductors que presenten un diagrama de bandes com el de la figura 4.4.a, on el mínim absolut de la banda de conducció i el màxim de la banda de valència tenen lloc per al mateix valor de k. En aquests semiconductors un electró pot passar del nivell E_V al nivell E_C sense canvi del seu moment. S'anomenen semiconductors de *gap directe*. Un exemple és el GaAs. Quan l'estructura de bandes és com la de la figura 4.4.b, aleshores el pas d'un electró de E_V a E_C demana un canvi de moment. Transicions de banda a banda sense canvi de moment també són possibles, però amb increments d'energia superiors a $E_c - E_v$. Se'n diu semiconductor de *gap indirecte* i el més comú d'aquest grup és el silici.

EXEMPLE 4.8

En els diagrames de la figura 4.4 el domini de definició de la variable k va entre 0 i π/a, on a és la distància entre àtoms. L'ordre de magnitud del moment dels electrons serà, doncs, de

$$p = \hbar k \approx \frac{h}{2\pi} \frac{\pi}{a} = \frac{h}{2a} \approx \frac{6.6 \times 10^{-34} J\,s}{4 \times 10^{-10}\,m} = 1.65 \times 10^{-24}\,kg\,m/s$$

Aquest valor és molt més gran que el dels fotons estimat en l'exemple 4.7.

La xarxa cristal·lina també pot intercanviar l'energia i el moment de les vibracions dels seus àtoms amb els electrons i els fotons. Com que es tracta de vibracions acoblades entre elles, el sistema té uns modes del conjunt del sòlid que depenen de l'estructura cristal·lina. Aquests modes són els fonons. Un fonó es comporta com una partícula capaç d'intercanviar energia i moment amb altres partícules, els electrons entre elles. Veurem, doncs, les vibracions de la xarxa com un conjunt de partícules confinades dins el sòlid. En un cristall donat, el nombre i l'espectre energètic dels seus fonons depèn de la temperatura. La relació entre energia i moment $E(p)$ per fonons, expressada també per una funció $E(k)$ amb $k=p/\hbar$, és similar a la dels fotons: $p=\hbar k=E/v_{ac}$, on v_{ac} és la velocitat del so en el sòlid, habitualment de l'ordre de 10^5 cm/s.

EXEMPLE 4.9

L'energia del fonons és de l'ordre de $k_B T$. El moment corresponent, a temperatura ambient, és:

$p=\hbar k=E/v_{ac}=$ 0.026 eV/ 10^3 m/s = 0.026×1.6×10^{-19} J/10^3 m/s=4.16×10^{-24} kg m/s

Observem que aquesta quantitat és del mateix ordre que la que hem trobat en l'exemple 4.8. Aquest fet té conseqüències importants, com veurem tot seguit. Noteu també que el fonó té una energia petita comparada amb la necessària per a una transició entre bandes en semiconductors.

Quan intervé un fonó en un procés en el qual un electró és excitat per l'absorció d'un fotó, aleshores les lleis de conservació de l'energia i del moment s'escriuen com:

$$\Delta E_{electró} = E_{fotó} \pm E_{fonó}$$
$$\Delta k_{electró} = k_{fotó} \pm k_{fonó}$$

(4.12)

on els dos signes $\pm$ corresponen a l'absorció o emissió d'un fonó. D'acord amb les avaluacions numèriques dels exemples 4.8 i 4.9, les equacions 4.12 admeten les aproximacions:

$$\Delta E_{electró} \approx E_{fotó}$$
$$\Delta k_{electró} \approx \pm k_{fonó}$$

(4.13)

Tal com hem vist els fonons poden aportar prou moment per fer possibles les transicions indirectes.

Considerem ara l'absorció de fotons en un semiconductor. Podem tenir dos tipus de processos: l'absorció per excitació d'un electró que efectua una transició directa o bé per un electró que realitza una transició indirecta. En el primer cas només hi participen dues partícules, el fotó i l'electró, i la condició perquè es pugui realitzar és que el fotó tingui una energia igual a la diferència entre els nivells final i inicial de l'electró. En el cas d'una transició indirecta fa falta de més a més la presència d'una tercera partícula, el fonó.

En els semiconductors de gap directe, com el GaAs, perquè hi hagi transició només cal que l'energia del fotó sigui més gran o igual que la del gap, E_g, i es poden generar parells electró-forat per transicions com la 2 de la figura 4.4a. Fotons més energètics poden produir més tipus de transicions: com la 1 (amb un excedent d'energia $E_{fotó}$ - E_g que acabarà sent transferida a la xarxa cristal·lina), o com la 3 si hi intervé un fonó. Els fotons més energètics tenen, doncs, més possibilitats de ser absorbits i això significa un valor més gran del coeficient d'absorció, com es pot veure en la figura 4.3.

En semiconductors de gap indirecte, com el silici (figura 4.4.b), els fotons amb energia igual o poc més gran que la de l'amplada de banda prohibida només poden provocar transicions indirectes, com la 3', que són més improbables perquè requereixen un fonó. El resultat és que el coeficient d'absorció prop del llindar d'absorció és més petit, com ho mostra la figura 4.3. Fotons més energètics poden produir transicions com l' 1' i 2', que són directes i, per tant, més probables. El seu coeficient d'absorció és, en aquest cas, molt més gran que en el cas $E_{fotó} \approx E_g$.

Després d'una transició com la 1 o la 2' l'electró pot tenir una energia molt més gran que la que correspon als electrons de la banda de conducció en equilibri tèrmic, d'acord amb la distribució estudiada en el capítol 1. Es parla aleshores de portadors calents. Després d'un seguit de col·lisions amb els àtoms del cristall, l'electró acaba cedint el seu excés d'energia a la xarxa en forma de calor i passa a ocupar els nivells propers al fons de la banda de conducció. Es diu que l'electró s'ha termalitzat.

Emissió de la llum

Els semiconductors poden emetre llum per un procés invers al d'absorció: l'energia perduda per un electró que passa de la banda de conducció a la de valència (o dit d'una altra manera, per un procés de recombinació electró-forat) es transforma en energia d'un fotó emès. Es tracta d'un fenomen quàntic com l'absorció: la transició d'un electró genera un sol fotó.

En el capítol 1 s'ha presentat la relació entre velocitat de recombinació i concentracions de portadors. També s'ha mostrat que els nivells d'energia dels electrons de conducció són propers a E_c i els dels forats propers a E_v. Per aquesta raó no podem esperar trobar transicions com la 1 o la 1' (fig. 4.4) però en sentit contrari, sinó que trobarem les inverses de la 2 o la 3'. En el cas d'un semiconductor de gap indirecte sempre farà falta la presència de fonons, la qual cosa implica un procés poc probable. El material és poc eficient com a emissor de llum, com és el cas del silici. En aquests materials l'energia procedent de la recombinació de portadors és transferida a la xarxa cristal·lina en forma de calor. Les recombinacions radiatives són molt més probables en semiconductors de gap directe.

No totes les transicions radiatives es produeixen entre la banda de conducció i la de valència. També n'hi ha entre bandes i nivells dins la banda prohibida creats normalment per impureses. Per exemple, el GaP és un semiconductor de gap indirecte que presenta transicions directes radiatives entre la banda de conducció i el nivell creat pel nitrogen quan ocupa una posició substitucional del fòsfor (noteu que tots dos elements tenen la mateixa valència i, per tant, el nivell no és donador ni acceptor). La transició entre el nivell d'impuresa i la banda de valència és, òbviament, indirecta. Aquest procés, representat en la figura 4.5, serà important per entendre el funcionament d'alguns díodes emissors de llum (apartat 4.3.2).

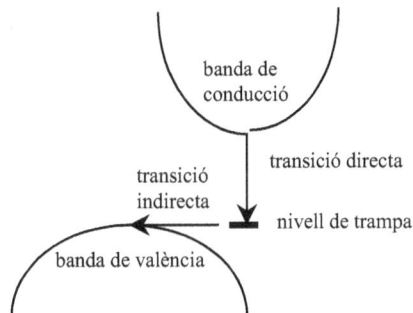

Figura 4.5 Transició radiativa en un semiconductor
de gap indirecte a través d'un nivell de trampa

QÜESTIONARI 4.1b

1. Digueu quina afirmació referida a la gràfica de la figura 4.3 és falsa.
   a) Els fotons de λ = 1000 nm no són absorbits pel GaAs degut a que no tenen energia suficient per trencar un enllaç covalent d'aquest material.
   b) Els fotons de λ = 1000 nm són absorbits pel Si degut a que tenen energia suficient per trencar un enllaç covalent d'aquest material.

c) Els fotons de λ = 800 nm tenen un coeficient d'absorció més gran en el GaAs que en el Si, degut a que el GaAs es de gap directa i el Si de gap indirecta

d) Els fotons de λ =800 nm s'absorbeixen més a prop de la superfície en el Si que en el GaAs.

2. *Utilitzant la corba anterior determineu quina profunditat de silici fa falta perquè la potència d'un flux de fotons de 0.5 μm de longitud d'ona que entren per la superfície quedi reduït en un 90%.*

    a) 230 μm   *b) 23 μm*   *c) 2.3 μm*   *d) 0.23 μm*

3. *Podem afirmar taxativament que el silici no pot emetre radiació electromagnètica com a conseqüència del seu mecanisme de recombinació de portadors?*

    a) No pot emetre cap fotó   *b) Només emet fotons*

    c) La radiació emesa és negligible   *d) Per cada fonó també emet un fotó*

4.2 DISPOSITIUS RECEPTORS DE RADIACIÓ

4.2.1 Els fotoconductors

Un fotoconductor és un material que incrementa la seva conductivitat per efecte de l'augment de les concentracions de portadors com a conseqüència de la fotogeneració. Quan la llum incideix en la superfície d'una làmina de gruix d el nombre de parells generats per unitat de superfície i de temps és:

$$G_t = \int_0^d g(x)dx = \int_0^d \eta \alpha \Phi_0 e^{-\alpha x} dx = \eta \Phi_0 (1 - e^{-\alpha d}) \qquad (4.14)$$

Per tenir una absorció completa de la llum caldria un gruix de material $d >> 1/\alpha$. Els estudis de soroll en dispositius receptors de llum desaconsellen aquesta opció i s'ha assenyalat com a valor òptim $d = 1.25/\alpha$. Per tal de simplificar càlculs, considerarem una generació per unitat de volum i de temps, g_L, uniforme en tot el volum de valor:

$$g_L = \frac{G_t}{d} \qquad (4.15)$$

Suposarem que hi ha un excés de portadors majoritaris i minoritaris iguals, $\Delta n = \Delta p$. Si la generació comença en l'instant $t=,0$ aleshores:

$$\Delta n(t) = g_L \tau \left(1 - e^{-t/\tau} \right) \qquad (4.16)$$

on τ és el temps de vida dels minoritaris. Quan s'assoleixen les condicions estacionàries:

$$\Delta n = g_L \tau \qquad (4.17)$$

Aquesta equació suposa que ens trobem en baixa injecció. Sovint aquesta hipòtesi no es compleix exactament, però per raons de simplicitat suposarem vàlida la igualtat anterior. Considerem ara un dispositiu constituït per una làmina de semiconductor damunt la qual pot incidir la llum (figura 4.6). Els terminals de contacte, d'amplada W, estan separats una distància L.

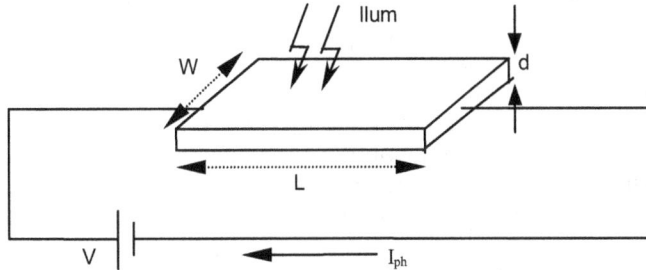

Figura 4.6 Esquema d'una cèl·lula fotoconductora

La incidència de llum fa disminuir la resistència entre elèctrodes a causa de l'augment de la conductivitat. Si entre els terminals apliquem una tensió V, registrem uns corrents:

$$I_{fosca} = \frac{V}{R_{fosca}} \qquad R_{fosca} = \frac{1}{q\mu_n N_D}\frac{L}{Wd} \qquad \text{(suposant material de tipus N)}$$

$$I_{il\cdot luminació} = I_{ph} = \frac{V}{R_{il\cdot luminació}} \qquad R_{il\cdot luminació} = \frac{1}{q\{\mu_n(N_D+\Delta n)+\mu_p\Delta p\}}\frac{L}{Wd} \tag{4.18}$$

Si volem que la resistència en il·luminació sigui molt més petita que la resistència a la fosca, caldrà que:

$$\Delta n \gg N_D \tag{4.19}$$

Es defineix el guany d'un fotoconductor G com el quocient entre el nombre de portadors del fotocorrent I_{ph} que passen pels contactes i el nombre de parells fotogenerats per unitat de temps. L'expressió d'aquesta quantitat és:

$$G \equiv \frac{I_{ph}/q}{g_L WLd} = \frac{\left[V(\mu_p+\mu_n)\Delta n Wd\right]/L}{g_L WLd} = \frac{V\mu g_L\tau}{g_L L^2} = \frac{\mu\tau}{L^2}V \qquad \text{amb} \qquad \mu \equiv \mu_p + \mu_n \tag{4.20}$$

expressió que justifica que la fotoconductivitat es proporcional al producte $\mu\tau$.

El guany es pot expressar també fent ús del concepte de temps de trànsit dels portadors entre contactes. Considerem, per fixar idees, que el semiconductor és de tipus N. Aleshores per als electrons podem escriure:

$$t_d = \frac{L}{v_n} = \frac{L}{\mu_n E} = \frac{L^2}{\mu_n V} \tag{4.21}$$

Si en l'expressió 4.20 podem aproximar $\mu \approx \mu_n$, aleshores la relació entre guany i temps de trànsit ens dóna:

$$G = \frac{\tau}{t_d} \qquad\qquad (4.22)$$

Aquest resultat té la interpretació física següent. En els càlculs anteriors hem suposat que la concentració Δn és el resultat del balanç entre generació i recombinació i que la col·lecció de portadors en els elèctrodes no altera aquesta quantitat. Aquesta suposició pot ser exagerada en molts casos. Considerem ara el cas d'un fotoconductor on un dels tipus de portadors, per exemple, els forats, tinguin la mobilitat molt més petita que els altres portadors, els electrons en aquest cas. Posem-nos en el cas límit: els forats tenen una mobilitat quasi nul·la i, per tant, no desapareixen en els elèctrodes. Aleshores 4.22 és exacta i el corrent està format per electrons. Els electrons col·lectats pels elèctrodes són reemplaçats pel circuit, ja que el semiconductor s'ha de mantenir neutre i aquest és l'origen físic del guany de corrent. Aquesta situació es presenta en materials on $\mu_n \gg \mu_p$, com el GaAs, o en altres on els forats són retinguts per nivells trampa. En tecnologia de materials fotoconductors sovint es fan servir impureses que creen aquests nivells de trampa en el semiconductor. D'aquesta manera $\tau \gg t_d$ i G és gran.

Com més gran és τ més gran és el guany perquè durant aquest temps poden circular més electrons pel circuit i aquest és el significat de l'equació 4.22. Tota estratègia encaminada a obtenir un guany elevat incrementant τ té un preu, que és la velocitat de resposta. En efecte: d'acord amb l'equació 4.16 la durada del transitori depèn de τ i el mateix resultat valdria per a la desaparició de l'excitació. La velocitat de resposta és particularment important si el que detectem són polsos de llum en lloc d'un flux continu.

Els fotoconductors es troben en el mercat com a LDR (*Light Dependant Resistor*), amb una configuració interdigitada dels elèctrodes de contacte per tal d'aconseguir una relació W/L gran. Són dispositius simples i barats, però generalment lents.

Per detectar llum en el rang visible s'utilitzen fotoconductors fets amb CdS o CdSe, amb impureses com el Cu que creen nivells de trampes que incrementen el valor de τ. Així s'obtenen valors de guany típics de 10^3. El GaAs és un material atractiu per a fotoconductors perquè la diferència de mobilitats entre els dos tipus de portadors no fa necessària la introducció de nivells de trampa, amb la qual cosa s'aconsegueixen dispositius més ràpids, per bé que amb un guany moderat. Per a la detecció d'infrarojos es fan servir semiconductors de gap petit com InSb, $Pb_xSn_{1-x}Te$ i $Hg_xCd_{1-x}Te$, que han de treballar a temperatures baixes per tal de reduir la concentració intrínseca de portadors. Una alternativa per treballar en aquesta regió és utilitzar altres semiconductors en els què les transicions es produeixen entre bandes i nivells d'impureses. És el cas del Ge dopat amb Au per treballar amb longituds d'ona entre 2 μm i 10 μm. El mateix Ge dopat amb Cu permet anar de 10 μm a 30 μm.

EXEMPLE 4.10

En una cèl·lula fotoconductora de CdS dopat amb Cu el temps mitjà durant el qual els portadors estan atrapats és de 100 μs, mentre que els minoritaris poden assolir velocitats de 10^6 cm/s. Amb una separació entre elèctrodes de 100 μm s'obté un guany de 10^4.

Exercici 4.9

Suposant que el fotoconductor de l'exercici anterior està polaritzat a 10 V, determineu la mobilitat dels portadors majoritaris.

Solució: 1000 cm²/(Vs).

QÜESTIONARI 4.2.a

1. Els elèctrodes d'una cèl·lula fotoconductora tenen habitualment una geometria de dues pintes interdigitades damunt la superfície d'una làmina de semiconductor, tal com indica la figura adjunta.

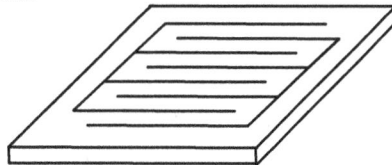

Penseu en quin paràmetre geomètric depèn el temps de trànsit dels portadors fotogenerats en aquesta estructura, i digueu com quedaria modificat el guany del dispositiu si, mantenint constant la seva àrea, dobléssim el nombre de dits, fent-los més fins.

a) Es multiplica per 2   *b) Es divideix per 2*
c) Es multiplica per 4   *d) Es divideix per 4*

2. Per augmentar la sensibilitat d'un fotoconductor a la llum, quin dopatge cal utilitzar?
a) Baix   *b) Alt*   *c) És independent del dopatge*   *d) Depèn de si és P o N.*

3. Podem incrementar el guany d'un fotoconductor augmentant la tensió de polarització?
a) Sempre   *b) Mai*   *c) És independent de la tensió*   *d) Depèn del valor de V*

4.2.2 La junció PN il·luminada

Un grup important de dispositius que inclou els fotodíodes i les cèl·lules fotovoltaiques basen el seu funcionament en el canvi de la característica del díode de junció PN quan la llum pot arribar a l'interior del semiconductor i generar-hi parelles electró-forat. L'anàlisi dels dispositius és la mateixa que s'ha dut a terme en capítols anteriors, modificant-la de la manera següent:

a) En les zones neutres, l'equació de difusió que s'ha de resoldre ha d'incloure el terme de generació de portadors. Escrivint-la per a la regió N, és:

$$\frac{d^2 \Delta p}{dx^2} = \frac{\Delta p}{L_p^2} - \frac{g(x)}{D_p} \quad \text{amb} \quad g(x) = g(0)e^{-\alpha x} \qquad (4.23)$$

on la distància x s'ha de prendre des de la superfície del dispositiu. Per a la regió P hem d'aplicar una equació similar. Les condicions de contorn són les mateixes que en el díode en foscor. Una vegada coneguts els perfils de portadors calcularem els corrents de minoritaris i el corrent total que travessa la junció seguint el procediment habitual. No presentarem aquests càlculs en detall, però discutirem tot seguit la física del fenomen.

Els minoritaris generats en les regions neutres poden arribar per difusió al límit amb la ZCE o recombinar-se (en el volum o en el terminal metàl·lic) abans d'arribar-hi. En el primer cas donen lloc a un corrent que travessa la junció perquè són arrossegats pel camp elèctric de la ZCE. Parlarem de corrent fotogenerat o fotocorrent. Aquest fotocorrent, que es superposa (és a dir, es suma) al corrent del díode a la fosca, té el sentit del corrent invers perquè els electrons, minoritaris en la regió P, van de P a N, mentre que els forats es mouen en sentit contrari.

Els portadors que es recombinen no contribueixen al fotocorrent. Com més gran sigui el temps de vida dels minoritaris (o la seva longitud de difusió) més gran serà el fotocorrent per al mateix nombre de parells generats.

La solució de l'equació de difusió no és difícil però és llarga. El lector la pot trobar sense dificultats en la bibliografia. Aquí proposem una simplificació, que consisteix a aproximar la funció $g(x)$ per una constant g_L. El resultat és que el terme de fotocorrent generat en la regió neutre P val:

$$qAL_n g_L \qquad (4.24)$$

a on A és l'àrea del dispositiu, i una expressió dual, $qAL_p g_L$, es troba per la regió neutra N.

En termes intuïtius: el parells generats a una distància de la ZCE més petita que L_n (o L_p quan correspongui) són col·lectats per la junció, mentre que els altres es perden per recombinació. Vegeu la figura 4.7.

b) L'anàlisi de la resposta de la zona de càrrega d'espai és més complicada perquè el camp elèctric és molt intens. Una simplificació acceptable consisteix a suposar que tots els portadors generats per la llum en aquesta regió són arrossegats pel camp elèctric (els electrons cap a la regió N i els forats cap a la P) sense donar-los temps de recombinar-se.

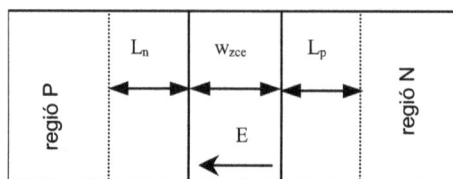

Figura 4.7 Contribució de les diferents regions al fotocorrent en una junció PN sota il·luminació uniforme en tot el volum

D'aquesta manera, coneixent el nombre total de portadors generats, podem avaluar la contribució d'aquesta regió al corrent fotogenerat. Dins l'aproximació de generació uniforme anteriorment considerada, obtenim:

$$qAw_{zce}g_L \qquad (4.25)$$

on w_{zce} és l'amplada de la zona de càrrega d'espai, que és funció de la tensió de polarització. Notem que la contribució al corrent dels parells fotogenerats en la ZCE té el mateix signe que la dels que procedeixen de les zones neutres: és un corrent de N a P.

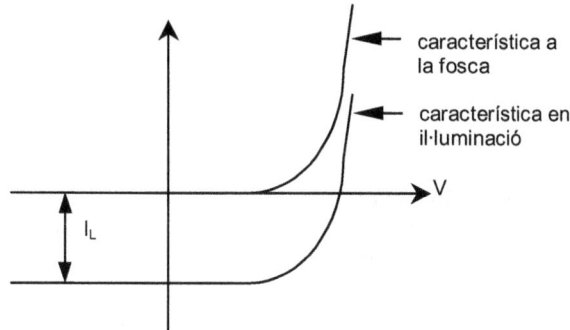

Figura 4.8 Característica corrent-tensió d'una junció PN il·luminada

Reunint les diferents regions obtenim l'expressió del fotocorrent:

$$I_L = qAg_L\left(L_n + L_p + w_{zce}\right) \qquad (4.26)$$

i la característica tensió-corrent del dispositiu queda:

$$I = I_s\left(\exp\frac{qV}{k_B T} - 1\right) - I_L \qquad (4.27)$$

Aquesta funció dóna lloc a la corba de la figura 4.8.

EXEMPLE 4.11

En una junció PN$^+$ en silici podem trobar els ordres de magnitud següents: $L_n \sim$ 100 µm, $L_p \sim$ 0.1µm, $w_{zce} \sim$ 1 µm. En un exemple de l'apartat 4.1.2 hem vist que quan una llum de 0.78 µm de longitud d'ona incideix en la superfície, un 67% (factor 1/e) dels fotons són absorbits en les primeres 10 µm. Per tant en 40 µm la fracció de fotons absorbits és de $1/e^4$=98%. En aquest cas podem considerar que la totalitat dels portadors són generats dins una profunditat inferior a : $L_n + L_p + w_{zce}$. Per tant, l'aproximació de generació uniforme hauria de ser reformulada considerant només la regió en la qual hi ha absorció de fotons.

Exercici 4.10

Suposem que en l'exemple anterior tenim una incidència de 4×10^{15} fotons/(cm^{2}s), que correspon aproximadament a 1 mW/cm^2 de radiació de color blau. Assigneu un valor a la generació mitjana, g_L.

Solució: 10^{18} parells/(cm^{3}s).

QÜESTIONARI 4.2.b

1. *Considerem una junció PN il·luminada. Simplificarem el problema suposant una generació de parelles de portadors uniforme, i que només es produeix a la regió N, que considerarem llarga. Suposem la junció en curtcircuit. Quina afirmació de les següents afirmacions és falsa?*
   a) En el límit amb la ZCE p val p_{N0}
   b) A l'interior de la regió N, p val $p_{N0} + g_L \cdot \tau_p$
   c) La regió N injecta un corrent de forats a la ZCE de valor qAg_LL_p
   d) La concentració al contacte metàlic és $p_{N0} + g_L \cdot \tau_p$

2. *Repetiu la qüestió anterior suposant la junció en circuit obert.*
   a) En el límit amb la ZCE p val $p_{N0} + g_L \cdot \tau_p$
   b) A l'interior de la regió N, p val $p_{N0} + g_L \cdot \tau_p$
   c) La regió N injecta un corrent de forats a la ZCE de valor qAg_LL_p
   d) La concentració al contacte metàlic és p_{N0}

3. *Repetiu la qüestió anterior suposant la junció en una polarització inversa gran.*
   a) En el límit amb la ZCE p val 0
   b) A l'interior de la regió N, p val $p_{N0} + g_L \cdot \tau_p$
   c) La regió N injecta un corrent de forats a la ZCE de valor qAg_LL_p
   d) La concentració al contacte metàlic és $p_{N0} + g_L \cdot \tau_p$

4. *Escriviu l'equació de difusió que hauríem de resoldre (no cal fer-ho) per analitzar el dispositiu de les qüestions anteriors si en lloc de generació uniforme consideréssim una atenuació del feix de fotons en llei exponencial.*

$$a)\ \frac{dJ_p}{dx} = qg_L e^{-\alpha x} - \frac{q\Delta p}{\tau_p} \qquad b)\ \frac{dJ_p}{dx} = q\left(\eta\alpha e^{-\alpha x}\right) - \frac{q\Delta p}{\tau_p}$$

$$c)\ \frac{dJ_p}{dx} = qg_L e^{\alpha x} - \frac{q\Delta p}{\tau_p} \qquad d)\ \frac{dJ_p}{dx} = q\left(\eta\alpha e^{\alpha x}\right) - \frac{q\Delta p}{\tau_p}$$

5. *En l'anàlisi de la junció PN il·luminada s'acostuma a suposar que tots els portadors generats dins la zona de càrrega d'espai són col·lectats, i que contribueixen al fotocorrent. Justifiqueu aquesta hipòtesi.*

   a) És degut a que la ZCE és molt prima

b) És degut al fort camp elèctric de la ZCE

c) És una hipòtesi molt poc exacta

d) No és possible que els portadors fotogenerats a la ZCE es recombinin

6. En una junció PN il·luminada volem saber com variaran el corrent invers de saturació i el fotocorrent si disminueix el temps de vida dels portadors minoritaris. Podem preveure la variació de la tensió de circuit obert?

a) Tots dos disminuiran
b) Tots dos augmentaran
c) I_s disminueix i I_L augmenta
d) I_L disminueix i I_s augmenta

4.2.3 Els fotodíodes

Imaginem un díode de junció PN construït de tal manera que l'encapsulament i els contactes metàl·lics deixen que la llum pugui arribar a l'interior del semiconductor. El dispositiu presentarà una característica similar a la de la figura 4.8. Si el díode treballa en polarització inversa, aleshores circularà un corrent $I \approx -I_L$, que és proporcional al nombre de fotons incidents. Aquest dispositiu que pot fer de transductor de senyals òptics en senyals elèctrics, és conegut com a fotodíode. La figura 4.9 presenta el circuit equivalent i el circuit per polaritzar el fotodíode.

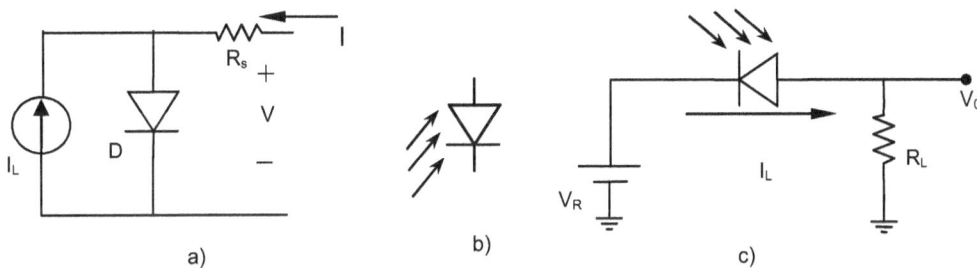

Figura 4.9 Fotodíode. a) Circuit equivalent b) Símbol circuital del fotodíode c) Circuit de polarització del fotodíode

Notem que, d'acord amb el circuit de polarització, $V_0 = I_L R_L$. Per obtenir una tensió de sortida alta cal utilitzar una resistència de càrrega gran. Però sovint el fotodíode treballa en règim dinàmic com a transductor de senyals modulats. Aleshores és important avaluar el temps de retard de la seva resposta. El retard estarà associat a la capacitat de transició del díode. Atès que hem polaritzat la junció en inversa, la capacitat dominant és la de transició, C_j. La constant de temps que determina la velocitat de resposta del circuit és el producte $R_L C_j$. Per escollir el valor de R_L s'haurà de buscar un compromís entre nivell de senyal de sortida i velocitat.

Una estratègia per millorar aquest compromís és fer servir un fotodíode amb una C_j petita. És el cas del dispositiu conegut com a díode PIN, on entre la regió P i la N hi ha una zona de dopat molt baix (coneguda com a regió intrínseca), tal com representa la figura 4.10.a. En un díode PIN en polarització inversa la zona de buidament ocupa tota la regió intrínseca, segons l'esquema de la figura 4.10.b. Si a més la regió intrínseca és la més gruixuda del dispositiu, tindrem que la major part de la fotogeneració té lloc en la ZCE. i, per tant, els minoritaris seran arrossegats pel camp elèctric, els electrons cap a la dreta i els forats cap l'esquerra, sense necessitat d'haver d'arribar a la ZCE per difusió. Fent servir per avaluar el corrent fotogenerat la mateixa aproximació que en el díode de junció PN, tindrem:

$$I_L = qAg_L\left(L_n + L_p + w_i\right) \tag{4.28}$$

on w_i és l'amplada de la regió intrínseca. El dispositiu és més eficient que el fotodíode PN perquè reduïm pèrdues per recombinació, i també més ràpid perquè la seva capacitat de transició és més petita:

$$C_j = \frac{\varepsilon A}{w_{zce}} = \frac{\varepsilon A}{w_p + w_n + w_i} \tag{4.29}$$

on w_P i w_N són les amplades de la zona de càrrega d'espai en les regions N i P respectivament.

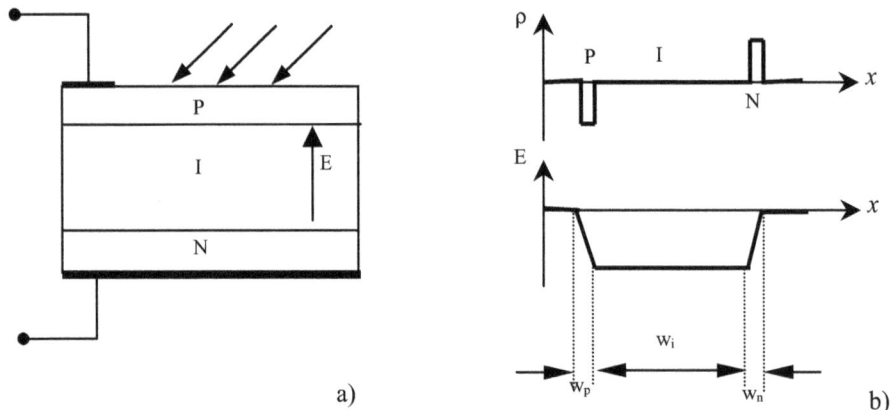

Figura 4.10 a) Estructura física del fotodíode PIN. b) Distribució de càrrega i de camp elèctric en un díode PIN polaritzat inversament

Els fotodíodes no presenten guany de corrent com els fotoconductors però són superiors en velocitat. La taula 4.3 presenta les característiques d'un fotodíode comercial.

Una variant de fotodíode és el fotodíode d'allau (*avalanche photodiode*, APD). En aquest cas el dispositiu treballa en la regió de ruptura, de manera que el factor M, que multiplica el corrent invers, afecta també el corrent fotogenerat:

$$I = M \times \left(I_s + I_L\right) \approx M \times I_L \tag{4.30}$$

El principal desavantatge dels APDs és el seu elevat nivell de soroll.

EXEMPLE 4.12

La taula 4.3 presenta les característiques d'un fotodíode comercial.

Tensió inversa màxima	100 V	
Corrent de fuita	2 nA	(a -20 V i 25 °C)
Capacitat interna	4 pF	"
Resistència interna	10 Ω	"
Sensibilitat	6.6 μA/(mW.cm^{-2})	a λ=0.8 μm
	1.8 μA/(mW.cm^{-2})	a l'espectre del cos negre

Taula 4.3: Característiques del foto-PIN Motorola MRD500

EXEMPLE 4.13

Una estructura de fotodíode PIN amb il·luminació perpendicular a la junció es compon d'una capa epitaxial intrínseca de silici de 3.3 μm de gruix crescuda en un substrat N$^+$. La junció es forma fent, damunt la capa intrínseca, una difusió de tipus P$^+$ de 0.3 μm de profunditat. El conjunt es completa amb el contacte metàl·lic i un recobriment antireflex en la superfície que consisteix en una capa de 1000 Å de SiO_2.

Exercici 4.11

Feu una estimació del valor de g_L en el dispositiu anterior suposant que un flux de 10^{18} fotons/(cm^{2}s) arriba al semiconductor. La longitud d'ona de la llum és de 5000 Å, a la qual correspon α=10^4 cm^{-1}.

Solució: fotons absorbits = 10^{18} cm^{-2}s^{-1} [1-exp(-10^4×3,3×10^{-4})] = 9.6×10^{17} cm^{-2}s^{-1}
valor mitjà de la generació: 9.6×10^{17} cm^{-2}s^{-1}/3,3×10^{-4} cm=2.9×10^{21} cm^{-3}s^{-1}

Exercici 4.12

Feu una estimació del valor de la capacitat de transició del dispositiu anterior i compareu-la amb la d'un díode de junció PN de silici que tingui una amplada de la ZCE d'una micra.

Solució: $C_j(PIN) \approx \varepsilon/w_{zce} = 3 \times 10^{-15}$ F/cm^2,: $C_j(PN) = 3\ C_j(PIN)$.

QÜESTIONARI 4.2.c

1. *Volem saber si els fotodíodes lliuren potència elèctrica al circuit de polarització o bé si en dissipen quan transdueixen un senyal òptic en elèctric.*

a) *Lliuren potència al circuit*   b) *Absorbeixen potència del circuit*

c) *Ni en lliuren ni n'absorbeixen*   d) *Depèn del punt de treball de fotodíode*

2. *Considerem un circuit format per una bateria V_R, un fotodíode i una resistència, tal com indica la figura adjunta. Quina de les següents afirmacions és falsa?*

a) *La tensió de senyal augmenta amb R_L*

b) *El corrent de senyal disminueix amb R_L*

c) *Al augmentar R_L el circuit perd velocitat de resposta*

d) *V_R no té influencia en la velocitat de resposta del circuit*

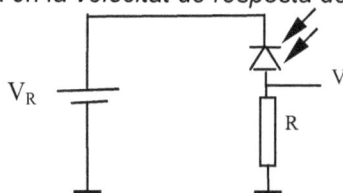

3. *Compareu el valor del fotocorrent col·lectat en una estructura PIN amb el d'un díode PN d'idèntic dopatge de les regions P i N. Suposeu regions neutres curtes i que el gruix total dels dos dispositius és el mateix.*

a) *El fotocorrent I_L serà més gran en el PIN*

b) *El fotocorrent I_L serà més petit en el PIN*

c) *L'estructura PIN o PN no té influència en I_L*

d) *El corrent I_L depèn més de les longituds de difusió que de l'estructura*

4. *Compareu la capacitat de transició dels dos dispositius de la qüestió anterior.*

a) *Són iguals*   b) *Major en el PIN*

c) *Menor en el PIN*   d) *Depèn dels dopatges*

5. *En quines condicions de polarització del dispositiu hi ha camp elèctric en tota la regió intrínseca d'un díode PIN? Es podria complir aquesta condició en equilibri tèrmic? Raoneu les respostes. Ajut: recordeu el resultat del qüestionari 2.2 de la junció PN.*

a) *Per qualsevol polarització*   b) *En inversa*

c) *En directa*   d) *A prop de la regió de ruptura*

6. *Esmenteu un avantatge i un inconvenient del fotodíode d'allau en relació amb un fotodíode de junció PN.*

a) *Major sensibilitat i menor soroll*   b) *Major sensibilitat i major rapidesa*

c) *Major rapidesa i menor soroll*   d) *Major soroll i major rapidesa*

4.2.4 Les cèl·lules fotovoltaiques

Quan un fotodíode treballa en el quart quadrant ($V>0$, $I<0$), aleshores es converteix en un dispositiu que dóna potència al circuit ($IV<0$) en lloc de consumir-ne ($IV>0$). Dit d'una altra manera, la relació entre els signes del corrent i de la tensió són els mateixos que en una bateria. La transformació de l'energia de la llum en energia elèctrica mitjançant aquest fenomen es coneix com a efecte fotovoltaic, i el dispositiu que el realitza, com a cèl·lula fotovoltaica. També es coneix amb els noms de cèl·lula solar, perquè l'origen més freqüent de la potència lluminosa a convertir és la radiació solar, i de fotopila.

El disseny d'una cèl·lula fotovoltaica respon a la necessitat d'aconseguir un màxim de conversió d'energia. Altres paràmetres com la velocitat de resposta són irrellevants. Entre les variables de disseny hi ha els dopatges, la profunditat de la junció, el disseny del contacte metàl·lic de la cara il·luminada (en forma de reixa per tal de deixar arribar el màxim

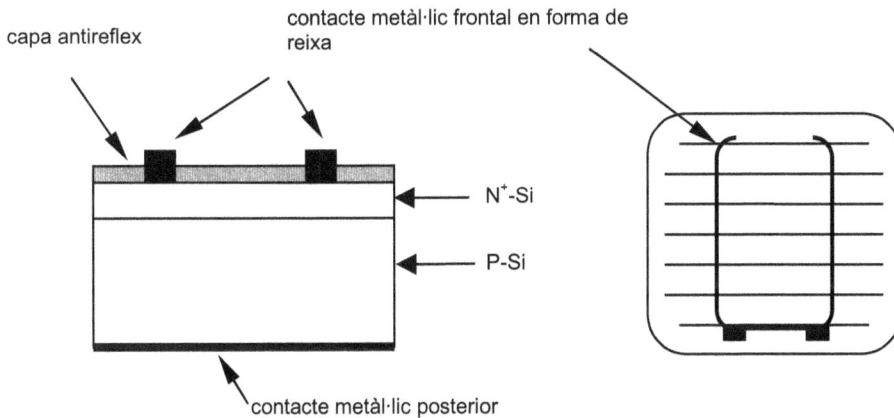

Figura 4.11 La cèl·lula fotovoltaica: secció i vista frontal

nombre de fotons al semiconductor) i els tractaments superficials per reduir les pèrdues per reflexió. La figura 4.11 representa l'estructura d'una cèl·lula.

La figura 4.12.a representa esquemàticament un circuit en el qual treballaria una cèl·lula. La resistència de càrrega R_L és la impedància del circuit que rep la potència generada per la cèl·lula. La potència que dóna la cèl·lula depèn del punt de treball determinat per la resistència de càrrega. L'anàlisi gràfica del circuit utilitzant la característica $I(V)$ de la cèl·lula i la recta de càrrega és representada en la figura 4.12.b. A partir d'aquesta anàlisi podem definir els anomenats punts característics de la corba $I(V)$ del dispositiu:

a) En curtcircuit ($V = 0$):

$I = -I_{sc}$ (corrent de curtcircuit, igual al corrent fotogenerat I_L)

b) En circuit obert ($I = 0$):
$V = V_{oc}$ (tensió de circuit obert)

Relació entre aquests dos paràmetres:

$$I = I_s\left(\exp\frac{qV}{k_BT}-1\right)-I_{sc} = 0 \Rightarrow V = V_{oc} = \frac{k_BT}{q}\ln\left(1+\frac{I_{sc}}{I_s}\right) \approx \frac{k_BT}{q}\ln\frac{I_{sc}}{I_s} \tag{4.31}$$

c) Punt de màxima potència, M.

$$\left.\begin{array}{l}V = V_M \\ I = -I_M\end{array}\right\} \Rightarrow P = P_{max} = V_M I_M \qquad \frac{V_M}{I_M} = R_M \tag{4.32}$$

on R_M és la resistència de càrrega R_L necessària per treballar en el punt de màxima potència.

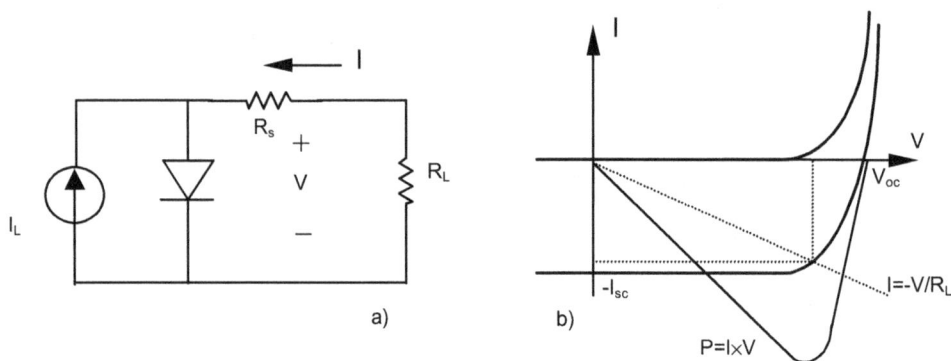

Figura 4.12 Cèl·lula fotovoltaica. a) Circuit equivalent, b) Anàlisi gràfica. Les coordenades del punt de màxima potència són V_M i $-I_M$.

L'eficiència (o rendiment), η, d'una cèl·lula fotovoltaica es defineix com el quocient entre la potència màxima que dóna la cèl·lula i la potència lluminosa incident:

$$\eta \equiv \frac{P_{max}}{P_L} \tag{4.33}$$

Totes aquestes quantitats depenen de la intensitat i de la distribució espectral de la il·luminació incident.

Un paràmetre utilitzat sovint és el factor de forma, FF (*fill factor*), definit com:

$$FF = \frac{I_M V_M}{I_{sc} V_{oc}} \tag{4.34}$$

Aquest paràmetre és sempre < 1. Tots els efectes no ideals, particularment la resistència sèrie R_s i el factor d'idealitat del díode més gran que 1, fan disminuir el valor de FF.

Atès que la potència obtinguda de la cèl·lula es pot escriure com:

$$P_{max} = FF \times I_{sc} \times V_{oc} \qquad (4.35)$$

l'estratègia per aconseguir un dispositiu eficient passa per:

a) Que el díode sigui el més ideal possible (*FF* gran).

b) Que el corrent invers de saturació, I_s, sigui petit (V_{oc} gran).

c) Que el fotocorrent $I_L = I_{sc}$, sigui gran. D'acord amb el càlcul aproximat del corrent fotogenerat en la junció PN il·luminada, aquesta I_L serà gran quan ho siguin les longituds de difusió dels portadors minoritaris i quan les pèrdues per reflexió siguin mínimes (g_L gran).

L'aplicació més important de les cèl·lules fotovoltaiques és la conversió de l'energia lluminosa procedent del sol en energia elèctrica. El disseny del dispositiu ha de ser optimitzat per a aquesta aplicació i això demana introduir conceptes sobre el comportament de la cèl·lula per a les diferents longituds d'ona de la llum incident.

La radiació incident és una superposició de radiacions de diferents longituds d'ona λ, cadascuna de les quals té una contribució al corrent fotogenerat. La distribució espectral de la potència lluminosa incident s'expressa mitjançant la funció d'irradiància espectral, $dP_{incident}/d\lambda$ (Wm^{-2}/μm). La figura 4.13 en representa un exemple. D'aquesta corba se'n pot deduir la distribució espectral del nombre de fotons incidents definida com $F(\lambda) = d\Phi(\lambda)/d\lambda$ (cm^{-2}s^{-1}/μm)

El nombre de fotons incidents amb longitud d'ona compresa entre λ i $\lambda+d\lambda$ és $d\Phi(\lambda)=F(\lambda)d\lambda$. Si descomptem les pèrdues per reflexió R aleshores el nombre d'ells que penetren en el semiconductor val $d\Phi(\lambda)=F(\lambda)[1-R(\lambda)]d\lambda$ (cm^{-2}s^{-1}). La fotogeneració causada per aquests fotons contribueix a la densitat de corrent de curt-circuit en un valor $dJ_{sc}(\lambda)$.

Es defineix la resposta espectral, $SR(\lambda)$, de la cèl·lula com el quocient entre flux de portadors fotogenerats que el dispositiu col·lecta, $dJ_{sc}(\lambda)/q$ (cm^{-2}s^{-1}), i el flux de fotons que arriba a l'interior de la cèl·lula:

$$SR(\lambda) \equiv \frac{1}{q}\frac{dJ_{sc}}{d\Phi(\lambda)} = \frac{1}{q}\frac{dJ_{sc}}{F(\lambda)[1-R(\lambda)]d\lambda} \qquad (adimensional) \qquad (4.36)$$

La funció $SR(\lambda)$ pren valors entre 0 i 1. La seva forma depèn de la geometria i dels dopatges de la cèl·lula. Per posar un exemple: per les longituds d'ona més petites el coeficient d'absorció α del silici és més gran que per les longituds grans. Com a conseqüència una radiació blava genera portadors més a prop de la superfície que una radiació roja. Segons quina sigui la posició de la junció PN el dispositiu col·lectarà més eficientment els portadors generats per una llum o per una altra. Per això és important que la cèl·lula s'adapti a l'espectre de la llum que haurà de captar.

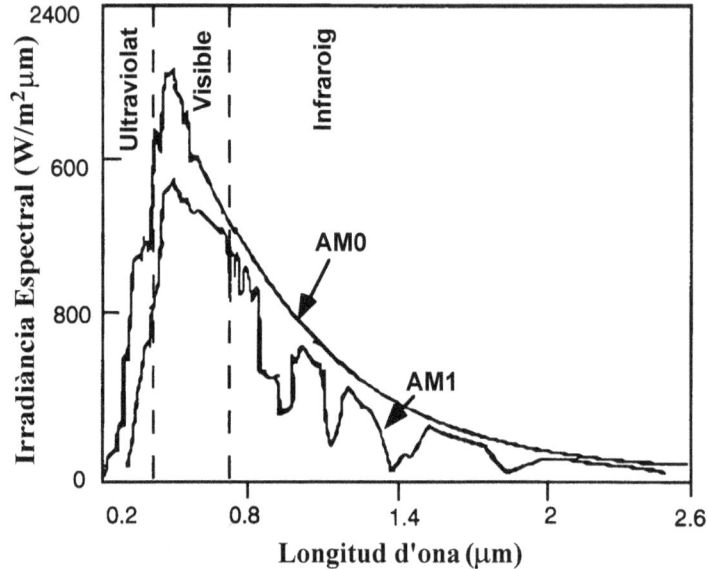

Figura 4.13 Distribució espectral de la radiació solar

Coneixent la distribució espectral de la llum incident $F(\lambda)$ i la resposta espectral $SR(\lambda)$ de la cèl·lula podem trobar el seu corrent de curt-circuit:

$$I_{sc} = AJ_{sc}$$
$$J_{sc} = \int dJ_{sc} = q \int SR(\lambda)F(\lambda)[1 - R(\lambda)]d\lambda \tag{4.37}$$

La integració s'estén a tot l'espectre de la llum incident. La cèl·lula està ben adaptada a l'espectre $F(\lambda)$ quan la funció $SR(\lambda)$ és tal que la integral de l'expressió 4.37 sigui màxima.

La funció $SR(\lambda)$ també és coneguda amb el nom d'eficiència quàntica de la cèl·lula perquè representa un quocient entre el nombre portadors generats i el de portadors col·lectats. S'ha d'anar amb compte de confondre-la amb la distribució espectral del corrent de curt-circuit $I_{sc}(\lambda)$ que a vegades també rep el nom de resposta espectral.

La llum solar té un espectre ben definit però és alterada per l'absorció atmosfèrica. Això ha portat a definir un seguit de estàndards per poder comparar les respostes obtingudes en cèl·lules en diferents circumstàncies. Els més importants (figura 4.13) són els següents:

- AM0 (*air mass zero*), correspon a la radiació solar en incidència perpendicular, en l'espai exterior, lliure de pertorbacions atmosfèriques. La potència total és de 136 mW/cm^2. Representa la radiació que reben les cèl·lules solars que alimenten els satèl·lits en l'espai.

- AM1 (*air mass 1*), que inclou l'absorció de l'aire de l'atmosfera terrestre en incidència normal. La potència total és de 100 mW/cm^2. Representa la irradiació que arriba a la superfície terrestre en condicions atmosfèriques òptimes. Com que aquestes rarament es presenten es recorre sovint a estàndards més realistes, com AM1.5 o AM2.

Les cèl·lules solars es presenten, per a la seva utilització, en forma de panells que contenen un nombre variable de dispositius connectats en sèrie, quan es vol sumar tensions, o en paral·lel, quan es vol sumar corrents. Una instal·lació fotovoltaica normalment inclou diversos conjunts de cèl·lules en sèrie. Aquests conjunts estan units els uns als altres en paral·lel. La dependència de la il·luminació solar fa que sovint l'ús del sistema fotovoltaic no sigui directe. Una alternativa possible és carregar acumuladors. Una altra produir corrent altern a través d'un ondulador. El disseny del sistema ha de tenir en compte la radiació total esperada, així com les necessitats del consum tant en voltatge i potència com en tipus de tensió, contínua o alterna.

EXEMPLE 4.14

Una cèl·lula fotovoltaica de 25 cm^2 de superfície presenta una densitat de corrent invers de saturació de 4×10^{-12} A/cm^2. En condicions d'il·luminació AM1 (100 mW/cm^2) presenta un corrent de curt-circuit de 750 mA. Volem determinar: la tensió de circuit obert, el punt de màxima potència, la càrrega necessària per tal que la cèl·lula treballi en aquest punt, l'eficiència de conversió i el factor de forma.

a) $V_{oc} = \dfrac{k_B T}{q} \ln \dfrac{I_{sc}}{I_s} = 0.568\,V$

b) $P = I \times V \approx I \times \dfrac{k_B T}{q} \ln \dfrac{I + I_{sc}}{I_s}$

$\dfrac{dP}{dI} = \dfrac{k_B T}{q} \ln \dfrac{I + I_{sc}}{I_s} + IV \dfrac{1}{I + I_{sc}} = 0 \Rightarrow I = \dfrac{I_{sc}}{\dfrac{1}{\ln \dfrac{I_s}{I + I_{sc}}} - 1} = \dfrac{0.75}{\dfrac{1}{\ln \dfrac{10^{-10}}{I + 0.75}} - 1}$

Aquesta equació es pot resoldre fàcilment per aproximacions successives. El resultat és:

$I = -I_M = -0.714\,A \qquad \Rightarrow \qquad V_M = \dfrac{k_B T}{q} \ln \dfrac{-I_M + I_{sc}}{I_s} = 0.49\,V$

c) $R_M = \dfrac{V_M}{I_M} = 0.69\,\Omega$

d) $P = I_M \times V_M = 0.35\,W \qquad \eta = \dfrac{0.35\,W}{100\,\dfrac{mW}{cm^2} \times 25\,cm^2} = 0.14 = 14\%$

e) $FF = \dfrac{I_M V_M}{I_{sc} V_{oc}} = 0.82$

EXEMPLE 4.15

Un panell fotovoltaic està format per un conjunt de cèl·lules connectades en sèrie. Un cas representatiu és el d'un panell format per 32 cèl·lules, de forma circular i 10 cm de diàmetre. El conjunt presenta unes dimensions d' 1 m × 50 cm. La tensió de circuit obert que proporciona és de 32 × 0.6 V = 19.2 V, un corrent de curtcircuit de (πr^2) × 30 mA = 2.35 A. Suposant un factor de forma de 0.8, el sistema proporciona una potència de 36 W sota il·luminació AM1.

Exercici 4.13

En la cèl·lula de l'exemple anterior la resistència de càrrega val $2R_M$. Determineu el punt de repòs i la potència que dona la cèl·lula.

$$\left.\begin{array}{l} V \approx \dfrac{k_B T}{q} \ln \dfrac{I + I_{sc}}{I_s} \\[2mm] V = -2R_M \times I \end{array}\right\} \Rightarrow I = -\dfrac{1}{2R_M} \dfrac{k_B T}{q} \ln \dfrac{I + I_{sc}}{I_s} = -\dfrac{0.025}{1.38} \ln \dfrac{I + 0.75}{10^{-10}} \Rightarrow \begin{cases} I = -0.4\,A \\ V = 550\,mV \\ P = 0.22\,W \end{cases}$$

Exercici 4.14

Un panell fotovoltaic està format per 36 cèl·lules com les de l'exercici 4.13 connectades en sèrie.
a) Quina tensió dóna quan treballa en el punt de potència màxima?
b) Quants panells haurem de posar en paral·lel per obtenir un corrent de 2 A?
c) Quant valdrà la càrrega necessària per treballar en aquest punt?

Solució: a) 20 V, b) 5 pannells, c) 10 Ω

QÜESTIONARI 4.2.d

1. Quina de les següents afirmacions relatives a les diferències entre una cèl·lula fotovoltaica i un fotodíode és falsa?
   a) El fotodíode treballa en el tercer quadrant i la cèl·lula en el quart
   b) La cèl·lula lliura potència elèctrica al circuit i el fotodíode l'absorbeix
   c) L'estructura PIN augmenta l'eficiència de la cèl·lula al fer augmentar I_L
   d) La velocitat de resposta no és un paràmetre important en la cèl·lula solar.

2. Una cèl·lula solar en forma d'un disc de 10 cm de diàmetre té una eficiència de conversió del 15% sota il·luminació AM1 (100 mW/cm^2). Sabem que la tensió de

circuit obert és V_{oc} = 0.6 V i el factor de forma FF=0.82. Calculeu el valor del corrent de curtcircuit I_{sc}.
      a) 30.5 mA   *b) 2.4 mA*   *c) 2.4 A*   *d) 30.5 A*

3. *Quines són les unitats de la resposta espectral d'una cèl·lula fotovoltaica*
      a) mA/(mW×nm)   *b) mA/mW*   *c) mA×nm/mW*   *d) no té unitats*

4. *Tenim 32 cèl·lules com les de la qüestió 2 muntades en sèrie formant un panell fotovoltaic. Calculeu els paràmetres V_{oc}, I_{sc} i FF del panell.*
      a) 19.2 V, 2.4 A, 0.82   *b) 0.6 V, 2.4 A, 0.82*
      c) 0.6 V, 30.5 mA, 26.24   *d) 19.2 V, 30.5 mA, 26.24*

5. *Quanta potència podríem obtenir del panell de la qüestió anterior sota il·luminació de 100 mW/cm^2 (AM1).*
      a) 15 mW   *b) 480 mW*   *c) 37.7 W*   *d) 1.18 W*

6. *Quants panells com els de la qüestió anterior farien falta per alimentar una instal·lació elèctrica de 1000 W durant 4 hores al dia, suposant que la insolació mitjana equival a 5 hores d'il·luminació AM1?*
      a) 2   *b) 6*   *c) 16*   *d) 22*

4.3 DISPOSITIUS EMISSORS DE RADIACIÓ

Els dispositius emissors de llum tenen un gran nombre d'aplicacions en la visualització de senyals electrònics (*displays*) i en l'emissió de senyals modulats per a comunicacions òptiques. Hi ha dos dispositius semiconductors que compleixen aquestes finalitats: els díodes emissors de llum (*LED*) i els díodes làser que presentarem tot seguit. Més endavant ens referirem breument a sistemes transmissors de llum com són les fibres òptiques i els cristalls líquids, perquè sovint treballen en connexió amb els emissors de llum.

4.3.1 Fenòmens de luminiscència

La luminiscència és l'emissió de llum com a conseqüència d'una transició d'un electró des d'un nivell d'energia a un altre nivell més baix. La longitud d'ona λ de la llum emesa depèn de la diferència d'energia E_2-E_1 dels nivells entre els quals té lloc la transició:

$$\lambda = \frac{1.24\,eV \times \mu m}{E_2 - E_1} \tag{4.38}$$

Perquè es produeixi luminiscència cal proveir el nivell alt amb una concentració d'electrons més gran que la que li correspondria en equilibri tèrmic. L'excitació dels electrons cap aquest nivell alt pot ser deguda a la incidència de llum (fotoluminiscència), a l'impacte d'un feix d'electrons (catodoluminiscència) o a la injecció de portadors (electroluminiscència, en díodes emissors de llum). Aquesta darrera és característica dels semiconductors i hi dedicarem la nostra atenció en aquest capítol.

En el procés de *fotoluminiscència* la freqüència de la llum que produeix l'excitació pot ser més gran que la de la llum emesa. En efecte, tal com indica la figura 4.14.a la creació d'una parella electró-forat pot ser causada per un fotó d'energia $hf_1 > E_g$. Els portadors calents es termalitzen, tal com hem vist en l'apartat 4.1.3, i poden recombinar-se i donen lloc a l'emissió d'un fotó d'energia $hf_2 \approx E_g$. Aquest fet s'aplica en el recobriment de tubs fluorescents mitjançant materials que absorbeixen la radiació ultraviolada que genera el tub i la reemet en la gamma visible. En aquest cas part de l'energia del procés de desexcitació no surt en forma de radiació.

La fosforescència és també un procés de luminiscència, on intervenen nivells de trampa E_t, com mostra la figura 4.14b. Els portadors retinguts en el nivell E_t són reemesos molt lentament cap a la banda de conducció, de manera que l'emissió de llum té lloc molt després d'haver desaparegut l'excitació.

La *catodoluminiscència* és emprada per visualitzar feixos d'electrons en tubs de raigs catòdics. Entre els materials més comuns (*phosphors*) hi ha els ZnS. Aquest semiconductor té una amplada de banda prohibida de 3.5 eV i, per tant, en una transició banda-banda emet a $\lambda = 0.35$ μm (ultraviolat). S'utilitzen impureses com Cu, Ag, Mn per produir transicions de diferents freqüències visibles.

Esmentem finalment la *termoluminiscència*. Qualsevol cos a temperatura diferent de 0 K emet radiació electromagnètica, l'espectre de la qual depèn de la temperatura del cos, amb un pic situat a una longitud d'ona:

$$\lambda(\mu m) = \frac{2898}{T(K)} \tag{4.39}$$

Així, un filament incandescent pot emetre en el visible i s'utilitza en il·luminació. Un cos humà emet en l'infraroig extrem. Aquesta emissió es visualitza amb càmeres d'infraroig.

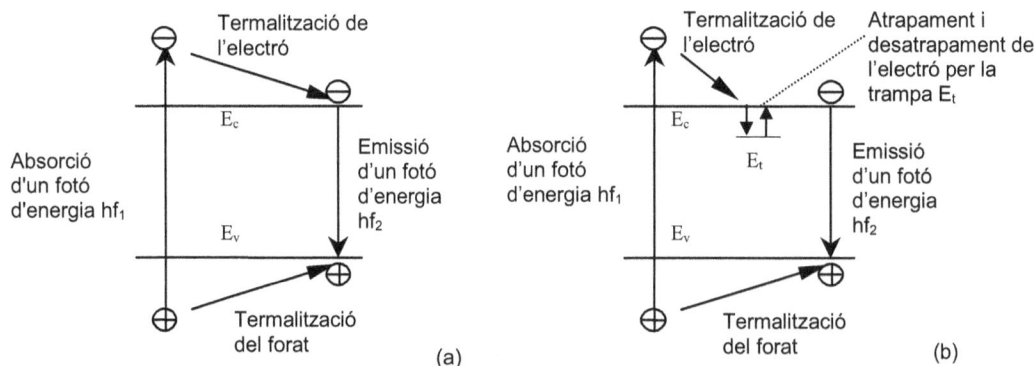

Figura 4.14 a) Transicions dels portadors en el fenomen de fotoluminiscència. b) Transicions en el de fosforescència

QÜESTIONARI 4.3.a

1. Com seria l'emissió d'un tub de descàrrega (tub fluorescent) si les seves parets no estiguessin recobertes d'un capa de material fluorescent?
   a) Emetria llum ultraviolada   b) No emetria fotons
   c) Emetria llum infraroja   d) Es comportaria igual que els normals

2. Avalueu la longitud d'ona del pic d'emissió d'un cos humà (a temperatura de 36 °C) i la dels objectes del seu entorn quan la temperatura ambient és de 20 °C. Quina aplicació podria tenir aquest fenomen?
   a) 80.5 μm, 144.9 μm b) 9.38 μm, 9.89 μm
   c) 0.938 μm, 0.989 μm d) 0.805 μm, 1.449 μm

3. Una heterojunció presenta el diagrama de bandes esquematitzat en la figura adjunta. Un electró de conducció és creat per l'absorció d'un fotó en la regió de gap estret. El camp elèctric de la junció el transporta fins a la regió de gap ample, on es recombina. Quina de les següents afirmacions és falsa?
   a) El fotó absorbit pot ser infraroig i el emés és visible
   b) El fotó absorbit pot ser visible i el emés és visible
   c) El fotó absorbit pot ser infraroig i el emés pot ser infraroig
   d) El dispositiu pot transformar una imatge de radiació infraroja en llum visible

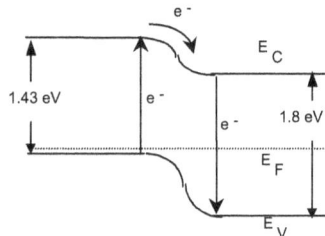

4.3.2 Díodes electroluminiscents

Un díode emissor de llum (LED) és un díode de junció PN que es polaritza en directa per tal de provocar una recombinació intensa de minoritaris en les zones neutres del dispositiu. El díode és fet d'un semiconductor, generalment de la família III-V, que presenta gap directe de manera que una fracció relativament important de les recombinacions alliberen la seva energia en forma de llum (recombinacions radiatives). La geometria i l'encapsulament del dispositiu han de permetre la sortida de llum a l'exterior.

Entre els materials més usuals per fer LEDs hi ha la família $GaAs_{1-x}P_x$, on $0<x<1$ indica la composició química del material. El valor de l'amplada de banda prohibida varia linealment amb x des de 1.43 eV per a $x=0$ (el semiconductor és GaAs) fins a 2.26 eV per a $x=1$ (el material és aleshores GaP). En aquesta família el gap només és directe si $x<0.45$. Un dels valors de x utilitzats més sovint és 0.4, amb el qual resulta un gap de 1.9 eV, que suposa una emissió de color roig.

El GaP és un semiconductor de gap indirecte que, com hem vist en l'apartat 4.1.3, pot emetre llum quan conté determinades impureses, com el N (LEDs verds i groc). També emet en el roig quan es dopa amb Zn, que substitueix el Ga, i amb O, que substitueix el P. El mateix material emet en el groc quan es dopa amb S.

En el GaAs el Si és un dopant dels anomenats amfòters: donador si substitueix el Ga i acceptor quan es troba en el lloc del As. Aquest fet dóna lloc a una varietat de materials segons com sigui el procés de dopatge. Els LEDs que en resulten emeten en diverses longituds d'ona, sempre en l'infraroig. La radiació de color blau es pot obtenir amb SiC i GaN.

Un dels conceptes rellevants en aquest dispositiu és el d'eficiència d'emissió, definida com el quocient entre la potència lluminosa emesa i la potència elèctrica consumida. Per avaluar-la considerarem el cas d'un díode P^+N, de manera que la major part dels processos de recombinació tenen lloc en la regió neutra N.

Anomenem τ_{pr} al temps de vida dels minoritaris associat als processos de recombinació radiativa i τ_{pnr} al associat als processos no radiatius. El temps de vida dels minoritaris és la composició:

$$\frac{1}{\tau_p} = \frac{1}{\tau_{pr}} + \frac{1}{\tau_{pnr}} \qquad (4.40)$$

Si Q_p és la càrrega de minoritaris en excés acumulada en la regió neutra N, aleshores el nombre de recombinacions radiatives per unitat de temps val:

$$N_f = \frac{Q_p/q}{\tau_{pr}} = \frac{I_D \tau_t}{q \tau_{pr}} \qquad (4.41)$$

on I_D és el corrent que travessa el díode i τ_t és el temps de trànsit, utilitzat en el model dinàmic de díode. Si la recombinació és de banda a banda (en ocasions intervenen nivells d'impuresa en el gap) la potència lluminosa generada és

$$P_L = N_f E_g = \frac{I_D \tau_t E_g}{q \tau_{pr}} \qquad (4.42)$$

de la qual només emergeix del dispositiu una fracció Γ_{ext}, mentre que la resta són reabsorbits en diferents indrets de l'estructura.

$$P_{out} = \Gamma_{ext} P_L \qquad (4.43)$$

La potència elèctrica consumida val:

$$P_i = I_D V_D \qquad (4.44)$$

L'eficiència resultant serà:

$$\eta = \frac{P_{out}}{P_i} = \Gamma_{ext} \frac{\tau_t}{\tau_{pr}} \frac{E_g}{qV_D} \qquad (4.45)$$

Els valors habituals de η en LEDs poden anar des d'unes poques unitats per cent en tecnologies antigues fins al votant del 50% en les més avançades.

Quan un LED emet llum amb intensitat modulada per la polarització del díode, aleshores hem d'avaluar el temps de resposta del dispositiu. En aquest cas aplica la teoria del díode en règim dinàmic.

Les principals aplicacions dels LED són els visualitzadors. S'utilitzen en sistemes on el consum de potència no és una variable de disseny crítica, perquè el consum dels LED és elevat comparat amb altres dispositius com els cristalls líquids també utilitzats per aquesta finalitat. La poca direccionalitat de la radiació és un avantatge per a aquesta aplicació. En canvi, aquesta manca de direccionalitat unida a l'amplada espectral de l'emissió els fa poc útils en aplicacions com els emissors en comunicacions per fibra òptica.

Una estructura molt utilitzada quan es vol transmetre un senyal mantenint aïllament elèctric entre l'emissor i el receptor és el parell optoacoblat format per un LED, l'emissió del qual és recollida per un fotodíode. El sistema pot constituir un interruptor actuat òpticament, com el descrit en la figura 4.16, que presenta una impedància d'aïllament molt gran.

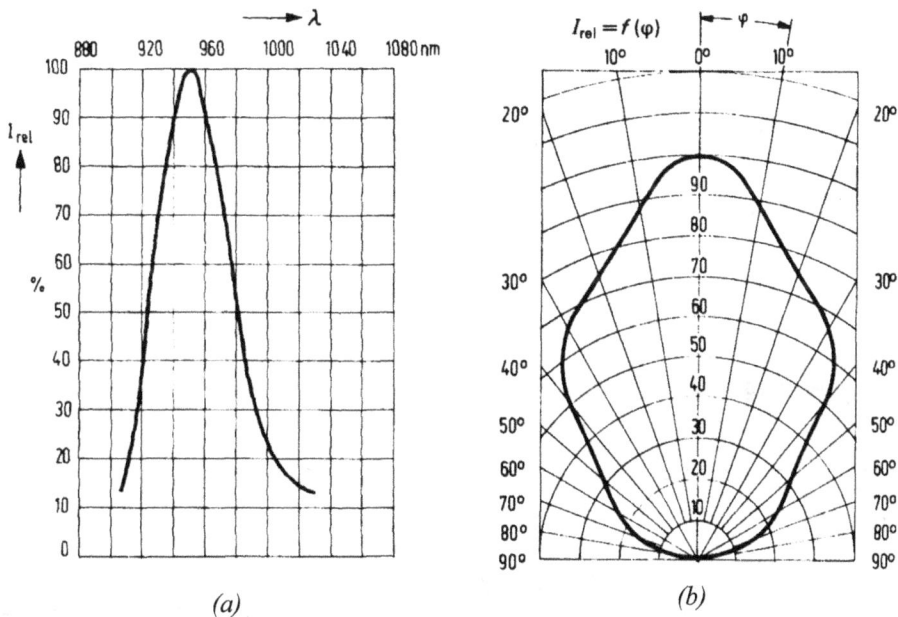

(a)   *(b)*

Figura 4.15 a) Distribució espectral de la radiació d'un LED. b) Diagrama de radiació
(distribució angular) de la mateixa radiació

EXEMPLE 4.16

Díodes electroluminiscents d'ús freqüent:

Material	Dopant	Pic d'emissió (nm)	Color
GaAs	Zn	900	Infraroig
GaAs	Si	910-1020	Infraroig
GaP	N	570	verd
GaP	N^+	590	groc
GaP	Zn,O	700	roig
$GaAs_{0.6}P_{0.4}$	N	650	roig
$GaAs_{0.35}P_{0.65}$	N	632	taronja
$GaAs_{0.15}P_{0.85}$	N	589	groc

EXEMPLE 4.17

La tecnologia de díodes electroluminiscents ha tingut una ràpida evolució durant la dècada dels anys noranta. Els díodes "clàssics" eren els vermells, els verds i els grocs i presentaven una eficiència d'uns pocs lumen per cada watt de potència dissipada (aquesta és una forma alternativa d'expressar l'eficiència). A finals del període esmentat l'eficiència s'ha situat entre 20 i 40 lumen/watt i als colors tradicionals s'hi ha afegit el blau, i es pot cobrir així la totalitat de l'espectre visible amb LEDs, fet que obre una gamma important d'aplicacions.

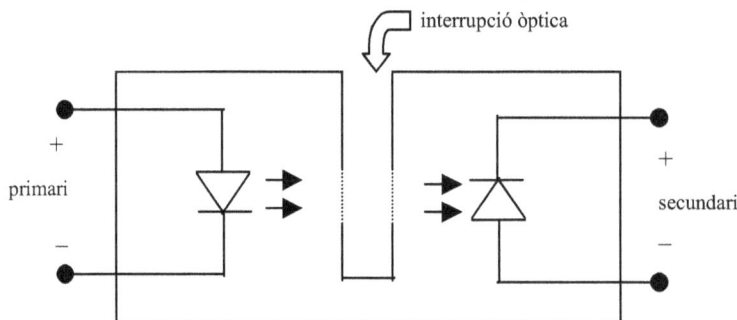

Figura 4.16 Interruptor òptic que utilitza un parell optoacoblat LED-fotodíode

Exercici 4.15

Un LED vermell avançat presenta una eficiència de 45 lumen/watt. Si per a aquest color la corba normal dóna una lluminositat del 10% en relació amb el màxim (a 555 nm), calculeu el rendiment (potència lluminosa emesa dividit per la potència elèctrica consumida) del dispositiu.

Solució: 66%.

QÜESTIONARI 4.3.b

1. Emetrà llum un LED polaritzat en inversa?
   a) Si   b) No   c) Depèn de la E_g del LED   d) Depèn del corrent I_s

2. Consulteu l'espectre electromagnètic i digueu de quin "color" serà l'emissió d'un LED de GaAs, suposant que totes les transicions radiatives van de banda a banda.
   a) Verd   b) Roig   c) Groc   d) Infraroig

3. Repetiu l'exercici anterior per a un díode de GaAs$_{1-x}$P$_x$ amb x=0.6.
   a) Roig   b) Groc   c) Infraroig   d) No emet llum

4. La tensió de colze d'un LED que emet en la regió visible és més gran que la d'un díode de silici. Expliqueu quina és la causa.
   a) Per emetre en el visible cal una E_g > 1.6 eV que comporta una V_γ major
   b) Els LEDs tenen una I_s major que la del silici i per tant una V_γ major
   c) La V_γ típica d'un LED és de 0.2 V enlloc del 0.7 V del díode de Si
   d) Hi ha LEDs que emeten en el visible que tenen una V_γ de 0.7 V

5. Es pot integrar un parell foto-acoblat en un xip de silici?
   a) Si   b) No   c) Depèn de la λ de la radiació   d) Depèn del substrat

6. Per incrementar la intensitat d'emissió d'un LED augmentem el valor de la tensió de polarització. Quina conseqüència té aquest canvi en el temps de commutació ON-OFF del dispositiu?
   a) L'augmenta   b) El disminueix
   c) No l'afecta   d) Depèn del temps de vida dels portadors

4.3.3 Díodes làser

La radiació làser, visible o no, té un ventall d'aplicacions cada dia més extens, particularment en el món de les comunicacions, on les fonts constituïdes per semiconductors són especialment útils. Dedicarem uns apartats a presentar les principals característiques d'aquesta emissió: la coherència, el caràcter monocromàtic i la direccionalitat. Després presentarem algunes característiques dels díodes que emeten radiació làser.

L'emissió làser

Els electrons d'un sistema físic, no necessàriament un semiconductor, en equilibri es reparteixen entre els nivells disponibles seguint una distribució de Maxwell-Boltzmann, és a dir, la relació dels índex d'ocupació de dos nivells E_1 i E_2 és:

$$\frac{n(E_2)}{n(E_1)} = exp-\frac{E_2-E_1}{kT}$$ (4.46)

Suposem que el sistema es troba fora d'equilibri perquè en el nivell de més energia (sigui aquest E_2) hi ha més electrons que en el nivell E_1, més baix. Aleshores la tendència a l'equilibri fa que els electrons facin transicions cap a nivells més baixos. L'energia perduda pot sortir en forma de radiació lluminosa.

L'emissió radiativa es pot produir de manera espontània, com passa en els LEDs si hi ha una concentració de portadors injectats en excés. Aleshores el temps de vida dels minoritaris determina la velocitat a què es produeix el fenomen. Les transicions radiatives des d'un nivell E_2 al nivell E_1 també poden tenir lloc per un procés anomenat emissió estimulada que es produeix com a resultat de la incidència d'un fotó d'energia $E_2 - E_1$. La principal característica de l'emissió estimulada és que la radiació emesa (ara passem de la imatge corpuscular de la llum a l'ondulatòria) té la mateixa freqüència i fase que la radiació incident. D'aquesta propietat se'n diu coherència. La figura 4.17 esquematitza de manera senzilla aquest fenomen.

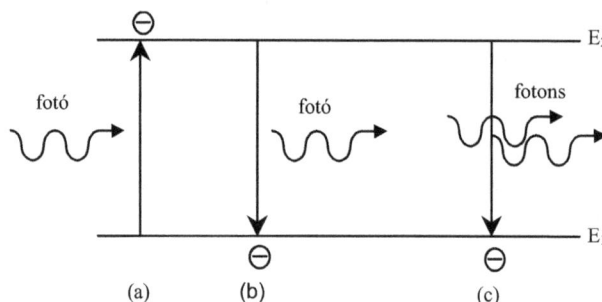

Figura 4.17 a) Absorció d'un fotó. b) Emissió espontània. c) Emissió estimulada

L'existència de processos d'emissió estimulada va ser prevista teòricament per Einstein l'any 1917. La seva utilització pràctica, però, va haver d'esperar encara més de quatre dècades.

Suposem ara que una radiació monocromàtica de freqüència $(E_2 - E_1)/h$ travessa una regió on hi ha molts electrons que poden efectuar transicions de E_2 a E_1. Cada transició reforçarà la intensitat de la radiació, mantenint el seu caràcter monocromàtic i la seva coherència (mateixa fase). La radiació inicial resulta d'aquesta manera amplificada. Aquest fenomen és conegut com radiació làser (*Light Amplification by Stimulated Emission of Radiation*).

Condicions per a l'emissió làser

Continuem considerant el mateix sistema de dos nivells. Els dos mecanismes de transició, l'espontània i l'estimulada, poden coexistir. El nombre de transicions espontànies, per unitat de volum i de temps, és proporcional a la concentració d'electrons n_2 del nivell E_2:

$$A_{21}n_2 \tag{4.47}$$

En canvi, el nombre de emissions estimulades serà proporcional no solament a n_2 sinó també a la densitat de fotons $\rho(f_{12})$ que poden estimular-les, els de freqüència $f_{12}=(E_2-E_1)/h$:

$$B_{21}n_2\rho(f_{12}) \tag{4.48}$$

Els fotons esmentats també poden ser absorbits. En una absorció un electró passa del nivell E_1 al nivell E_2. El nombre d'aquestes transicions per unitat de volum i de temps serà, doncs, proporcional a la població n_1 de E_1 i a la densitat de fotons $\rho(f_{12})$ presents:

$$B_{12}n_1\rho(f_{12}) \tag{4.49}$$

Les quantitats A_{21}, B_{21} i B_{12} reben el nom de coeficients d'Einstein.

Perquè l'emissió làser sigui dominant s'han de donar dues condicions:
a) Que el ritme d'emissió estimulada domini sobre el de l'espontània. El quocient de les dues quantitats és:

$$\frac{B_{21}n_2\rho(f_{12})}{A_{21}n_2} = \frac{B_{21}}{A_{21}}\rho(f_{12}) \tag{4.50}$$

Cal, doncs, disposar d'una densitat de radiació $\rho(f_{12})$ elevada. Això s'aconsegueix mitjançant una *cavitat òptica ressonant*, posant el sistema entre superfícies reflectants. Almenys una de les superfícies ha de permetre la sortida d'una petita fracció de la radiació (se'n diu semireflectant), com esquematitza la figura 4.18.

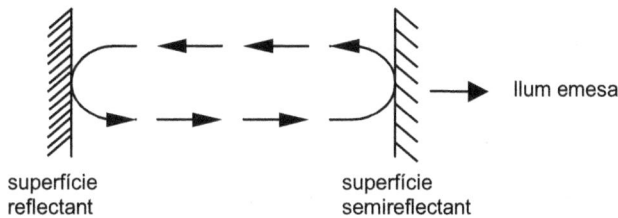

superfície reflectant   superfície semireflectant

Figura 4.18 Confinament de la llum per crear una cavitat òptica ressonant

b) Que l'emissió de radiació sigui més intensa que l'absorció, és a dir, que la relació:

$$\frac{B_{21}n_2\rho(f_{12})}{B_{12}n_1\rho(f_{12})} = \frac{B_{21}}{B_{12}}\frac{n_2}{n_1} \tag{4.51}$$

sigui gran. Això passa quan $n_2>n_1$. Aquesta desigualtat és inversa a la que es dóna en condicions d'equilibri i, per això, es parla d'una situació *d'inversió de població*. Per aconseguir-la es fan servir diferents procediments depenent del tipus de làser, com discutirem tot seguit.

El làser de tres nivells

Considerem el sistema de nivells representat en la figura 4.19. El bombeig òptic excita els electrons des del nivell fonamental E_0 fins a la banda de nivells E_2. Per relaxació tèrmica s'emplena el nivell E_1. Aquesta transició és no radiativa. El nivell E_1 és metaestable, la qual cosa vol dir que la transició d'electrons de E_1 fins a E_0 per emissió espontània es produeix amb una constant de temps molt gran. Per tant E_1 es va omplint progressivament, i es produeix així una inversió de població entre E_1 i E_0, quan s'ha bombejat més del 50% dels electrons que inicialment es trobaven en E_0.

En aquestes condicions la incidència d'un fotó d'energia E_1 - E_0 podrà estimular l'emissió. Si el sistema es troba en una cavitat com la representada en la figura 4.18, aleshores tindrem un buidament del nivell E_1 que donarà lloc a radiació làser. Després de l'emissió el nivell E_1 es torna a emplenar i el procés recomença. Tenim així una emissió a polsos o làser polsat.
El principal problema del làser de tres nivells és la dificultat en aconseguir un buidament suficient del nivell fonamental E_0. En efecte, el nombre d'àtoms que creen aquest nivell és molt gran i això demana una potència de bombeig que fa el funcionament del sistema poc eficient.

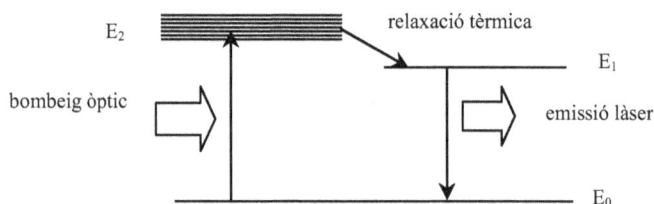

Figura 4.19 Nivells d'energia en el làser de robí

Un làser de tres nivells: el làser de robí

El làser de robí és un dels més clàssics. El material és òxid d'alumini, Al_2O_3, amb impureses de Cr, que creen el nivell metaestable E_1. Les transicions entre els nivells d'impuresa donarà lloc a l'emissió làser i per aconseguir el bombeig òptic es fa servir un *flash*, com esquematitza la figura 4.20. No s'ha de confondre la freqüència de l'emissió amb la del flash emprat per al bombeig òptic. Aquesta és molt més petita i podem, per tant, considerar els nivells E_2 permanentment plens. El làser de robí emet a una longitud d'ona de 694.3 nm i l'energia d'un pols pot anar des de mJ fins a més de 100 J.

El làser de quatre nivells

La dificultat per aconseguir el bombeig òptic en un làser de tres nivells es pot resoldre amb un sistema de quatre nivells com el representat la figura 4.21. Les transicions $E_3 \rightarrow E_2$ i $E_1 \rightarrow E_0$ són ràpides, mentre que $E_2 \rightarrow E_1$ és lenta perquè el nivell E_2 és metaestable. D'aquesta manera E_2 es troba normalment ple i E_1 normalment buit, i es produeix la inversió

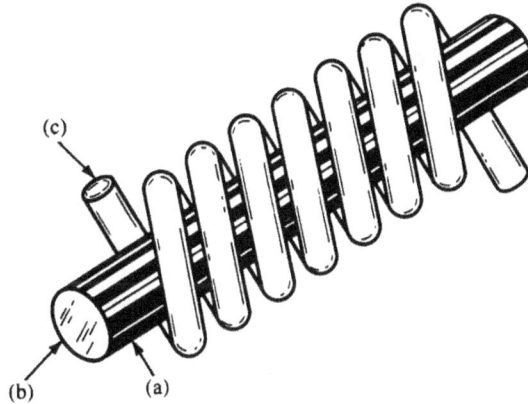

Figura 4.20 Làser de robí a) cristall de robí b) superfície reflectant c) flash

de població de manera permanent i l'emissió làser és contínua i no polsada com en el cas presentat anteriorment.

Entre els làsers de quatre nivells hi ha els Nd:YAG (*yttrium-aluminum garnet*). Aquests presenten uns temps de relaxació entre E_3 i E_2 de l'ordre de 10^{-8} s, entre E_1 i E_0 d'uns 30 ns, mentre que la transició espontània entre E_1 i E_0 té una constant de temps de 0.5 ms. Aquests làsers emeten a una longitud d'ona de 1064 nm i poden donar una potència des dels mW fins a centenars de watts.

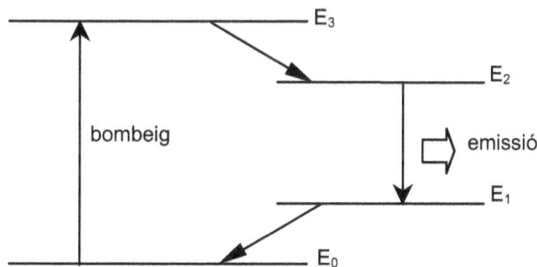

Figura 4.21 Diagrama de quatre nivells en un làser

Altres tipus de làser

Altres làsers molt emprats són els de gas, que inclouen els de CO_2 i els de He-Ne. Els primers emeten en contínua en l'infraroig llunyà i poden donar potència de més de 100 W. Els de He-Ne, que emeten també en contínua, a 632.8 nm de longitud d'ona (roig), són molt populars per la seva simplicitat. El bombeig òptic s'aconsegueix per una descàrrega en gas a baixa pressió en polarització contínua. Els làsers de semiconductor són objectiu preferent del nostre estudi i els presentarem a més detall tot seguit.

La radiació làser és més monocromàtica que la dels LED (dispersió de pocs àngstroms en làsers semiconductors o de dècimes d'àngstroms en altres, davant de centenars d'àngstroms en díodes emissors de llum) i presenta una divergència del feix més petita. Tot això els fa útils en comunicacions.

Díodes làser

Una modificació del dispositiu que hem vist com a LED permet disposar d'una font de radiació làser que per les seves característiques de volum, consum i cost ha trobat un gran nombre d'aplicacions, com per exemple la lectura de discos òptics. En un díode làser s'aconsegueix la inversió de població en la ZCE d'una junció PN entre dues regions molt dopades (degenerades), polaritzada directament, tal com s'esquematitza en la figura 4.22.a. Observem que en la ZCE del díode es produeix una inversió de població (elevada concentració d'electrons de conducció i de forats en un mateix punt).

L'estructura bàsica del dispositiu és la de la figura 4.22.b. Les cares A i A' són polides perquè siguin reflectores i així es crea una cavitat ressonant (A' ha de ser parcialment transparent). La llum reflectida és amplificada fins a assolir un valor de saturació, i a partir d'aquest punt l'emissió té una intensitat constant. La densitat de radiació depèn de les concentracions de portadors i, per tant, de la tensió de polarització del díode.

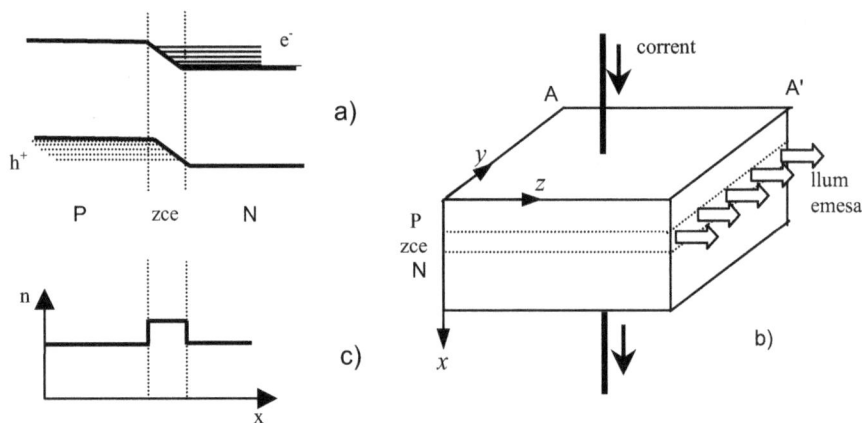

Figura 4.22 Estructura bàsica del díode làser

Per aconseguir la sortida de la radiació en la direcció z s'ha de confinar en les direccions x i y. El confinament segons l'eix x exigeix un perfil vertical de l'índex de refracció com el representat en la figura 4.22.c, cosa difícil d'aconseguir utilitzant un sol material. És més habitual utilitzar díodes de doble heterojunció que descriurem tot seguit. Per confinar la llum segons l'eix y es fan servir diverses estructures, de les quals una de les més utilitzades és la representada en la figura 4.23 (*stripe*).

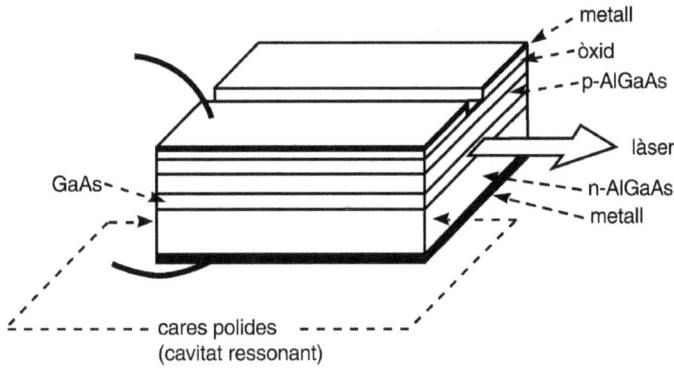

Figura 4.23 Geometria en "stripe" d'un díode làser

Díodes làser de doble heterojunció

Els semiconductors de la família III-V presenten un ventall de materials amb estructures cristal·lines compatibles entre elles per formar heterojuncions. La figura 4.24 esquematitza un díode làser d'heterojunció. La inversió de població té lloc en la capa intrínseca de $Al_{0.1}Ga_{0.9}As$. Observem que aquest material té una amplada de banda prohibida més petita que la del $Al_{0.3}Ga_{0.7}As$. Aquest fet i el dopatge de les dues regions que l'envolten fan que l'única regió on es produeix la inversió de població sigui la capa intrínseca. D'altra banda, el confinament en la direcció vertical de la llum s'aconsegueix a través del perfil d'índex de refracció. El dispositiu mostrat emet a $\lambda = 0.85$ μm i una modulació de l'emissió a 20 GHz és factible.

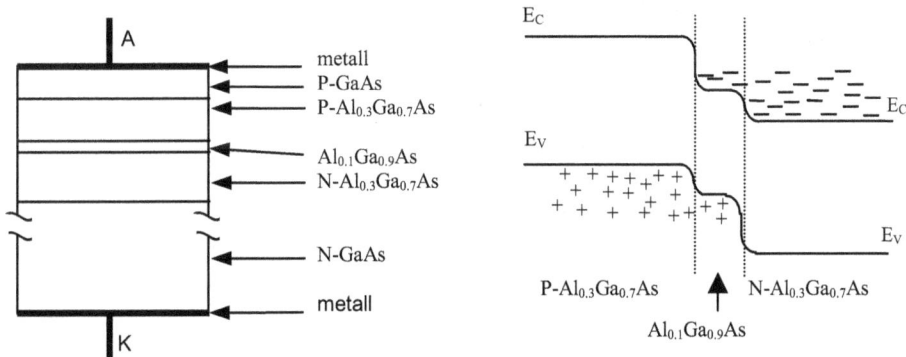

Figura 4.24 Díode làser d'heterojunció

La relació entre el corrent en el díode i la potència de llum emesa en un díode com el descrit és de la forma representada en la figura 4.25. En tecnologies antigues el corrent de llindar, J_{th}, és tan gran com 500 mA, que feia necessari refrigerar el dispositiu, sovint integrant una cèl·lula Peltier en el mateix encapsulament. Actualment es produeixen díodes amb una dissipació molt més petita que eviten aquest problema.

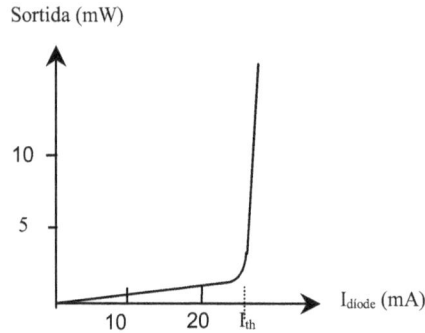

Figura 4.25 Característica corrent-potència d'emissió d'un díode làser

Una de les aplicacions més importants dels díodes làsers és l'emissió de polsos de llum que han de ser transmesos per fibra òptica fins a un receptor. Per aquesta raó s'han desenvolupat díodes que emeten en les *finestres* de les fibres, és a dir en aquelles longituds d'ona que les fibres transmeten amb atenuació mínima i que seran presentades en l'apartat 4.4.2. Així per a la primera finestra (0.8 μm) s'utilitzen els díodes presentats en la figura 4.24, mentre que per la segona (1.3 μm) i la tercera (1.5 μm) es fan servir semiconductors basats en el sistema quaternari $In_xGa_{1-x}As_yP_{1-y}$.

EXEMPLE 4.18

La reducció del valor del corrent de llindar en díodes làser, i en conseqüència de la potència dissipada, ha estat una de les fites principals del desenvolupament d'aquests dispositius. La gràfica adjunta presenta l'evolució del valor de J_{th} al llarg dels darrers anys.

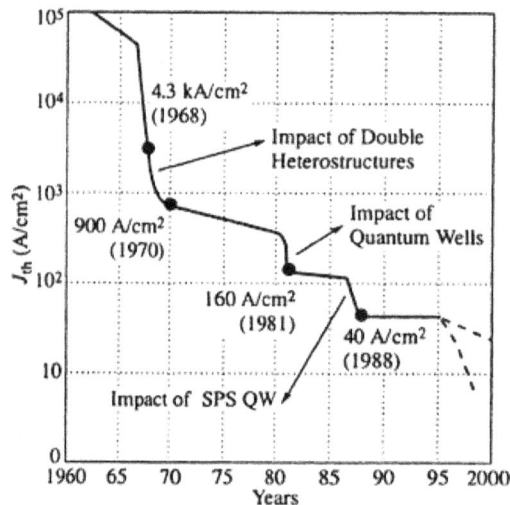

Figura 4.26 Corrent de llindar en díodes làser

Exercici 4.16

Apliqueu l'equació 4.6 per determinar quina fracció de la potència lluminosa que procedeix de l'interior de GaAs (n=3.6) i incideix en una cara del cristall directament en contacte amb l'aire és reflectida.

Solució: R= 32%.

QÜESTIONARI 4.3.c

1. Digueu quina de les següents afirmacions és falsa.
   a) La llum del làser és més direccional que la del LED
   b) La llum del làser és coherent mentre la del LED no ho és
   c) L'amplada de banda de la llum del làser és menor que la del LED
   d) La única diferència entre el làser i el LED és la potencia lumínica.

2. Digueu quina de les següents afirmacions és falsa.
   a) L'efecte làser es basa en l'emissió estimulada de radiació
   b) Cal una cavitat òptica ressonant per tal que domini l'emissió estimulada
   c) Cal una inversió de població d'electrons per tal que no domini l'absorció
   d) La cavitat òptica ressonant anul·la l'emissió espontània

3. Per què l'emissió d'un díode làser, quan el corrent que travessa el dispositiu és inferior al de llindar, no és una emissió làser.
   a) Per que encara domina l'emissió espontània
   b) Per que no és direccional
   c) Per que encara no s'ha format la cavitat òptica ressonant
   d) Per que encara no s'ha creat la inversió de població

4. Un díode làser emet 10 mW de potència lluminosa quan el corrent que circula pel dispositiu és de 100 mA. La tensió de colze del díode és d' 1.5 V. Calculeu la potència que es dissipa en forma de calor.
   a) 0.15 W   b) 6.67 W   c) 90 mW   d) 140 mW

5. Quina de les següents afirmacions és falsa?
   a) En una homojunció només s'aconsegueix la inversió de població en la ZCE sota una polarització directa molt alta.
   b) En una heterojunció s'aconsegueix inversió de població pràcticament per a qualsevol polarització directa
   c) El corrent llindar per l'emissió làser és més petit en una heterojunció que en una homojunció.
   d) És més fàcil construir la cavitat òptica ressonant en una heterojunció que en una homojunció.

4.4 ALTRES DISPOSITIUS OPTOELECTRÒNICS

4.4.1 Dispositius de càrrega acoblada (CCD)

Els dispositius de càrrega acoblada (*charge coupled devices*, CCD) es troben entre els més utilitzats com a detectors de llum en càmeres per captar imatges. Presentarem aquí una breu descripció d'aquests dispositius. Un estudi en profunditat excedeix en molt l'àmbit d'aquest text, i més tenint en compte que són dispositius d'efecte de camp, els conceptes fonamentals dels quals encara no han estat introduïts.

Fonament físic de la fotodetecció en CCDs

Considerem el sistema metall-òxid-semiconductor (MOS) format per un substrat de silici (prenem-lo, per exemple, de tipus P), una capa aïllant d'òxid de silici crescut tèrmicament en la superfície del substrat i un elèctrode metàl·lic, com indica la figura 4.27.a. El conjunt és un condensador, on una de les plaques és un semiconductor en lloc d'un metall. L'anàlisi detallada d'aquesta estructura no és part del present volum i ens limitarem a descriure'n els aspectes essencials per als dispositius que volem presentar.

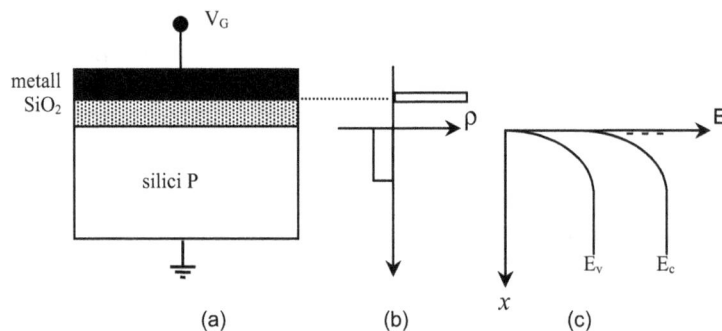

Figura 4.27 Estructura metall-òxid-semiconductor. a) Secció del dispositiu b) Perfil de distribució de càrrega. c) Perfil de bandes d'energia en el semiconductor

Si apliquem al metall una tensió positiva en relació amb el semiconductor, en el condensador esmentat, el metall quedarà carregat positivament, mentre que el semiconductor tindrà càrrega negativa. Examinem com és aquesta càrrega en el silici. La tensió de polarització aplicada atreu electrons, minoritaris, cap al límit amb el dielèctric i expulsa forats, majoritaris, i deixa els àtoms d'impuresa, de càrrega negativa, sense neutralitzar. Dels dos conjunts de càrregues negatives, el de les impureses ionitzades és molt més nombrós que el dels minoritaris. Així, doncs, el semiconductor sotmès a una tensió desenvolupa una regió buida de majoritaris (o zona de càrrega d'espai), de la mateixa manera que en una junció PN en polarització inversa. La figura 4.27.b representa esquemàticament la distribució de càrregues. En la zona buida hi ha un camp elèctric perpendicular a la superfície i dirigit cap al volum del semiconductor. Aquesta és una diferència notable amb un condensador amb dues plaques metàl·liques on l'única regió que suporta camp és la del dielèctric.

Suposem ara que en el semiconductor es genera una parella electró-forat. Si el minoritari, l'electró en el nostre cas, arriba a la regió de càrrega d'espai (o bé és generat en aquesta regió) serà arrossegat pel camp fins a la superfície, on queda retingut perquè l'òxid no permet el seu pas cap al metall. Aquests electrons atrapats estan representats en la figura 4.27.c. Aquests electrons no poden passar al metall perquè hi ha l'aïllant, a diferència del que passaria en un díode metall-semiconductor.

La generació de portadors citada pot ser tèrmica o externa. Com a generació externa considerarem exclusivament la fotogeneració. Podem fer servir l'estructura descrita com a fotodetector si construïm l'elèctrode de manera que permeti l'arribada de llum al semiconductor, per exemple utilitzant elèctrodes transparents. La càrrega acumulada és funció de la llum absorbida i d'aquesta manera convertim el senyal òptic en variable elèctrica.

Superposada a la generació per llum hi tindrem la generació tèrmica, que suposarà un soroll en relació amb el senyal fotogenerat. S'ha de dir en aquest punt que la generació tèrmica és lenta, de manera que si la càrrega fotogenerada és col·lectada (lectura del senyal fotogenerat) prou ràpidament el soroll pot ser tolerable. Tenim un dispositiu que per naturalesa ha de treballar en règim dinàmic.

El minoritaris acumulats també podrien ser injectats per una junció PN construïda dins l'estructura. Aquest sistema també té aplicacions, però no és el cas que ens interessa aquí.

Transferència i col·lecció de càrregues

Per transformar la càrrega fotogenerada en un CCD en un senyal elèctric, ha de ser transportada fins a un dispositiu que la pugui col·lectar creant un corrent. Aquest dispositiu pot ser un díode de junció PN en inversa, com veurem més endavant. Els CCD destinats a captar imatges en una càmera formen matrius on cada dispositiu és un píxel. La lectura dels píxels d'una fila es fa de manera seqüencial, de manera que el procediment de transferència de càrrega ha de permetre crear una cua de *paquets* de càrregues que seran col·lectats l'un després de l'altre. En una matriu de píxels formada per files es llegeix una fila després de l'altra.

Hi ha diferents estratègies per resoldre el problema plantejat. Una de les més utilitzades utilitza una geometria com la descrita en la figura 4.28.a, aplicant dos senyals als dos conjunts d'elèctrodes. Quan les tensions aplicades al dos conjunts són iguals, aleshores el perfil de la zona de camp en el semiconductor és el representat en la figura 4.28.a, on també es representa l'extensió de la ZCE en el semiconductor. Cal notar que per a un mateix elèctrode hi ha una regió amb l'òxid més prim i una altra amb l'òxid més gruixut. En la primera la capacitat per unitat d'àrea és més gran que en la segona i, per tant, la ZCE serà més extensa perquè haurà d'acumular més càrrega per la mateixa tensió aplicada. Les càrregues negatives indicades en una part de la figura corresponen a un senyal fotogenerat.

Suposem ara que les tensions passen a ser diferents, com indica la figura 4.28.b i en direm fase 1. Observem que s'ha incrementat la profunditat de la ZCE situada sota un elèctrode de porta la tensió del qual, V_0+V, ha augmentat i el contrari passa amb la que es troba sota els elèctrodes de porta amb tensió $V_0 - V$. Suposem que tenim la càrrega fotogenerada atrapada en la regió de camp més intens, o, si es vol dir així, en el pou de potencial més profund.

En un instant posterior permutem el potencials aplicats als terminals com indica la figura 4.28c. En direm fase 2. El perfil de la regió de camp s'ha desplaçat un píxel cap a la dreta. La càrrega atrapada, en conseqüència també es mou, amb el seu pou, cap a la dreta, seguint el gradient lateral de camp elèctric.

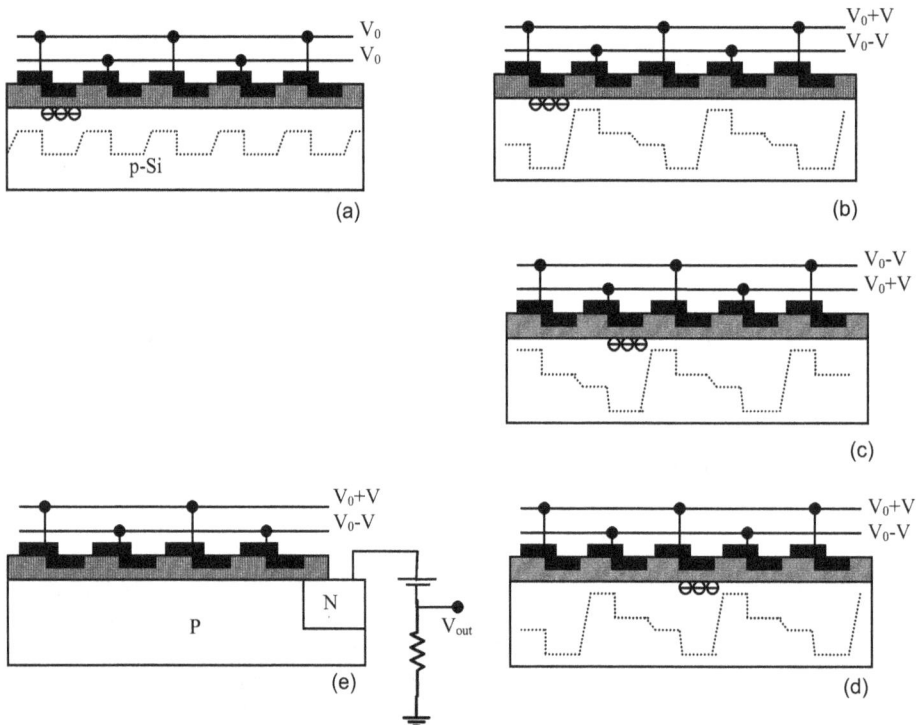

Figura 4.28 Dispositius de càrrega acoblada de dues fases. a) Estructura física i perfil de la zona buida en el semiconductor quan les tensions aplicades a les dues fases són iguals. b) Representació amb tensions aplicades corresponents a la fase 1 aplicada. c) Representació amb tensions de la fase 2. d) Fase 1, novament. e) Representació del díode col·lector del senyal

Quan les tensions prenen de nou el valor de la fase 1, aleshores es produeix un nou desplaçament de càrregues, no cap a la posició anterior sinó novament cap a la dreta, com indica la figura 4.28.d perquè es mouen sempre cap als punts d'energia potencial més baixa que sigui accessible. El procés es va repetint fins que la càrrega arriba a un detector, per exemple el díode representat en la figura 4.28.e. Aquest díode està polaritzat en inversa de manera que el camp elèctric de la seva ZCE recull els electrons que li arriben, fent circular així corrent pel circuit exterior i generant un senyal V_{out}.

Per simplicitat s'ha dibuixat la càrrega d'un sol pou. Si n'hi hagués en tots, el desplaçament seria el mateix per a totes, en fila una darrera l'altra i sense barrejar-se les unes amb les altres. Dels CCD que utilitzen aquest procediment per transferir càrregues se'n diu CCD de dues fases.

Els CCD, com a matrius de fotodetectors per detectar imatges, permeten aconseguir un gran nombre de píxels per unitat de superfície, de l'ordre de 10^6 cm^{-2}. Aquest és un dels principals avantatges sobre altres dispositius que podrien complir funcions similars.

4.4.2 Fibres òptiques

Una fibra òptica és un dispositiu per guiatge de llum amb molt baixes pèrdues. Una fibra es compon de dues regions coaxials d'índexs de refracció diferents: el de la part interior, el nucli (*core*) és més gran que el de la coberta (*cladding*) per facilitar la reflexió de la llum que es propaga per l'interior de la fibra en les seves parets, com representa la figura 4.29.

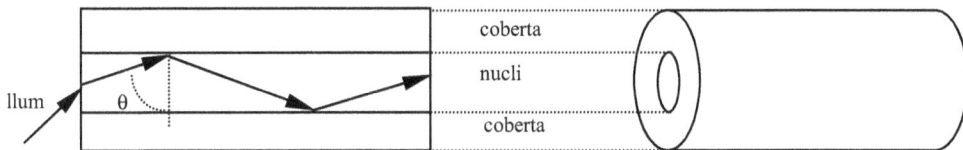

Figura 4.29 Esquema de transmissió de llum en una fibra òptica

D'acord amb les lleis de l'òptica geomètrica, només és transmesa la llum que incideix en la superfície límit entre el nucli i la coberta formant un angle θ amb la perpendicular més gran que un angle crític θ_c, que compleix la condició de reflexió total (apartat 4.1.1):

$$sin\theta \geq sin\theta_c = \frac{n_{cladding}}{n_{core}} \qquad (4.52)$$

Però no tots els raigs que compleixen l'equació 4.52 es poden propagar. La resolució de les equacions de Maxwell demostra que només són possibles determinats valors de θ (modes de propagació). La figura 4.30 representa esquemàticament la propagació de dos modes en una fibra. Els raigs corresponents als dos modes recorren camins de llargada diferent, de manera que l'un arribarà més tard que l'altre. Aquest fenomen, conegut com a dispersió modal, limita la freqüència dels polsos a transmetre. Com més petit és el diàmetre de la fibra menor és el nombre de modes que és capaç de transmetre. Per a un diàmetre inferior a 3 µm la fibra és monomode.

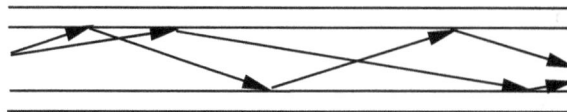

Figura 4.30 Transmissió de dos modes en una fibra òptica

D'altra banda, el material de la fibra presenta uns mínims d'absorció per a determinades regions de l'espectre anomenades finestres. Les més utilitzades en comunicacions són les de 0.8, 1.3 i 1.5 µm de longitud d'ona (1ª, 2ª i 3ª finestres, respectivament), com representa la figura 4.31.

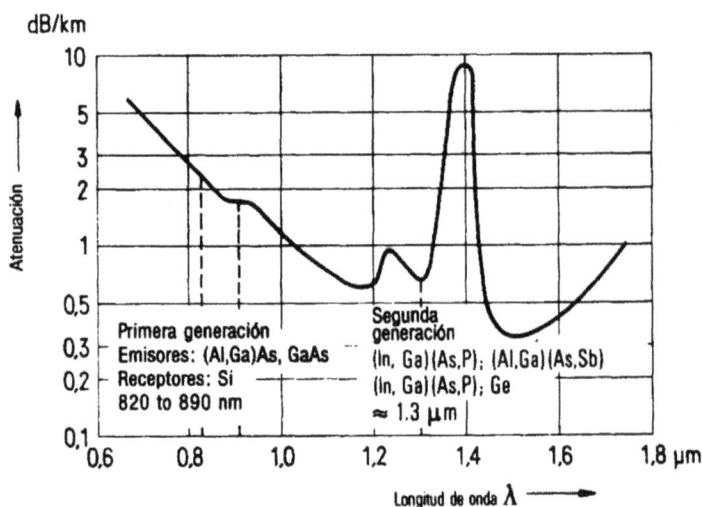

Figura 4.31 Atenuació en una fibra òptica d'òxid de silici

Un sistema de comunicacions basat en fibra òptica ha d'incloure un emissor de llum, la fibra transmissora i un receptor. L'emissor pot ser un LED o un díode làser. Aquest darrer té avantages perquè la seva línia espectral és més estreta i, per tant, no hi ha tanta dispersió espectral dels polsos de llum. Aquest fenomen és degut al fet que l'índex de refracció del nucli, com en tots els materials, és funció de la longitud d'ona.

La inserció de la llum en la fibra sovint requereix microlents perquè l'angle que forma el raig de llum amb l'eix de la fibra té un valor màxim. El sinus d'aquest angle màxim, θ_m, és conegut com a *obertura numèrica*, NA, de la fibra. La relació entre θ_m i θ_c ve donada per

$$\frac{n_{aire}}{n_{core}} = \frac{sin(\pi/2 - \theta_c)}{sin\theta_m} = \frac{\sqrt{1 - sin^2\theta_c}}{sin\theta_m} \Rightarrow NA = sin\theta_m = \frac{n_{core}}{n_{aire}}\sqrt{1 - \left(\frac{n_{cladding}}{n_{core}}\right)^2} \qquad (4.53)$$

Exemple d'aplicació numèrica: n_{core}=1.5, $n_{cladding}$=1.495, n_{aire}=1 $\Rightarrow$ NA=0.12 $\Rightarrow$ θ_m=7°.

Les imperfeccions de la fibra produeixen unes determinades pèrdues, de l'ordre de dècimes de dB/km, i resulta viable enviar senyals a distàncies de desenes de quilòmetres sense necessitat de repetidors. El receptor de llum pot ser un fotodíode PIN o un fotodíode d'allau. El conjunt pot treballar a freqüències superiors a 1 Gbit/s.

Comparant els sistemes de comunicació per fibra òptica amb els clàssics de transmissió de senyal elèctric per cable coaxial, podem assenyalar com a avantatges: més amplada de banda, menys pes, volum i cost i menys vulnerabilitat a les interferències. Els principals problemes deriven de la complexitat de les connexions.

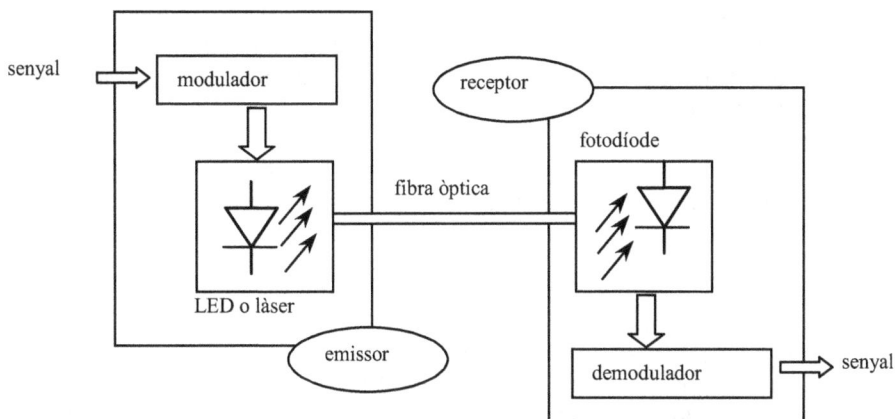

Figura 4.32 Esquema de transmissions de senyals òptics en una fibra

EXEMPLE 4.19

Un LED emet llum amb una longitud d'ona de 0.9 μm. L'amplada de la línia és de 25 nm. Quan aquesta llum és transmesa per una fibra òptica de SiO_2 que fa 1 km de llargada, la diferència de temps d'arribada entre les radiacions de freqüències màxima i mínima és de $\Delta\tau_{mat}$ =1.75 ns a causa de la variació de l'índex de refracció amb la longitud d'ona de la llum. Aquest fenomen és conegut com a dispersió del material.

EXEMPLE 4.20

La dispersió de guia d'ones en una fibra òptica consisteix en la diferent transmissió dels senyals modulats a freqüències diferents. Com a conseqüència un pols quadrat de llum adquireix una amplada . Considerem una fibra monomode d' 1 km de llargada amb un nucli de 2 μm de radi i un índex d' 1.46 amb una coberta d'índex 1.456. Quan és excitada per un làser monomode de longitud d'ona de 0.85 μm i una dispersió de 10 nm, aleshores la dispersió és $\Delta\tau_{wg}$ = 10.3 ps.

EXEMPLE 4.21

Els diferents modes que es propaguen per una fibra òptica recorren camins de llargada diferent i, per això, es produeixen diferències en el temps d'arribada, la qual cosa és coneguda com a dispersió intermodal. En la fibra de l'exemple anterior aquesta dispersió val 16.7 ns.

4.4.3 Cristalls líquids

Els cristalls líquids són materials utilitzats en la fabricació de visualitzadors LCD (*Liquid Crystal Display*) aprofitant la propietat que tenen de canviar el seu comportament òptic quan se'ls sotmet a un camp elèctric. Presentarem breument el funcionament dels dos tipus més importants: els de dispersió de llum i els d'efecte de camp, una secció dels quals és esquematitzada en la figura 4.33.

El cristall líquid té consistència de líquid però està format per molècules llargues que presenten una ordenació entre elles que s'assembla d'alguna manera a la d'un cristall sòlid, i d'aquí li ve el nom. La llum els pot travessar o no depenent de l'orientació de les molècules esmentades.

Un LCD de dispersió de llum treballa amb cristalls dels anomenats *nemàtics*. Les molècules tenen, en absència de camp elèctric, una orientació perpendicular a les parets de la cèl·lula, tal com representa la part superior de la figura 4.33.a. En aquestes condicions el material permet el pas de llum. Quan, mitjançant una parella d'elèctrodes com els de la part inferior de la mateixa figura, apliquem una tensió (normalment entre 6 i 20 V), aleshores desapareix l'orientació de les molècules i el material es fa opac. En el cas considerat en la figura, amb llum procedent de la dreta veuríem la part de dalt brillant i la de baix fosca.

En un dispositiu visualitzador els elèctrodes transparents tindrien la forma adient al motiu que s'ha de presentar i que es fa clar o fosc amb una tensió de polarització. Els visualitzadors de cristall líquid poden treballar en transmissió, com representa la figura 4.33.a o en reflexió, amb la llum entrant i sortint per la mateixa cara. En aquest cas la làmina de vidre del darrera ha de ser reflectora.

En un LCD d'efecte de camp el material és del tipus anomenat nemàtic girat (*twisted nematic*). Les molècules tenen el seu eix paral·lel a les plaques de vidre però amb una orientació que varia progressivament entre una placa i l'altra en 90°. La part superior de la figura 4.33.b intenta representar aquesta disposició. D'aquesta manera el cristall permet el pas de llum però canviant el pla del camp elèctric de l'ona electromagnètica (pla de polarització) en 90°. Dels dos polaritzadors representats en la figura, el primer només deixa passar la part de la llum incident que té el pla de polarització seleccionat, sigui el vertical per fixar idees. Si el segon polaritzador (que fa d'analitzador) està disposat paral·lelament al primer, aleshores bloquejarà el pas de la llum que li arriba amb el pla de polarització girat per efecte del cristall líquid. L'observador veurà una àrea fosca.

Quan s'aplica una tensió (normalment entre 2 i 8 V), les molècules s'orienten de tal manera que permeten el pas de llum com en el cas dels LCD de dispersió, com es pot veure en la part inferior de la mateixa figura. El funcionament és, doncs, similar al dels LCD de dispersió de llum, amb la polaritat òptica invertida (zones polaritzades brillants en lloc de fosques).

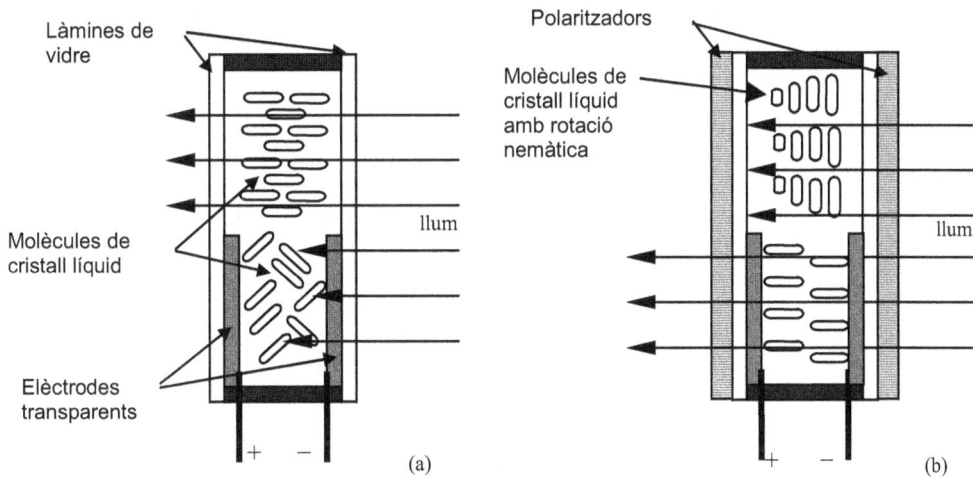

Figura 4.33 a) LCD de dispersió de llum. b) LCD d'efecte de camp

Aquests LCDs també poden treballar en mode reflexió. En aquest cas els dos polaritzadors han d'estar girats 90° l'un en relació amb l'altre. Els LCD tenen l'avantatge de consumir menys potència però són més complicats de fabricar.

Comparant els visualitzadors de cristall líquid amb altres com els LED, podem presentar com a principal avantatge el seu baix consum, de l'ordre de μW, i com a principals inconvenients la lentitud (0.1 s enfront de 0.1 μs), el poc marge de temperatura de treball (de 0°C fins a 60°C) i la necessitat d'una font de llum externa. Les pantalles amb LCD són molt direccionals i això limita la posició de l'usuari.

QÜESTIONARI 4.4

1. *A quina longitud d'ona emeten els díodes laser per aconseguir una atenuació mínima en la fibra òptica?*
  a) 0.87 μm   b) 1.30 μm   c) 1.55 μm   d) 2.25 μm

2. *Quin és el màxim angle de desviació que pot tenir un raig de llum que entra en una fibra òptica en relació a l'eix d'aquesta? L'obertura numèrica de la fibra és de 0.2*
  a) 0.2°   b) 5°   c) 11.5°   d) 6°

3. *Expliqueu la diferència que hi ha entre la dispersió modal i la dispersió cromàtica en una fibra òptica, i digueu quina de les afirmacions és correcte:*

a) La dispersió modal es deu a que cada mode troba un índex de refracció diferent.

b) La dispersió cromàtica es deu a que cada longitud d'ona triga un temps diferent en recórrer la fibra

c) La dispersió modal i la cromàtica descriuen el mateix fenomen

d) La dispersió cromàtica no aplica en el context de fibres òptiques

4. Expliqueu perquè un dispositiu de càrrega acoblada (CCD) no pot treballar en règim estacionari

a) Per que els senyals lluminosos canvien amb el temps

b) Per que la generació tèrmica de portadors se superposa a la generació causada per el senyal.

c) Degut als corrents de recombinació en els condensadors MOS

d) Per que els senyals de rellotge exigeixen treballar en règim transitòri

5. En sistemes que requereixen baix consum d'energia (p.e. un rellotge) s'acostuma a preferir els visualitzadors de cristall líquid en lloc de LEDs. Expliqueu perquè.

a) Per que els basats en LED tenen menor contrast

b) Per que els de cristall líquid no han de generar fotons

c) Per la gamma de colors que ofereixen els cristalls líquids

d) per que la tensió que utilitzen els cristalls líquids és menor que la dels LEDs

6. Esmenteu dos avantatges dels visualitzadors amb LEDs comparant-los amb els de cristall líquid.

a) Major contrast i major eficiència

b) Es poden veure a la fosca i són més ràpids

c) Són més ràpids i tenen una vida més llarga

d) Tenen major eficiència i un marge de temperatura més gran

PROBLEMA GUIAT

Un fotodíode de silici té una estructura P^+NN^+ amb dopatges de les tres regions 10^{20}, 10^{13} i 2×10^{20} cm^{-3} respectivament. La profunditat de la regió central és de 50 µm. Es demana:

a) Dibuixeu, qualitativament, el perfil del camp elèctric en el dispositiu suposant tota la regió central N buida de portadors.

b) Calculeu les amplades de les zones de càrrega d'espai en les regions P^+ i N^+ i els valors de camp elèctric en les interfícies P^+-N i N-N^+ quan la polarització inversa val 50 V.

c) Calculeu la capacitat del díode per aquesta tensió de polarització.

d) Calculeu la densitat de fotocorrent col·lectada suposant que hi ha una generació uniforme de portadors 5×10^{18} cm^{-3}s^{-1} i que les longituds de difusió dels portadors minoritaris en les regions P^+ i N^+ són de 1 µm.

e) Calculeu el valor del fotocorrent que col·lectaríem en un dispositiu com el descrit on no existís la regió central N.

PROBLEMES PROPOSATS

P4.1 Avalueu la potència, la tensió de circuit obert i el corrent de curtcircuit que proporcionaria un panell fotovoltaic format per 32 cèl·lules de 10 cm de diàmetre connectades en sèrie, en condicions de il·luminació AM1 (100 mW/cm^2). Suposeu una eficiència de conversió del 15%, un factor de forma de 0.82 i una V_{oc} de 0.55 V.

P4.2 Considereu un fotoconductor de 1 mm de longitud i 0.5 mm^2 de secció que està alimentat amb 50 V. A plena il·luminació i en règim estacionari circula un corrent de 1 mA. Al tallar la il·luminació el corrent disminueix exponencialment amb una constant de temps de 0.1 μs. Es demana: a) La generació lluminosa g_L suposant-la uniforme i que $\mu_n + \mu_p = 250$ cm^2/Vs. b) El factor d'amplificació del fotoconductor

P4.3 Un fotodíode PIN es polaritza amb V = -10 V. Suposant que tota la regió intrínseca de 50 μm de gruix estigui buida de portadors i que $N_D = N_A = 10^{18}$ cm^{-3}, es demana: a) Calculeu el gruix de la regió en la que hi ha camp elèctric. b) Calculeu el valor d'aquest camp elèctric a la regió intrínseca. c) Calculeu el corrent fotogenerat. d) Calculeu la capacitat per a aquesta polarització. Dades: A = 10^{-4} cm^2; $g_L = 10^{20}$ parells/cm^3·s

P4.4 Calculeu la relació entre la recombinació radiativa i la recombinació total d'un LED P$^+$N que emet una potència lluminosa de 15 mW, sabent que consumeix un corrent de 20 mA i la tensió entre els seus terminals és de 1.5 V. Suposeu un factor de pèrdues de 0.75 i que la E_g del material és de 1.65 eV.

FORMULARI DEL CAPÍTOL 4

Index de refracció: $\qquad n \equiv \dfrac{c}{v}\ ;\ n = \sqrt{\varepsilon_r \mu_r}$

Llei de Snell de refracció: $\qquad \dfrac{sin\theta_i}{sin\theta_t} = \dfrac{n_t}{n_i}$

Energia d'un fotó: $\qquad E = hf = h\dfrac{c}{\lambda} = \dfrac{1.24\ eV \times \mu m}{\lambda}$

Generació de fotoparells: $\qquad \Phi(x) = \eta\Phi_0 e^{-\alpha x} \qquad g(x) = \eta\alpha\Phi_0 e^{-\alpha x}$

Excés fotogenerat amb g_L uniforme: $\qquad \Delta n(t) = g_L \tau\left(1 - e^{-t/\tau}\right)$

Factor d'amplificació d'un fotoconductor: $\qquad G = \dfrac{\tau}{t_d}\ ;\quad t_d = \dfrac{L}{v_n} = \dfrac{L}{\mu_n E} = \dfrac{L^2}{\mu_n V}$

Junció PN il·luminada amb g_L uniforme: $\quad I = I_s\left(\exp\dfrac{qV}{k_B T} - 1\right) - I_L\ ;\quad I_L = qAg_L\left(L_n + L_p + w_{zce}\right)$

Rendiment d'un cel·lula fotovoltaica: $\qquad \eta \equiv \dfrac{P_{max}}{P_L}\ ;\quad P_{max} = FF \times I_{sc} \times V_{oc}$

Resposta espectral d'una cel·lula fotovoltaica: $\quad SR(\lambda) \equiv \dfrac{1}{q}\dfrac{dJ_{sc}}{d\Phi(\lambda)} = \dfrac{1}{q}\dfrac{dJ_{sc}}{F(\lambda)[1-R(\lambda)]d\lambda}$

Potencia lluminosa emesa per un LED: $\quad P_L = N_f E_g = \dfrac{I_D \tau_t E_g}{q\tau_{pr}}$

Eficiència de conversió d'un LED: $\qquad \eta = \dfrac{P_{out}}{P_i} = \Gamma_{ext}\dfrac{\tau_t}{\tau_{pr}}\dfrac{E_g}{qV_D}$

Relacions de Einstein a l'emissió estimulada: $\qquad$ *Emissió espontània: $A_{21}n_2$*
$\qquad\qquad\qquad\qquad\qquad\qquad\qquad\qquad$ *Emissió estimulada: $B_{21}n_2\rho(f_{12})$*
$\qquad\qquad\qquad\qquad\qquad\qquad\qquad\qquad$ *Absorció: $B_{12}n_1\rho(f_{12})$*

Obertura numèrica d'una fibra òptica: $\qquad NA = sin\theta_m = \dfrac{n_{core}}{n_{aire}}\sqrt{1 - \left(\dfrac{n_{cladding}}{n_{core}}\right)^2}$

5
El transistor bipolar

5.1 INTRODUCCIÓ

El transistor bipolar, conegut en anglès per l'acrònim BJT (*Bipolar Junction Transistor*), és un dels dispositius més utilitzats en els circuits electrònics. El nom de transistor procedeix de la compactació de dues paraules angleses, *trans*fer re*sistor*, i fa referència al fet que el corrent que circula entre dos terminals és controlat per un senyal aplicat a un tercer terminal, mentre que el mot bipolar és degut al fet que el corrent és transportat per portadors de les dues polaritats: electrons i forats. L'electrònica moderna, basada en circuits integrats (CI), es va iniciar de fet amb el descobriment d'aquest dispositiu. Actualment segueix essent el dispositiu amplificador per excel·lència i el que més s'utilitza en els CI analògics. En aquest capítol es farà una introducció al transistor bipolar, i es presentarà la teoria de funcionament, el procés de fabricació, el comportament en contínua i en senyal i els seus models circuitals.

El transistor bipolar fou descobert casualment el desembre de 1947 per Bardeen, Brattain i Shockley en els Laboratoris Bell quan intentaven realitzar un "amplificador d'estat sòlid" basat en el que més endavant s'anomenaria transistor MOS. Aquest descobriment fou seguit quasi immediatament de la teoria que explicava el seu funcionament i va conduir a una revolució tecnològica que significà la desaparició, en pocs anys, de la tecnologia de vàlvules de buit que fins aleshores havia donat suport físic als circuits electrònics.

El transistor bipolar és un dispositiu de tres terminals anomenats emissor, base i col·lector. Hi ha dos tipus de transistors bipolars, els NPN i els PNP, el nom dels quals fa referència a la seva estructura bàsica que s'esquematitza de la forma mostrada a la figura 5.1. El transistor bipolar té dues juncions PN: una entre l'emissor i la base, la junció emissora, i una altra entre la base i el col·lector, la junció col·lectora. En el símbol d'aquests transistors s'inclou una fletxa en el terminal d'emissor, la qual va sempre en el sentit de P a N, i serveix per identificar el tipus de transistor. Els sentits dels corrents indicats en la figura 5.1 seran utilitzats com a positius. Aquests sentits es basen a assignar a l'emissor el sentit del corrent del seu símbol (de P a N), i a la base i col·lector els que es deriven de suposar que el corrent d'emissor és la suma dels de base i de col·lector.

El transistor més utilitzat és l'NPN, i serà el que estudiarem en aquest text. Com veurem més endavant, el comportament del PNP és dual al de l'NPN, la qual cosa vol dir que si es canvien electrons per forats, el sentit dels corrents i la polaritat de les tensions, el seu comportament és idèntic.

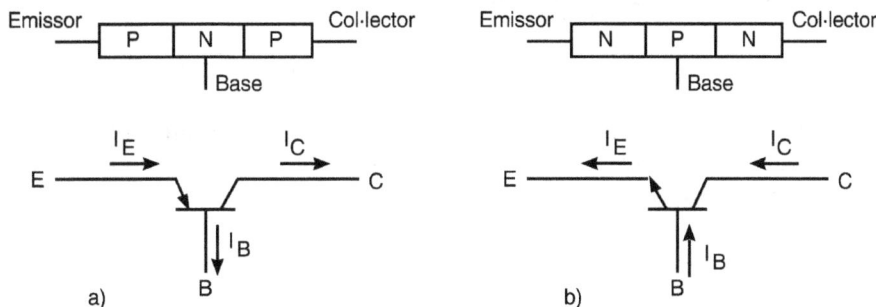

Figura 5.1 Estructura, símbol i sentit positiu dels corrents del transistor bipolar. a) PNP. b) NPN

5.1.1 Principi de funcionament

Quan el transistor es fa servir com a amplificador es polaritza el díode d'emissor en directa i el de col·lector en inversa. Aquesta polarització s'anomena activa i és la que considerarem ara. Convé recordar de la teoria de la junció PN que amb una polarització directa cada regió injecta els seus portadors majoritaris a la regió adjacent, de forma que a l'inici d'aquesta segona regió, just en la frontera amb la zona de càrrega d'espai (ZCE), la concentració dels minoritaris injectats és $m_0\ exp(V_D/V_t)$, essent m_o la concentració de minoritaris en aquesta regió en condicions d'equilibri tèrmic i V_D la tensió de polarització de la junció. Quan una junció es polaritza en inversa el camp elèctric a la ZCE augmenta i domina el transport de minoritaris d'una regió a l'altra. Si la polarització és prou negativa, la concentració d'aquests a la frontera amb la ZCE s'anul·la.

Analitzem ara els corrents que circulen en el transistor. Com que la junció emissora està en directa, l'emissor N injecta electrons a la base P, i aquesta injecta forats l'emissor N. La teoria de la junció PN mostrava que si el dopat de la regió N és molt més gran que el de la P, el corrent d'electrons a través de la ZCE de la junció serà molt més gran que el de forats. Aquesta relació entre corrents és la que es representa a la figura 5.2. Per altra banda, com que la junció col·lectora està polaritzada inversament, la concentració d'electrons a la regió P en el punt l_B, frontera amb la ZCE de col·lector, serà zero. Per tant, a la regió neutra de la base P del transistor hi haurà una diferencia de concentració d'electrons entre els punts 0_B (frontera amb la ZCE d'emissor) i l_B, diferència que originarà un flux d'electrons per difusió des de la part de l'emissor cap a la part de col·lector. Quan aquests electrons arribin a la ZCE del col·lector el camp elèctric present en aquesta regió els arrossegarà de la base cap al col·lector. El corrent de forats en aquesta segona junció serà pràcticament nul perquè està polaritzada inversament i no hi ha quasi forats a la part N del col·lector.

Una part dels electrons que es traslladen per difusió a través de la base des de l'emissor cap al col·lector es recombinaràn. Es el corrent anomenat I_r en la figura 5.2. En règim estacionari ha d'entrar pel terminal de base un corrent de forats igual al d'electrons que es recombinen, ja que si no els forats de la base s'acabarien esgotant. Per la mateixa raó pel terminal de base han d'entrar els forats que la base injecta a l'emissor, i han de sortir-ne els pocs forats que el col·lector injecta a la base.

A partir d'aquestes corrents elementals, i prenent com a positius els sentits de I_E i I_C representats en la figura 5.2, podem escriure:

$$I_E = I_{En} + I_{Ep} \qquad I_C = I_{Cn} + I_{Cp} \qquad I_B = I_r + I_{Ep} - I_{Cp} \qquad (5.1)$$

on el subíndex E significa emissor, C col·lector i B base, i l'altre subíndex indica n per corrent d'electrons i p per corrent de forats. Si tenim en compte que en un transistor NPN normal el corrent I_{En} és molt més gran que I_{Ep} i que I_r, resulta que:

$$I_E \cong I_{En} = I_{Es}(e^{V_{BE}/V_t} - 1) \qquad I_C \cong I_{Cn} \cong I_E \cong I_{Es}e^{V_{BE}/V_t} \qquad (5.2)$$

que indica que el corrent de col·lector es controla per la tensió de polarització de la junció emissora i és independent de la polarització de la junció col·lectora, mentre el transistor estigui polaritzat a la regió activa. Aquesta propietat s'anomena *efecte transistor*. Noteu que si es substitueix el transistor per dos díodes en oposició amb un tercer terminal entre els dos ànodes per tal de simular les dues juncions del transistor NPN, no es donarà l'efecte transistor, ja que es requereix que les dues juncions comparteixin la regió central (base) i que aquesta regió sigui suficientment prima per permetre que els minoritaris injectats per una junció arribin a l'altre.

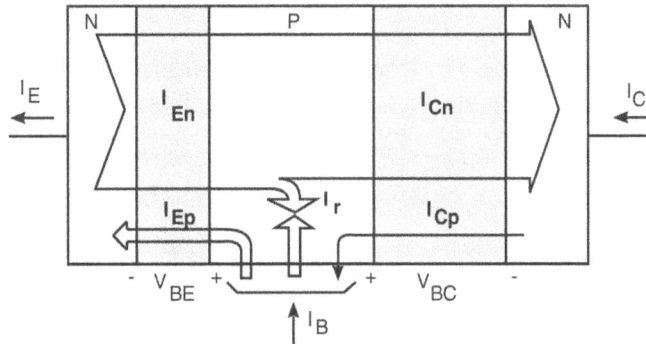

Figura 5.2 Corrents en un transistor NPN. Les fletxes interiors al rectangle assenyalen els fluxos de portadors, i les externes els sentits dels corrents elèctrics. Cal tenir en compte que el sentit del corrent elèctric pels electrons és contrari al sentit del seu flux, es a dir, I_{En} té el mateix sentit que I_E i I_{Cn} el mateix que I_C.

Exercici 5.1

Un transistor NPN té una $I_{Es} = 10^{-16}$ A. Quin serà el corrent de col·lector si $V_{BE} = 0.7$ V i la junció col·lectora està en inversa?

Aplicant l'expressió 5.2, $I_C = 10^{-16}exp(0.7/0.025) = 0.14\ mA$.

Exercici 5.2

Quina seria la tensió V_{BE} en el transistor anterior quan $I_C = 1$ mA?

Solució: $V_{BE} = 0.748$ V.

La capacitat del transistor com a amplificador de senyals està lligada a aquest efecte. Considerem el circuit de la figura 5.3, on el transistor NPN té la junció emissora polaritzada directament per la tensió $[V_{EE} - \Delta V_i(t)]$, essent $\Delta V_i(t)$ un senyal d'amplitud petita que es vol amplificar. La junció col·lectora està polaritzada inversament per V_{CC}. Aproximant la caiguda de tensió en el díode d'emissor per la tensió de colze $V_\gamma (\approx 0.7$ V per al silici), resulta:

$$V_{EE} - \Delta V_i(t) = I_E R_E + V_\gamma \quad \Rightarrow \quad I_E = \frac{V_{EE} - V_\gamma}{R_E} - \frac{\Delta V_i(t)}{R_E} = I_{EQ} - \Delta I_E(t) \qquad (5.3)$$

Suposant que I_C es pugui aproximar per I_E, i mentre la polarització del díode de col·lector sigui inversa ($V_{CB} > 0$), resultarà que:

$$V_o = V_{CC} - I_C R_C = \left[V_{CC} - I_{EQ} R_C \right] + \frac{R_C}{R_E} \Delta V_i(t) = V_{oQ} + \Delta V_o(t); \qquad \Delta V_o(t) = \frac{R_C}{R_E} \Delta V_i(t) \quad (5.4)$$

Com es pot observar, a la sortida apareix un senyal $\Delta V_o(t)$ que és proporcional al senyal d'entrada. El factor R_C/R_E que multiplica $\Delta V_i(t)$ a l'última expressió, s'anomena guany de tensió de l'amplificador, el qual pot controlar-se fixant la relació entre resistències, amb l'única restricció que V_o ha de ser sempre positiva per assegurar que el transistor estigui polaritzat en activa.

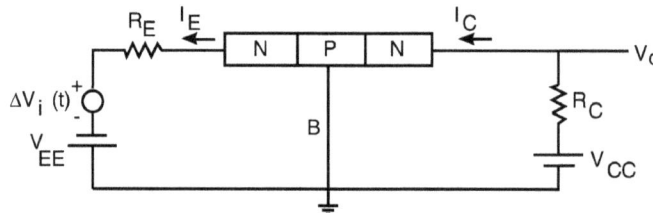

Figura 5.3 Exemple de circuit amplificador

Exercici 5.3

A l'amplificador de la figura anterior R_C = 5 kΩ i R_E = 100 Ω. Quin serà aproximadament el guany de tensió del circuit?

El guany aproximat és R_C/R_E = 50.

Exercici 5.4

Quin valor hauria de tenir R_C al circuit de la qüestió anterior per aconseguir un guany de 100?

Solució: R_C = 10 kΩ.

El circuit de la figura 5.3 té el terminal de base comú a les malles d'emissor i col·lector. Per aquest motiu es diu que la configuració del circuit és en *base comuna*. També hi ha les configuracions *d'emissor comú* i de *col·lector comú*, que presenten el terminal d'emissor o el de col·lector comuns a les malles d'entrada i sortida. La configuració d'emissor comú és la més utilitzada en amplificació, mentre que la de col·lector comú, també anomenada *seguidor per emissor* sol utilitzar-se com a etapa de sortida.

Els transistors bipolars, a més a més d'utilitzar-se com a amplificadors, també es fan servir en circuits digitals, en els quals els transistors només treballen en dos estats. Per aquest motiu, aquests dispositius no es fan servir només en polarització activa, sinó també en els modes anomenats de tall i saturació. A la taula 5.1 es presenten els quatre modes possibles de polaritzar un transistor. El mode invers no se sol fer servir a la pràctica, ja que en aquest mode les prestacions del transistor són pitjors que en el mode actiu.

		Junció Emissora	
		Directa	*Inversa*
Junció col·lectora	*Directa*	Saturació	Invers
	Inversa	Actiu	Tall

Taula 5.1 Modes de funcionament del transistor

5.1.2 Estructura física del transistor bipolar. Procés de fabricació

A la figura 5.4 es presenta l'estructura física del transistor bipolar que es fa servir en circuits integrats. Aquesta estructura respon a la necessitat de disposar el tres terminals del transistor a la superfície de l'oblia i de l'aïllament requerit entre els dispositius que formen el CI que comparteixen un substrat comú. Tal com es va assenyalar en el capítol 3, dedicat a la tecnologia dels semiconductors, aquest aïllament s'aconsegueix creant cada dispositiu dins d'un bloc amb dopatge de tipus contrari al del substrat i polaritzant inversament la junció creada. Amb aquesta polarització, la junció equival a un circuit obert i els corrents que circulen per l'interior del bloc encastat no poden accedir al substrat, i per tant no arriben als altres blocs. La comunicació d'aquests corrents interiors a cada bloc només es permet a través de pistes metàl·liques fetes a la superfície de l'oblia.

A la figura 5.4 es mostra l'estructura d'un transistor NPN. El dispositiu s'ha realitzat en un bloc N creat dins el substrat P. La junció PN entre el substrat i aquest bloc es polaritza inversament com es justificava al paràgraf anterior. Per altra part, s'accedeix a les regions d'emissor, base i col·lector des de la superfície. El corrent que circula entre emissor i col·lector ho fa verticalment, tal com es representa a l'esmentada figura. Per accedir a la part central de base es crea una regió P ampla amb la qual es fa contacte des de la superfície (terminal B). Cal notar que el corrent de base haurà de fer un camí llarg abans d'arribar a la part central de la base. Aquest camí introdueix una certa resistència que s'inclou en el circuit equivalent del transistor.

Quelcom similar passa amb el terminal de col·lector. El corrent que surt per aquest terminal ha de fer un camí molt llarg dins el silici, la qual cosa introdueix una resistència considerable. Per tal de disminuir la resistència d'aquest camí es crea una regió N^+ molt dopada que presenta una resistència petita. Aquesta regió s'anomena capa enterrada. El camí "vertical" que segueix el corrent del transistor, des de l'emissor fins a l'inici de la capa enterrada, permet que el comportament del dispositiu es pugui aproximar emprant un model unidimensional. Cal notar, però, que els terminals d'emissor i col·lector no són intercanviables, com podria pensar-se a partir d'una estructura merament unidimensional.

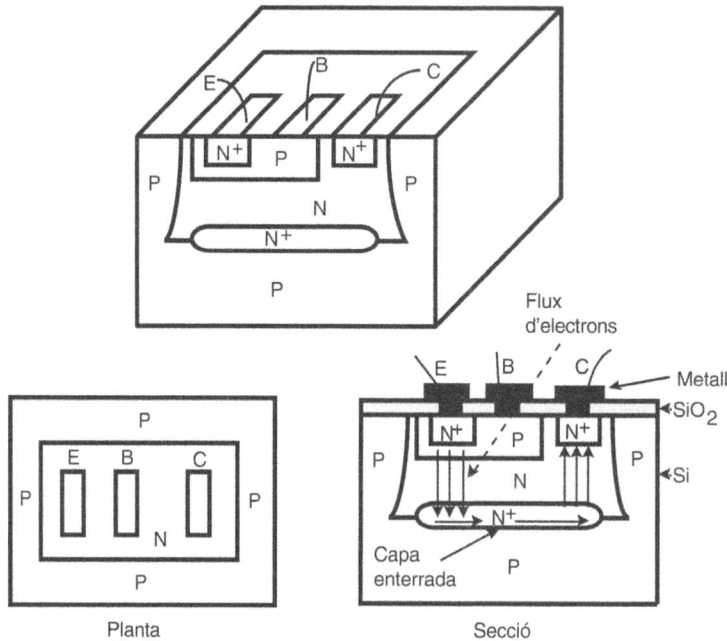

Figura 5.4 Estructura física d'un transistor bipolar NPN

La figura 5.5 representa el procés de fabricació d'un transistor bipolar NPN. A partir d'una oblia P es crea una capa molt dopada N^+ en la superfície, la qual se convertirà al final en la capa enterrada. Para crear aquesta regió N^+ s'utilitza una primera màscara. El pas següent consisteix a fer créixer una capa epitaxial d'uns 10 a 20 micròmetres de gruix en la superfície de tota l'oblia. Aquesta capa es creix amb el dopatge N que tindrà el col·lector del transistor. Amb aquesta actuació la capa N^+ feta a l'etapa anterior quedarà "enterrada" al fons de la capa epitaxial N. A continuació es procedeix a dividir aquesta capa en regions aïllades entre sí, dins cadascuna de les quals es farà un dispositiu. Per fer-ho es realitza una difusió P d'aïllament des de la superfície fent servir una segona màscara. La difusió es fa de manera que la nova regió P travessi completament la capa epitaxial i arribi al substrat P.

Després de construïdes les illes N es procedeix a fer els transistor bipolars pròpiament dits. La quarta etapa consisteix a fer la base mitjançant una difusió P, que empra una tercera màscara. Després de tornar a oxidar tota l'oblia s'obren noves finestres amb la màscara corresponent i es fan les difusions N^+ de l'emissor i el col·lector. S'elimina l'òxid i, després de tornar a oxidar s'obren les finestres per permetre que el metall que es dipositarà a continuació faci contacte amb les regions d'emissor, base i col·lector del transistor. Finalment, s'elimina part del metall dipositat sobre tota l'oblia de forma que només quedin les pistes que interconnecten els terminals entre si.

El procés que s'acaba de descriure requereix sis màscares. Mentre en unes illes es creen transistors bipolars, en altres es poden utilitzar els processos descrits per fer altres tipus de dispositius (resistències, díodes ...) i crear així un circuit integrat. Aquest procés tecnològic basat en la fabricació d'un transistor bipolar s'anomena *tecnologia bipolar*.

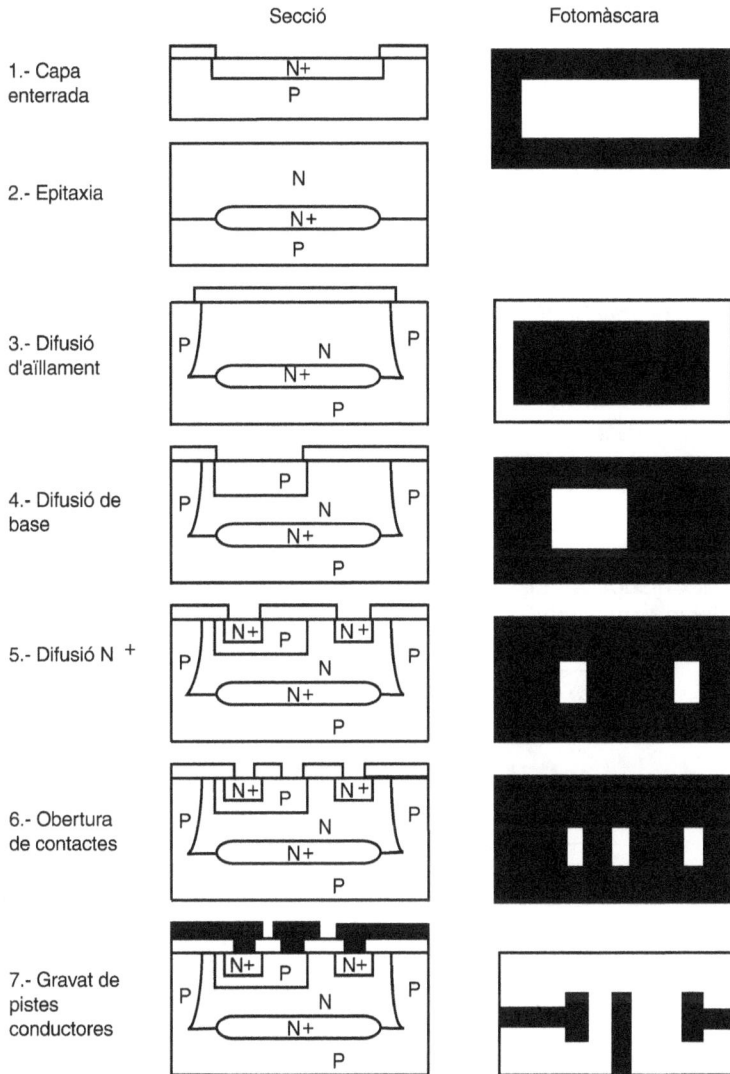

Figura 5.5 Tecnologia bipolar: procés de fabricació del transistor bipolar

QÜESTIONARI 5.1

1. L'estructura representada en la figura següent pot correspondre a un transistor bipolar o a dos díodes amb els ànodes connectats entre ells.

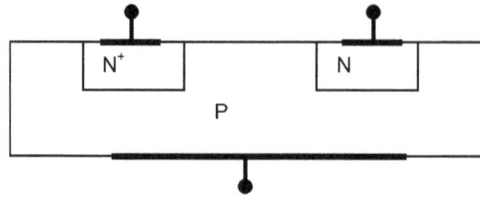

Quina de les condicions següents s'ha de complir perquè es tracti d'un transistor?

    a) La separació entre les regions N^+ i N és molt més petita que la longitud de difusió dels forats en la regió N^+.

    b) La separació entre les regions N^+ i N és molt més petita que la longitud de difusió dels electrons en la regió P.

    c) La separació entre les regions N^+ i N és molt més petita que la longitud de difusió dels forats en la regió N.

    d) La separació entre el contacte metàl·lic de la regió P i les regions de tipus N és molt més petita que la longitud de difusió dels electrons en la regió N^+.

2. *La figura adjunta representa la planta d'un transistor bipolar integrat i una secció del mateix dispositiu. Les dimensions indicades s'expressen en micres (noteu que no es respecta cap escala).*

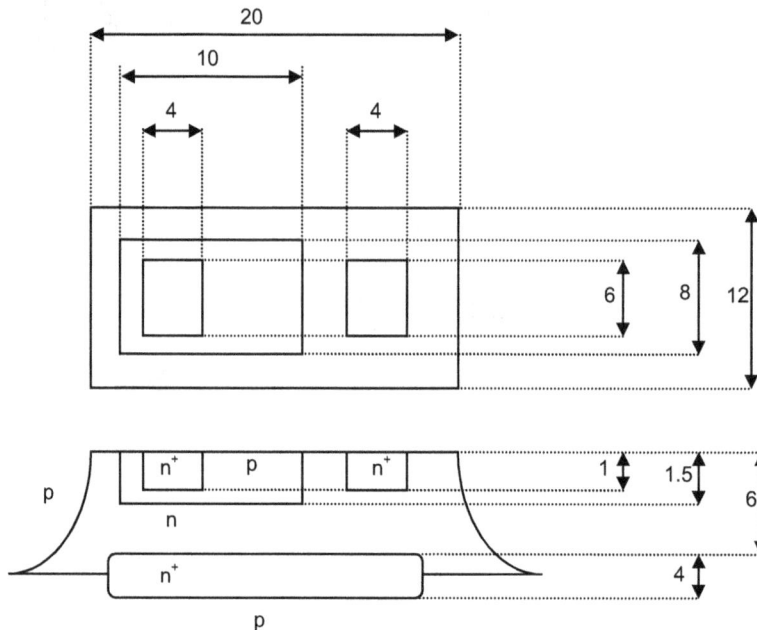

Volem aproximar l'estructura del transistor de la figura per un model unidimensional. Determineu els gruixos d_E, d_B i d_C de les regions d'emissor, de base i de col·lector respectivament i la secció del dispositiu, A.

    a) d_E= 1 μm, d_B= 1.5 μm, d_C= 6 μm, A= 24 μm^2

    b) d_E= 1 μm, d_B= 1.5 μm, d_C= 10 μm, A= 240 μm^2

    c) d_E= 1 μm, d_B= 0.5 μm, d_C= 4.5 μm, A= 240 μm^2

    d) d_E= 1 μm, d_B= 0.5 μm, d_C= 4.5 μm, A= 24 μm^2

3. *En la majoria de transistors es fa servir una estructura vertical com la de la qüestió 2 en lloc d'una d' horitzontal com la de la qüestió 1. Quina és la raó?*

a) En l'estructura horitzontal el contacte de la regió P no es pot situar en la cara frontal.

b) L'estructura vertical demana un nombre més petit d'etapes de fabricació.

c) En l'estructura horitzontal és més difícil fer una base estreta que en la vertical.

d) Únicament l'estructura vertical permet la integració monolítica del BJT en un circuit.

4. *Considereu el diagrama de la figura on les fletxes representen els fluxos de portadors en un transistor PNP en activa. Els símbols indiquen els corrents associats, en valor absolut. Indiqueu quin del següents conjunts de relacions no és correcte.*

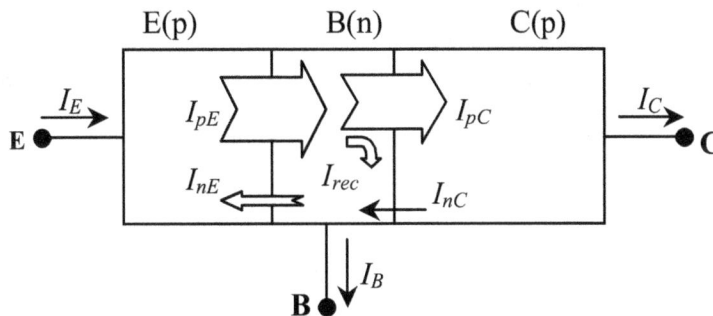

a) $I_E=I_{pE}+I_{nE}$ $I_C=I_{pC}+I_{nC}$ *b)* $I_E=I_{pE}-I_{nE}$ $I_C=I_{pC}-I_{nC}$
c) $I_E=I_C+I_B$ $I_B=I_{rec}+I_{nE}-I_{nC}$ *d)* $I_{rec}=I_{pE}-I_{pC}$ $I_C\approx I_{pC}$

5. *Si en la figura 5.3 substituim el transistor NPN per un PNP, quins signes hauran de tenir les tensions aplicades per tal que el dispositiu treballi en regió activa?*

a) $V_{EE}>0$, $V_{CC}>0$ *b)* $V_{EE}>0$, $V_{CC}<0$ *c)* $V_{EE}<0$, $V_{CC}>0$ *d)* $V_{EE}<0$, $V_{CC}<0$

6. *La figura adjunta representa una parella de transistors NPN-PNP. Aquest darrer ha estat obtingut aprofitant les mateixes etapes del procés de fabricació del primer.*

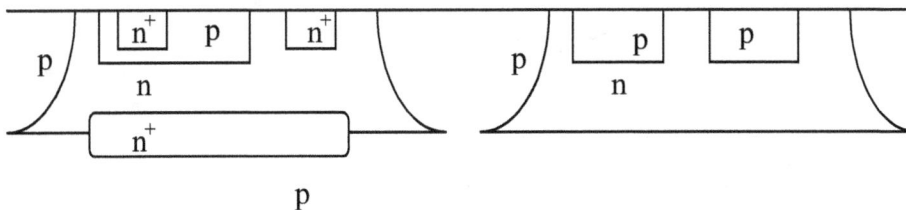

Quina de les afirmacions següents és falsa?

a) La base del PNP té el mateix dopatge que el col·lector del NPN.

b) La base del NPN té el mateix dopatge que l'emissor del PNP

c) La profunditat de la difusió de base del NPN és la mateixa que la del col·lector del PNP.

d) La profunditat del col·lector del NPN és igual que l'amplada de base del PNP.

5.2 EL TRANSISTOR BIPOLAR IDEAL EN RÈGIM PERMANENT

Aquest apartat es dedica a desenvolupar un model aproximat del transistor bipolar en contínua, a partir de les distribucions d'electrons i forats dins del transistor calculades fent un conjunt d'aproximacions similars a les realitzades per deduir el model del díode ideal.

5.2.1 Distribucions de portadors i de corrents en el transistor ideal

El punt de partida per descriure el comportament del transistor és la teoria del díode presentada en el capítol segon. Suposarem les mateixes aproximacions que es van fer per deduir l'equació del díode ideal (baixa injecció, neutralitat de càrrega a les regions neutres, quasiequilibri a la ZCE i corrents d'arrossegament de minoritaris menyspreables enfront de les de difusió). A més a més, farem una hipòtesi addicional que sol complir-se en els transistors pràctics: el gruix de la regió neutra de la base és molt inferior a la longitud de difusió dels minoritaris en ella. Això ens permet aproximar la distribució d'electrons en la base per una recta, tal com fèiem en el díode de regió curta.

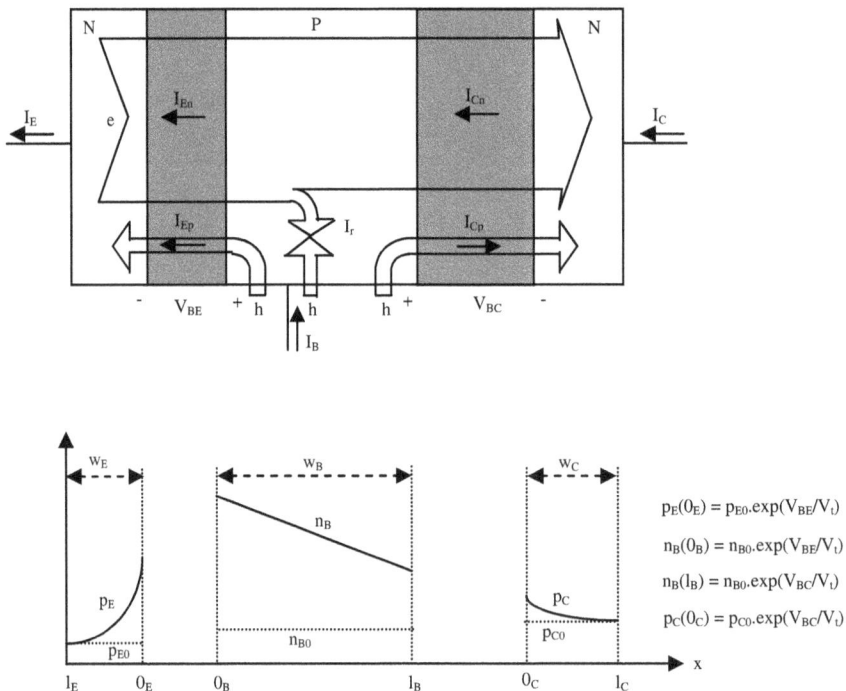

Figura 5.6   Corrents i distribucions de portadors en un transistor NPN.

La figura 5.6 presenta les distribucions de minoritaris en un transistor NPN per a unes polaritzacions arbitràries a les dues juncions: V_{BE} i V_{BC}. Es suposa que la distribució d'electrons a la base es pot aproximar per una recta. Noteu que el sentit de I_{Cp} correspon a la polarització directa de la junció base col·lector, mentre que en la figura 5.2 es representa per polarització inversa. En els càlculs que segueixen es considerarà el cas general, on totsdos signes de V_{BC} són possibles. Noteu que les fletxes a l'interior del transistor representen fluxes de portadors, per la qual cosa els corrents elèctrics d'electrons I_{En} i I_{Cn} son negatius (sentit contrari al eix x).

Els corrents que creuen la ZCE de cada junció són:

$$I_{En} = qAD_{nB} \frac{dn}{dx}\bigg|_{0_B} \cong -qAD_{nB} \frac{n_B(0_B) - n_B(l_B)}{w_B} = -qAD_{nB} \frac{n_{B0}}{w_B} \left[e^{V_{BE}/V_t} - e^{V_{BC}/V_t} \right] \qquad (5.5)$$

$$I_{Ep} = -qAD_{pE} \frac{dp}{dx}\bigg|_{0_E} = -qA \frac{D_{pE}}{L_{pE}} \frac{1}{\tanh(w_E/L_{pE})} p_{E0} \left[e^{V_{BE}/V_t} - 1 \right] \qquad (5.6)$$

$$I_{Cn} = qAD_{nB} \frac{dn}{dx}\bigg|_{l_B} \cong I_{En} \qquad (5.7)$$

$$I_{Cp} = -qAD_{pC} \frac{dp}{dx}\bigg|_{0_C} = qA \frac{D_{pC}}{L_{pC}} \frac{1}{\tanh(w_C/L_{pC})} p_{C0} \left[e^{V_{BC}/V_t} - 1 \right] \qquad (5.8)$$

El corrent de recombinació d'electrons en la base, I_r, s'ha considerat molt menor que I_{En} i I_{Cn} tal com es considera implícitament en l'equació 5.7. El seu valor es pot avaluar calculant la recombinació a la base. En efecte, integrant l'equació de continuïtat d'electrons en règim permanent a la base entre 0_B i l_B, resulta que $I_n(0_B) - I_n(l_B) = Q_{nB}/\tau_{nB}$, on Q_{nB} és la càrrega d'electrons en excés a la base i τ_{nB} el seu temps mitjà de vida. La diferència entre el corrent d'electrons a 0_B i a l_B és I_r. La càrrega Q_{nB} es pot avaluar calculant l'àrea dels electrons en excés a la base:

$$I_r = \frac{Q_{nB}}{\tau_{nB}} \cong \frac{qA}{\tau_{nB}} \frac{w_B}{2} \left[n_B(0_B) + n_B(l_B) \right] \qquad (5.9)$$

essent w_B el gruix de la regió neutra de la base. Aquest resultat també es pot obtenir a partir de la diferència entre el corrent de electrons entre els dos límits de la regió neutra de la base quan la distribució d'electrons en aquesta regió no s'aproxima per una recta sinó que es treballa amb l'expressió exacta.

Exercici 5.5

Un transistor NPN té un emissor de dopatge uniforme de valor 10^{18} cm^{-3}, gruix de 2 micres, $D_{pE} = 5$ cm^2/s i $L_{pE} = 0.5$ micres. Les corresponents dades de la base són respectivament de 10^{16} cm^{-3}, 1 micra i 25 cm^2/s. La secció de l'emissor és de 10^{-4} cm^2. Trobar els corrents I_{En} i I_{Ep} a través de la ZCE de la junció emissora.

Aplicant l'expressió 5.5 resulta I_{En} = [1.6$\times$10^{-19}$\times$10^{-4}$\times$25$\times$(2.25$\times$10^{20}/10^{16})/10^{-4}] $\times$[exp(V_{BE}/V_t)-exp(V_{BC}/V_t)] = 9$\times$10^{-14}$\times$[exp(V_{BE}/V_t)-exp(V_{BC}/V_t)] A. De forma similar, aplicant 5.6, resulta I_{Ep} = 3.6$\times$10^{-16}$\times$[exp(V_{BE}/V_t)-1] A. Per a V_{BC} = 0 resulta I_{En}/I_{Ep} = 9$\times$10^{-14}/3.6$\times$10^{-16} = 250.

Exercici 5.6

Trobeu I_r del transistor anterior suposant $\tau_{nB} = 500$ μs.i que V_{BC} és inversa.

Solució: $I_r = 3.6 \cdot 10^{-20} x \exp(V_{BE}/V_t)$ A.

QÜESTIONARI 5.2.a

1. *Considerem un transistor NPN amb un perfil de n_B creixent amb x en lloc de ser decreixent com en la figura 5.6. Quina de les següents respostes es falsa?*
   a) el transistor treballa en la regió inversa   b) el transistor està saturat
   c) $V_{BE} > V_{BC}$ d) $V_{BE} < V_{BC}$

2. *Suposem un transistor bipolar on l'emissor és una regió curta. Analitzeu quina influència té la profunditat de la regió d'emissor, w_E, en els corrents que circulen pel dispositiu i decidiu quines de les afirmacions següents és falsa:*
   a) Si w_E disminueix I_C augmenta.   b) Si w_E augmenta I_E disminueix
   c) Si w_E disminueix I_B augmenta   d) Si w_E augmenta I_{rec} no és afectat

3. *Com que la regió de col·lector és molt poc dopada, la longitud de difusió dels portadors minoritaris és gran. No seria, doncs, estrany que es tractés d'una regió elèctricament curta encara que tingui moltes micres de profunditat. Analitzeu, si això passa, quina influència tindria el valor de w_C en el funcionament del dispositiu, suposant que el contacte posterior de la regió de col·lector fos òhmic. Com a resultat digueu quina de les afirmacions següents és falsa:*
   a) En regió activa I_C quasi no depèn de w_C.
   b) En regió inversa I_B augmenta si w_C disminueix.
   c) En tall I_C augmenta si w_C disminueix
   d) En saturació I_C no depèn de w_C.

4. *Si multipliquem per 10 la concentració d'impureses de la base, digueu quina de les afirmacions següents, referides als corrents, és falsa.*
   a) El corrent de col·lector queda dividit per 10
   b) El corrent d'emissor no canvia.
   c) El corrent de recombinació en la base queda dividit per 10.
   d) El corrent de minoritaris en l'emissor no canvia.

5. *Trobeu les expressions de les càrregues dels minoritaris en excés en les zones neutres d'un transistor bipolar NPN. Suposeu que l'emissor i el col·lector són llargs mentre que la base és curta. Quina de les expressions següents no és correcta?*

$$a)\ Q_{pE} = qAL_{pE} \left(n_i^2 / N_E \right) \left(\exp(V_{BE}/V_t) - 1 \right)$$

$$b)\ Q_{pC} = qAL_{pC} \left(n_i^2 / N_C \right) \left(\exp(V_{BC}/V_t) - 1 \right)$$

$$b)\ Q_{nB} = (1/2) qAw_B \left(n_i^2 / N_B \right) \left(\exp(V_{BE}/V_t) - 1 \right)$$

$$c)\ Q_{nB} = (1/2) qAw_B \left(n_i^2 / N_B \right) \left[(\exp(V_{BE}/V_t) - 1) + (\exp(V_{BC}/V_t) - 1) \right]$$

6. *Trobeu l'expressió del corrent de recombinació en la zona neutra de base en el transistor de la qüestió anterior suposant conegut el temps de vida dels portadors minoritaris en aquesta regió. Quina de les respostes següents és errònia?*

a) $I_{rec} = I_{nE} - I_{nC}$ b) $I_{rec} = Q_B/\tau_{nB}$ c) $I_{rec} = Q_{zceBE}/\tau_{nB}$ d) $I_{rec} = I_B - I_{pE} - I_{pC} \approx I_B - I_{pE}$

5.2.2 Models d'Ebers-Moll del transistor bipolar

El corrent que surt per l'emissor, I_E, serà: $I_E = I_{En} + I_{Ep}$, i el que entra pel col·lector, I_C, serà: $I_C = I_{Cn} - I_{Cp}$. A partir dels corrents (5.5)-(5.9) es poden calcular aquests corrents:

$$I_E = I_{En} + I_{Ep} = I_{Es}\{e^{V_{BE}/V_t} - 1\} - \alpha_R I_{Cs}\{e^{V_{BC}/V_t} - 1\} \tag{5.10}$$

$$I_C = I_{Cn} - I_{Cp} = \alpha_F I_{Es}\{e^{V_{BE}/V_t} - 1\} - I_{Cs}\{e^{V_{BC}/V_t} - 1\} \tag{5.11}$$

Els valors de I_{Es}, I_{Cs}, α_R i α_F són immediats de trobar identificant els factors que multipliquen les exponencials de les tensions de polarització a les equacions de l'apartat anterior (vegeu exercici 5.7). Així mateix pot verificar-se que es compleix:

$$\alpha_F I_{Es} = \alpha_R I_{Cs} = I_s \tag{5.12}$$

que s'anomena *relació de reciprocitat*.

Les equacions (5.10)-(5.11) es coneixen amb el nom de *model d'Ebers-Moll d'injecció*, i se solen representar mitjançant el circuit de la figura 5.7a: dos díodes que representen les juncions emissora i la col·lectora, i dues fonts dependents de corrent que representen "l'acció transistor" descrita a l'apartat anterior. Noteu que si el transistor està polaritzat en activa (junció emissora en directa, $V_{BE} > 0$, i col·lectora en inversa, $V_{BC} < 0$), I_R és zero i també ho és $\alpha_R I_R$, i per tant el circuit queda reduït al díode d'emissor, que injecta un corrent $I_F = I_{Es}[\exp(V_{BE}/V_t) - 1]$ i la font dependent $\alpha_F I_F$, que representa la part dels electrons injectats per l'emissor a la base que recull la junció col·lectora (efecte transistor). A la figura 5.7 s'han tornat a escriure les equacions (5.10)-(5.11) fent servir l'equació (5.12) per expressar I_{Es} i I_{Cs}.

Exercici 5.7

Suposant que I_r sigui negligible, és a dir, que $I_{Cn} = I_{En}$, trobeu les equacions del model d'Ebers-Moll a partir de les expressions 5.5 a 5.8.

Tenint en compte que a les equacions 5.5 a 5.8 el signe positiu correspon al sentit d'emissor a col·lector, i que en el model Ebers-Moll els sentits dels corrents són els contraris, resulta:

$$I_E = qA\frac{D_{nB}}{w_B}n_{B0}\left[e^{V_{BE}/V_t} - e^{V_{BC}/V_t}\right] + qA\frac{D_{pE}}{L_{pE}\tanh(w_E/L_{pE})}p_{E0}\left[e^{V_{BE}/V_t} - 1\right]$$

$$I_C = qA\frac{D_{nB}}{w_B}n_{B0}\left[e^{V_{BE}/V_t} - e^{V_{BC}/V_t}\right] - qA\frac{D_{pC}}{L_{pC}\tanh(w_C/L_{pC})}p_{C0}\left[e^{V_{BC}/V_t} - 1\right]$$

Sumant i restant a la primera i a la segona equació el coeficient del primer parèntesi, resulta:

$$I_E = qA\left[\frac{D_{nB}}{w_B}n_{B0} + \frac{D_{pE}}{L_{pE}\tanh(w_E/L_{pE})}p_{E0}\right]\left[e^{V_{BE}/V_t}-1\right] - qA\left[\frac{D_{nB}}{w_B}n_{B0}\right]\left[e^{V_{BC}/V_t}-1\right]$$

$$I_C = qA\left[\frac{D_{nB}}{w_B}n_{B0}\right]\left[e^{V_{BE}/V_t}-1\right] - qA\left[\frac{D_{nB}}{w_B}n_{B0} + \frac{D_{pC}}{L_{pC}\tanh(w_C/L_{pC})}p_{C0}\right]\left[e^{V_{BC}/V_t}-1\right]$$

Exercici 5.8

Trobeu els valors numèrics de I_{Es}, I_{Cs}, α_F i α_R corresponents al transistor de l'exercici 5.5, suposant que el col·lector té un dopatge de 10^{15} cm^{-3}, un gruix de 15 micres, una $L_{pC} = 500 \cdot 10^{-4}$ cm, i una $D_{pC} = 12.5$ cm^2/s.

Solució: $I_{Es} = 9.036 \cdot 10^{-14}$ A $I_{Cs} = 12 \cdot 10^{-14}$ A $\alpha_F = 0.996$ $\alpha_R = 0.75$.

Com que el model d'Ebers-Moll té només tres paràmetres independents, es pot representar per un circuit amb només tres elements. És el que s'anomena *model d'Ebers-Moll de transport* i es representa a la figura 5.7.b. L'obtenció d'aquest model és immediata: substituint I_{Es} i I_{Cs} a l'equació (5.10) per I_s/α_F i I_s/α_R respectivament, i sumant-li i restant-li $I_s[\exp(V_{BE}/V_t)-1]$ resulta:

$$I_E = I_s\left[e^{V_{BE}/V_t}-1\right] - I_s\left[e^{V_{BC}/V_t}-1\right] + I_s\frac{1-\alpha_F}{\alpha_F}\left[e^{V_{BE}/V_t}-1\right] \qquad (5.13)$$

i procedint de forma similar a l'equació (5.11):

$$I_C = I_s\left[e^{V_{BE}/V_t}-1\right] - I_s\left[e^{V_{BC}/V_t}-1\right] - I_s\frac{1-\alpha_R}{\alpha_R}\left[e^{V_{BC}/V_t}-1\right] \qquad (5.14)$$

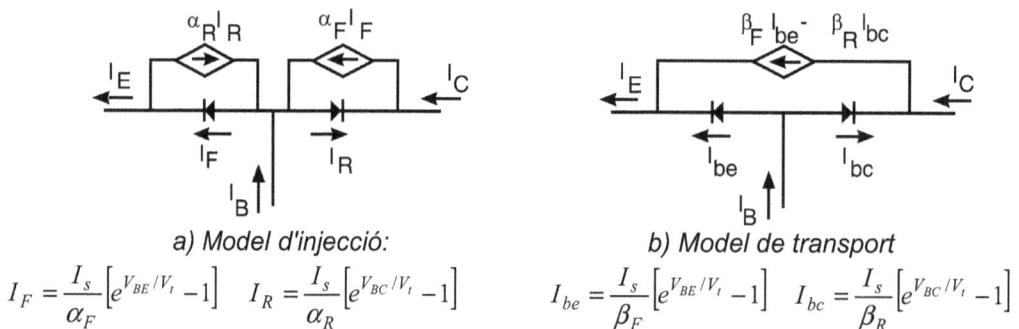

a) Model d'injecció:

$$I_F = \frac{I_s}{\alpha_F}\left[e^{V_{BE}/V_t}-1\right] \qquad I_R = \frac{I_s}{\alpha_R}\left[e^{V_{BC}/V_t}-1\right]$$

b) Model de transport

$$I_{be} = \frac{I_s}{\beta_F}\left[e^{V_{BE}/V_t}-1\right] \qquad I_{bc} = \frac{I_s}{\beta_R}\left[e^{V_{BC}/V_t}-1\right]$$

Figura 5.7 Models d'Ebers-Moll d'un transistor bipolar

Si es defineixen $\beta_F = \alpha_F/(1-\alpha_F)$ i $\beta_R = \alpha_R/(1-\alpha_R)$ i es denomina $I_s/\beta_F = I_{es}$ i $I_s/\beta_R = I_{cs}$, les expressions anteriors poden escriure's com:

$$I_E = \left\{\beta_F I_{es}(e^{V_{BE}/V_t}-1) - \beta_R I_{cs}(e^{V_{BC}/V_t}-1)\right\} + I_{es}(e^{V_{BE}/V_t}-1) \tag{5.15}$$

$$I_C = \left\{\beta_F I_{es}(e^{V_{BE}/V_t}-1) - \beta_R I_{cs}(e^{V_{BC}/V_t}-1)\right\} - I_{cs}(e^{V_{BC}/V_t}-1) \tag{5.16}$$

La figura 5.7.b representa aquestes equacions. El programa de simulació de circuits electrònics SPICE fa servir aquest model per al transistor bipolar.

Exercici 5.9

Trobeu I_{es}, I_{cs}, β_F, i β_R del model d'Ebers-Moll de transport suposant, com a l'exercici 5.7, que I_r sigui negligible.

Tenint en compte els resultats de l'exercici 5.7, les expressions de α_F, α_R β_F i β_R són:

$$\alpha_F = \frac{D_{nB}n_{B0}/w_B}{D_{nB}n_{B0}/w_B + D_{pE}p_{E0}/(L_{pE}tanh(w_E/L_{pE}))} \Rightarrow \beta_F = \frac{D_{nB}}{D_{pE}}\frac{L_{pE}tanh(w_E/L_{pE})}{w_B}\frac{n_{B0}}{p_{E0}}$$

$$\alpha_R = \frac{D_{nB}n_{B0}/w_B}{D_{nB}n_{B0}/w_B + D_{pC}p_{C0}/(L_{pE}tanh(w_C/L_{pC}))} \Rightarrow \beta_R = \frac{D_{nB}}{D_{pC}}\frac{L_{pC}tanh(w_C/L_{pC})}{w_B}\frac{n_{B0}}{p_{C0}}$$

Per altra banda, tenint en compte que $I_{es} = I_s/\beta_F$ i que $I_{cs} = I_s/\beta_R$ resulta:

$$I_{es} = qA\frac{D_{pE}}{L_{pE}\tanh(w_E/L_{pE})}p_{E0} \qquad\qquad I_{cs} = qA\frac{D_{pC}}{L_{pC}\tanh(w_C/L_{pC})}p_{C0}$$

Exercici 5.10

Trobeu els valors numèrics de I_{es}, I_{cs}, β_F i β_R corresponents al transistor de l'exercici 5.8.

Solució: $I_{es} = 3.61 \cdot 10^{-16}$ A $\qquad I_{cs} = 3 \cdot 10^{-14}$ A $\qquad \beta_F = 249 \qquad \beta_R = 3$.

Quan el transistor treballa a la regió activa, les equacions 5.15 i 5.16 es redueixen a:

$$I_E \cong \left\{\beta_F I_{es}(e^{V_{BE}/V_t}-1)\right\} + I_{es}(e^{V_{BE}/V_t}-1) \qquad I_C \cong \beta_F I_{es}(e^{V_{BE}/V_t}-1) \tag{5.17}$$

i per tant:

$$I_B = I_E - I_C \cong I_{es}(e^{V_{BE}/V_t}-1) \tag{5.18}$$

En conseqüència, el corrent de col·lector és β_F vegades el corrent de base. Per això, β_F es denomina *guany de corrent en emissor comú*:

$$\beta_F = \left.\frac{I_C}{I_B}\right|_{Activa} = \frac{I_{Cn}}{I_r + I_{Ep}} = \frac{1}{I_r/I_{Cn} + I_{Ep}/I_{Cn}} \tag{5.19}$$

Com es veurà més endavant, se sol requerir un valor elevat de β_F (habitualment de l'ordre de cent). Per aconseguir-ho el denominador ha de ser molt petit, per la qual cosa, el corrent de recombinació en la base, I_r, ha de ser molt petit respecte al corrent d'electrons que l'emissor injecta al col·lector, I_{Cn}, i el corrent de forats que la base injecta al emissor, I_{Ep}, ha de ser també molt petit respecte I_{Cn}. Aquestes condicions es quantifiquen mitjançant dos paràmetres anomenats factor de transport en la base i eficiència d'emissor.

El *factor de transport en la base*, α_T, es defineix com:

$$\alpha_T = \left.\frac{I_{Cn}}{I_{En}}\right|_{Activa} = \frac{I_{En} - I_r}{I_{En}} = 1 - \frac{I_r}{I_{En}} = 1 - \frac{1}{2}\left[\frac{w_B}{L_{nB}}\right]^2 \tag{5.20}$$

on s'ha utilitzat 5.5 i 5.9. Un factor de transport elevat s'aconsegueix fent la base molt prima, $w_B \ll L_{nB}$.

L'eficiència d'emissor es defineix com:

$$\gamma_E = \left.\frac{I_{En}}{I_E}\right|_{Activa} = \frac{I_{En}}{I_{En} + I_{Ep}} = \frac{1}{1 + I_{Ep}/I_{En}} = \frac{1}{1 + \dfrac{D_{pE}}{D_{nB}}\dfrac{p_{E0}}{n_{B0}}\dfrac{w_B}{L_{pE}\tanh(w_E/L_{pE})}} \tag{5.21}$$

Aquesta expressió s'ha obtingut utilitzant les equacions 5.5-5.8. Per tenir una eficiència d'emissor elevada es requereix que la concentració de minoritaris a l'emissor, p_{E0}, sigui molt inferior a la de la base, n_{B0}, i per tant, que N_{DE} sigui molt més gran que N_{AB}.

Noteu que el producte d'aquests dos factors es precisament α_F:

$$\alpha_F = \gamma_E \alpha_T = \left.\frac{I_{En}}{I_E}\frac{I_{Cn}}{I_{En}}\right|_{activa} = \left.\frac{I_{Cn}}{I_E}\right|_{activa} \cong \left.\frac{I_C}{I_E}\right|_{activa} \tag{5.22}$$

que s'anomena *guany de corrent en base comuna*, ja que en aquesta connexió el corrent d'entrada és el d'emissor i el de sortida el de col·lector. Com que la relació entre els dos guanys és:

$$\beta_F = \frac{\alpha_F}{1 - \alpha_F} \tag{5.23}$$

calen valors de α_F molt propers a la unitat (ja que sempre α_F és inferior a la unitat) per tenir valors de β_F grans.

Exercici 5.11

Trobeu el factor de transport de la base suposant un temps de vida dels electrons de 500 μs. Comproveu que el corrent I_r es negligible respecte a I_{En}.

La longitud de difusió a la base serà $L_{nB} = (D_{nB}\tau_{nB})^{1/2} = 1118$ μm. Aplicant 5.20 resulta:

$$\alpha_T = 1 - \frac{1}{2}\left[\frac{w_B}{L_{nB}}\right]^2 = 1 - 4\times10^{-7}$$

Per tant, $I_r = I_{En}(1-\alpha_T) = 4\cdot10^{-7}\times I_{En}$.

Exercici 5.12

Trobeu l'eficiència d'emissor del transistor de l'exercici 5.9 i el valor de β_F tenint en compte la recombinació a la base utilitzant el resultat de l'exercici 5.11.

Solució: $\gamma_E = 0.996$; $\beta_F = 248.9$.

QÜESTIONARI 5.2.b

1. Com podríem determinar el paràmetre I_{CS} de model d'Ebers-Moll d'un transistor NPN a partir de mesures de corrents i tensions entre els terminals del dispositiu?
    a) Mesurant I_C aplicat una tensió $V_{BC}<0$ i curtcircuitant base i emissor.
    b) Mesurant I_C aplicat una tensió $V_{BC}<0$ i deixant la base en circuit obert.
    c) Mesurant I_C aplicat una tensió $V_{BE}>0$ i curtcircuitant base i col·lector.
    d) Mesurant I_B aplicat una tensió $V_{BE}>0$ i deixant el col·lector en circuit obert.

2. Verifiqueu que en regió activa podem escriure: $I_C=\alpha_F I_E+I_{CBO}$, on I_{CBO} és el corrent invers de saturació de la junció base-col·lector, mantenint el terminal d'emissor en circuit obert. Quin és el valor de I_{CBO}?
    a) I_{CS} b) $-I_{CS}$ c) $(1+\alpha_F\alpha_R)I_{CS}$ d) $(1-\alpha_F\alpha_R)I_{CS}$

3. Verifiqueu que en regió activa podem escriure: $I_C = \beta_F I_B+I_{CEO}$, on I_{CEO} és el corrent que circula entre emissor i col·lector, mantenint la base en circuit obert. Quin és el valor de I_{CEO}?
    a) $I_{CBO}(1-\alpha_F)$ b) $I_{CBO}/(1-\alpha_F)$ c) $I_{CBO}(1-\alpha_R)$ d) $I_{CBO}/(1-\alpha_R)$

4. Com podríem determinar el paràmetre I_{CEO} de la qüestió anterior a partir de mesures de corrents i tensions entre els terminals del transistor?
    a) Mesurant I_C aplicat una tensió $V_{CE}<0$ i curtcircuitant base i emissor.
    b) Mesurant I_C aplicat una tensió $V_{CE}<0$ i deixant la base en circuit obert.
    c) Mesurant I_C aplicat una tensió $V_{CE}>0$ i curtcircuitant base i col·lector.
    d) Mesurant I_C aplicat una tensió $V_{CE}>0$ i deixant la base en circuit obert.

5. *En el model unidimensional de transistor amb dopatges uniformes, la difusió de minoritaris injectats des de l'emissor cap al col·lector quan el transistor treballa en mode actiu és idèntica que la difusió en sentit contrari quan el dispositiu treballa en mode invers. Una de les conclusions següents no es dedueix de l'afirmació precedent. Quina?*

a) α_T *és igual en els dos modes de funcionament*

b) $\alpha_F = \alpha_R$

c) *L'eficiència d'emissor,* γ_E, *és més gran en el mode actiu que en l'invers (en aquest cas és el col·lector qui fa d'emissor)*

d) *Si el perfil de concentració de minoritaris en la base és lineal en mode actiu també ho serà en mode invers*

6. *Sigui un transistor on els paràmetres del model d'Ebers-Moll en versió d'injecció són:* $\alpha_F = 0.995$, $\alpha_R = 0.45$, $I_{ES} = 10^{-16}$ *A. Doneu els valors en ampères dels paràmetres* I_s/β_F *i* I_s/β_R *del model en versió de transport.*

a) 2.26×10^{-19}, 5.5×10^{-16} b) 5.49×10^{-16}, 2.26×10^{-19}

c) 5.0×10^{-19}, 5.5×10^{-17} d) 1.22×10^{-16}, 5.0×10^{-19}

5.2.3 Corbes característiques del transistor bipolar ideal en emissor comú

La figura 5.8.a representa un transistor NPN connectat en la configuració d'emissor comú. Quan el transistor es substitueix pel seu circuit equivalent d'acord amb el model d'Ebers-Moll de transport, s'obté el circuit equivalent 5.8.b, el qual es redueix al 5.8.c quan el transistor està polaritzat en activa. Les corbes característiques del transistor consisteixen en dues famílies de corbes, les d'entrada, en les que es representa el corrent d'entrada I_B en funció de la tensió d'entrada V_{BE} per a diversos valors de la tensió de sortida V_{CE}, i les de sortida, que presenten el corrent de sortida I_C en funció de la tensió de sortida V_{CE} per a diversos valors del corrent d'entrada I_B.

Suposarem de moment que el transistor està polaritzat en *mode actiu*. En aquestes condicions el díode de col·lector està en tall ($I_{bc} = 0$), tal com es representa a la figura 5.8.c. La característica d'entrada serà la corba $I_B = I_{be}$ en funció de V_{BE}, que no és més que la corba d'un díode. Per a transistors de silici la tensió de colze serà aproximadament de 0.7 V, tal com s'indica a la figura 5.9. El corrent de col·lector en aquest mode de funcionament és $I_C = \beta_F \cdot I_{be} = \beta_F I_B$. Aquesta relació posa de manifest la capacitat d'amplificació de corrent del

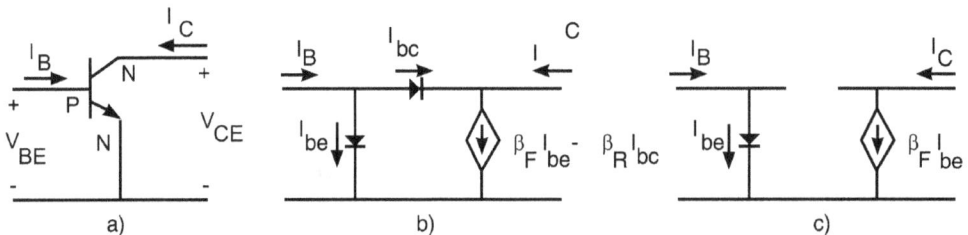

Figura 5.8 a) Transistor NPN connectat en emissor comú. b) Circuit equivalent general.
c) Circuit equivalent en mode actiu

transistor bipolar. Mentre el transistor es mantingui a la regió activa les corbes $I_C(V_{CE})$ seran rectes horitzontals, ja que si es manté I_B a un valor fix també ho serà I_C (vegeu figura 5.9.b). En aquest mode de funcionament el transistor sol aproximar-se per una font de tensió de 0.7 V entre base i emissor, per representar la tensió de colze del díode, i una font dependent de corrent de valor $\beta_F I_B$.

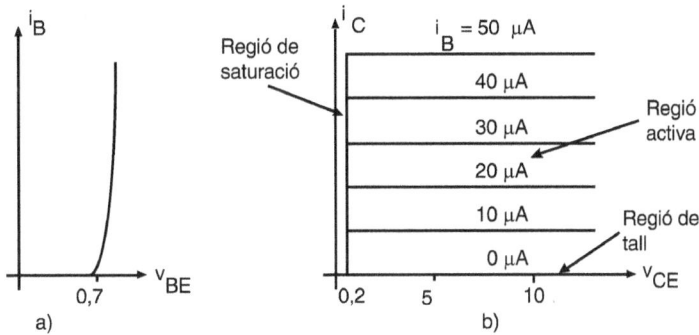

Figura 5.9 Corbes característiques de un transistor ideal NPN. a) Corbes d'entrada, mostrant la tensió de colze de 0,7 V (es suposa transistor de silici). b) Corbes de sortida

La regió activa acaba quan el díode de col·lector comença a conduir corrent, es a dir, quan I_{bc} comença a prendre valors positius. En aquest cas, quan els dos díodes estan polaritzats en directa el transistor treballa en *mode de saturació*. Com que el corrent I_{bc} del díode de col·lector augmenta exponencialment amb la tensió V_{BC}, el corrent de col·lector experimenta una disminució molt abrupta quan la junció col·lectora comença a conduir, tal com es mostra a la figura 5.9.b. Això succeeix quan V_{CE} està entre 0 i 0.2 V, perquè $V_{CE} = V_{CB}+V_{BE} = V_{BE}-V_{BC}$ $\cong 0.7$-V_{BC} i es requereix una V_{BC} pròxima a 0.7 V perquè el díode de col·lector comenci a conduir. Aquesta regió se sol aproximar per una recta vertical que talla a l'eix d'abscisses en $V_{CE} = V_{CEsat}$. Per aquest motiu es suposa una tensió constant, V_{CEsat}, entre col·lector i emissor quan el transistor està en mode de saturació. En aquest mode de funcionament, el corrent de base serà la suma de I_{be} i de I_{bc}, per la qual cosa les corbes d'entrada per $V_{CE} = V_{CEsat}$ seran més verticals que les corresponents a valors de V_{CE} del mode actiu. No obstant això, com que aquestes corbes estan molt pròximes entre si, se sol ignorar la influència de V_{CE}.

El tercer mode de funcionament és el *mode de tall*. En aquest mode les dues juncions estan polaritzades en inversa, per la qual cosa I_{be} i I_{bc} són nuls i, per tant, $I_B = 0$ i $I_C = 0$. La regió de tall a les corbes d'entrada correspon a la part de l'eix d'abscisses en la qual $I_B = 0$, i en les de sortida a l'eix d'abscisses per a V_{CE} més gran que V_{CEsat}. En aquest mode de funcionament el transistor equival a un circuit obert entre E i B, entre C i E i entre B i C.

El *mode invers*, en el qual la junció emissora està polaritzada en inversa i la col·lectora en directa, no se sol fer servir, ja que la capacitat amplificadora de corrent del transistor seria β_R, que a causa de l'estructura física del transistor real és molt més petita que β_F. En les gràfiques de sortida la regió inversa es situaria en el tercer quadrant.

En la taula 5.2 es resumeixen les aproximacions del transistor en els diversos modes de funcionament i les condicions que s'han de complir.

Mode	Aproximacions	Condicions
Actiu	$I_C = \beta_F\, I_B$ $V_{BE} = V_{BEon}$	$V_{CE} > V_{CEsat}$ $I_B > 0$
Tall	$I_C = 0$ $I_B = 0$	$V_{BE} < V_{BEon}$ $V_{CE} > V_{CEsat}$
Saturació	$V_{BE} = V_{BEon}$ $V_{CE} = V_{CEsat}$	$I_C < \beta_F\, I_B$ $I_B > 0$

Taula 5.2 Aproximacions del transistor NPN en els diversos modes de funcionament. Per a transistors de silici $V_{BEon} = 0.7$ V i $V_{CEsat} = 0.2$ V

QÜESTIONARI 5.2.c

1. *Sigui un transistor bipolar polaritzat amb $V_{BE}=0.7$ V. El transistor es trobarà en saturació si $V_{BC}>0$, però la saturació no es notarà en el valor del corrent de col·lector fins que V_{BC} prengui un valor significatiu. Per quin valor de V_{BC} es compleix que I_C cau al 90% de $I_C(V_{BC}=0)$? Suposeu constant l'amplada de la base.*
        a) 0.5 V   b) 0.59 V   c) 0.64 V   d) 0.7 V

2. *A partir del resultat de la qüestió anterior si assignem a V_{CEsat} el valor de 0.1 V, determineu quin valor pren I_C si ens movem en una característica tal que en regió activa $I_C = 5$ mA.*
        a) 5 mA   b) 4.90 mA   c) 4.30 mA   d) 2.5 mA

3. *El model d'Ebers-Moll d'un transistor bipolar NPN té els paràmetres $\alpha_F = 0.995$, $\alpha_R = 0.45$, $I_{ES} = 10^{-16}$ A. Calculeu el valor de V_{CE} per tenir $I_C = 0$.*
        a) 0 V   b) 0.2 V   c) 20 mV   d) 0.1 V

4. *Les característiques de sortida en base comuna consisteixen en representar els valors de I_C en funció de V_{CB} prenent com a paràmetre I_E. Considereu el transistor de la qüestió anterior. Per a quin valor de V_{CB} talla a l'eix d'abscisses la corba corresponent a $I_E = 5$ mA?*
        a) $V_{CB} = 0.55$ V   b) $V_{CB} = -0.55$ V c) $V_{CB} = 0.77$ V d) $V_{CB} = -0.77$ V

5. *Les corbes obtingudes en la qüestió 4 valen per un transistor PNP que tingués els mateixos paràmetres, canviant alguns signes. Quina de les següents opcions és correcta?*
        a) Canviarem els signes de V_{CB} i de I_C.
        b) Canviarem el signe de V_{CB} i mantindrem el de I_C.
        c) Canviarem el signe de I_C i mantindrem el de V_{CB}.
        d) Conservarem els signes de V_{CB} i de I_C.

6. *Amb el transistor de la qüestió 3 obtenim un díode que presenta un corrent invers de saturació de valor $I_{ES}(1-\alpha_F\alpha_R)$. Quina configuració hem utilitzat?*
        a) Terminals de base i emissor amb col·lector en circuit obert
        b) Terminals de base i emissor amb col·lector curt-circuitat amb la base

c) Terminals de base i col·lector amb emissor en circuit obert.

d) Terminals de base i col·lector amb emissor curt-circuitat amb la base.

PROBLEMA GUIAT 5.1

L'estructura d'un transistor bipolar està caracteritzada pels paràmetres següents:

	Emissor	Base	Col·lector
Gruix (μm)	2.5	0.8	20
Concentració d'impureses (cm^{-3})	1×10^{19}	2×10^{17}	4×10^{15}
Mobilitat dels majoritaris (cm^2/(Vs))	120	200	900
Mobilitat dels minoritaris (cm^2/(Vs))	50	500	400
Temps de vida dels minoritaris (s)	3×10^{-9}	2×10^{-7}	5×10^{-5}

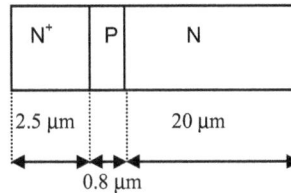

La secció del dispositiu és de 25 μm x 25 μm. Les dades generals del semiconductor són: $k_B T/q = 0{,}025$ V, $n_i = 1{,}5 \times 10^{10}$ cm^{-3}.

1. Calculeu les amplades de les zones de càrrega d'espai en equilibri (tensions de polarització zero en les dues juncions). Suposant que la tensió base-emissor, V_{BE}, variarà entre 0 i 0.7 V i que la que hi haurà entre base i col·lector, V_{BC}, es trobarà entre 0 i -5 V, volem saber entre quins valors extrems variaran les amplades esmentades. És prou correcte identificar les amplades de les zones neutres amb els gruixos donats per cadascuna de les regions del dispositiu?

2. Discutiu si podem aplicar les aproximacions de regió llarga i de regió curta per a cadascuna de les tres regions del transistor i, com a resultat d'aquesta discussió, escriviu les expressions dels paràmetres I_{Es}, I_{Cs}, de les eficiències de les juncions emissora i col·lectora i del factor de transport a la base.

3. Calculeu els paràmetres del model d'Ebers-Moll per a aquest transistor. Considereu que els gruixos de les zones neutres són els que corresponen a les tensions de polarització $V_{BE} = 0.7$ V, $V_{BC} = 0$. Trobeu també β_F i β_R.

4. Ara considerarem el transistor en saturació. Suposant que mantenim $V_{BE} = 0.7$ V, determineu per a quin valor de V_{BC} el guany de corrent, I_C/I_B, és un 50% inferior al valor que correspon al punt de treball donat per $V_{BE} = 0.7$ V, $V_{BC} = 0$. Per fer aquest apartat utilitzarem els paràmetres calculats en l'apartat anterior. Quant val V_{CEsat}?

5.3 EL TRANSISTOR BIPOLAR REAL

L'estudi del transistor bipolar que s'ha portat a terme fins ara és una primera aproximació al seu comportament. Quan es mesuren les característiques d'un transistor bipolar es confirma la validesa d'aquesta primera anàlisi, però es posen de manifest algunes desviacions significatives que cal comentar. Entre aquestes hi ha les relacionades amb els efectes de la polarització inversa de la junció col·lectora i les que tenen a veure amb la no-idealitat dels corrents en el transistor, amb la polarització no uniforme de la junció emissora i amb el dopat del transistor real.

5.3.1 Efectes de la polarització inversa de la junció col·lectora

En el transistor ideal s'ha suposat que el corrent de col·lector era independent de la tensió aplicada a la junció col·lectora mentre aquesta fos inversa. En analitzar amb més rigor la influència d'aquesta tensió sobre el transistor veurem que el corrent de col·lector és sensible a aquesta tensió. Estudiarem aquesta influència desglossada en tres apartats: l'efecte Early, la perforació de base i la ruptura de la junció col·lectora. Completarem aquest apartat comentant la limitació de potència que pot dissipar un transistor.

a) L'efecte Early

Quan la junció col·lectora es polaritza més inversament augmenta l'amplada de la ZCE d'aquesta junció i disminueix la de la zona neutra de la base. Les conseqüències de la disminució de w_B són dues: augmenta el corrent de col·lector i disminueix el corrent de base. Per tant, augmenta β_F. Com que $n_B(w_B) = 0$, si w_B disminueix augmenta el pendent de $n_B(x)$, la qual cosa fa augmentar el corrent de col·lector, ja que aquest és degut a la difusió dels electrons a la base. Per altra banda, com que la base és més prima, disminueix la càrrega d'electrons emmagatzemats Q_{nB}, i per tant el corrent de recombinació a la base I_r. La figura 5.10 mostra la disminució de l'amplada de la base deguda a un augment de la polarització inversa de la junció col·lectora i els efectes d'aquesta disminució sobre la característica de sortida del transistor.

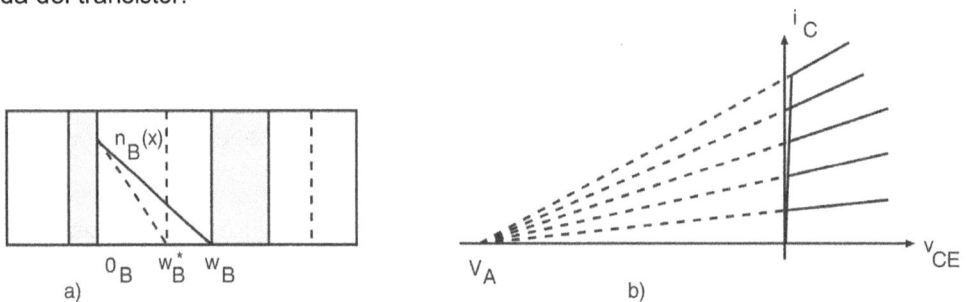

Figura 5.10 Efecte Early. a) Reducció de la regió neutra de la base. b) Influència sobre las corbes de sortida del transistor

Per quantificar aquest efecte s'aproxima la variació de w_B amb V_{BC} de la següent forma:

$$w_B \cong w_{B0}\left[1 + \frac{V_{BC}}{|V_A|}\right] \tag{5.24}$$

on V_A és una constant denominada tensió Early i V_{BC} es la tensió de polarització de la junció col·lectora (en inversa pren un valor negatiu). El corrent de col·lector serà:

$$I_C \cong qA\frac{D_{nB}}{w_B}n_B(0_B) = qA\frac{D_{nB}}{w_{B0}(1+V_{BC}/|V_A|)}n_{B0}e^{V_{BE}/V_t} \cong I_s e^{V_{BE}/V_t}\left[1 + \frac{V_{CE}}{|V_A|}\right] \tag{5.25}$$

essent $I_s = qAD_{nB}n_{B0}/w_{B0}$ i estant el terme $(1+V_{BC}/|V_A|)^{-1}$ aproximat pels dos primers termes del seu desenvolupament de Taylor: $(1-V_{BC}/|V_A|)$ amb la tensió V_{BC} substituïda per $-V_{CE}$, ja que $V_{CE} = V_{CB} + V_{BE} = 0.7-V_{BC} \cong -V_{BC}$. L'expressió 5.25 sintetitza un model de la influència de V_{CE} sobre el corrent de col·lector. Noteu que I_C augmenta amb V_{CE}, i com que en el mode actiu $I_C = \beta_F I_B$, es diu que l'efecte Early produeix un augment efectiu de β_F.

Exercici 5.13

Trobeu l'expressió per calcular V_A a partir de 5.24 suposant que aquesta aproximació sigui vàlida per a un entorn de $V_{BC} = 0$.

Derivant 5.24 resulta $V_A = w_{B0}/(dw_B/dV_{BC})$. Si prenem com a origen de coordenades l'inici de la regió neutra de base del costat emissor, i denominem d_B la distància a la interficie base-col·lector, resultarà $w_B = d_B - x_{CB}$, essent x_{CB} l'amplada de la ZCE de la junció col·lectora corresponent a la base. Aquesta amplada és (vegeu el capítol 2) $x_C(N_D/(N_D+N_A))$, on x_C és l'amplada total de la ZCE de la junció col·lectora.
Tenint en compte que $x_C = [2\varepsilon(N_D^{-1}+N_A^{-1})(V_{bic}-V_{BC})/q]^{1/2}$ resulta:

$$w_B = d_B - \frac{N_{DC}}{N_{DC}+N_{AB}}\sqrt{\frac{2\varepsilon}{q}\left[\frac{1}{N_{AB}}+\frac{1}{N_{DC}}\right](V_{bic}-V_{BC})} \quad \Rightarrow \quad V_A = 2V_{bic}\left[\frac{d_B}{x_{CB0}}-1\right]$$

Exercici 5.14

Trobeu el valor numèric de la tensió Early, V_A, del transistor dels exercicis 5.5 i 5.8 sabent que d_B és 1.09 μm.

Solució: V_A = 14.8 V.

EXEMPLE 5.1

En els exemples d'aquest capítol es comentaran algunes característiques dels transistors BCY58, BCY59, i BCY65E de Siemens. Son transistors adequats per a etapes prèvies i excitadores de BF i per a aplicacions com a commutadors. A la figura E5.1 es presenten les característiques d'entrada i sortida d'aquests transistors. Noteu que les tensions es representen per la lletra U.

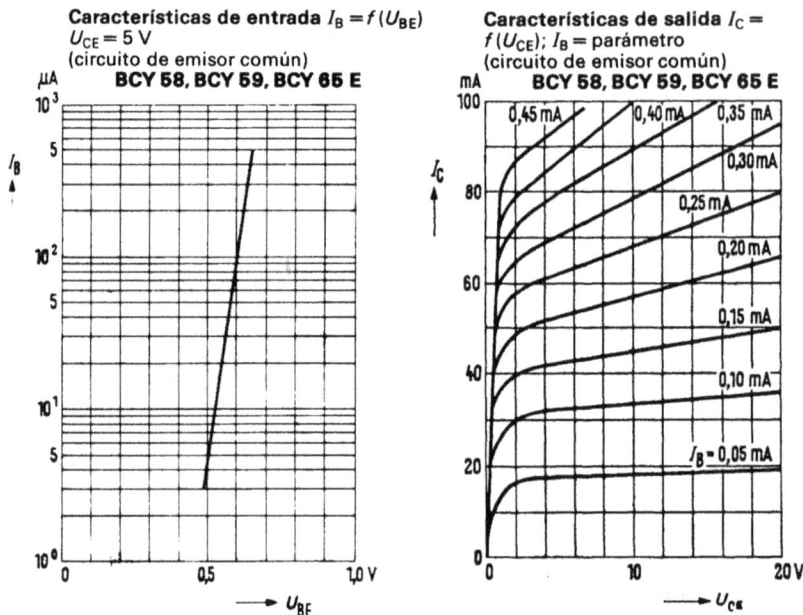

Características de entrada $I_B = f(U_{BE})$
$U_{CE} = 5$ V
(circuito de emisor común)
μA   **BCY 58, BCY 59, BCY 65 E**

Características de salida $I_C = f(U_{CE})$; $I_B =$ parámetro
(circuito de emisor común)
mA   **BCY 58, BCY 59, BCY 65 E**

Figura E5.1 Característiques d'entrada i sortida dels transistors BCY58, 59 i 65E

b) La perforació de base

Aquest fenomen, conegut en anglès com *punch through,* consisteix en un augment abrupte del corrent de col·lector quan la regió neutra de base desapareix per efecte de l'augment de l'amplada de la ZCE del col·lector a conseqüència de l'increment de la seva polarització inversa. Si s'evita que l'elevat valor d'aquest corrent malmeti el transistor per una dissipació excessiva de calor, el transistor pot treballar en aquestes condicions de polarització i tornar a recuperar el seu comportament normal quan la polarització inversa de la junció col·lectora disminueixi.

La figura 5.11 mostra les causes de l'augment de I_C degut a la perforació de base. Quan la polarització inversa de col·lector augmenta, la regió neutra de la base (nivell E_c horitzontal) primer disminueix i finalment desapareix fent disminuir la barrera que la junció emissora presenta als electrons de l'emissor. La disminució d'aquesta barrera provoca un augment molt important dels electrons injectats per l'emissor a la base, i per tant augmenta I_C.

c) Ruptura de la junció col·lectora

Quan les juncions del transistor es polaritzen inversament de forma creixent, arriba un moment en què el corrent que travessa la junció creix de forma abrupta a conseqüència de la ruptura de la junció (efectes allau o Zener) estudiada a la teoria de la junció PN. Si no es prenen mesures per limitar aquests corrents, poden arribar a destruir el transistor perquè la

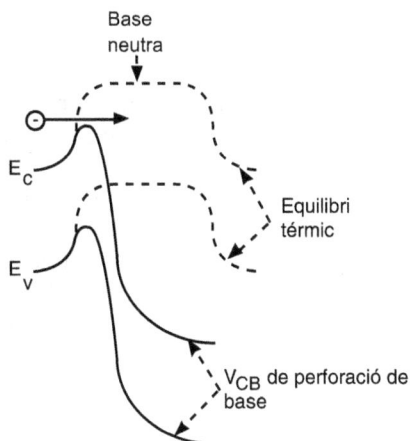

Figura 5.11 Perforació de base en un transistor NPN: injecció d'electrons de l'emissor a la base per disminució de la barrera de potencial entre emissor i base

calor que el dispositiu dissipa produeix danys irreversibles en els materials que el constitueixen.

En els transistors de CI el dopat d'emissor és més gran que el de la base i aquest que el de col·lector a causa de la tecnologia de fabricació emprada. Per aquesta raó com que els dopatges de la junció emissora són molt elevats, presenta una tensió de ruptura baixa, denominada BV_{EB0}, que típicament, per a transistors de silici, és de l'ordre de 5 V. La tensió de ruptura de la junció col·lectora és més elevada i es distingeixen els dos casos representats en la figura 5.12. La tensió de ruptura entre base i col·lector amb l'emissor en circuit obert s'anomena BV_{CB0}, mentre que la tensió de ruptura entre col·lector i emissor amb corrent de base nul·la es denomina BV_{CE0}. Aquesta segona tensió és significativament més petita que l'anterior.

Aquesta diferència de comportament és fàcil de comprendre a partir de les equacions d'Ebers-Moll. En efecte, l'equació 5.11, amb V_{BC} inversa, estableix:

$$I_C = \alpha_F I_E + I_{CB0} \qquad\qquad I_{CB0} = I_{Cs}(1 - \alpha_F \alpha_R) \qquad\qquad (5.26)$$

Quan el corrent es multiplica a la junció col·lectora pel factor M a causa de l'efecte allau o Zener, el corrent passa a ser:

$$I_C = (\alpha_F I_E + I_{CB0}) \cdot M \qquad\qquad M = \frac{1}{1 - (V_{CB} / BV_{CB0})^n} \qquad\qquad (5.27)$$

on el factor de multiplicació M del corrent s'aproxima en funció de la tensió de ruptura de la junció aïllada, que és BV_{CB0}. En la primera configuració, en la qual I_E és nul·la, $I_C = M \times I_{CB0}$, i la ruptura succeeix quan M tendeix a infinit, la qual cosa passa quan $V_{CB} = BV_{CB0}$.

En la segona configuració, en la qual $I_B = 0$, es té que $I_C = I_E$, per la qual cosa 5.27 es converteix en:

$$I_C = \frac{MI_{CB0}}{1 - M\alpha_F} \tag{5.28}$$

Aquesta equació mostra que I_C es fa arbitràriament gran quan $M\alpha_F$ tendeix a la unitat. Com que α_F és lleugerament inferior a 1, aquesta condició es compleix per a un valor de M lleugerament superior a la unitat, i això succeeix a una tensió V_{CB} menor que BV_{CB0}. Aquesta disminució es deu a l'efecte transistor, ja que quan s'injecten molts forats a la base procedents de la ZCE del col·lector, a causa de l'efecte allau o Zener, la càrrega positiva injectada polaritza més directament la junció emissora, la qual injecta més electrons a la base procedents de l'emissor mantenint la neutralitat de càrrega a la regió neutra de la base. Aquests electrons injectats acaben arribant a la junció col·lectora, i fa augmentar així el corrent I_C.

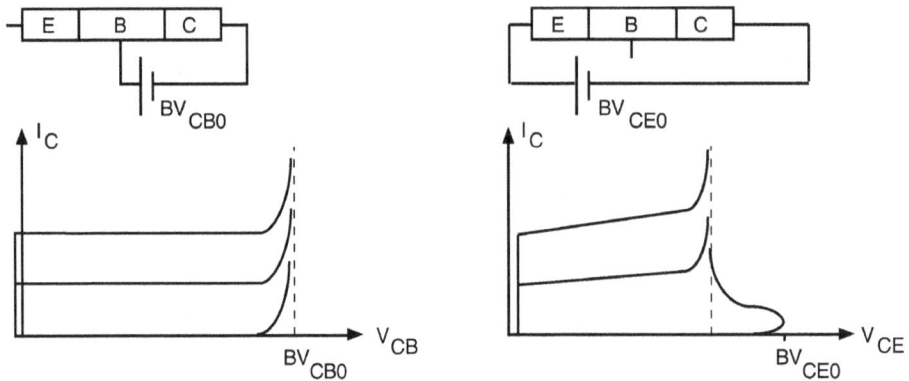

Figura 5.12 a) Ruptura en base comuna. b) Ruptura en emissor comú

La figura 5.12.b mostra també que la tensió V_{CE} de ruptura es fa més petita quan I_B no és zero. Aquest fenòmen es deu al fet a que amb $I_B = 0$, el corrent de col·lector és també molt petit, la qual cosa provoca valors petits de α_F i de β_F a causa del pes de la recombinació en la ZCE de l'emissor (que estudiarem en un apartat posterior). Però quan I_C creix, β_F augmenta, i això significa que α_F és més propera a la unitat i fa falta una M menor perquè se produeixi la ruptura de la junció.

Exercici 5.15

Trobeu la tensió de ruptura BV_{CB0} del transistor dels exercicis 5.5 i 5.8 suposant un camp elèctric de ruptura de $3 \cdot 10^5$ V/cm. Trobeu BV_{CE0} si l'exponent n de 5.27 val 3.

El camp elèctric màxim de la junció col·lectora en equilibri (vegeu capítol 2) és $E_{elmaxo} = [2qV_{bi}N_AN_D/(N_A+N_D)\varepsilon]^{1/2} = 13.35$ kV/cm. La tensió V_{BC} que fa falta per arribar al camp de ruptura serà $BV_{CB0} = -V_{bic}[(3\cdot10^5/13.35\cdot10^3)^2-1] = -309$ V.

Operant a partir de 5.28, i fent que $M = 1/\alpha_F$, *resulta* BV_{CE0} = -49 V.

Exercici 5.16

Trobeu la tensió de perforació de base del transistor dels exercicis 5.5 i 5.8. Suggeriment: utilitzeu el resultat de l'exercici 5.13.

Solució: V_{BCP} = -88 V.

---

d) Limitacions de la potència dissipada pel transistor

El transistor bipolar, treballant en contínua, presenta uns valors màxims de tensió, corrent i potència que no s'han de superar. En l'apartat anterior s'han descrit uns valors límits de les tensions aplicades entre els terminals que fan que el transistor treballi en règim de ruptura. És possible operar en aquestes condicions si es controla el corrent pel transistor, però no és habitual treballar-hi ni per amplificar senyals ni en circuits digitals.

Una altra limitació que tenen els transistors és el màxim corrent permès en un terminal. Si se supera aquest valor es poden fer malbé les pistes i fils d'interconnexió o bé es poden originar "punts calents" en la junció que malmetin de forma irreversible el transistor.

La potència elèctrica que es lliura al transistor es converteix en calor, i això fa augmentar la temperatura del transistor. Si aquesta supera un llindar determinat produeix mals irreparables al cristall. La potència que absorbeix el transistor en emissor comú, i que per tant dissipa, és:

$$P_D = I_B V_{BE} + I_C V_{CE} \cong I_C V_{CE} \tag{5.29}$$

L'última aproximació és deguda al fet que I_B és molt més petita que I_C a la regió activa i a que V_{BE} val 0.7 V, que és un valor que sol ser molt inferior a V_{CE}. La corba $I_C V_{CE} = P_D$ (constant) és una hipèrbola. Per evitar malmetre el transistor s'especifica un valor màxim de P_D. La corba corresponent a aquest valor es denomina hipèrbola de dissipació màxima (vegeu la figura 5.13).

Els valors màxims de tensions, corrents i potència que pot dissipar el transistor solen ser publicats pel fabricant en els fulls de dades del transistor.

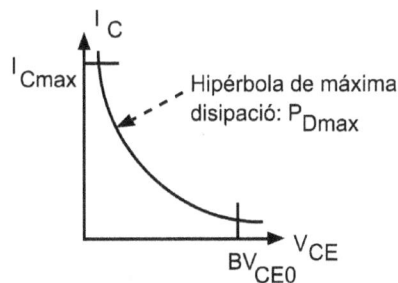

Figura 5.13 Hipèrbola de màxima dissipació

EXEMPLE 5.2

En la taula que segueix es presenten alguns valors límits de tensions i corrents dels transistors BCY 58, 59 i 65E. Les tensions es representen amb la lletra U.

Valores límite		BCY 58	BCY 59	BCY 65 E	
Tensión colector-emisor	U_{CES}	32	45	60	V
Tensión colector-emisor	U_{CEO}	32	45	60	V
Tensión emisor-base	U_{EBO}	7	7	7	V
Intensidad del colector	I_C	200	200	100	mA
Intensidad de base	I_B	50	50	50	mA
Temperatura de la unión	T_j	200	200	200	°C
Temperatura de almacenamiento	T_s	−65 a +200	−65 a +200	−65 a +200	°C
Disipación total ($T_G \leq 45$ °C)	P_{tot}	1	1	1	W

Com es pot observar, la tensió BV_{CEO} pot ser de 32 V, 45 V o 60 V segons quin sigui el transistor. El corrent de col·lector màxim és de 200 mA o de 100 mA, i la potència màxima que qualsevol d'ells pot dissipar és d'1 W .

QÜESTIONARI 5.3.a

1. Suposem que en un transistor bipolar podem augmentar el dopatge de la regió de col·lector fins que sigui més gran que el de la regió de base, mantenint constants la resta de paràmetres. Quina de les següents afirmacions relatives a les conseqüències d'aquest canvi no és veritat?
a) Disminuirà la tensió de perforació de la base.
b) Augmentarà la tensió de ruptura de la junció col·lectora, V_{CB0}.
c) Augmentarà α_R.
d) Disminuirà el valor absolut de la tensió d'Early V_A .

2. Quina influència té la tensió col·lector-emissor, V_{CE}, en el corrent de recombinació en la zona neutra de base, I_{rec}? Feu una avaluació a partir del model aproximat $w_B = w_{B0} (1+ V_{BC}/V_A)^{-1}$ i digueu quina d'aquestes afirmacions és correcta.
a) I_{rec} augmenta quan V_{CE} augmenta.   *b) I_{rec} disminueix quan V_{CE} augmenta*
c) I_{rec} no varia amb V_{CE}.   *d) L'efecte de V_{CE} en I_{rec} depèn de V_{BE}.*

3. En un determinat transistor NPN la tensió de perforació de la base és igual que la de ruptura base-col·lector. Trobeu quina relació ha d'haver-hi entre el gruix de la base d_B i els dopatges de base i de col·lector, donat el camp elèctric de ruptura, per tal que es compleixi la igualtat esmentada.
a) $V_{CBO}=(1/2)E_{rup}d_B N_C/(N_C+N_B)$ *b) $V_{CBO}=(1/2)E_{rup}d_B N_B/(N_C+N_B)$*
c) $V_{CBO}=(1/2)E_{rup}d_B(1+N_B/N_C)$ *d) $V_{CBO}=(1/2)E_{rup}d_B(1+N_B/N_C)$*

4. *Quina relació hi ha entre entre les tensions de ruptura* BV_{CB0} *i* BV_{CE0} ?

a) $BV_{CEO} = BV_{CBO} \sqrt[n]{\beta_F}$ b) $BV_{CEO} = BV_{CBO} / \sqrt[n]{\beta_F}$

c) $BV_{CEO} = BV_{CBO} \beta_F^n$ d) $BV_{CEO} = BV_{CBO} / \beta_F^n$

on n és l'exponent que figura en l'expressió de l'equació 5.27.

5. *Suposem que podem augmentar el dopatge de la regió de base mantenint constants les mobilitats i els temps de vida dels portadors minoritaris Com es modificaran la tensió de perforació de la base,* V_{BCP}, *i el guany de corrent* β_F?

a) V_{BCP} *i* β_F *disminueixen.*   b) V_{BCP} *i* β_F *augmenten.*

c) V_{BCP} *augmenta i* β_F *disminueix.*   d) V_{BCP} *disminueix i* β_F *augmenta.*

6. *Analitzeu com influeix un increment de temperatura en un transistor en regió activa i en conseqüència decidiu quina de les afirmacions següents és falsa.*

a) *Si* V_{BE} *es manté constant* I_C *augmentarà.*

b) *Si* V_{BE} *i* V_{BC} *es mantenen constants la potència dissipada augmentarà.*

c) *Si el circuit de polarització manté* I_C *constant aleshores* V_{BE} *disminuirà.*

d) *Si el circuit de polarització manté* I_C *constant aleshores* V_{BC} *augmentarà.*

7. *A partir dels resultats de la qüestió anterior, quina és l'estratègia més adient per estabilitzar el punt de treball del transistor?*

a) *Que el circuit fixi una* V_{BE} *constant*

b) *Que el circuit fixi una* V_{BC} *constant*

c) *Que el circuit fixi una* I_C *constant*

d) *Que el circuit fixi una* I_B *constant*

5.3.2 Altres efectes de segon ordre

En aquest apartat descriurem tres aspectes més que separen el comportament del transistor real de l'ideal. Són els que fan referència a la variació de β_F amb la polarització, els efectes de les resistències paràsites de les regions del transistor i la forma del dopat en els transistors de silici de CI.

a) Dependència de β_F *amb la polarització*

Una forma molt útil de presentar el comportament d'un transistor bipolar en contínua és mitjançant les gràfiques de Gummel. Consisteixen en la representació de $\log(I_C)$ i $\log(I_B)$ en funció de V_{BE} positiva per a un valor determinat de V_{BC}. Noteu que, com que β_F és I_C dividit per I_B, resulta:

$$\log(\beta_F) = \log(I_C) - \log(I_B) \tag{5.30}$$

i per tant, $\log(\beta_F)$ ve donada per la separació vertical entre las corbes dels corrents de col·lector i base (figura 5.14).

En el model de transistor ideal s'ha suposat que β_F era constant. No obstant això, quan es mesuren els corrents d'un transistor real queda palès que aquest paràmetre depèn de V_{BE}.

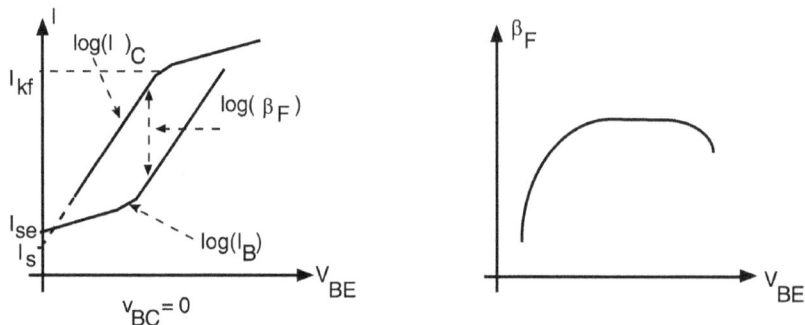

Figura 5.14 Gràfiques de Gummel d'un transistor bipolar real i dependència de β_F amb V_{BE}

Per a valors petits d'aquesta tensió el corrent I_B presenta un pendent menor que per a valors grans. Això implica un valor de β_F menor per V_{BE} petita. Quelcom similar succeeix a I_C per a tensions V_{BE} grans. A partir de cert valor, el seu pendent es redueix, la qual cosa també porta implícita la disminució de β_F.

La disminució del pendent de I_B per a tensions V_{BE} petites es deu a l'efecte de la recombinació de portadors en la ZCE del emissor, tal com va ser estudiat a la junció PN real. L'augment de corrent degut a la recombinació a la ZCE de la junció emissora sol ser molt significatiu en els forats que la base injecta a l'emissor, per la qual cosa I_B augmenta, però es poc significatiu per el corrent d'electrons que és molt més gran que el de forats a causa de l'eficiència d'emissor. Per aquesta raó I_C no varia. La disminució del pendent de I_C per a valors de V_{BE} grans és deguda als efectes d'alta injecció a la base del transistor i a caigudes de tensió a les resistències paràsites.

b) Efectes de les resistències paràsites

Les regions neutres, els contactes òhmics i les pistes metàl·liques d'interconnexió introdueixen resistències que en el model de transistor ideal s'ignoraven. La forma més simple de tenir en compte aquestes resistències és incloure unes resistències "concentrades", R_E, R_B i R_C, en sèrie amb els terminals, tal com es mostra en la figura 5.15. Aquestes resistències solen tenir valors òhmics molt petits, per la qual cosa només es nota la seva presència quan els corrents són elevats. En aquest cas, només una fracció de la tensió aplicada als terminals apareix a les juncions.

Una resistència especialment significativa del transistor bipolar és la resistència de base. La construcció del transistor exigeix que el terminal de base estigui a la superfície, per la qual cosa el corrent de base ha de recórrer un camí bastant llarg des del terminal fins a la part central de la base, a través d'una regió estreta i relativament poc dopada. Per aquest motiu la resistència paràsita de base té un valor relativament elevat. El corrent I_B produeix una caiguda de tensió en aquesta resistència, de forma que la tensió a l'interior de la base va disminuint progressivament (vegeu la figura 5.15.b). A conseqüència d'aquest fet, la polarització de la junció emissora no és uniforme: la junció està polaritzada més directament prop de la superfície que a la regió central de la base. Per aquest motiu, el corrent que l'emissor injecta a la base és menor en el centre del transistor que en la perifèria. Aquest fenomen es coneix com la "concentració perifèrica" del corrent d'emissor *(emitter crowding en anglès)*

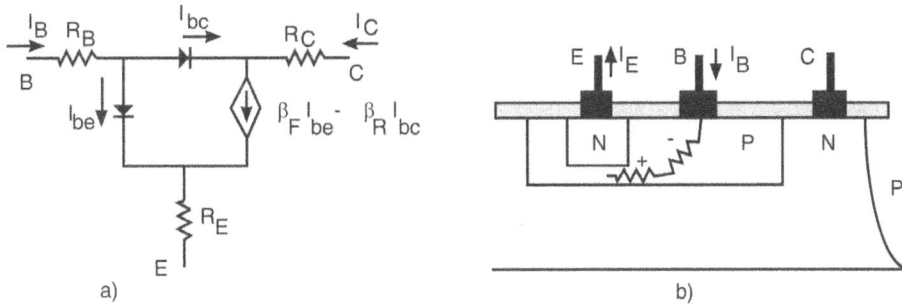

Figura 5.15 a) Resistències paràsites d'un transistor. b) La resistència paràsita de base R_B

EXEMPLE 5.3

La variació de β_F amb I_{CQ} es representa en la figura E5.3 per a tres temperatures diferents. Observeu que aquest paràmetre, aquí anomenat B, disminueix per a valors petits i grans de I_{CQ}.

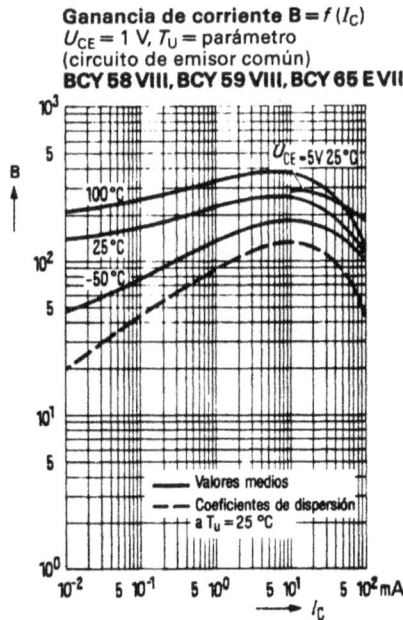

Figura E5.3 Variació de β_F amb el corrent de polarització I_{CQ}

c) Dopats no uniformes

El procés de fabricació del transistor bipolar descrit a l'inici d'aquest capítol comporta que el dopat de l'emissor i el de base no siguin constants, ja que les impureses s'introdueixen per difusió o per implantació iònica dins la capa epitaxial que constitueix el col·lector (vegeu la figura 5.16). Pel principi de compensació d'impureses, el dopat net és la suma algebraica de totes les impureses existents en el punt considerat, prenent com a positives les donadores i negatives les acceptores. Resulten, per tant, uns dopats variables amb la posició que, entre d'altres efectes, generen camps elèctrics a les regions neutres.

La consideració de dopats variables complica bastant els càlculs. Per evitar aquesta complicació i posar l'èmfasi en els aspectes físics importants, s'ha suposat, en tot aquest capítol, que els dopats són uniformes en cada regió. Cal assenyalar que la situació de dopats uniformes es dóna, però, en els transistors moderns d'alta velocitat basats en semiconductors III-V. El lector interessat pot recórrer a programes de simulació numèrica de dispositius per estudiar els efectes d'aquests dopatges sobre les característiques del transistor.

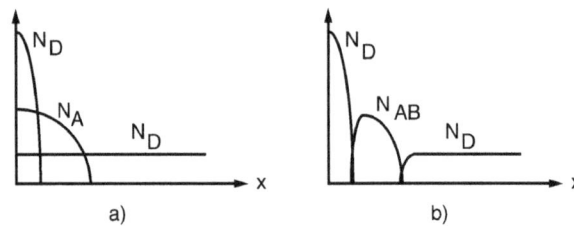

Figura 5.16 a) Distribució d'impureses introduïdes en el procés de tecnologia bipolar. b) Dopats nets

QÜESTIONARI 5.3.b

1. *Un transistor bipolar obtingut per un procés de doble difusió té el perfil de dopatge representat en la figura 5.16.a amb* $N_D(x) = 10^{20}\exp[-(x/0.5\ \mu m)^2]\ cm^{-3}$, $N_A(x) = 10^{18}\exp[-(x/1\ \mu m)^2]\ cm^{-3}$ *i* $N_C = 10^{16}\ cm^{-3}$. *Entre quins valors podem assignar el dopatge de la regió de base,* N_B, *en* cm^{-3}, *quan modelem el dispositiu per a dues juncions abruptes.*

a) $10^{18} \geq N_B \geq 10^{16}$ b) $10^{18} \geq N_B \geq 10^{17}$

c) $10^{17} \geq N_B \geq 10^{16}$ d) $10^{20} \geq N_B \geq 10^{16}$

2. *Els perfils anteriors condueixen a un perfil net de dopatges com el representat en la figura 5.16.b. Suposant que tota la zona neutra de base es troba en la zona descendent del perfil d'acceptors* $N_{AB}(x)$ *(la regió ascendent correspondria a la ZCE* base-emissor) volem saber quin és l'efecte del camp elèctric associat a aquest perfil en el guany de corrent β_F.

  a) Un augment de β_F
  b) Una disminució de β_F
  c) β_F no és modificada pel camp elèctric.
  d) La pregunta no té sentit perquè no hi ha camp en la zona neutra de base.

3. Donada la geometria del transistor de la figura adjunta volem avaluar el valor de la resistència paràsita de base. Suposeu que el dopatge de base és de $5 \cdot 10^{17}$ cm^{-3} i que μ_{pB} = 390 cm^2/Vs

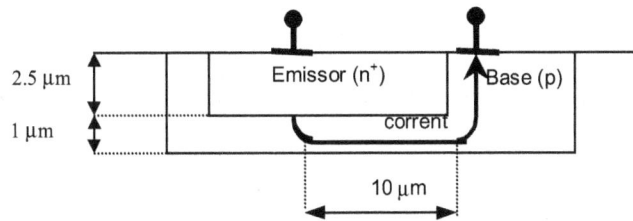

Suposeu també que el corrent distribuït que va de la junció base-emissor al terminal de base es pot aproximar per un corrent localitzat que recorre una distància de 10 micres com indica la figura i que el gruix de la regió neutra de la base és de 0.5 micres. Suposeu que l'amplada del transistor (en l'eix perpendicular a la secció representada) és de 50 micres.

  a) 130 Ω b) 2000 Ω c) 1300 Ω d) 65 Ω

PROBLEMA GUIAT 5.2

Considereu el transistor del problema guiat anterior. Suposeu α_F = 0.9964; I_{Es} = $1.87 \cdot 10^{-16}$ A; β_F = 277; V_{biBC} = 0.722 V. Es demana:

1. Representeu la gràfica de Gummel del transistor ideal.
2. Determineu en quin punt s'inicia l'alta injecció en la base i corregiu la gràfica anterior per incloure aquest efecte.
3. El corrent de recombinació en la ZCE base-emissor és important per a tensions $V_{BE} \leq 0.4$ V. Escriviu la llei $I_B(V_{BE})$. Corregiu la gràfica de l'apartat anterior per incloure aquest efecte.
4. Determineu la tensió de perforació de la base.
5. Determineu la tensió de ruptura BV_{BCO}, sabent que el camp de ruptura en el silici és de 3×10^5 V/cm. Comparant-la amb el resultat de l'apartat anterior, quin efecte limitarà la màxima tensió que podem aplicar al col·lector del transistor?
6. Determineu la tensió de ruptura BV_{CEO}, si l'exponent n que figura en el coeficient de multiplicació per allau val 5.

5.4. EL TRANSISTOR BIPOLAR EN RÈGIM DINÀMIC

Després d'estudiar el comportament del transistor en règim permanent realitzarem l'anàlisi en règim dinàmic, és a dir, quan les tensions i corrents varien en el temps. Desenvoluparem un model dinàmic del transistor que incorpora les capacitats paràsites que presenta el dispositiu, i amb l'ajut d'aquest model estudiarem el comportament del transistor com a commutador i com a amplificador.

5.4.1 Capacitats en el transistor bipolar

El transistor bipolar presenta efectes capacitius derivats de l'acumulació de càrregues a les ZCE de les juncions i a les regions neutres quan es varien les tensions de polarització. Es tracta del mateix fenomen estudiat a la junció PN. A la figura 5.17.a es representa l'increment de càrregues acumulades a la junció emissor-base i a les regions neutres de la base i del emissor quan s'incrementa la tensió V_{BE} i es manté constant i negativa V_{BC}. Pel terminal d'emissor han d'entrar electrons que neutralitzin impureses donadores ionitzades de l'emissor a fi d'estrènyer la ZCE de la junció per tal d'adaptar-la a la nova polarització. Simultàniament han d'entrar forats per la base per neutralitzar les impureses acceptores de la regió P de la base. Per l'emissor també han d'entrar electrons per acumular-los a la regió neutra de base, perquè com que V_{BE} és més gran, el perfil d'electrons a la base té més pendent. La base ha d'injectar els forats necessaris per neutralitzar aquests electrons acumulats en aquesta regió, ja que ha de continuar sent una regió neutra. El mateix succeeix a la regió neutra de l'emissor: els forats acumulats en aquesta regió han d'entrar pel terminal de base, i pel d'emissor han d'entrar els electrons que els neutralitzen.

Aquest emmagatzematge de portadors a conseqüència de l'augment de la tensió de polarització és un fenomen capacitiu que es modela amb les capacitats de transició i de difusió de forma similar a com es feia a la junció PN. El circuit 5.17.b representa el model dinàmic del transistor bipolar, que no és més que el model de règim permanent (Ebers-Moll de transport) completat amb aquestes capacitats per a cada una de les juncions. Les capacitats de transició C_{jE} i C_{jC} responen a les expressions desenvolupades en la teoria de la junció PN particularitzades per a cada una d'elles. Les capacitats de difusió requereixen un estudi específic, ja que la base és "compartida" per les dues juncions.

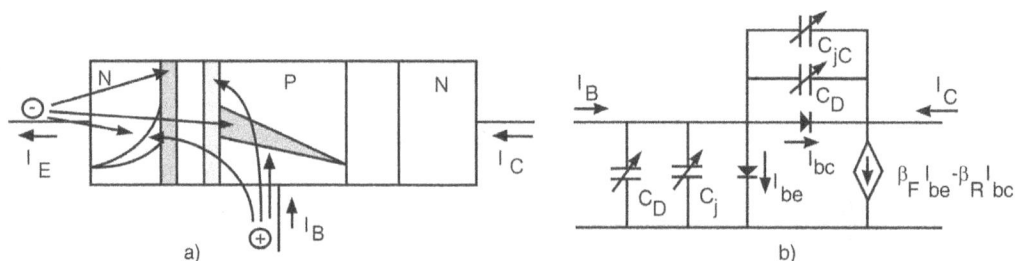

Figura 5.17 a) Emmagatzematge de portadors a la ZCE de la junció emissora i a les regions neutres d'emissor i de base com a conseqüència d'un augment de la tensió V_{BE}, mantenint igual a zero V_{BC}. b) Model dinàmic del transistor completant el model estàtic d'Ebers-Moll amb les capacitats de transició (C_j) i de difusió (C_D) de les dues juncions.

La figura 5.18 mostra com la càrrega de minoritaris a la base, Q_B, pot ser descomposta en la suma de dos triangles. La càrrega anomenada Q_{BF} correspon al mode actiu, ja que és implícit que $V_{BC} = 0$, mentre que Q_{BR} correspon al mode invers, perquè $V_{BE} = 0$. Per tant, podem definir les càrregues Q_F i Q_R de portadors emmagatzemats a les regions neutres en mode actiu i en mode invers com:

$$Q_F = Q_E + Q_{BF} \qquad Q_R = Q_C + Q_{BR} \qquad Q_B = Q_{BF} + Q_{BR} \qquad (5.31)$$

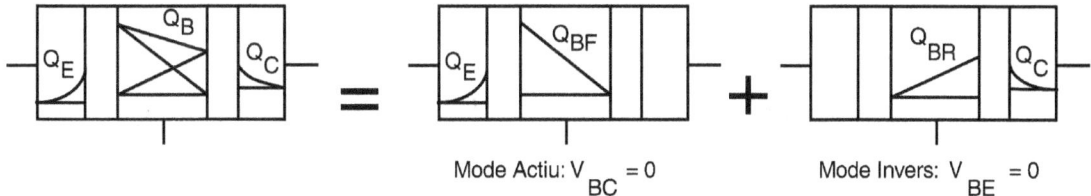

Mode Actiu: $V_{BC} = 0$ Mode Invers: $V_{BE} = 0$

Figura 5.18 Descomposició de la càrrega emmagatzemada a les regions neutres en els modes actiu i invers

Les capacitats de difusió de la junció emissora C_{sE} i de la junció col·lectora C_{sC} seran:

$$C_{sE} = \frac{dQ_F}{dV_{BE}} \qquad\qquad C_{sC} = \frac{dQ_R}{dV_{CB}} \qquad (5.32)$$

Tal com es feia a la junció PN, la càrrega Q_F s'obté a partir del corrent en regim permanent:

$$Q_F = \tau_F I_C = \tau_F \alpha_F I_{Es}\left[e^{V_{EB}/V_t} - 1\right] = \tau_F \beta_F I_{be} \qquad (5.33)$$

ja que tant Q_F com I_C són proporcionals a $[\exp(V_{BE})-1]$. De forma similar,

$$Q_R = \tau_R \alpha_R I_{Cs}\left[e^{V_{BC}/V_t} - 1\right] = \tau_R \beta_R I_{bc} \qquad (5.34)$$

on τ_F i τ_R es denominen temps de trànsit en mode actiu i en mode invers respectivament. Els valors d'aquests paràmetres, definits per les relacions 5.33 i 5.34, són:

$$\tau_F = \frac{Q_F}{\beta_F I_{be}} = \frac{Q_E}{\beta_F I_{be}} + \frac{Q_{BF}}{\beta_F I_{be}} = \tau_E + \tau_{BF} \qquad \tau_R = \frac{Q_R}{\beta_R I_{bc}} = \frac{Q_C}{\beta_R I_{bc}} + \frac{Q_{BR}}{\beta_R I_{bc}} = \tau_C + \tau_{BR} \quad (5.35)$$

Noteu que el temps τ_{BF}, definit com $Q_{BF}/\beta_F I_{be}$, resulta ser:

$$\tau_{BF} = \frac{w_B^2}{2D_{nB}} \qquad (5.36)$$

que és el temps que tarda un minoritari a travessar la base per difusió. Les expressions 5.32 i 5.33 permeten expressar C_{sE} d'una altra forma:

$$C_{sE} = \frac{dQ_F}{dV_{BE}} = \tau_F \frac{dI_C}{dV_{BE}} = \tau_F \frac{I_{CQ}}{V_t} = \tau_F g_m \tag{5.37}$$

que fa palès que C_{sE} és proporcional a I_{CQ}, i per tant a g_m (veure apartat 5.5.1).

Exercici 5.17

Demostreu l'expressió 5.36.

El temps que triga un electró a travessar la base serà la suma dels temps requerits per fer cada dx dins la base:

$$t_t = \int_{x=0}^{x=w_B} dt = \int_0^{w_B} \frac{dx}{v(x)} = \int_0^{w_B} \frac{dx}{I_c / qAn(x)} = \int \frac{qAn(0)\cdot[(w_B - x)/w_B]}{qAD_{nB}n(0)/w_B} dx = \frac{w_B x - x^2/2}{D_{nB}}\bigg|_0^{w_B} = \frac{w_B^2}{2D_{nB}}$$

En aquesta deducció hem fet ús de les expressions $dx = v(x)dt$; $I_C=qAn(x)v(x)$; $n(x)=n(0)[(w_B-x)/w_B]$; $I_C = qAD_{nB}n(0)/w_B$. Per aquest motiu, $t_t = \tau_{BF}$

Exercici 5.18

Trobeu el valor numèric de τ_{BF} en el transistor analitzat en els exercicis anteriors (w_B = 1 μm; D_{nB} = 25 cm^2/s).

Solució: τ_{BF} = 0.2 ns.

QÜESTIONARI 5.4.a

1. La capacitat de transició de la junció emissora depèn dels dopatges de la base i del emissor. Supossant $N_{DE} \gg N_{AB}$ digueu quina de les següents afirmacions referides a la capacitat C_{jE} és correcta.
    a) C_{jE} es multiplica per $2^{1/2}$ si es duplica el dopatge de base.
    b) C_{jE} es multiplica per $2^{1/2}$ si es duplica el dopatge de l'emissor.
    c) C_{jE} es divideix per $2^{1/2}$ si es duplica el dopatge de base.
    d) C_{jE} es divideix per $2^{1/2}$ si es duplica el dopatge de l'emissor..

2. Quines capacitats "veurà" el senyal v_i en les dues configuracions del transistor representades en la figura? La capacitat de la junció base-emissor és C_E i la de la junció base-col·lector C_C.

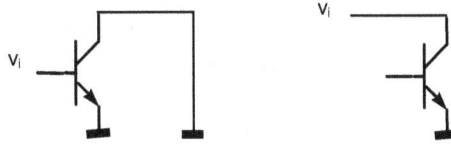

a) $C_E + C_C$ en el primer cas i $(C_E^{-1} + C_C^{-1})^{-1}$ en el segon
b) $(C_E^{-1} + C_C^{-1})^{-1}$ en el primer cas i $C_E + C_C$ en el segon
c) $C_E + C_C$ en tots dos casos.
d) $(C_E^{-1} + C_C^{-1})^{-1}$ en tots dos casos.

3. *La figura representa la secció d'un transistor. L'amplada del transistor (en l'eix perpendicular a la secció representada) és de 50 micres. El model unidimensional només té en compta la regió compresa entre les dues línies discontínues verticals més internes.*

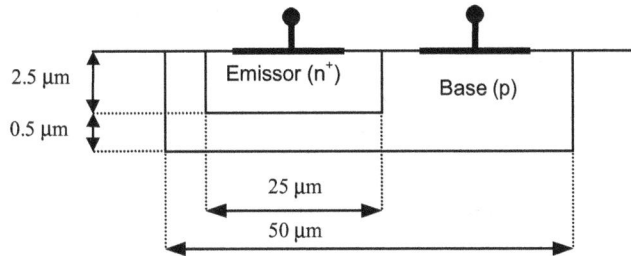

Calculeu el quocient entre el valor de la capacitat de la junció col.lectora del dispositiu real i el que obtindríem utilitzant el model unidimensional.
        a) 1   b) 1.24   c) 2   d) 2.48

5.4.2 Model dinàmic del transistor bipolar

El model dinàmic del transistor bipolar s'obté completant el model de règim permanent amb les capacitats de transició i de difusió tal com es mostra a la figura 5.17.b. Els corrents en els terminals que s'obtenen d'aquest model s'escriuen de la forma indicada més avall, tenint en compte l'equació 5.31 ($I_{be} = Q_F/\beta_F\tau_F$) i 5.32 ($I_{bc} = Q_R/\beta_R\tau_R$) i que el corrent que carrega un condensador és dQ/dt, on Q és la càrrega emmagatzemada pel condensador:

$$I_B = \frac{Q_F}{\beta_F\tau_F} + \frac{dQ_{jE}}{dt} + \frac{dQ_F}{dt} + \frac{Q_R}{\beta_R\tau_R} + \frac{dQ_{jC}}{dt} + \frac{dQ_R}{dt}$$

$$I_C = \frac{Q_F}{\tau_F} - \frac{Q_R}{\tau_R} - \frac{Q_R}{\beta_R\tau_R} - \frac{dQ_R}{dt} - \frac{dQ_{jC}}{dt} \tag{5.38}$$

$$I_E = \frac{Q_F}{\tau_F} - \frac{Q_R}{\tau_R} + \frac{Q_F}{\beta_F\tau_F} + \frac{dQ_F}{dt} + \frac{dQ_{jE}}{dt}$$

Aquest model també es coneix amb el nom de *model de control de càrrega* del transistor bipolar. Com es pot veure, consisteix en un sistema de tres equacions diferencials de les variables Q_F, Q_R, Q_{jE} i Q_{jC}. En general, cal emprar tècniques numèriques per resoldre aquest sistema d'equacions, i només en casos molt simples permet una solució analítica. El programa de simulació SPICE utilitza l'estratègia numèrica, i com que aquest software és una eina que actualment està quasi a l'abast de tothom, és l'instrument més adient per analitzar el comportament dinàmic dels circuits amb transistors.

Exercici 5.19

Trobeu l'evolució temporal del corrent de col·lector d'un transistor que té la junció col·lectora curt-circuitada i en la qual, a partir de $t=0$, s'injecta un corrent constant I_{BB} pel seu terminal de base.

Les càrregues Q_R i Q_{jC} són nul·les per tenir $V_{BC} = 0$. A més, suposarem negligible la variació de Q_{jE}. Amb aquestes condicions les equacions 5.38 es redueixen a $I_C = Q_F/\tau_F$ i $I_B = Q_F/\tau_F\beta_F$ + dQ_F/dt.
Per trobar l'evolució de I_C cal conèixer Q_F, la qual cosa exigeix resoldre l'equació diferencial de I_B. En aquesta equació $I_B = I_{BB}$ per $t>0$. Per tant, la solució general d'aquesta equació diferencial serà: $Q_F(t) = A\ exp(-t/\tau_F\beta_F)+I_{BB}\tau_F\beta_F$. Com que s'ha de complir la condició inicial $Q_F(0) = 0$, resulta $Q_F = I_{BB}\tau_F\beta_F(1-exp(-t/\tau_F\beta_F))$.
De la primera equació trobem $I_C(t) = Q_F(t)/\tau_F = I_{BB}\beta_F(1-exp(-t/\tau_F\beta_F))$.

Exercici 5.20

Trobeu el temps t_r necessari perquè I_C assoleixi un valor estable en el circuit de l'exercici anterior.

Solució: $t_r = 3\tau_F\beta_F$.

5.4.3 Model SPICE del transistor bipolar

El programa SPICE utilitza el model representat a la figura 5.17.b completat amb les resistències r_B, r_E i r_C en sèrie amb els terminals de base, emissor i col·lector respectivament. No obstant això, fa servir una notació diferent per als corrents. En lloc de I_{be} i I_{bc} utilitza els corrents I_{cc} i I_{ec}:

$$I_{cc} = \beta_F I_{eb} = I_s (e^{V_{EB}/V_t} -1)$$
$$I_{ec} = \beta_R I_{cb} = I_s (e^{V_{CB}/V_t} -1)$$

(5.39)

i el valor de la font dependent passa a ser:

$$I_{ct} = \beta_F I_{eb} - \beta_R I_{cb} = I_{cc} - I_{ec}$$

(5.40)

El programa SPICE completa el model bàsic del transistor bipolar incloent la dependència de β_F amb V_{CE} i amb V_{BE}. Per incloure l'efecte Early (variació amb V_{CE}) i la variació de β_F amb V_{BE} mostrada en la figura 5.14 es modifica el valor de la font dependent I_{ct}, que passa a ser:

$$I_{ct} = \frac{q_1}{q_b}\left[I_{cc} - I_{ec}\right] \tag{5.41}$$

sent els valors de q_1 i q_b:

$$q_1 = 1 - \frac{V_{BC}}{V_{AF}} - \frac{V_{BE}}{V_{AR}}$$

$$q_b = \frac{1}{2}\left[1 + \sqrt{1 + 4q_2}\right] \tag{5.42}$$

$$q_2 = \frac{I_s}{I_{kf}}\left[e^{V_{BE}/V_t} - 1\right] + \frac{I_s}{I_{kr}}\left[e^{V_{BC}/V_t} - 1\right]$$

El factor q_1 introdueix l'efecte Early en fer augmentar I_C amb V_{CE}, i el factor q_b introdueix el canvi de pendent de I_C produït pel fenomen d'alta injecció que succeeix a partir de I_{kf}, tal com es mostra a la figura 5.14. En efecte, considerem el mode actiu amb V_{BC} negativa. Per a valors petits de V_{BE}, q_2 serà molt més petita que la unitat, i q_b valdrà aproximadament 1. Però quan V_{BE} creix, q_2 es fa molt més gran que 1, i q_b es pot aproximar per $(q_2)^{1/2}$ que serà igual a $(I_s/I_{kf})^{1/2}\cdot\exp(V_{BE}/2V_t)$, i per tant,

$$I_{ct} \cong \frac{I_s e^{V_{BE}/V_t}}{\sqrt{I_s/I_{kf}}\,e^{V_{BE}/2V_t}} \cong \sqrt{I_s I_{kf}}\,e^{V_{BE}/2V_t} \tag{5.43}$$

Els corrents pels díodes es modelen de la següent forma, per tal d'incloure els components de recombinació a les ZCE de les dues juncions, les quals també afecten el paràmetre β_F:

$$\text{Díode emissor - base} \quad I_{be} = \frac{I_{cc}}{\beta_F} + I_{sre}\left[e^{V_{BE}/2V_t} - 1\right]$$

$$\text{Díode col·lector - base} \quad I_{bc} = \frac{I_{ec}}{\beta_R} + I_{src}\left[e^{V_{BC}/2V_t} - 1\right] \tag{5.44}$$

Les capacitats de transició es formulen de la mateixa manera que a la junció PN:

$$C_{ji} = \frac{C_{joi}}{\left[1 - V_{iB}/V_{ji}\right]^{m_i}} \tag{5.45}$$

essent i igual a E per a l'emissor, i igual a C per al col·lector. Per a valors de V_{iB} propers a V_{ji}, es modifica l'expressió anterior per evitar problemes de tipus numèric. Les capacitats de difusió es modelen segons les següents expressions:

$$C_{sE} = \tau_{FF}\frac{dI_{cc}}{dV_{EB}} \qquad C_{sC} = \tau_R\frac{dI_{ec}}{dV_{CB}} \tag{5.46}$$

Paràmetre	I_s	β_F	β_R	I_{kf}	I_{kr}	V_{AF}	V_{AR}	τ_{FF}	τ_R	r_C	r_E	r_B
Valor per defecte	10^{-16} A	100	1	∞	∞	∞	∞	0	0	0	0	0

Taula 5.3 Valors per defecte d'alguns paràmetres del transistor bipolar en SPICE

En la taula 5.3 es presenta un resum dels valors dels paràmetres que pren el programa SPICE per defecte, quan l'usuari no indica el seu valor. Els noms de les variables utilitzades per SPICE s'associen fàcilment als utilitzats en aquest capítol.

QÜESTIONARI 5.4.b

1. *Compareu els dos temps de trànsit τ_{BF} i τ_{BR} i responeu quina de les afirmacions següent és falsa.*

a) *En un model unidimensional amb dopatge de base constant $\tau_{BF} = \tau_{BR}$.*

b) *Que l'àrea de la junció col·lectora sigui més gran que la de l'emissora implica que $\tau_{BF} < \tau_{BR}$.*

c) *El camp accelerador associat un perfil de dopatge de la regió de base com el de la figura 5.16 implica que $\tau_{BF} < \tau_{BR}$.*

d) *La relació de mobilitats $\mu_n > \mu_p$ implica que $\tau_{BF} < \tau_{BR}$.*

2. *La càrrega de minoritaris en excés en les zones neutres d'un transistor bipolar s'escriu com $Q_F = \tau_F I_C$ quan $V_{BC} = 0$. Aquesta igualtat és, de fet, una definició dels temps τ_F. Si tractéssim la junció base-emissor com un díode i volguéssim identificar τ_F amb el seu temps de trànsit, aleshores l'expressió que escriuríem és $Q_F = \tau_F I_F$. Compareu el valor de τ_F^* obtingut de la segona expressió amb el de τ_F definit per la primera.*

a) $\tau_F^*/\tau_F = \alpha_F$ b) $\tau_F^*/\tau_F = 1/\alpha_F$ c) $\tau_F^*/\tau_F = 1 + \alpha_F$ d) $\tau_F^*/\tau_F = 1 - \alpha_F$

3. *Quins paràmetres cal introduir com a dades SPICE per simular l'efecte Early?*

a) β_F i β_R b) β_F i V_{AF} c) β_R i V_{AR} d) V_{AF} i V_{AR}

5.4.4 Comportament del transistor bipolar en commutació

Considerem el circuit inversor de la figura 5.19a en el qual s'aplica a l'entrada un senyal impuls v_i (senyal digital). En les gràfiques de la figura 5.19b es representa com varia la tensió V_{BE}, els corrents I_B i I_C, i la càrrega d'electrons a la base Q_B. Com es pot observar, v_i passa de nivell baix a nivell alt en l'instant $t = 0$. A conseqüència d'aquest canvi, I_C puja al valor I_{Csat} després d'un retard inicial i d'un "temps de pujada", i per tant, la tensió de sortida del col·lector passarà d'un nivell alt a un nivell baix. Quan v_i torna al nivell baix, I_C es manté durant un cert temps en I_{Csat} (anomenat *temps de retard per emmagatzemament*) i després inicia la baixada a zero. La tensió de col·lector passarà, per tant, d'un nivell baix a un nivell alt. El circuit s'anomena inversor perquè el senyal de sortida presenta la forma complementària de l'impuls d'entrada. Però aquesta tensió i el corrent de col·lector que l'origina presenten uns *retards de propagació* respecte del senyal d'entrada.

Una anàlisi qualitativa d'aquests retards de propagació és el següent. Quan v_i passa de $-A$ a A en $t = 0$, la primera acció del circuit consisteix a carregar el condensador C_{jE} des de $-A$ fins a 0 V, ja que en polarització inversa C_{sE} és nul·la. El corrent de base és qui carrega aquest condensador. A l'instant inicial I_B serà $(A-V_{BE})/R_B = 2A/R_B$, ja que inicialment $V_{BE}=-A$. Quan $I_{BE} = 0$, la concentració de forats en el punt 0_B és n_{B0}, per la qual cosa I_C és encara pràcticament nul·la. Això explica el retard inicial t_1. L'evolució de la càrrega a la base es representa a la figura 5.19.c.

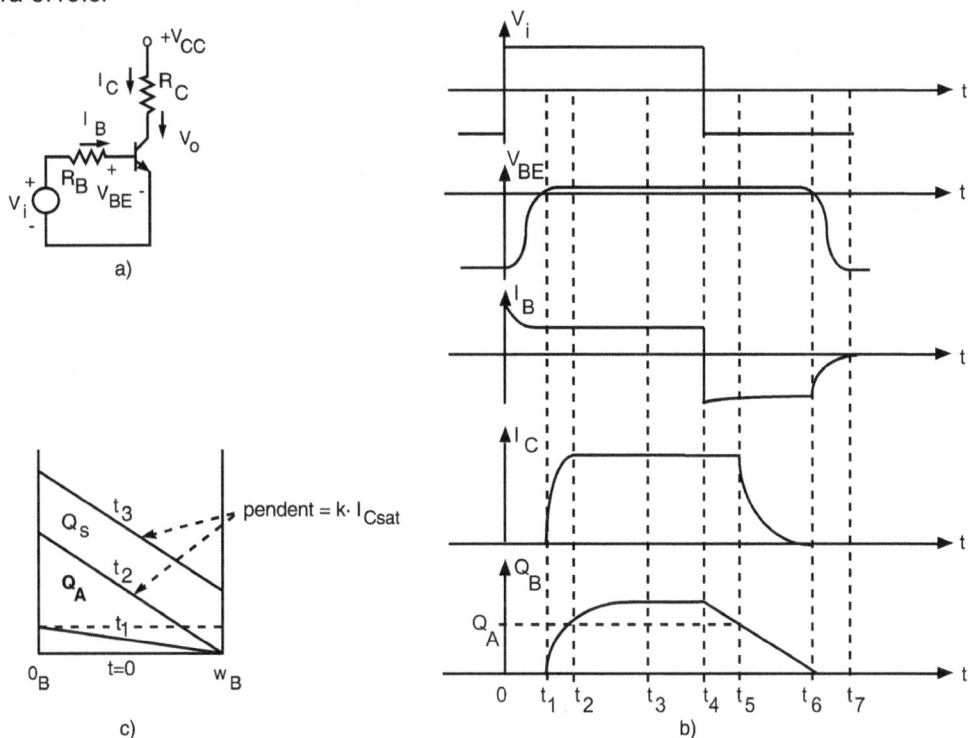

Figura 5.19 Transitoris de commutació. a) Circuit inversor amb un transistor NPN. b) Evolució de les tensions i corrents. c) Càrrega en la regió neutra de la base

El segon tram en la resposta va des del moment que V_{BE} és igual a zero fins que $V_{BE} = 0.7$ V. Durant aquest interval de temps, I_C comença a créixer des de zero fins que s'inicia la saturació. El pendent de $n_B(x)$ va augmentar a causa de l'increment de $n_B(0_B)$ amb V_{BE}, mentre que $n_B(w_B)$ es manté igual a zero per la polarització inversa de la junció col·lectora. A l'instant $t = t_2$, I_C arriba a $I_{Csat} = (V_{CC}-V_{CEsat})/R_C$ i es manté constant en aquest valor mentre v_i segueixi en el nivell alt. Noteu que en aquesta fase també s'ha de carregar el condensador C_{jC}, ja que inicialment V_{BC} era $-V_{CC}$ i al final és aproximadament zero.

No obstant això, a l'interior del transistor hi ha canvis a partir de t_2: la càrrega a la base segueix augmentant, i passa de Q_A a Q_A+Q_s segons s'indica a la figura 5.19.c. Aquest augment de la càrrega es produeix mantenint-se el pendent de $n_B(x)$ constant, ja que I_C, que és proporcional a aquest pendent, és constant. El transistor entra en un estat de saturació "profunda". A l'instant t_3 s'arriba a la situació de règim permanent.

En $t = t_4$ es produeix la commutació de v_i des de A a $-A$. Es produeixen les accions inverses a les descrites en la transición anterior. La primera acció del circuit es "buidar" Q_s. Durant aquesta fase, V_{BC} varia des d'un valor lleugerament positiu fins a un valor lleugerament negatiu, però no es produeix cap canvi significatiu a I_C, el qual es manté aproximadament al valor de I_{Csat}. Per tant, la càrrega a la base va disminuint a causa de l'acció combinada d'un corrent negatiu de base i de la recombinació. La recta $n_B(x)$ es desplaça cap avall sense canviar de pendent, de manera similar a la fase de formació de Q_s. Al final d'aquesta etapa la càrrega a la base és Q_A.

Finalment s'elimina Q_A, però ara variant I_C, ja que el pendent de $n_B(x)$ va disminuint progressivament. La tensió V_{BE} passarà de 0.7 V a 0 V. Simultàniament a l'eliminació de Q_A, també s'ha de descarregar C_{jC}, ja que V_{BC} passa de 0 V fins a $-V_{CC}$. Per últim, es produeix una fase que no es reflecteix en el valor de I_C: la descàrrega del condensador C_{jE} des de V_{BE} = 0 fins V_{BE} = $-A$.

L'anàlisi quantitativa d'aquests temps pot fer-se utilitzant el model de control de càrrega. No obstant això, la complexitat d'aquest model exigeix fer moltes aproximacions per aconseguir resultats en forma d'expressions matemàtiques simples, per la qual cosa sol ser més útil i fàcil trobar aquests temps fent servir el programa SPICE. Per il·lustrar la utilització del model de control de càrrega per calcular alguns temps de retard calcularem (t_2-t_1), el temps que es triga perquè I_C passi de zero fins al valor I_{Csat}, essent inicialment V_{BE} nul·la.

La situació inicial és V_{BE} = 0, V_{CE} = V_{CC} i la càrrega a la base Q_B = 0. Al final V_{BE} = 0.7 V, V_{CE} = V_{CEsat} i Q_B = Q_A. Caldrà, per tant, que entri un corrent de base que permeti adequar les amplades de les ZCE de les juncions emissora i col·lectora, i que neutralitzi la càrrega d'electrons Q_A. Com que l'amplada de l'emissor canviarà poc, ignorarem el temps requerit per proporcionar aquesta càrrega. Per simplificar el càlcul suposarem, per altra banda, que primer s'adequa l'amplada de la ZCE del col·lector i després es neutralitza la càrrega Q_A. També aproximarem I_B pel valor constant I_B = A/R_B. Amb aquestes aproximacions, el model de control de càrrega per a la fase de càrrega de C_{jC} estableix:

$$I_B = \frac{dQ_{jC}}{dt} \qquad (5.47)$$

on s'han suposat nul·les Q_F i Q_R i s'ha ignorat Q_{jE}. La integració d'aquesta equació porta a:

$$\Delta Q_{jC} \cong QC(V_{BC}=0) - Q_{jC}(V_{BC}=-V_{CC}) = I_B t_{r1} \qquad (5.48)$$

Calculant Q_j a la junció col·lectora per a les dues polaritzacions indicades, es pot avaluar t_{r1}.

Per a la segona fase s'ha de resoldre:

$$I_B = \frac{Q_F}{\beta_F \tau_F} + \frac{dQ_F}{dt} \qquad (5.49)$$

ja que Q_R és nul·la, negligim Q_{jE} i suposem que Q_{jC} ja té el seu valor final. La solució d'aquesta equació diferencial amb la condició inicial $Q_F(0) = 0$ és:

$$Q_F = I_B \beta_F \tau_F (1 - e^{-t/\tau})$$
(5.50)

essent $\tau = \tau_F \beta_F$ (vegeu exercici 5.19). Al final d'aquesta fase el valor de I_C serà I_{Csat}. El model dinàmic del transistor estableix per a I_C que si Q_R i dQ_{jC}/dt són nul·les, aleshores $I_C = Q_F/\tau_F$, per la qual cosa $Q_F(t_{r2}) = I_{Csat}\tau_F$. Per tant, el temps que triga Q_F a créixer des de zero fins a $I_{Csat}\tau_F$ serà:

$$t_{r2} = \beta_F \tau_F \ln\left[\frac{1}{1 - I_{Csat}\tau_F / I_B \beta_F \tau_F}\right] = \beta_F \tau_F \ln\left[\frac{1}{1 - I_{Csat} / I_B \beta_F}\right] =$$
(5.51)

Per tant, el temps de retard buscat serà $t_2 - t_1 = t_{r1} + t_{r2}$.

Per aconseguir reduir els retards de propagació en els circuits digitals bipolars es procura que el transistor no entri en saturació, connectant un díode Schottky entre base i col·lector. Quan la tensió de col·lector disminueix a causa de l'augment de I$_C$, el díode Schottky entra en conducció presentant entre els seus terminals la seva tensió de colze, que és d'uns 0.4 V o menys. La tensió V_{BC} queda fixada en aquest valor i s'evita que el transistor entri en saturació profunda.

QÜESTIONARI 5.4.c

1. Considerem el procés de commutació esquematitzat en la figura 5.19. Justifiqueu per què el corrent de base presenta un pic en passar de l'estat OFF (tall) a ON (conducció).
a) Per que C_E fixa un valor inicial negatiu.
b) Per que C_C proporciona inicialment corrent a I_B.
c) Per que cal un corrent inicial més intens per generar Q_A.
d) Per que cal un corrent inicial més intens per generar Q_s.

2. Ens referim als diagrames de la qüestió anterior. Quin element del circuit de la figura 5.19a canviaríem per disminuir el temps t_1?
a) disminuiríem R_B   *b) augmentaríem R_B*
c) disminuiríem R_C   *d) augmentaríem R_C*

3. Si la commutació ON-OFF es produís en l'instant t_2, com canviaria el valor del retard $t_7 - t_4$?
a) $t_7 - t_4$ augmentaria   *b) $t_7 - t_4$ es mantindria constant*
c) $t_7 - t_4$ disminuiria   *d) depèn: $t_6 - t_4$ disminuiria, però $t_7 - t_6$ augmentaria*

4. Els transistors bipolars de silici utilitzats en alguns circuits digitals incorporen un díode Schottky en paral·lel amb la junció base-col·lector, amb l'ànode unit a la base de BJT quan aquest és un NPN per tal de reduir el retard de commutació. Suposant que la tensió de colze del díode Schottky és 0.3 V, digueu quin és l'efecte del díode.
a) disminució de Q_A   *b) disminució de Q_s*
c) augment de I_{Csat}   *d) disminució de V_{CEsat}*

5. *Avalueu V_{CEsat} en el transistor de la qüestió anterior suposant que V_{BE} = 0.8 V.*
    a) 0.8 V   b) 0.5 V   c) 0.3 V   d) 0.2 V

6. *Suposem que en el circuit de la qüestió anterior hi ha un condensador entre el col·lector del transistor i el punt comú (emissor). Discutiu com quedarien modificats els transitoris de commutació.*
    a) els dos retards augmenten
    b) el retard ON-OFF augmenta i el OFF-ON disminueix
    c) el retard OFF-ON augmenta i el ON-OFF disminueix
    d) els dos retards disminueixen

PROBLEMA GUIAT 5.3

Considerem el transistor del problema guiat 5.1. Volem estudiar els transitoris de commutació esquematitzats en la figura 5.19. La tensió d'alimentació és V_{CC}= 5V. La tensió d'entrada, v_i, varia entre -5 V i +5 V. Les resistències del circuit valen R_B= 10 kΩ, R_C= 1 kΩ. Volem saber:
1. El temps τ_F del model dinàmic del transistor.
2. El valor del pic del corrent de base en la commutació OFF-ON. Per simplificar el problema suposarem que la tensió base-emissor en el transistor en conducció val 0.7 V. (El lector exigent pot avaluar aquesta quantitat a partir del circuit de polarització i el model d'Ebers-Moll, però el resultat que obtingui no canvia gaire la solució del problema.)
3. El temps t_1 de la commutació OFF-ON. Simplificarem el problema treballant amb un valor constant de corrent de base $I_B=[I_B(t_1)+ I_B(0)]/2$ en lloc de $I_B(t)$. Tingueu en compte que l'àrea de la regió P és de 60μmx45μm, la profunditat de la junció base-col·lector de 3.3μm i V_{BC} = -3.5 V.
4. El temps que es trigaria a carregar la zona de càrrega d'espai de la junció col·lectora per adaptar-la al canvi de tensió del terminal de col·lector des del valor inicial de 5 V al final de 0 V, quan es realitza la commutació OFF-ON ignorant l'acumulació de minoritaris en excés en la zona neutra de la base.
5. El temps que es trigaria a carregar la zona neutra de la base quan la tensió del terminal de col·lector va des de l'inicial de 5 V al final de 0 V, quan es realitza la commutació OFF-ON ignorant l'acumulació de minoritaris en la zona de càrrega d'espai de la junció col·lectora.
6. A partir dels resultats dels dos apartats anteriors avalueu t_2-t_1, suposant que els canvis simultanis de les dues càrregues es poden aproximar per canvis successius i independents l'un de l'altre.

5.5 EL TRANSISTOR BIPOLAR COM A AMPLIFICADOR

En la figura 5.3 s'ha descrit el comportament del transistor com a amplificador en base comuna. El senyal d'entrada $\Delta V_i(t)$ apareixia a la sortida multiplicat per una constant G_v i superposat a una tensió constant, de forma que a la sortida, $V_o = V_{oQ}+G_v\Delta V_i(t)$. El guany de tensió de l'amplificador és G_v i els valors de tensió i corrent constants sobre els quals es superposa el senyal s'anomenen valors de polarització. Per un comportament correcte de l'amplificador s'exigeix que el transistor treballi dins la zona activa, ja que si entra a la regió de tall o de saturació V_o es fa constant (sigui perquè I_C s'anul·la o perquè V_{CE} pren el valor fix V_{CEsat}) i deixa de seguir el senyal d'entrada. El senyal de sortida queda aleshores retallat i no és una copia fidel del senyal d'entrada. Es diu que l'amplificador "distorsiona" el senyal.

Per calcular el guany d'un amplificador cal substituir el transistor pel seu circuit equivalent en petit senyal. Aquest circuit relaciona els increments de tensió i de corrent que apareixen entre els terminals del transistor. En aquest apartat estudiarem dos circuits equivalents de petit senyal diferents: el model híbrid en π i el model de paràmetres h. Els dos són per la configuració d'emissor comú, que és la més utilitzada per amplificar.

5.5.1 El model híbrid en π

El punt de partida per obtenir aquest circuit és el model dinàmic del transistor representat a la figura 5.17.b, en el qual suposarem que la junció col·lectora està en inversa ($I_{bc} = 0$) i la emissora en directa. A més a més, per incloure l'efecte Early, suposarem que la font de corrent dependent entre col·lector i emissor, que anomenarem I_{CT}, ve donada per:

$$I_{CT} = \beta_F I_{be}\left(1+\frac{V_{CE}}{|V_A|}\right) \tag{5.52}$$

La tensió d'entrada serà $V_{BEQ}+\Delta V_{BE}$ i el corrent d'entrada $I_{BQ}+\Delta I_B$, mentre que la tensió i el corrent de sortida seran $V_{CEQ}+\Delta V_{CE}$ i $I_{CQ}+\Delta I_C$ respectivament. Com que l'amplitud del senyal és petit, aproximarem els increments pels diferencials de les magnituds corresponents. Així, l'increment de corrent pel díode d'emissor l'aproximarem per:

$$dI_{be} = \frac{I_s}{\beta_F} e^{V_{BEQ}/V_t}\frac{dV_{BE}}{V_t} \cong \frac{I_{CQ}}{\beta_F V_t}dV_{BE} = \frac{dV_{BE}}{r_\pi} \qquad\qquad r_\pi \equiv \frac{\beta_F V_t}{I_{CQ}} \tag{5.53}$$

És a dir, la relació entre l'increment de tensió entre els terminals del díode d'emissor i l'increment de corrent que circula per aquest díode, és la mateixa que si el díode fos substituït per una resistència de valor r_π. Això equival a aproximar la corba d'entrada per la seva tangent en el punt de polarització.

L'increment de corrent per la font dependent serà:

$$dI_{CT} = \beta_F\left(1+\frac{V_{CEQ}}{|V_A|}\right)dI_{be} + \beta_F I_{beQ}\frac{dV_{CE}}{|V_A|} = g_m dV_{BE} + \frac{dV_{CE}}{r_o}; \quad g_m \cong \frac{\beta_F}{r_\pi} = \frac{I_{CQ}}{V_t}; \quad r_o \equiv \frac{|V_A|}{I_{CQ}} \tag{5.54}$$

on s'ha suposat $V_{CE} \ll |V_A|$. El resultat indica que l'increment de corrent de la font dependent és el mateix que el que produiria una font de corrent de valor $g_m\Delta V_{BE}$ i una resistència en paral·lel de valor r_o, tal com s'indica en la figura 5.20. El paràmetre g_m s'anomena transconductància

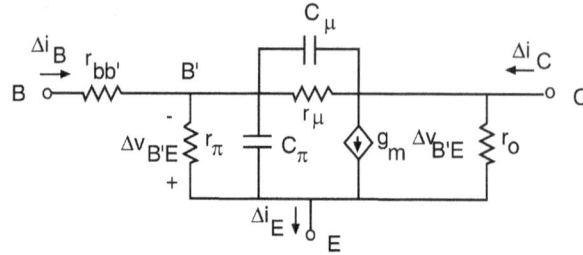

Figura 5.20 Circuit equivalent híbrid en π del transistor bipolar NPN en petit senyal

Com que el senyal és d'amplitud petita, es pot considerar que els condensadors de les juncions prenen els valors constants $C_{jE}(V_{BEQ})$, $C_{sE}(V_{BEQ})$ i $C_{jC}(V_{BCQ})$. La capacitat C_{sC} se suposa nul·la a causa de la polarització inversa de la junció col·lectora. A la figura 5.20 es representa el circuit obtingut al qual s'han afegit les resistències $r_{bb'}$ per tenir en compte l'efecte de la resistència paràsita de base i la resistència r_μ, de valor molt elevat, per modelar amb més rigor l'efecte Early. Així mateix s'han agrupat els dos condensadors de la junció emissora en un de sol, $C_\pi = C_{JE}+C_{sE}$, i s'anomena C_μ a C_{jC}. Aquest circuit es denomina *circuit híbrid en π*. Noteu que l'efecte Early també té influència sobre I_B, ja que en disminuir la càrrega de minoritaris a la base disminueix la recombinació i per tant aquest corrent. Aquest efecte de la sortida sobre l'entrada es modela mitjançant r_μ ($r_\mu^{-1} = -dI_B/dV_{CE}$ mantenint V_{BE} constant). A vegades, per completar el model, també s'inclouen en sèrie amb els terminals d'emissor i de col·lector les resistències paràsites r_E i r_C.

Exercici 5.21

Trobeu els valors de r_π, r_o i g_m a temperatura ambient d'un transistor polaritzat amb $I_{CQ} = 2$ mA i que té $\beta_F = 200$ i $|V_A| = 50$ V.

Aplicant 5.53 i 5.54 resulta: $r_\pi = 0.025 \cdot 200/2 \cdot 10^{-3} = 2.5\ k\Omega$; $g_m = 2 \cdot 10^{-3}/0.025 = 8 \cdot 10^{2}\ \Omega^{-1}$; $r_o = 50/2 \cdot 10^{-3} = 25\ k\Omega$.

Exercici 5.22

Repetiu els càlculs de l'exercici anterior si la polarització fos de 2 µA en lloc de 2 mA.

Solució: $r_\pi = 2.5\ M\Omega$; $g_m = 2 \cdot 10^{-3}/0.025 = 8 \cdot 10^{-5}\ \Omega^{-1}$; $r_o = 50/2 \cdot 10^{-6} = 25\ M\Omega$.

QÜESTIONARI 5.5.a

1. En la pràctica el mode actiu d'un transistor bipolar com el del circuit de la figura següent va des de $V_{CE}=V_{CC}$ fins a $V_{CE}=V_{CEsat}$.

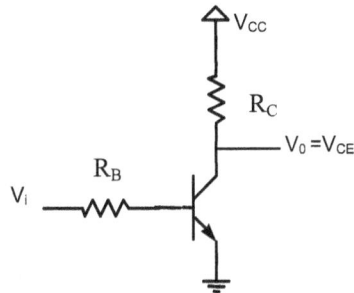

Quina de les aproximacions no podem acceptar sense verificar?

a) $C_\mu(V_{CE}=V_{CC})\approx C_{jBC}$

b) $C_\mu(V_{CE}=V_{CEsat})\approx C_{jBC}$

c) $C_\mu(V_{BE}=0)\approx C_{jBC}$

d) $C_\pi(V_{CE}=V_{CEsat})\approx C_{sBE}$

2. Volem examinar la influència dels efectes no ideals del BJT en els paràmetres del model híbrid en π. Examineu qualitativament com influeix l'alta injecció a la base en el paràmetre r_π i digueu quina de les afirmacions següents és correcta.

a) L'alta injecció fa que r_π sigui més gran que en el transistor ideal.

b) L'alta injecció fa que r_π sigui més petita que en el transistor ideal.

c) L'alta injecció no influeix sobre r_π

d) L'efecte de l'alta injecció sobre r_π depèn del valor de V_A.

3. Repetiu l'exercici anterior si domina la recombinació a la ZCE:

a) r_π és més gran que en el transistor ideal.

b) r_π és més petita que en el transistor ideal

c) r_π és igual que en el transistor ideal

d) L'efecte de la recombinació a la ZCE sobre r_π depèn del valor de V_A.

4. En el model híbrid en π a baixa freqüència i suposant $r_\mu \to \infty$, ens demanem si són equivalents les quantitats $g_m\Delta V_{B'E}$ i $\beta_F\Delta I_B$.

a)No   b) Sí   c) Sí, sempre que $r_{bb'}<<r_\pi$ d) Sí, sempre que r_o sigui gran.

5. Analitzeu quina influència té la resistència lateral de base $r_{bb'}$ en el guany de tensió, G_V, d'un amplificador com el de la qüestió 1 i digueu quina de les afirmacions següents no és correcta.

a) G_V és independent de $r_{bb'}$

b) G_V és independent de $r_{bb'}$ si $r_{bb'} << R_B$

c) G_V disminueix si $r_{bb'}$ augmenta

d) G_V és independent de $r_{bb'}$ si $r_{bb'} << r_\pi$

6. Expliqueu perquè C_μ no depèn de C_{sC} quan el transistor treballa en la regió de saturació.

a) Perquè $C_{sC} << C_{jBC}$

b) Perquè la junció base-col·lector està en polarització inversa

c) Perquè la junció base-col·lector no presenta capacitat de difusió

d) Perquè C_μ només he estat definida per a la regió activa

5.5.2 El model de paràmetres h

Aquest model es fonamenta en la suposició que els increments de tensió i de corrent en els terminals del transistor es relacionen de forma lineal:

$$\Delta V_{BE} = h_{ie} \cdot \Delta I_B + h_{re} \cdot \Delta V_{CE}$$
$$\Delta I_C = h_{fe} \cdot \Delta I_B + h_{oe} \cdot \Delta V_{CE}$$

$$(5.55)$$

a on h_{ie}, h_{re}, h_{fe} i h_{oe} són constants que s'anomenen "paràmetres h", o "paràmetres híbrids". Aquest nom deriva del fet que tenen diferents dimensions. Mentre h_{ie} té dimensions d'impedància, h_{oe} en té d'admitància i h_{re} i h_{fe} són adimensionals. Les expressions 5.55 es poden representar pel circuit de la figura 5.21 que es denomina *circuit equivalent de paràmetres h*. En alta freqüència els paràmetres es converteixen en nombres complexos, per la qual cosa el càlcul del circuit es complica significativament. Per aquest motiu, aquest model només es fa servir en baixa freqüència. Observeu que aquest model contempla el transistor com una "capsa negra" en la qual només interessen les relacions entre les magnituds elèctriques en els terminals i en la qual no es considera el comportament físic del dispositiu.

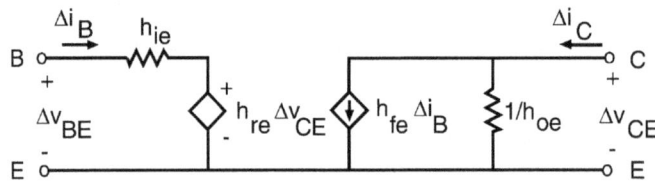

Figura 5.21 Circuit equivalent en paràmetres h del transistor

Com que aquest model i el desenvolupat en l'apartat anterior són dues representacions d'un mateix transistor en petit senyal, han de ser equivalents entre ells. Aquesta relació és fàcil de trobar si es fan servir les següents expressions derivades de 5.55:

$$h_{ie} = \frac{\Delta V_{BE}}{\Delta I_B} \ si \ \Delta V_{CE} = 0 \qquad h_{re} = \frac{\Delta V_{BE}}{\Delta V_{CE}} \ si \ \Delta I_B = 0$$

$$h_{fe} = \frac{\Delta I_C}{\Delta I_B} \ si \ \Delta V_{CE} = 0 \qquad h_{oe} = \frac{\Delta I_C}{\Delta V_{CE}} \ si \ \Delta I_B = 0$$

$$(5.56)$$

Aplicant aquestes relacions al circuit híbrid en π sense capacitats, ja que en baixa freqüència presenten una resistència molt elevada, i sense les resistències paràsites r_E i r_C, que normalment són molt petites, s'obté:

$$h_{ie} = r_{bb'} + r_\pi \| r_\mu \cong r_{bb'} + r_\pi$$

$$h_{fe} = g_m (r_\pi \| r_\mu) \cong g_m r_\pi = \beta_F$$

$$h_{re} = \frac{r_\pi}{r_\pi + r_\mu} \cong \frac{r_\pi}{r_\mu} \ll 1$$

$$(5.57)$$

$$h_{oe} = \frac{1}{r_o} + \frac{1}{r_\pi + r_\mu} + g_m \frac{r_\pi}{r_{\pi+}r_\mu} \cong \frac{1}{r_o} + \frac{1}{r_\mu / \beta_F}$$

Aquestes relacions permeten obtenir els paràmetres h a partir del circuit híbrid en π, i també obtenir els paràmetres d'aquest segon circuit coneixent els paràmetres h i la resistència r_B.

Els fabricants de transistors solen proporcionar els paràmetres h del dispositiu en un punt de polarització.

Exercici 5.23

Un transistor que treballa amb una I_{CQ} = 2 mA presenta una h_{re} = 2·10⁻⁴ i β_F = 200. Estimeu el valor de la resistència r_μ de l'equivalent híbrid en π.

A partir de 5.57 resulta $r_\mu = r_\pi/h_{re}$. Per tant, com que $r_\pi = V_t\beta_F/I_{CQ}$ = 2.5 kΩ, resultarà que $r_\mu = 2.5\cdot10^3/2\cdot10^{-4}$ = 12.5 MΩ.

Exercici 5.24

Quin serà el valor de h_{oe}^{-1} del transistor anterior? Suposeu r_o del híbrid en π igual a 100 kΩ.

Solució: h_{oe}^{-1} = 38 kΩ.

QÜESTIONARI 5.5.b

1. Quan valdria r_μ en un transistor on h_{re}=10⁻⁴, β_F=100 i I_{CQ}= 1 mA?
    a) 250 Ω   b) 2.5×10³ Ω   c) 2.5×10⁵ Ω   d) 2.5×10⁷ Ω

2. Com quedaria el model de paràmetres h si en lloc d'un transistor NPN treballem amb un PNP?
    a) Canviarien els signes de les tensions i els corrents.
    b) Canviarien els signes de les tensions i es mantindrien els del corrents.
    c) Canviarien els signes dels corrents i es mantindrien els de les tensios.
    d) No hi ha canvis

3. Escriviu les equacions que s'utilitzen per construir el model de paràmetres h en la configuració de base comuna.
    a) $v_{eb} = h_{ib}i_e + h_{rb}v_{cb}$ $i_c = h_{fb}i_e + h_{ob}v_{cb}$

    b) $v_{eb} = h_{ib}i_e - h_{rb}v_{cb}$ $i_c = h_{fb}i_e + h_{ob}v_{cb}$

    c) $v_{eb} = h_{ib}i_e + h_{rb}v_{cb}$ $i_c = h_{fb}i_e - h_{ob}v_{cb}$

    d) $v_{eb} = h_{ib}i_e - h_{rb}v_{cb}$ $i_c = h_{fb}i_e - h_{ob}v_{cb}$

4. *Com quedaria modificat el model de paràmetres h si en el transistor la resistència paràsita d'emissor és important? Treballeu amb l'aproximació* $h_{re}=0$, $h_{oe}^{-1}=\to\infty$.

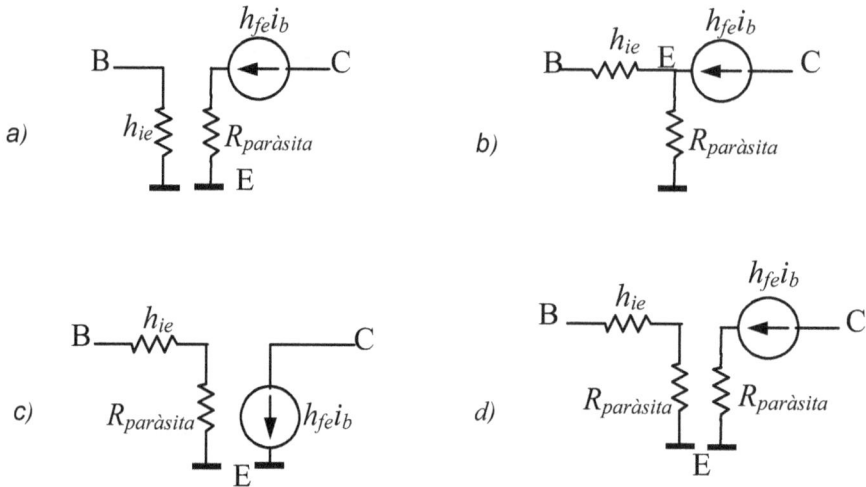

5. *Un dels possibles models en petit senyal en baixa freqüència i en configuració d'emissor comú consisteix a expressar els corrents ΔI_B i ΔI_C en funció de les tensions ΔV_{BE} i ΔV_{CE}. Els coeficients s'anomenen y_{ie}, y_{re}, y_{fe} i y_{oe}, respectivament. Quines són les dimensions dels coeficients y?*

    a) Admitància en tots els casos.
    b) y_{ie} i y_{oe} són admitàncies mentre que y_{re} i y_{fe} no tenen dimensions.
    c) y_{ie} i y_{oe} són impedàncies mentre que y_{re} i y_{fe} no tenen dimensions
    d) Impedàncies en tots els casos.

6. *Com determinaríeu el valor de y_{ie} en el model de la qüestió anterior?*

$$a)\ y_{ie} = \left.\frac{\Delta I_B}{\Delta V_{BE}}\right|_{V_{BC}=const} \qquad\qquad b)\ y_{ie} = \left.\frac{\Delta I_C}{\Delta V_{BE}}\right|_{V_{CE}=const}$$

$$c)\ y_{ie} = \left.\frac{\Delta I_B}{\Delta V_{BE}}\right|_{V_{CE}=const} \qquad\qquad d)\ y_{ie} = \left.\frac{\Delta I_C}{\Delta V_{BE}}\right|_{V_{BC}=const}$$

5.5.3 Limitacions del transistor en alta freqüència: f_T i f_{mosc}

En augmentar la freqüència del senyal les capacitats internes del transistor C_π i C_μ presenten una impedància progressivament més petita, que fa disminuir el guany de l'amplificador. Les freqüències f_T i f_{mosc} assenyalen els límits en freqüència de la capacitat amplificadora del transistor.

El paràmetre h_{fe} és una mesura de la màxima capacitat d'amplificació de corrent del transistor. Per aconseguir-la, tal com indica 5.56, cal establir per al senyal un curt-circuït virtual entre el col·lector i l'emissor, per tal d'evitar que es derivi corrent per r_o. Sota aquesta condició, i suposant $r_E = r_C = 0$, s'obté del circuit híbrid en π:

$$h_{fe} = \frac{g_m \Delta V_{B'E} - g_\mu \Delta V_{B'E}}{g_\pi \Delta V_{B'E} + g_\mu \Delta V_{B'E}} \tag{5.58}$$

essent $g_\mu = j\omega C_\mu$ y $g_\pi = Z_\pi^{-1}$ amb $Z_\pi = r_\pi \| (j\omega C_\pi)^{-1}$. Substituint aquests valors a l'expressió anterior, resulta:

$$h_{fe} = \frac{g_m - j\omega C_\mu}{1/r_\pi + j\omega(C_\pi + C_\mu)} \cong \frac{g_m}{1/r_\pi + j\omega(C_\pi + C_\mu)} = \frac{g_m r_\pi}{1 + j\omega r_\pi (C_\pi + C_\mu)} = \frac{\beta_F}{1 + j\omega r_\pi (C_\pi + C_\mu)} \tag{5.59}$$

on s'ha negligit ωC_μ enfront de g_m en el numerador. Aquesta expressió posa de manifest que per a freqüències baixes h_{fe} coincideix amb β_F, però quan la freqüència augmenta h_{fe} disminueix a causa dels efectes de C_π i C_μ. En la figura 5.22 es representa el logaritme del mòdul de h_{fe} en funció de la freqüència.

El guany de corrent β_F es manté constant dins d'un marge de 3 dB fins f_β a partir de la qual comença a disminuir a raó de 20 dB per dècada. Quan s'arriba a f_T, denominada *freqüència de transició (a vegades també es diu de tall)*, el mòdul de h_{fe} és la unitat (el seu logaritme és zero). A partir d'aquesta freqüència el transistor en lloc d'amplificar atenuarà el senyal. És, per tant, la freqüència que marca el límit d'amplificació de corrent. Els valors d'aquestes dues freqüències són:

$$f_\beta = \frac{1}{2\pi r_\pi (C_\pi + C_\mu)} \qquad\qquad f_T \cong \frac{\beta_F}{2\pi r_\pi (C_\pi + C_\mu)} \tag{5.60}$$

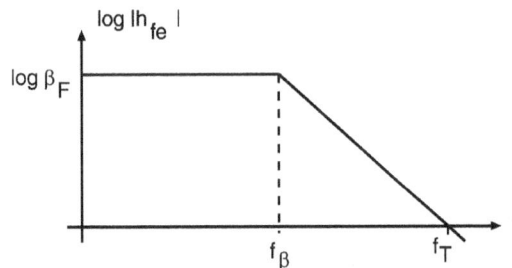

Figura 5.22 Resposta en freqüència del mòdul de h_{fe}

L'última expressió permet analitzar la dependència de f_T amb la polarització. En efecte,

$$\frac{1}{2\pi f_T} = \frac{r_\pi}{\beta_F}(C_{DE} + C_{jE} + C_{jC}) = \frac{V_t}{I_{CQ}}(C_{DE} + C_{jE} + C_{jC}) = \tau_F + \frac{V_t}{I_{CQ}}(C_{jE} + C_{jC}) \tag{5.61}$$

Aquest resultat posa de manifest que per a corrents I_{CQ} petits, f_T augmenta amb I_{CQ}, però a mesura que aquest corrent es fa gran l'últim terme de 5.61 perd pes i f_T es pot aproximar per $1/2\pi\tau_F$. Per aconseguir un valor elevat de f_T cal construir el transistor amb una base molt prima per minimitzar el temps de trànsit τ_F, i polaritzar el transistor amb I_{CQ} elevat per eliminar l'efecte de les capacitats de transició. Noteu també que $f_T = f_\beta \beta_F$, i per això f_T també expressa el producte del guany de corrent en baixa freqüència, β_F, per l'ample de banda, f_β. Cal assenyalar que f_T disminueix per a corrents de I_C molt elevats a causa de l'efecte Kirk, que consisteix en un augment de l'amplada de la zona neutra efectiva de la base quan el corrent de col·lector supera un determinat llindar. Això succeeix quan la densitat d'electrons que conformen el corrent I_C supera la concentració d'impureses donadores del col·lector. En aquestes condicions l'aproximació de buidament a la junció col·lectora ja no és vàlida. Remetem el lector a textos més especialitzats per conèixer aquest fenomen.

Un altre paràmetre que també s'utilitza per caracteritzar el comportament del transistor en alta freqüència és la màxima freqüència d'oscil·lació f_{mosc}. És la freqüència a la qual el guany de potència que proporciona el transistor bipolar és la unitat. Es tracta d'una mesura "més realista" de la màxima freqüència que pot amplificar un transistor.

El guany de potència es defineix com la potència que el transistor dóna a una càrrega R_L, $I_C^2 R_L$, dividida per la potència que rep a la seva entrada $I_B^2 Z_i$, sent Z_i la impedància d'entrada. Fent diverses aproximacions ($r_{bb'} >> \omega C_\pi$, $g_m >> \omega C_\pi$, $g_m >> \omega C_\mu$, $C_\pi >> C_\mu$), i suposant màxima transferència del senyal (R_L igual a la resistència de sortida, la qual es pot aproximar per $C_\pi / C_\mu g_m$), resulta:

$$f_{mosc} = \sqrt{\frac{f_T}{8\pi C_\mu r_{bb'}}} \qquad (5.62)$$

Aquesta expressió mostra que f_{mosc} augmenta amb la freqüència de transició i disminueix amb la resistència de base i amb C_{jC}. Per optimitzar el comportament d'un transistor en alta freqüència cal aconseguir un valor alt de f_T, per la qual cosa cal fer mínim τ_F, i per això $r_{bb'}$ i C_μ han de ser petites. Per aconseguir-ho s'ha d'augmentar el dopatge de la base i disminuir el de col·lector tant com sigui possible.

Exercici 5.25

Estimeu el valor de τ_F d'un transistor que presenta una f_T = 300 MHz a una I_{CQ} = 10 mA.

Suposant que $f_T = (2\pi\tau_F)^{-1}$, resultarà τ_F = 0.53 ns. Aquesta aproximació pressuposa que la capacitat de difusió de la junció base-emissor, C_{sE}, és molt superior a C_{jE} i a C_{jC}. Com que $C_{sE} = g_m \tau_F = (I_{CQ}/V_t) \cdot 0.53 \cdot 10^{-9}$ = 212 pF, és un valor d'un ordre de magnitud superior al típic de les C_j.

Exercici 5.26

Trobeu l'amplada de banda del transistor de l'exercici anterior suposant β_F = 200

Solució: f_β = 1.5 MHz.

EXEMPLE 5.4

Algunes característiques dinàmiques dels transistors BCY58, 59 i 65E es presenten en la taula que segueix i a la figura E5.3. La freqüència de transició és de 250 MHz. La capacitat

C_{CBO} és la capacitat entre els terminals de col·lector i base amb el terminal d'emissor obert, mentre que C_{EBO} és la que presenta entre emissor i base amb el col·lector obert. Els paràmetres h s'especifiquen amb una altra nomenclatura que la utilitzada en el text. Els paràmetres h_{ie}, h_{re}, h_{fe} i h_{oe} són anomenats respectivament h_{11e}, h_{12e}, h_{21e} i h_{22e}. A la figura E5.3 es presenten les variacions de les capacitats, de fT i dels paràmetres h amb la polarització.

Características din. ($T_U = 25$ °C)		BCY 58	BCY 59	BCY 65 E	
Frecuencia de tránsito ($I_C = 10$ mA; $U_{CE} = 5$ V; $f = 100$ MHz)	f_T	250 (> 125)	250 (> 125)	250 (> 125)	MHz
Capacidad colector-base ($U_{CBO} = 10$ V; $f = 1$ MHz)	C_{CBO}	3,5 (< 6)	3,5 (< 6)	3,5 (< 6)	pF
Capacidad emisor-base ($U_{EBO} = 0,5$ V; $f = 1$ MHz)	C_{EBO}	8 (< 15)	8 (< 15)	8 (< 15)	pF
Medida del ruido ($I_C = 0,2$ mA; $U_{CE} = 5$ V; $R_G = 2$ kΩ; $f = 1$ kHz; $\Delta f = 200$ Hz)	F	2 (< 6)	2 (< 6)	2 (< 6)	dB

Datos del cuadripolo ($I_C = 2$ mA; $U_{CE} = 5$ V; $f = 1$ kHz)

Grupo B	VII	VIII	IX	X	
h_{11e}	2,7 (1,6 a 4,5)	3,6 (2,5 a 6)	4,5 (3,2 a 8,5)	7,5 (4,5 a 12)	kΩ
h_{12e}	1,5	2	2	3	10^{-4}
h_{21e}	200 (125 a 250)	260 (175 a 350)	330 (250 a 500)	520 (350 a 700)	–
h_{22e}	18 (< 30)	24 (< 50)	30 (< 60)	50 (< 100)	µS

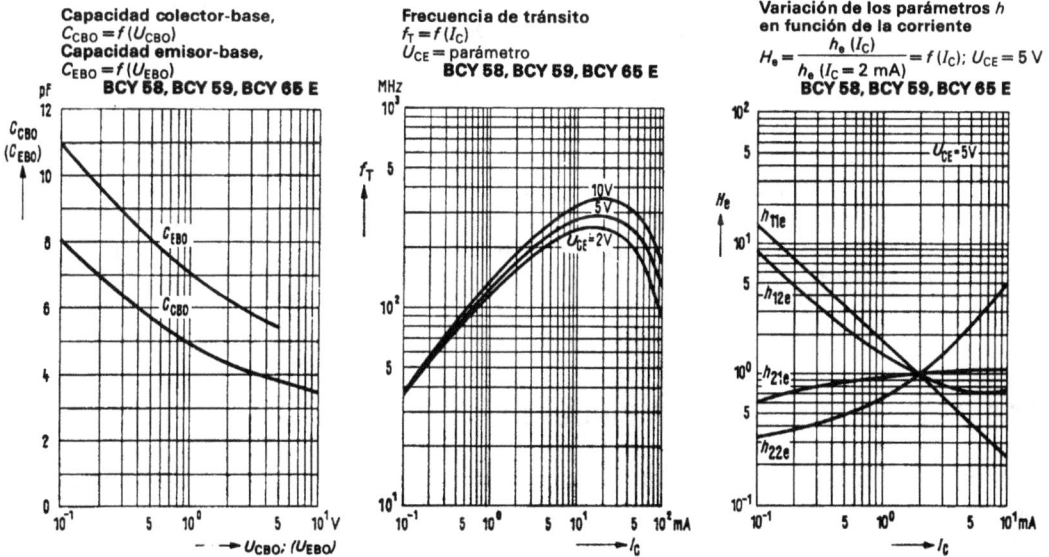

Figura E5.3 *Variació d'alguns paràmetres dinàmics amb la polarització*

QÜESTIONARI 5.5.c

1. Analitzeu com influeix el corrent de col·lector en el punt de repòs, I_{CQ}, en l'amplada de banda f_β. Com a resultat digueu quina de les afirmacions següents és certa.
   a) Si I_{CQ} augmenta també ho fa f_β.
   b) Si I_{CQ} augmenta f_β disminueix.
   c) I_{CQ} no influeix en f_β.
   d) La influència de I_{CQ} en f_β és inapreciable si $C_\pi << C_\mu$

2. Quines constants de temps del model dinàmic del transistor bipolar no influeixen en la seva amplada de banda?
   a) τ_R b) τ_F c) τ_E d) τ_{BF}

3. Volem redissenyar un transistor bipolar per tal d'incrementar la seva freqüència màxima d'oscil·lació. Quin dels canvis següents no és apropiat?
   a) Augmentar el dopatge de la base.
   b) Disminuir l'amplada de la base.
   c) Augmentar el dopatge de col·lector.
   d) Disminuir l'àrea de la junció base-col·lector.

PROBLEMA GUIAT 5.4

Considerarem el mateix transistor dels problemes guiats anteriors, suposant que la polarització és tal que el punt de repòs ve donat per un corrent de col·lector $I_{CQ}=I_{Csat}/2=2.5$ mA, i que $V_{BCQ} = -2.5$ V.
1. *Calculeu els paràmetres del model híbrid en π suposant que la tensió Early és $V_A=-100$ V, que r_μ es pot aproximar per $r_\mu = 10\beta_F r_o$, i que l'àrea de la junció base-col·lector és de 50 μm x 100 μm.*
2. *Calculeu els paràmetres h corresponents per a baixa freqüència.*
3. *Quant val l'amplada de banda de la resposta freqüencial del transistor?*
4. *Quant val la freqüència màxima d'oscil·lació, suposant que la resistència lateral de base val 100 Ω?*

5.6 ALTRES TRANSISTORS BIPOLARS

En aquest apartat farem una breu introducció a altres tipus de transistors bipolar que tenen una utilització important: el transistor bipolar d'heterojunció, el fototransistor i els transistors PNP.

5.6.1 El transistor bipolar d'heterojunció

El transistor bipolar d'heterojunció (en anglès *HBT*, de les inicials d'*Heterojunction Bipolar Transistor*) consisteix a utilitzar per a l'emissor un semiconductor amb una amplada de banda prohibida més gran que la de l'utilitzat per fer la base. La junció emissora esdevé, per tant, una heterojunció. Aquesta heterojunció té la propietat de presentar una barrera de potencial més gran per als portadors que la base injecta a l'emissor (forats, en el cas d'un NPN) que per als que l'emissor injecta a la base (electrons). La naturalesa de la junció col·lectora té una importància secundària: en alguns casos és una homojunció, com en els HBT basats en AlGaAs, mentre que en altres és una altra heterojunció, com en el cas dels HBT de SiGe. En la figura 5.23 es presenten estructures de bandes d'energia de transistors bipolars NPN d'heterojunció.

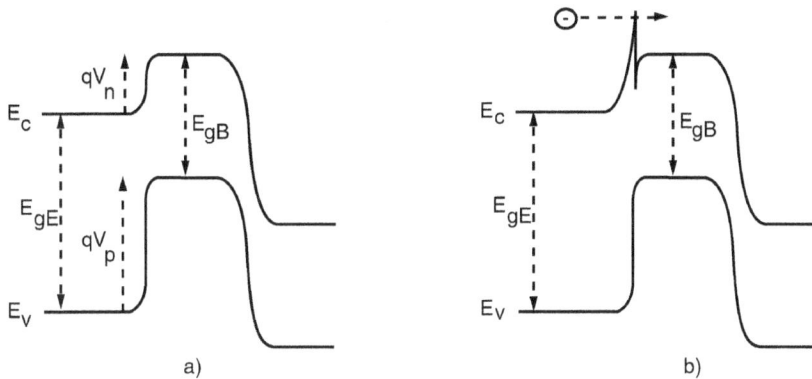

Figura 5.23.- Estructura de bandes d'energia d' un transistor bipolar d'heterojunció. a) Cas gradual. b) Cas abrupte

En l'HBT de la figura 5.23.a la barrera que han de superar els forats per anar de la base a l'emissor és més gran que la que es presenta als electrons per anar de l'emissor a la base. Això comporta que l'eficiència d'emissor (la relació de corrents a la ZCE de la junció emissora), que en els transistors de homojunció només es pot controlar a través de la relació de dopatges de l'emissor i de la base, en els HBT també es pot controlar a través de la diferència dels gaps d'energia, i es poden utilitzar els dopatges d'emissor i de base per optimitzar altres paràmetres del transistor. En particular, s'augmenta molt el dopatge de base per aconseguir una resistència $r_{bb'}$ molt petita, i es disminueix el dopatge d'emissor per obtenir una C_{jE} menor. La combinació d'aquestes dues actuacions permet augmentar la freqüència màxima d'operació del transistor.

La relació de corrents a la ZCE de l'emissor de l'HBT polaritzat en activa serà:

$$\frac{I_{En}}{I_{Ep}} = \frac{qAD_{nB}n_{B0}e^{V_{BE}/V_t}/w_B}{qAD_{pE}p_{E0}e^{V_{BE}/V_t}/L_{pE}} \propto \frac{n_{B0}}{p_{E0}} = \frac{n_{iB}^2/N_{AB}}{n_{iE}^2/N_{DE}} \cong \frac{N_{DE}}{N_{AB}}e^{(E_{gE}-E_{gB})/k_BT} \qquad (5.63)$$

on s'han fet diverses aproximacions per subratllar l'efecte de la relació de dopatges i de la diferència d'amplades de banda prohibida en la relació de corrents.

La figura 5.23.b representa l'estructura de bandes d'un *HBT abrupte.* Amb aquesta denominació s'indica que el canvi de material d'emissor a base és abrupte. Com es deia en el capítol 2, en aquest cas apareixen discontinuïtats en els nivells E_c i E_v. En aquesta figura es representa una discontinuïtat en forma de pic en el nivell E_c. Els electrons poden passar de l'emissor a la base si tenen energia suficient per superar aquest pic, o bé si el travessen per efecte túnel. Aquestes discontinuïtats sovint es poden eliminar realitzant *heterojuncions graduals* que consisteixen a *graduar* de forma suau la composició del material des de l'emissor fins a la base (és a dir, si l'heterojunció es basa en el sistema $Al_xGa_{1-x}As$, cal modificar x de forma gradual des de l'emissor on el material té la composició $x = x_E$, fins a la base, on normalment $x = 0$).

Actualment hi ha tres tipus d'HBT molt utilitzats. Els basats en el sistema AlGaAs, que són els que tenen una tecnologia més madura; en el sistema InGaAsP, que és una tecnologia molt recent amb gran potencialitat de futur, i els basats en SiGe. En els dos primers, basats en semiconductors compostos, l'obtenció d'heterojuncions és habitual, si bé la seva tecnologia sol ser més complicada que la del silici. En el tercer cas, encara que els transistors no siguin tan ràpids com els anteriors, es basen en la tecnologia de silici, que és la que actualment domina en el mercat electrònic, si bé la incorporació de la base de SiGe suposa una complicació important.

Exercici 5.27

Un HBT té l'emissor de InP (E_g = 1.35 eV) dopat amb $5 \cdot 10^{17}$ cm^{-3} donadors, i la base de InGaAs (E_g = 0.75 eV) dopada amb $5 \cdot 10^{19}$ cm^{-3} acceptors. Trobeu l'eficiència d'emissor suposant vàlida l'expressió 5.63.

L'eficiència d'emissor és $\gamma_E = I_{En}/(I_{En}+I_{Ep}) = 1/(1+I_{Ep}/I_{En})$. *Aplicant 5.63 resulta* $I_{En}/I_{Ep} = 2.64 \cdot 10^8$. *Per tant,* $\gamma_E \cong 1$.

Exercici 5.28

Trobeu l'eficiència d'emissor de l'exercici anterior si l'emissor també fos de InGaAs.

Solució: γ_E = 0.0099.

5.6.2 El fototransistor

Un fototransistor NPN té l'estructura mostrada en la figura 5.25, en la qual es pot observar que no té terminal de base i que permet l'entrada de fotons a l'interior de la junció col·lectora. Aquests fotons generen parells electró-forat en la ZCE d'aquesta junció, que són separats pel seu camp elèctric, i es genera així un fotocorrent.

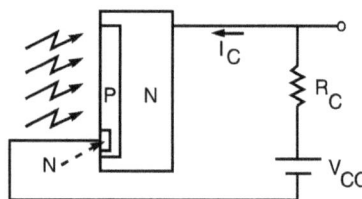

Figura 5.24 Fototransistor NPN polaritzat

La tensió V_{CC} polaritza inversament la junció col·lectora i directament l'emissora. Per tant, el transistor treballa a la regió activa amb I_B nul. El model d'Ebers-Moll d'injecció pot formular-se en aquesta polarització de la següent forma:

$$I_C = \beta_F I_B + (\beta_F + 1)I_{CB0} \tag{5.64}$$

on I_{CB0} en funció dels paràmetres d'Ebers-Moll és:

$$I_{CB0} = I_{CS}(1 - \alpha_F \alpha_R) \tag{5.65}$$

Aquest corrent és el corrent invers de saturació de la junció col·lectora quan l'emissor està en circuit obert. És a dir, és el corrent que circularia entre els terminals de col·lector i base amb I_E igual a zero i estant la junció col·lectora polaritzada inversament. En aquesta situació el transistor treballaria com un fotodíode, per la qual cosa en il·luminar circularia un corrent

$$I_C = I_{CB0} + I_L \tag{5.66}$$

on I_L és el corrent fotogenerat a la junció col·lectora.

Si en l'equació 5.64 es fa I_B igual a zero, resulta:

$$I_C = (\beta_F + 1)I_{CB0} \tag{5.67}$$

I en il·luminar resultarà:

$$I_C = (\beta_F + 1)(I_{CB0} + I_L) \cong (\beta_F + 1)I_L \tag{5.68}$$

que mostra que el fototransistor multiplica el corrent fotogenerat I_L pel factor (β_F+1). La contrapartida d'aquesta amplificació del fotocorrent és que el soroll és molt més elevat que en un fotodíode.

La interpretació física d'aquesta amplificació del fotocorrent és senzilla. Quan un fotó genera un parell en la ZCE del col·lector, el forat és arrossegat cap a la base pel camp elèctric de la junció. Aquesta càrrega positiva injectada a la base P, polaritza més directament a la junció emissora, la qual cosa provoca la injecció de molts electrons des de l'emissor cap a la base, els quals, després de travessar la base per difusió, arriben a la junció col·lectora i passen al col·lector fent augmentar el corrent I_C. Aquest corrent és, per tant, molt més gran que el produït pel parell electró-forat creat pel fotó absorbit. Noteu que els portadors fotogenerats que arriben a la base juguen el mateix paper que el corrent de base d'un transistor normal.

Exercici 5.29

Raoneu com es veuria afectat el fotocorrent I_L d'un fototransistor si el féssim operar en mode invers.

El fotocorrent I_L es genera a la ZCE de la junció col·lectora, per la qual cosa es maximitza el volum d'aquesta junció. Si el transistor operés en mode invers, I_L es generaria a la ZCE de la junció emissora, que té un volum molt més petit que el de la col·lectora. Per tant, I_L seria molt més petit.

Exercici 5.30

Raoneu què passaria si canviéssim la polaritat de V_{CC} a la figura 5.24.

Solució: faríem que el transistor treballés en mode invers, amb un guany de corrent molt petit.

5.6.3 El transistor bipolar PNP

Per presentar la teoria del transistor bipolar s'ha triat el tipus NPN perquè és el més utilitzat. Això es deu al fet que el corrent que circula pel dispositiu està constituït bàsicament per electrons que, tant en el silici com en la majoria de semiconductors, tenen una mobilitat més gran que els forats, i això dona lloc, per tant, a dispositius més ràpids.

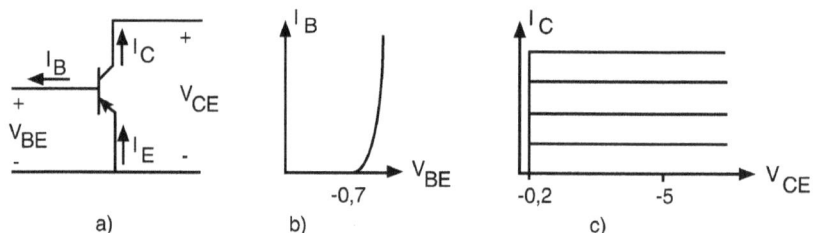

Figura 5.25 Corbes característiques d'un transistor bipolar PNP. Noteu que els tres corrents canvien de sentit respecte a l'NPN, així com les tensions de polarització

No obstant això, també es fan servir transistors PNP, i per això és convenient conèixer les diferències de comportament respecte als NPN. Per polaritzar en la regió activa un transistor PNP cal fer V_{BE} negativa, per polaritzar en directa la junció emissora, i V_{CB} també negativa, per polaritzar en inversa la col·lectora, i per tant, V_{CE} serà negativa. En aquestes condicions de polarització, l'emissor injectarà forats a la base, que donarà lloc a un corrent d'emissor entrant en lloc de sortint com en l'NPN. Els forats injectats a la base travessaran aquesta regió i seran col·lectats per la junció col·lectora, i produirà un corrent I_C sortint, just de sentit contrari que en els NPN. El terminal de base haurà d'injectar electrons per "alimentar" la recombinació dels forats que creuen la base i la injecció d'electrons cap l'emissor. El corrent de base sortirà per aquest terminal (noteu que el corrent i flux dels electrons tenen sentits contraris). La figura 5.25 presenta les corbes característiques d'aquest transistor.

Molt sovint els transistors PNP són necessaris per fer parelles de transistors complementaris amb transistors NPN. En aquest cas, la tecnologia bàsica correspon als NPN, la qual cosa sol conduir a fer els transistors PNP laterals (vegeu la qüestió 1 del qüestionari 5.1, intercanviant P i N i fent el contacte de base per la superfície superior), que tenen unes prestacions molt pitjors que les dels NPN verticals.

QÜESTIONARI 5.6

1. El diagrama de bandes de la figura correspon a un transistor bipolar d'heterojunció amb l'emissor de AlGaAs, amb una amplada de banda prohibida de 2.16 eV, i la base de GaAs, amb un gap de 1.43 eV. Per quina raó l'eficiència d'emissor pot ser gran encara que el dopatge d'emissor sigui de 10^{17} cm^{-3} i el de base 10^{19} cm^{-3}?

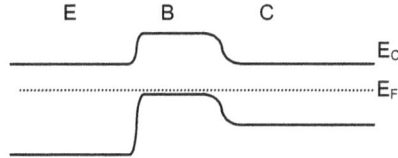

a) Perquè la mobilitat dels minoritaris en el GaAs és més gran que en el AlGaAs.
b) Perquè la base amb GaAs pot ser molt més estreta.
c) Perquè l'esglaó de potencial en la junció base-emissor és més gran per forats que per electrons
d) Perquè el coeficient N_C en el AlGaAs és més gran que en el GaAs.

2. Raoneu perquè es pot esperar que un HBT com el de la qüestió 1 tingui una freqüència màxima d'oscil·lació superior a la d'un transistor bipolar d'homojunció.
a) Perquè el guany de corrent és més gran.
b) Perquè la resistència lateral de base és més petita.
c) Perquè el temps de trànsit és més petit.
d) Perquè la capacitat de la junció base-emissor és més petita

3. En quines regions del fototransistor de la figura no es genera el fotocorrent?

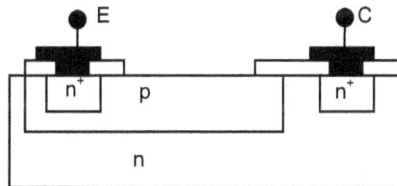

a) En l'emissor   b) En la ZCE de base-col·lector.
c) En la zona extrínseca de base.   d) En la zona neutra de col·lector.

4. Per a quins valors del corrent de col·lector d'un fototransistor connectat com en la figura no podrem aproximar I_C per $(\beta_F+1)\cdot I_L$? Dades: els paràmetres del model de Ebers-Moll del fototransistor són: $I_{Es}=10^{-12}$ A, $\alpha_F=0.95$, $\alpha_R=0.5$

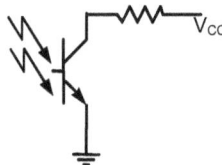

a) Per corrents del ordre dels pA   b) Per corrents del ordre dels nA
c) Per corrents del ordre dels μA   d) Per corrents del ordre dels mA

5. La figura presenta el circuit de polarització d'un transistor PNP utilitzant quatre resistències i una font d'alimentació de tensió V_{EE}. Indiqueu quins són els nodes d'entrada i de sortida quan el circuit és un amplificador en configuració emissor comú

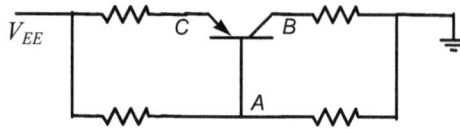

a) A d'entrada i B de sortida   b) A d'entrada i C de sortida
c) B d'entrada i C de sortida   d) C d'entrada i B de sortida

6. En el circuit de la qüestió anterior, quina actuació seria correcte si substituïm el transistor PNP per un NPN i volem que el circuit segueixi amplificant un senyal connectat a A i obtenint la sortida per B?
   a) Canviar el signe de V_{EE} deixant la resta igual.
   b) Intercanviar els terminals d'emissor i col·lector i deixar la resta igual.
   c) La substitució no és possible en aquest circuit
   d) No hauríem de canviar res.

PROBLEMES PROPOSATS

P5.1 Considereu el problema guiat número 1. Suposarem els mateixos paràmetres excepte els dopatges. Quan els dopatges són superiors a 10^{18} cm^{-3} apareixen en el silici nous fenòmens, anomenats "efectes d'alt dopatge" (vegeu apèndix 1.1 del capítol 1). Aquests fenòmens es tradueixen en un augment de la concentració intrínseca. Suposeu que el valor d'aquest paràmetre en l'emissor és de 5.10^{10} cm^{-3} mentre que en la base segueix valent el valor habitual de $1.5 \cdot 10^{10}$ cm^{-3}. Suposem també que el factor de transport en la base i que l'amplada de la zona neutra de base segueixen sent 0.99886 i 0.737 μm respectivament.

a) Quin hauria de ser el dopatge de la base per tenir una β_F de 200, si N_E segueix essent 10^{19} cm^{-3}?

b) Quin serà el nou valor de I_{ES}?

P5.2 Calculeu el dopatge del col·lector per aconseguir una tensió de ruptura BV_{CE0} de 75 V. Suposeu els mateixos paràmetres que en els problemes guiats. Per al valor calculat d'aquest dopatge, calculeu la tensió de perforació de base. Calculeu també el valor de I_{kf} del model SPICE d'aquest transistor.

P5.3 Calculeu els paràmetres del model híbrid en π i la freqüència de transició d'aquest transistor amb les mateixes condicions que en el problema guiat 4. Considereu que $V_A = 50$ V. Compareu els nous resultats amb els anteriors i justifiqueu les diferències.

P5.4 Simuleu aquest transistor amb PSPICE i trobeu el temps de retard per emmagatzematge. Quin valor de τ_{FF} hauria de tenir aquest transistor perquè aquest retard fos la meitat?

FORMULARI DEL CAPÍTOL 5

Corrents en el transistor NPN (Es pren com sentit positiu el d'emissor a col·lector):

$$I_{En} = -qAD_{nB}\frac{n_{Bo}}{w_B}\left[e^{V_{BE}/V_t} - e^{V_{BC}/V_t}\right] \qquad I_{Cn} \cong I_{En} \qquad I_{Ep} = -qA\frac{D_{pE}}{L_{pE}}\frac{1}{\tanh(w_E/L_{pE})}p_{Eo}\left[e^{V_{BE}/V_t}-1\right]$$

$$I_r = \frac{Q_{nB}}{\tau_{nB}} \cong \frac{qA}{\tau_{nB}}\frac{w_B}{2}\left[n_B(0_B)+n_B(w_B)\right] \qquad\qquad I_{Cp} = qA\frac{D_{pC}}{L_{pC}}\frac{1}{\tanh(w_C/L_{pC})}p_{Co}\left[e^{V_{BC}/V_t}-1\right]$$

Paràmetres en activa: $\beta_F = \dfrac{\alpha_F}{1-\alpha_F}$; $\alpha_F = \alpha_T\gamma_E$; $\alpha_T = \dfrac{I_{Cn}}{I_{En}}\bigg|_{Activa} = 1-\dfrac{1}{2}\left[\dfrac{w_B}{L_{nB}}\right]^2$

$$\gamma_E = \frac{I_{En}}{I_E}\bigg|_{Activa} = \cfrac{1}{1+\cfrac{D_{pE}}{D_{nB}}\cfrac{n_{iE}^2}{n_{iB}^2}\cfrac{N_{AB}}{N_{DE}}\cfrac{w_B}{L_{pE}\cdot tanh(w_E/L_{pE})}}$$

Tensió de ruptura: $VB_{CE0} = \dfrac{BV_{CB0}}{\beta_F^{1/n}}$; $M = \dfrac{1}{1-(V_{CB}/BV_{CB0})^n}$

Efecte Early: $I_C \cong I_s\cdot e^{V_{BE}/V_t}\cdot\left[1+\dfrac{V_{CE}}{|V_A|}\right]$

Temps de trànsit: $Q_F = \tau_F\cdot\alpha_F\cdot I_{Es}\cdot\left[e^{V_{EB}/V_t}-1\right] = \tau_F\beta_F I_{be}$; $Q_R = \tau_R\cdot\alpha_R\cdot I_{Cs}\cdot\left[e^{V_{BC}/V_t}-1\right] = \tau_R\beta_R I_{bc}$

Model dinàmic:

$$I_B = \frac{Q_F}{\beta_F\tau_F} + \frac{dQ_{jE}}{dt} + \frac{dQ_F}{dt} + \frac{Q_R}{\beta_R\tau_R} + \frac{dQ_{jC}}{dt} + \frac{dQ_R}{dt}$$

$$I_C = \frac{Q_F}{\tau_F} - \frac{Q_R}{\tau_R} - \frac{Q_R}{\beta_R\tau_R} - \frac{dQ_R}{dt} - \frac{dQ_{jC}}{dt}$$

$$I_E = \frac{Q_F}{\tau_F} - \frac{Q_R}{\tau_R} + \frac{Q_F}{\beta_F\tau_F} + \frac{dQ_F}{dt} + \frac{dQ_{jE}}{dt}$$

Paràmetres híbrids: $r_\pi = \dfrac{\beta_F V_t}{I_{CQ}}$ $g_m \cong \dfrac{\beta_F}{r_\pi} = \dfrac{I_{CQ}}{V_t}$ $r_o = \dfrac{|V_A|}{I_{CQ}}$

Paràmetres h

$$\Delta V_{BE} = h_{ie}\cdot\Delta I_B + h_{re}\cdot\Delta V_{CE}$$
$$\Delta I_C = h_{fe}\cdot\Delta I_B + h_{oe}\cdot\Delta V_{CE}$$

Freqüències màximes: $f_T \cong \dfrac{\beta_F}{2\pi r_\pi(C_\pi+C_\mu)}$ $f_{mosc} = \sqrt{\dfrac{f_T}{8\pi C_\mu r_{bb'}}}$

Corrents en un HBT $\dfrac{I_{En}}{I_{Ep}} = \dfrac{qAD_{nB}n_{Bo}e^{V_{BE}/V_t}/w_B}{qAD_{pE}p_{Eo}e^{V_{BE}/V_t}/L_{pE}} \cong \dfrac{n_{Bo}}{p_{Eo}} = \dfrac{n_{iB}^2/N_{AB}}{n_{iE}^2/N_{DE}} \cong \dfrac{N_{DE}}{N_{AB}}e^{(E_{gE}-E_{gB})/KT}$

Corrent en un fototransistor: $I_C = (\beta_F+1)(I_{CB0}+I_L) \cong (\beta_F+1)I_L$

6
Transistors d'efecte de camp

L'aparició del transistor va ser el resultat d'intentar substituir els components actius bàsics de l'electrònica de la primera meitat del segle XX, els tubs de buit, per components d'estat sòlid, els quals ja es preveien més petits i amb un consum de potència més baix. En el tub de buit bàsic, el tríode, el valor de la intensitat del corrent que circula entre els terminals d'ànode i càtode és modulat per una tensió aplicada a un tercer elèctrode, la reixa. D'aquesta manera, s'aconsegueix un efecte amplificador del senyal aplicat a la reixa. Tubs més sofisticats deriven d'aquesta estructura bàsica. La idea inicial de transistor consistia a fer circular corrent entre dos terminals a través d'un semiconductor i modular la intensitat d'aquest corrent utilitzant un tercer elèctrode. Tot i que la variable de control havia de ser una tensió, les limitacions de la tecnologia de la segona meitat de la dècada dels quaranta, van conduir a un dispositiu on aquesta variable és un corrent. Naixia així el transistor bipolar, l'any 1947. Els desenvolupaments posteriors de la tecnologia de fabricació de dispositius semiconductors van permetre, una dècada més tard, obtenir els primers transistors d'efecte de camp, en els quals la variable que controla el corrent és una tensió. El desenvolupament que s'ha registrat des d'aleshores ha donat lloc a una gamma extensa de dispositius, amb prestacions diverses, que han desplaçat el transistor bipolar d'un gran nombre d'aplicacions.

Entre les famílies de transistors d'efecte de camp més importants podem esmentar el MOSFET, el JFET, el MESFET i l'HEMT. El transistor metall-òxid-semiconductor (MOSFET, *metal-oxide-semiconductor field effect transistor* o, més breument, MOST) és propi de la tecnologia del silici. En aquest dispositiu, el corrent circula entre dos terminals coneguts com a *drenador* i *sortidor* (o *font*) per una regió del semiconductor anomenada *canal*. La seva intensitat és modulada per la tensió aplicada a un elèctrode (originalment de metall, que dóna nom a una de les parts del dispositiu) conegut com a porta. La porta està aïllada del semiconductor per un dielèctric, òxid del propi silici, de manera que no circula corrent per aquest terminal. Històricament, el MOSFET també ha rebut el nom de *transistor de porta aïllada* (IGFET, *insulated gate field effect transistor*). Actualment és el component més utilitzat en circuits integrats de silici. Els MOST discrets són utilitzats quasi exclusivament en dispositius dissenyats per a circuits electrònics de potència. En el transistor d'efecte de camp de junció (JFET, *junction field effect transistor*) l'elèctrode de porta no està aïllat del canal per un dielèctric sinó per una junció PN en polarització inversa. Es fabrica habitualment amb silici i es presenta com a component discret. Per a aplicacions d'alta freqüència, hi ha transistors d'efecte de camp ràpids, fabricats amb semiconductors del grup III-V. Entre aquests, els més importants són els MESFET (*metal-semiconductor field effect transistor*), on el contacte entre porta i canal és una junció metall-semiconductor polaritzada en inversa. Els darrers anys ha guanyat importància per a aplicacions d'alta freqüència una família de transistors d'electrons d'alta mobilitat, els HEMT (*high electron mobility transistors*), basats en heterojuncions. En aquest capítol, ens ocuparem preferentment del MOSFET (apartats del 6.1 al 6.6), atesa la seva extraordinària importància en l'electrònica actual, i ens referirem més breument al MESFET i el JFET (apartat 6.7). Aquests dos darrers dispositius tenen molts punts en comú i els analitzarem conjuntament.

En l'elaboració d'aquest capítol també han participat els professors Ramon Alcubilla González i Ángel Rodríguez Martínez del Departament d'Enginyeria Electrònica.

6.1 ELECTROSTÀTICA DEL SISTEMA METALL-ÒXID-SEMICONDUCTOR

6.1.1 Fonaments del MOSFET

Considerem l'estructura representada a la figura 6.1. En un cristall de silici de tipus P, anomenat *substrat* (B, de *bulk*), s'han creat dues regions de tipus N, conegudes com a *regions de drenador* (D, de *drain*) i de *sortidor* o *font* (S, de *source*). La superfície del semiconductor compresa entre aquestes dues regions, anomenada *regió de canal*, està recoberta de material dielèctric, l'òxid de silici (SiO_2). Damunt d'aquest material hi ha el metall o elèctrode de *porta* (G, de *gate*)

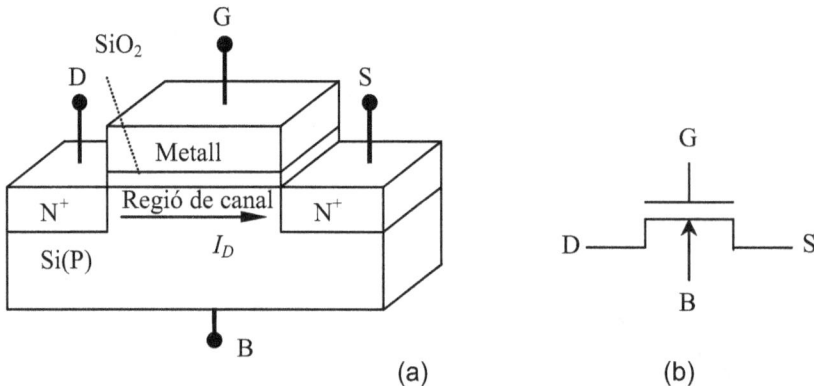

Figura 6.1 Transistor MOS de canal N: a) sstructura física, b) símbol circuital. Els símbols B, D, S i G designen indistintament les regions del dispositiu i els terminals respectius.

Apliquem ara una tensió V_{DS} entre els terminals de drenador i de sortidor, i examinem el corrent I_D, anomenat *corrent de drenador*, que pot circular entre ells per la regió de canal. El corrent de drenador ha de travessar dues juncions PN, la de regió de drenador amb el substrat i la de substrat amb la regió de sortidor. Aquests dos díodes estan en oposició l'un respecte de l'altre i, per tant, el pas de corrent està bloquejat. La situació canvia si s'aplica al terminal de porta una tensió de signe positiu en relació amb el substrat perquè aleshores els portadors minoritaris del silici, els electrons, són atrets cap al metall. Com que l'òxid impedeix que els electrons puguin passar al metall, queden acumulats a la regió superficial, que hem definit com a regió de canal. Si la concentració d'electrons és prou gran, aleshores les regions de drenador i de sortidor queden connectades per una capa superficial d'electrons, que anomenem canal, la qual permet el pas de corrent. El valor de la tensió de porta determina el nombre d'electrons presents en el canal i, d'aquesta manera, modula el valor de corrent de drenador. Les consideracions anteriors s'haurien pogut fer en un dispositiu construït en substrat de tipus N i regions de drenador i de font de tipus P. En aquest cas, la tensió que hauríem d'aplicar a la porta seria negativa en relació amb el substrat i parlaríem de *transistor de canal P*, mentre que el de la figura 6.1 l'anomenarem *de canal N*.

L'estudi del dispositiu presentat comença per l'anàlisi del sistema metall (porta)-òxid (dielèctric)-semiconductor (substrat), per tal de determinar la relació entre la tensió de porta i la concentració de portadors en la regió de canal. Amb aquesta informació passarem a trobar la relació entre les tensions contínues aplicades als terminals i el corrent de drenador. Completarem l'estudi analitzant el comportament dinàmic d'aquests transistors.

6.1.2 El sistema metall-òxid-semiconductor en equilibri

L'anàlisi de la formació de la capa conductora en la regió de canal és més fàcil en una estructura formada únicament per les regions de porta, òxid i substrat (estructura MOS). Aquest sistema pot ser vist com un condensador, en el qual l'estudi de la càrrega acumulada a "l'armadura" constituïda pel silici permetrà entendre la formació del canal. El diagrama de bandes de l'estructura determina la distribució de càrrega. Considerarem, inicialment, silici de tipus P i un metall amb una funció treball més petita que la del semiconductor, $q\Phi_m < q\Phi_s$. Podem assignar al dielèctric un diagrama de bandes amb una banda prohibida molt gran. La figura 6.2a representa els diagrames de bandes dels tres materials separats, sense contacte. La figura 6.2b correspon al sistema format pels tres materials en contacte, suposant que hi ha equilibri tèrmic, és a dir, que el nivell de Fermi és constant. L'eix d'abscisses és perpendicular a la superfície del dispositiu.

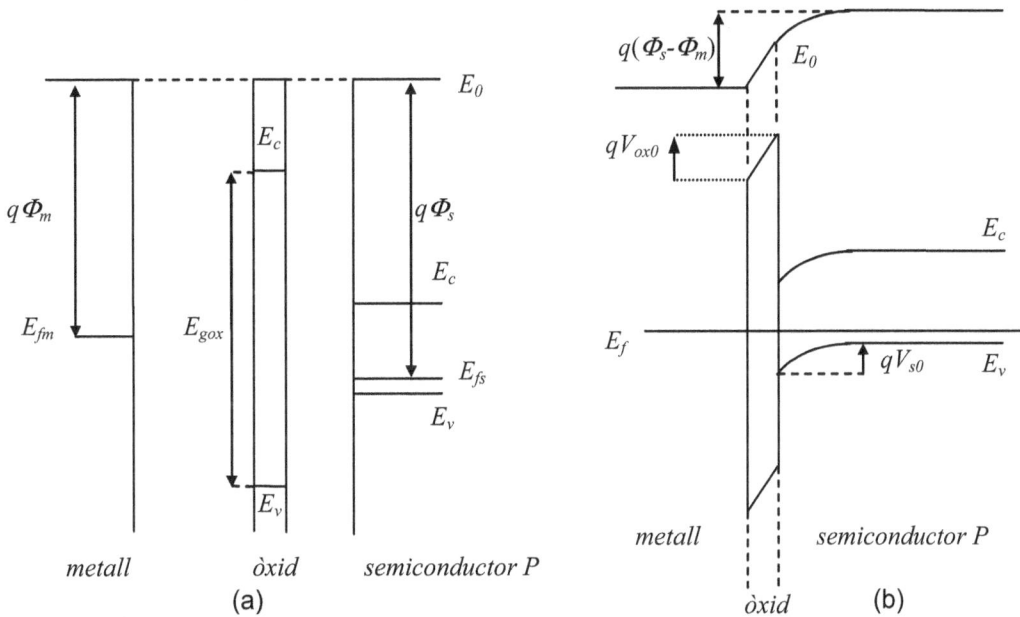

Figura 6.2 Bandes d'energia del sistema MOS en equilibri: a) diagrames de bandes dels materials separats, b) diagrama de bandes dels sistema.

El procediment per construir aquest diagrama és similar al que hem utilitzat en l'estudi dels contactes entre metall i semiconductor (vegeu l'apartat 2.7). La diferència de potencial entre els extrems de l'estructura val $\Phi_s - \Phi_m$, però, mentre que en aquell cas tota la caiguda de potencial té lloc en el semiconductor, aquí es reparteix entre una part en semiconductor, V_{s0}, i una part en l'òxid, V_{ox0}. El dielèctric es comporta com el d'un condensador i, atès que no hi ha càrrega localitzada al seu interior, la distribució de potencial a través d'aquesta capa és lineal. Així, doncs, escriurem:

$$\Phi_s - \Phi_m = V_{ox0} + V_{s0} \tag{6.1}$$

A la figura 6.2b, la curvatura de les bandes a la regió del semiconductor correspon a una zona buida de majoritaris, com la zona de càrrega d'espai de la regió P d'una junció PN (fig. 2.6) o d'un contacte metall-semiconductor (fig. 2.21c). La càrrega neta per unitat de secció, Q_{s0}, localitzada en aquesta regió es pot calcular aplicant les equacions de l'electrostàtica, de manera similar a les expressions 2.11 i 2.13. Tenint en compte que ara la diferència de tensió entre els extrems de la zona amb càrrega val V_s, en lloc de $V_{bi} - V_D$:

$$Q_{s0} = -qN_A w_{d0} = -qN_A \sqrt{\frac{2\varepsilon_s}{q} \frac{1}{N_A} V_{s0}} = -\sqrt{2q\varepsilon_s N_A V_{s0}} \tag{6.2}$$

on N_A és la concentració d'àtoms acceptors en el silici, ε_s la seva constant dielèctrica (el subíndex és necessari per no confondre aquesta constant amb la de l'òxid) i w_{d0} l'amplada de la ZCE. La curvatura de les bandes representada a la figura 6.2 correspon a una càrrega negativa en el semiconductor. A la superfície del metall hi ha una càrrega igual en valor absolut a Q_{s0}, però de signe positiu. El metall queda, doncs, a un potencial positiu en relació amb el semiconductor. A l'equació 6.2 els termes V_{s0} i V_{ox0} tenen signe positiu.

D'altra banda, com en tot condensador, la caiguda de potencial en el dielèctric val:

$$V_{ox0} = \frac{-Q_{s0}}{C_{ox}} \tag{6.3}$$

on C_{ox} és la seva capacitat, de valor (per unitat d'àrea de la secció):

$$C_{ox} = \frac{\varepsilon_{ox}}{t_{ox}} \tag{6.4}$$

on ε_{ox} és la constant dielèctrica de l'òxid, $\varepsilon_{ox} = \varepsilon_{rox}\, \varepsilon_0$. La constant dielèctrica relativa de l'òxid de silici val 3.9. t_{ox} és el gruix de l'òxid i el seu valor acostuma a ser des de poques desenes de nanòmetres fins a algunes unitats, depenent de la tecnologia. Amb les equacions de la 6.1 a la 6.4 podem determinar els valors de V_{ox0}, V_{s0} i Q_{s0} per a un valor donat de $\Phi_s - \Phi_m$.

El diagrama de la figura 6.2b representa un cas dels quatre possibles. Com en l'estudi dels contactes entre metall i semiconductor, els altres tres casos corresponen a un silici de tipus P amb $\Phi_m > \Phi_s$, a un de tipus N amb $\Phi_m < \Phi_s$ i a un de tipus N amb $\Phi_m > \Phi_s$. En aquest darrer cas, el semiconductor també presenta, en equilibri, una zona buida de majoritaris. El procediment d'anàlisi anterior és paral·lel al que hem vist, com es mostra a l'exercici 6.1.

En els primers temps de la tecnologia MOS, l'elèctrode de porta era d'alumini, metall que s'utilitza habitualment en les connexions dels circuits integrats. Aquest material ha estat substituït posteriorment per silici policristal·lí (polisilici), per raons tecnològiques. Aquest material, molt dopat, presenta un comportament elèctric quasi metàl·lic. L'anàlisi de l'estructura no és gaire diferent de la que hem presentat. Només hem de substituir, a la figura 6.2a, el diagrama de bandes del metall pel del silici, amb el nivell de Fermi proper a la banda de conducció si es tracta de material N o a la banda de valència si és P. Quan passem a construir el diagrama de la figura 6.2b, el nivell de Fermi del polisilici no es desplaça perquè es tracta d'un material amb molts portadors. A l'exercici 6.2 posarem en pràctica aquestes idees.

Exercici 6.1

Construïu el diagrama de bandes d'una estructura metall-òxid-semiconductor en equilibri, on el metall és alumini, la funció treball del qual val 4.1 eV, la capa d'òxid de silici té un gruix de 250 Å i el semiconductor és silici de tipus P, amb una concentració d'àtoms acceptors de 10^{16} per cm^3. L'afinitat electrònica del silici val 4.05 eV. Dades: $\varepsilon_{ox}=3.45\times10^{-13}$ F/cm, $\varepsilon_s=10^{-12}$ F/cm, $k_B T/q = 0.025$ eV, $n_i = 1.5\times10^{10}$ cm^{-3}.

La funció treball del silici val: $q\Phi_s \approx q\chi_s + E_g/2 + \left(E_{fi} - E_v\right) = q\chi_s + E_g/2 + (k_B T/q)\ln(N_A/n_i)$
=4.05+0.55+0.025*ln($10^{16}/1.5\times10^{10}$) =4.935 eV. D'aquí s'obté: $q\Phi_s - q\Phi_m = 0.835\,eV$.
D'altra banda: $C_{ox} = \varepsilon_{ox}/t_{ox} = 1.38\times10^{-7}$ *F/cm^2. Ara, substituint de 6.2 a 6.4 en 6.1 tenim:*

$$\Phi_s - \Phi_m = \frac{\sqrt{2q\varepsilon_s N_A V_{s0}}}{C_{ox}} + V_{s0} \Rightarrow 0.835\ V = 0.41\sqrt{V_{s0}} + V_{s0} \Rightarrow V_{s0} = 0.53\ V,\ V_{ox0} = 0.30\ V$$

La forma de les bandes és similar a la de la figura 6.2b. A la superfície del silici, la separació entre la banda de conducció i el nivell de Fermi val $\left(E_c - E_f\right)_{superficie} = \left(E_c - E_f\right)_{interior} - qV_{s0}$

$$= q\Phi_s - q\chi_s - qV_{s0} = 4.935 - 4.05 - 0.53 = 0.355\ eV$$

Exercici 6.2

Repetiu l'exercici anterior amb silici de tipus N, amb $N_D=10^{16}$ cm^{-3} i amb polisilici P$^+$ com a elèctrode de porta.

La funció treball del material que constitueix l'elèctrode de porta, el polisilici, val: $q\Phi_m = q\chi_s + E_g = 4.05 + 1.1 = 5.15\ eV$, *mentre que la del silici que constitueix el substrat és:* $q\Phi_s = q\chi_s + \left(E_c - E_f\right) \approx q\chi_s + E_g/2 - \left(E_f - E_{fi}\right) = q\chi_s + E_g/2 - (k_B T/q)\ln(N_D/n_i)$
=4.05 + 0.55 - 0.025ln$\left(10^{16}/1.5\times10^{10}\right)$ = 4.26 eV $\Rightarrow$ $\Phi_s - \Phi_m = -0.89\ V$. *La capacitat* C_{ox} *és la mateixa que en l'exercici anterior. Les quantitats* V_s *i* V_{ox} *ara són negatives, mentre que hem d'assignar a* Q_s *en 6.2 el signe positiu. La substitució de 6.2 a 6.4 en 6.1 dóna:*

$$\Phi_s - \Phi_m = \frac{-\sqrt{2q\varepsilon_s N_D\left(-V_{s0}\right)}}{C_{ox}} + V_{s0} \Rightarrow -0.89V = -0.41\sqrt{-V_{s0}} + V_{s0}$$

$$\Rightarrow V_{s0} = -0.58\ V,\ V_{ox0} = -0.34\ V$$

La construcció del diagrama de bandes es representa a la figura següent.

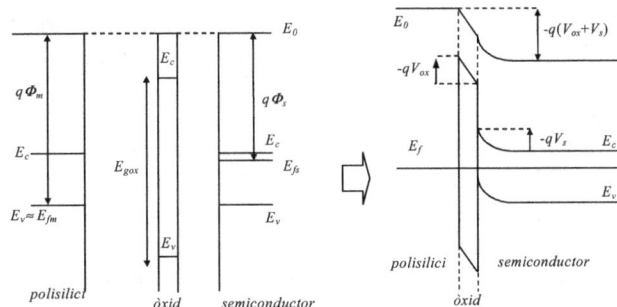

QÜESTIONARI 6.1.a

1. Construïu el diagrama de bandes en equilibri d'una estructura polisilici N^+-òxid-silici P. El dopatge del substrat val 10^{16} cm^{-3} i el del polisilici és prou gran per poder considerar que $E_{fm} \approx E_c$. Quina resposta és correcta?

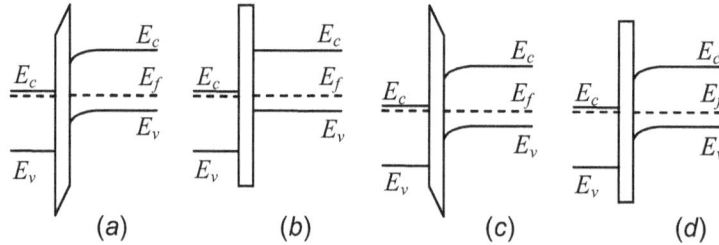

(a)   (b)   (c)   (d)

2. Determineu la posició del nivell de Fermi a la superfície del silici del sistema de la qüestió anterior. Quin és el valor de E_f-E_{fi}?
        a) 0.68 eV   b) 0.345 V   c) 0.335 V   d) -0.335 V

3. A partir del resultat anterior, calculeu les concentracions, en cm^{-3}, dels dos tipus de portadors a la superfície.
        a) $p_s=1.53 \times 10^4$, $n_s=1.46 \times 10^{16}$ b) $p_s=1.5 \times 10^{10}$, $n_s=1.5 \times 10^{10}$
        c) $p_s=10^{16}$, $n_s=2.25 \times 10^4$ d) $p_s=1.46 \times 10^{16}$, $n_s=1.53 \times 10^4$

4. Determineu el valor del camp elèctric en l'òxid, E_{ox}, i a la superfície del semiconductor, E_s, en un sistema MOS en equilibri format per polisilici de tipus N, substrat de tipus P amb un dopatge $N_A =10^{16}$ cm^{-3} i un gruix d'òxid de 15 nm.
a) $E_{ox}=4.72 \times 10^4$ V/cm, $E_s=1.35 \times 10^5$ V/cm b) $E_{ox}= 4.55 \times 10^5$ V/cm, $E_s=1.58 \times 10^4$ V/cm
c) $E_{ox}=1.35 \times 10^4$ V/cm, $E_s=4.72 \times 10^5$ V/cm d) $E_{ox}= 1.58 \times 10^5$ V/cm, $E_s=4.55 \times 10^4$ V/cm

5. Quina de les afirmacions següents és falsa?
        a) Φ_m-Φ_s< 0 en una estructura polisilici N^+- òxid - silici P
        b) Φ_m-Φ_s< 0 en una estructura alumini - òxid - silici N
        c) Φ_m-Φ_s> 0 en una estructura alumini - òxid - silici P
        d) Φ_m-Φ_s> 0 en una estructura polisilici P^+- òxid - silici N

6. En un circuit integrat, una pista d'alumini està aïllada del substrat de silici per una capa d'òxid que fa una micra de gruix. Examineu si aquesta disposició altera de manera significativa les concentracions de portadors a la superfície del semiconductor, suposant que el dopatge d'aquest és de 10^{16} cm^{-3} i que no hi ha cap tensió aplicada.
        a) V_s> 0.5 V $\Rightarrow$ es produeix inversió de superfície.
        b) $V_s \approx$ 0.5 V $\Rightarrow$ no hi ha inversió profunda, però la presència de la pista afecta de manera significativa les concentracions de portadors a la superfície.
        c) V_s< 0.01 V $\Rightarrow$ no hi ha cap efecte apreciable.
        d) La pregunta no es pot respondre amb les dades que tenim.

6.1.3 El sistema metall-òxid-semiconductor polaritzat

Suposem ara que podem aplicar una tensió V_{GB} a l'estructura anterior mitjançant uns elèctrodes entre el metall, G, i el substrat, B, com indica la figura 6.3.

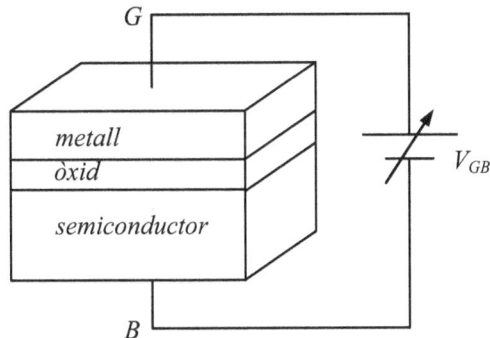

Figura 6.3 Polarització del sistema MOS

La tensió aplicada modifica els valors de V_{ox} i V_s (en endavant, prescindim del subíndex 0):

$$V_{ox} + V_s \equiv \Phi_s - \Phi_m + V_{GB} \tag{6.5}$$

com també els valors de la càrrega acumulada i del camp elèctric. Iniciem l'estudi del problema considerant els diagrames de bandes de la figura 6.4, que corresponen a cinc valors diferents de la tensió V_{GB}, de més petita a més gran.

Partim de la figura 6.4c, que és el diagrama de bandes en equilibri de la figura 6.2, i hi apliquem una tensió V_{GB} progressivament negativa a partir de 0. Aquesta polarització comença fent més petita la caiguda de potencial en l'estructura, d'acord amb 6.5 i, per tant, disminueix la curvatura de les bandes. Quan la tensió externa arriba a compensar exactament la diferència Φ_s - Φ_m, la curvatura desapareix, $V_{ox} + V_s = 0$, i parlem de condicions de banda plana. És la situació que es descriu a la figura 6.4b. Denominem *tensió de banda plana*, V_{FB} (FB de *flat band*), aquesta tensió de polarització:

$$V_{FB} \equiv \Phi_m - \Phi_s \tag{6.6}$$

Aquesta quantitat és constant per una parella donada de materials de porta i de substrat. Podem escriure 6.5 com:

$$V_{GB} = V_{FB} + V_{ox} + V_s \tag{6.7}$$

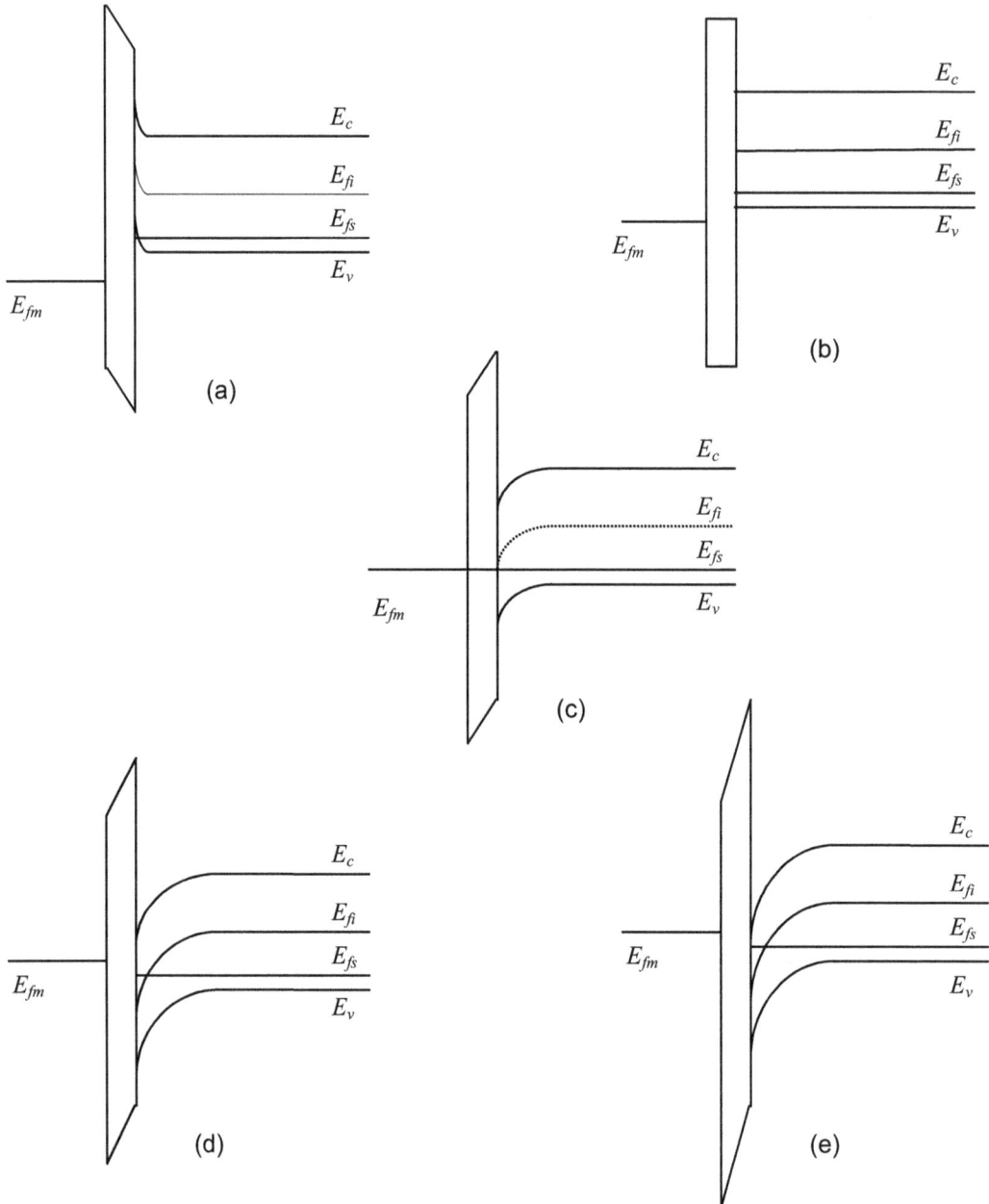

*Figura 6.4 Diagrama de bandes del sistema MOS en polarització: a) $V_{GB}<0$; b) $V_{GB}=V_{FB}$; c)
$V_{GB}=0$; d) $V_{GB}>0$, inversió feble; e) $V_{GB}>0$, inversió forta.*

Si, a partir d'aquest punt, continuem fent la tensió V_{GB} encara més negativa, les bandes
prenen una curvatura de sentit oposat a l'inicial. Aleshores, el nivell de Fermi del
semiconductor es troba més prop de la banda de valència que en la regió profunda del
material no afectada per la deformació de les bandes. Per tant, a la superfície hi ha més

portadors majoritaris que a l'interior. Es diu que el sistema es troba en règim d'acumulació de majoritaris. La figura 6.4a representa aquesta situació (en el cas particular d'aquesta figura, el nivell de Fermi arriba a penetrar dins la banda de valència). En acumulació de majoritaris, no hi ha ZCE d'espai en el semiconductor.

En aquest punt, cal fer un aclariment: utilitzem el nivell de Fermi tot i que tractem amb un sistema en polarització. Per justificar-ho, hem d'observar que no circula corrent pel semiconductor i, d'acord amb l'apartat 1.4.2, si es compleix que $J_p = J_n = 0$, això significa que les concentracions de portadors es poden descriure amb les expressions pròpies de l'equilibri tèrmic, és a dir, utilitzant el nivell de Fermi. Si volem mantenir el rigor formal, en un sistema sotmès a polarització hem d'utilitzar el concepte de quasinivells de Fermi E_{fp} i E_{fn} (vegeu l'apartat 1.2.4). Però no és difícil demostrar que $J_p = J_n = 0$ implica que $E_{fp} = E_{fn} \equiv E_{fs}$. Aplicant els mateixos conceptes, trobem que $E_{fm} - E_{fs} = q V_{FB}$.

Suposem ara que apliquem una tensió V_{GB} positiva creixent a partir de l'equilibri (fig. 6.4c). L'efecte serà incrementar els valors de les tensions V_{ox} i V_s que hem trobat a l'apartat anterior, augmentarà la curvatura de les bandes i això provocarà una dilatació de la ZCE. La figura 6.4d representa el diagrama de bandes en aquesta situació. Si la polarització considerada en aquest esquema és suficient per fer que en la superfície del silici el nivell de Fermi estigui més a prop de la banda de conducció que de la de valència, aleshores a la superfície hi haurà més electrons que forats. Diem que la superfície està invertida i que el sistema treballa en règim d'inversió de superfície, per diferenciar-lo de situacions com la de la figura 6.4c, on parlarem de règim de buidament. Observem, tanmateix, que en aquesta figura la distància entre E_c i E_{fs} a la superfície és encara molt més gran que la distància entre E_{fs} i E_v a l'interior del semiconductor. Això vol dir que la concentració d'electrons a la superfície, diguem-ne n_s, és encara molt inferior a $p_0 \approx N_A$. O, dit en altres paraules, que la superfície no presenta una conductivitat apreciable pel fet de trobar-se en inversió.

Si continuem incrementant la tensió positiva a la porta, podem arribar a tenir un diagrama de bandes com el de la figura 6.4e. Ara la diferència $E_c - E_f$ a la superfície és similar o, fins i tot, més petita que $E_f - E_v$ a l'interior. El resultat és una concentració n_S similar o superior a N_A. En aquestes condicions, la superfície presentarà una conductivitat apreciable de tipus N.

Parlem d'*inversió forta* o *profunda*, per diferenciar-la de la de la figura 6.4d, que anomenem *inversió feble* (en ocasions, i si no hi ha perill de confusió, es diu simplement *inversió* a la inversió profunda). De la regió de semiconductor on $n_S \geq N_A$ se'n diu capa d'inversió o canal perquè, quan l'estructura MOS forma part d'un transistor, aquesta capa és precisament el canal. L'objectiu d'aquesta part de l'estudi serà, doncs, determinar per quina tensió de porta, V_{GB}, que definirem com a *tensió llindar*, V_{T0}, es produeix l'aparició de canal i quan val la concentració d'electrons en aquesta regió per tal d'avaluar el corrent que el canal podrà transportar.

En el cas que hem discutit, la superfície del semiconductor es troba, en absència de tensió aplicada, en règim de buidament (fig. 6.4c), però podria no ser així. En efecte, per $V_{GB} = 0$, tindríem bandes planes si $\Phi_s = \Phi_m$, o acumulació de majoritaris si $\Phi_s < \Phi_m$. La discussió anterior continua essent vàlida. Únicament s'hauria de tenir en compte que, per passar de la curvatura de les bandes del semiconductor de les figures 6.4a o 6.4b a la de la figura 6.4c, hi hauríem d'aplicar una tensió $V_{GB} > 0$. També ens podríem trobar que $\Phi_s - \Phi_m$ fos prou gran perquè en hi hagués inversió de la superfície per $V_{GB} = 0$. En aquest cas per assolir una curvatura com les de la figura 6.4c hauríem d'aplicar una tensió $V_{GB} < 0$, però continuaria essent veritat que un increment de V_{GB} provoca una concentració més gran de minoritaris en la regió de canal. Resumint, la diferència $\Phi_s - \Phi_m$ ens diu quin és el règim en equilibri; un augment de V_{GB} ens fa avançar en la seqüència de diagrames de la figura 6.4, mentre que una disminució d'aquesta tensió ens desplaça en sentit oposat.

EXEMPLE 6.1

A l'estructura que utilitza alumini en l'elèctrode de porta i silici P examinat a l'exercici 6.1, la tensió de banda plana val -0.835 V. Per aconseguir que les bandes siguin planes, hem d'aplicar aquest valor de la tensió a la porta en relació amb el substrat. En el cas que la porta sigui de polisilici (qüestió 1 del qüestionari 6.1), la tensió de banda plana val -0.885 V. Observeu que, si la porta és de polisilici, per fer aquest càlcul no fa falta conèixer l'afinitat electrònica del silici. En efecte:

$$q\Phi_s - q\Phi_m = \left[q\chi_s + \left(E_c - E_{fs}\right)_{\text{volum Si}} \right] - \left[q\chi_s + \left(E_c - E_{fm}\right)_{\text{polisilici}} \right] = \left(E_{fm}\right)_{\text{polisilici}} - \left(E_{fs}\right)_{\text{volum Si}}$$

$$\approx \left(E_c\right)_{\text{polisilici}} - \left(E_{fs}\right)_{\text{volum Si}} = \left(E_c - E_{fs}\right)_{\text{volum Si}}$$

EXEMPLE 6.2

A l'estructura polisilici P^+-òxid–silici N de l'exercici 6.2, per aconseguir "aplanar" les bandes hem d'aplicar una tensió de 0.89 V, positiva a la porta respecte del substrat.

6.1.4 Tensió llindar en l'estructura MOS

La càrrega elèctrica, diguem-ne Q_s, en el semiconductor quan es troba en règim d'inversió es compon de dos termes: la càrrega localitzada de les impureses no compensades per portadors majoritaris, la ZCE, que escriurem Q_B, i la dels portadors minoritaris de la capa d'inversió, que denotarem Q_n. Aquest darrer terme no apareixia a l'apartat 6.1.2 perquè hem suposat el sistema en règim de buidament. Tanmateix 6.3, continua essent vàlida quan hi ha inversió de superfície, amb $Q_s = Q_B + Q_n$. Les càrregues Q_B i Q_n tenen el mateix signe, negatiu en el cas que estem analitzant, i els seus valors depenen de la caiguda de potencial en el semiconductor. Q_B segueix la llei de l'equació (6.2)

$$Q_B = -\sqrt{2q\varepsilon_s N_A V_s} \tag{6.8}$$

Q_n és proporcional a la concentració d'electrons a la superfície, n_s. Entre aquesta quantitat i la concentració, n_0, de minoritaris a l'interior del semiconductor hi ha la relació

$$n_s = n_0 \exp\frac{qV_s}{k_B T} \tag{6.9}$$

que podem obtenir fàcilment utilitzant l'expressió 1.17.

S'acostuma a considerar el punt d'entrada en inversió profunda per una tensió que fa $n_s = N_A$. Més enllà d'aquest valor, un petit increment de V_s provoca un gran increment de n_s i, per tant, de Q_n, mentre que Q_B augmenta molt poc. El resultat és un increment substancial de Q_s, i això vol dir, d'acord amb l'equació 6.3, un increment important de V_{ox}. La conseqüència és que quan s'ha arribat a la inversió profunda, un increment de V_{GB} en l'equació 6.7 s'inverteix quasi tot a incrementar V_{ox} i només una part molt petita a augmentar V_s. En una primera aproximació podem suposar que Q_B es manté constant, més enllà de la inversió profunda. Aquesta anàlisi, merament qualitativa, es pot fer de manera rigorosament analítica, tal com es presenta a l'apèndix 6.1 d'aquest capítol.

A l'inici de la inversió profunda, suposem que el diagrama de bandes que descriu el sistema és el de la figura 6.5.

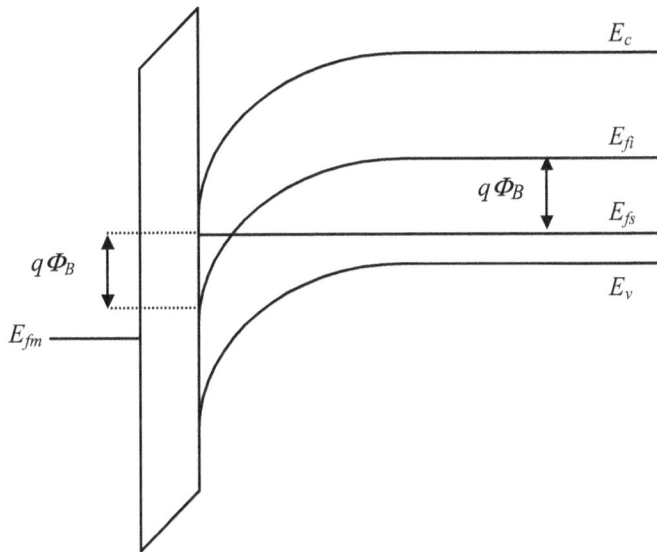

Figura 6.5 Diagrama de bandes de l'estructura MOS a l'inici d'inversió profunda

En aquestes condicions, podem escriure:

$$n_s = p_0 \Leftrightarrow \left(E_{fs} - E_{fi}\right)_{\text{superfície}} = \left(E_{fi} - E_{fs}\right)_{\text{volum}} \tag{6.10}$$

La quantitat $\left(E_{fi} - E_{fs}\right)_{\text{volum}}$, que escriurem com $q\Phi_B$ val, d'acord amb l'apartat 1.2.4:

$$q\Phi_B = k_B T \ln \frac{N_A}{n_i} \tag{6.11}$$

El valor total de la tensió que cau en el semiconductor, anomenada *potencial d'inversió de la superfície*, val:

$$\frac{1}{q}\left(E_{fi\,\text{superfície}} - E_{fi\,\text{volum}}\right) = \frac{1}{q}\left[\left(E_{fs} - E_{fi}\right)_{\text{superfície}} + \left(E_{fi} - E_{fs}\right)_{\text{volum}}\right] = 2\Phi_B \tag{6.12}$$

Per tant, la càrrega per unitat de superfície en la ZCE valdrà, d'acord amb 6.8:

$$Q_B = -\sqrt{4q\varepsilon_s N_A \Phi_B} \qquad (6.13)$$

El valor de Q_n és encara molt petit a l'inici de la inversió profunda. Per tant, podem escriure que en aquest punt:

$$Q_s = Q_n + Q_B \approx Q_B = -\sqrt{4q\varepsilon_s N_A \Phi_B} \qquad (6.14)$$

La caiguda de potencial en l'òxid és, d'acord amb el mateix raonament que ens ha dut a 6.3:

$$V_{ox} = \frac{-Q_s}{C_{ox}} = \frac{-Q_B}{C_{ox}} = \frac{\sqrt{4q\varepsilon_s N_A \Phi_B}}{C_{ox}} \qquad (6.15)$$

La caiguda de potencial en tota l'estructura serà, doncs:

$$V_{ox} + V_s = \frac{-Q_B}{C_{ox}} + 2\Phi_B = \frac{\sqrt{4q\varepsilon_s N_A \Phi_B}}{C_{ox}} + 2\Phi_B \qquad (6.16)$$

Substituint aquesta expressió de $V_{ox}+V_s$ en 6.7 obtenim el valor de V_{GB} que correspon a l'inici de la inversió profunda. A aquest valor l'anomenarem *tensió llindar*, V_{T0}:

$$V_{T0} = V_{FB} + 2\Phi_B - \frac{Q_B}{C_{ox}} = V_{FB} + 2\Phi_B + \frac{\sqrt{4q\varepsilon_s N_A \Phi_B}}{C_{ox}} \qquad (6.17)$$

Aquest és el primer resultat important de l'anàlisi de l'estructura metall-òxid-semiconductor. Cal remarcar que V_{T0} pot ser positiva, com en el cas de la figura 6.4, o negativa, si V_{FB} és prou gran perquè en equilibri hi hagi inversió profunda de la superfície. En aquest darrer cas, per portar el sistema a les condicions de llindar d'inversió hi hem d'aplicar una tensió V_{GB} negativa. És la idea discutida al darrer paràgraf de l'apartat 6.1.3. Els transistors que obtindrem a partir d'estructures amb $V_{T0} > 0$ els anomenarem d'acumulació (en anglès *enhancement* o també *normally off*) perquè no hi ha canal conductor si no hi ha polarització. Els que presenten $V_{T0} < 0$ s'anomenen de buidament (en anglès *depletion* o *normally on*).

EXEMPLE 6.3

La tensió llindar en el MOS alumini-òxid-silici (P) de l'exercici 6.1 val:

$$V_{T0} = -0.835 + 2\times 0.335 + \frac{\sqrt{4\times 1.6\times 10^{-19} \times 10^{-12} \times 10^{16} \times 0.335}}{1.38\times 10^{-7}} = 0.17 \ \text{V}$$

Quan la porta és de polisilici, aquest valor passa a 0.12 V. En tots dos casos, el dispositiu en equilibri es troba ja molt a prop del llindar d'inversió de la superfície. La causa és que la curvatura de les bandes deguda a la diferència de funcions treball demana una tensió aplicada molt petita per arribar a la formació de canal. Aquests valors no són habituals en tecnologia MOS. En efecte, durant molts anys s'han utilitzat, per compatibilitat amb la tecnologia TTL, valors de la tensió llindar propers a 1 V, que són apropiats per circuits integrats MOS alimentats a 5 V, mentre que en tecnologies més avançades, que operen amb tensions d'alimentació més petites, s'utilitzen valors de V_{T0} més propers a 0.5 V. Veurem que hi ha causes que poden modificar el valor de la tensió llindar i com aquest es pot ajustar a les necessitats de disseny del dispositiu.

En l'estudi que s'ha portat a terme, el dispositiu està realitzat amb silici de tipus P i, per tant, la capa d'inversió que constitueix el canal del MOST està formada per electrons; per això es parla de transistor de canal N o nMOS. El cas oposat, de canal P o pMOS, construït amb silici N, també existeix. Com a dispositiu discret, el transistor nMOS és superior al pMOS perquè la mobilitat dels electrons és més gran que la dels forats, de la mateixa manera que en tecnologia bipolar els transistors NPN són més utilitzats que els PNP. Els transistors pMOS són útils per fer estructures combinades amb transistors nMOS, anomenades MOS complementaris o CMOS. Atesa la importància de la tecnologia CMOS, la determinació de la tensió llindar en els pMOS també és important. L'anàlisi presentada es pot estendre sense dificultat a dispositius de canal P, només tenint en compte que les càrregues avaluades tenen signe contrari. Així doncs, en un pMOS d'acumulació surt $V_{T0} < 0$ i $V_{T0} > 0$ en un de buidament. Val a dir que els d'acumulació són els més utilitzats. En particular, les estructures CMOS només utilitzen aquests dispositius, tant per a transistors de canal N com per als de canal P.

EXEMPLE 6.4

La tensió llindar en el MOS polisilici P$^+$ -òxid-silici (N) de l'exemple 6.2 val:

$$V_{T0} = 0.89 - 2 \times 0.335 - \frac{\sqrt{4 \times 1.6 \times 10^{-19} \times 10^{-12} \times 10^{16} \times 0.335}}{1.35 \times 10^{-7}} = -0.11 \text{ V}$$

Efectes de les càrregues en l'òxid

El càlcul anterior de la tensió llindar s'ha de retocar sovint per dues causes: la presència de càrregues no desitjades en l'òxid i la modificació intencional del dopatge del substrat. L'òxid de silici acumula, a vegades, càrregues no desitjades, d'orígens diversos, relacionats amb la tecnologia de fabricació. D'aquestes càrregues, les més importants, perquè són les més difícils d'eliminar, són les anomenades fixes. Tenen generalment signe positiu i acostumen a localitzar-se a una distància inferior a 30 Å de la superfície del silici. La seva presència provoca l'acumulació d'una càrrega igual en magnitud i de signe negatiu en la regió de canal del semiconductor. Si el seu valor per unitat de superfície és Q_{ox}, la tensió llindar en surt alterada en una quantitat:

$$\Delta V_{T0} = -\frac{Q_{ox}}{C_{ox}} \qquad (6.18)$$

atès que hem d'afegir un terme $-Q_{ox}$, a $-Q_s$ en l'expressió 6.14. L'expressió 6.18 no canvia de signe si canviem el substrat per un tipus N. Una avaluació més acurada d'aquest efecte hauria de tenir en compte la distribució les càrregues en l'òxid en el dielèctric, però ara no entrarem a discutir-ho.

La disminució de la tensió llindar pot fer que un MOST de canal N, que seria d'acumulació si no hi hagués càrrega en l'òxid, esdevingui de buidament quan hi ha aquestes càrregues. En canvi, en un MOST de canal P, el mateix desplaçament de V_{T0} produeix un increment del valor absolut de la tensió llindar, però no un canvi del signe. Històricament, la dificultat a obtenir dispositius d'acumulació de canal N va fer que els primers transistors fabricats en tecnologia MOS fossin de canal P. Millores ulteriors dels processos de fabricació van permetre superar aquest problema.

Ajustament de la tensió llindar

Quan es vol obtenir un valor de la tensió llindar diferent de l'obtingut en 6.17, eventualment amb la correcció 6.18, es recorre a un procediment de modificació del dopatge de la superfície del silici, generalment mitjançant una implantació iònica d'impureses a la regió de canal. Si implantem un nombre N_I d'àtoms donadors per unitat de superfície a la regió de canal, la càrrega associada als electrons que aquests àtoms aporten a la regió de canal és $Q_I = -qN_I$. La càrrega que cal acumular per tensió de porta per arribar al llindar d'inversió, Q_s, en l'expressió 6.14, queda reduïda a la quantitat $Q_s -Q_I$ i, en conseqüència, la tensió llindar disminueix:

$$\Delta V_{T0} = \frac{Q_I}{C_{ox}} = -\frac{qN_I}{C_{ox}}$$ (6.19)

Si haguéssim implantat N_I àtoms acceptors, aleshores $Q_I = qN_I$. El signe va associat al tipus d'impureses implantades, donadores ($\Delta V_{T0} < 0$) o acceptores ($\Delta V_{T0} > 0$), i és independent del tipus de substrat, P o N.

Exercici 6.3
El dispositiu de l'exercici 6.1 presenta una tensió llindar de -0.25 V a causa de la contaminació de l'òxid amb càrrega fixa. Determineu-ne la seva concentració.

$$\Delta V_{T0} = -0.25 - 0.17 = -0.42\ V \Rightarrow Q_{ox} = -C_{ox}\Delta V_{T0} = 1.38\times10^{-7}\ \frac{F}{cm^2}\times0.42\ V = 58\ \frac{nC}{cm^2}$$

Exercici 6.4

Volem que l'estructura polisilici N^+-òxid-silici P de l'exemple 6.3, suposat lliure de càrrega fixa, tingui una tensió llindar d'1 V. Determineu quina implantació iònica cal fer.

$$\Delta V_{T0} = 1 - 0.12 = 0.88\ V \Rightarrow Q_I = C_{ox}\Delta V_{T0} = -1.38 \times 10^{-7}\ \frac{F}{cm^2} \times 0.88\ V = 1.21 \times 10^{-7}\ \frac{C}{cm^2}$$

$$\Rightarrow N_I = \frac{Q_I}{q} = 7.6 \times 10^{11}\ cm^{-2}.\ \textit{Les impureses han de ser acceptores.}$$

QÜESTIONARI 6.1.b

1. En el MOS polisilici P^+-òxid-silici N de l'exemple 6.4 hi ha una contaminació per càrrega fixa de 50 nC/cm^2. Determineu la tensió llindar resultant.
   a) -0.48 V   b) -0.37 V   c) 0.26 V   d) 0.37 V

2. Determineu la implantació iònica que s'ha de realitzar en els dispositius de la pregunta anterior per tal que la tensió llindar valgui −0.85 V.
   a) 52 nC/cm^2 de donadors   b) 52 nC/cm^2 d'acceptors
   c) 117 nC/cm^2 de donadors   d) 117 nC/cm^2 d'acceptors

3. Volem transformar el MOS polisilici N^+-òxid-silici P de la qüestió 1 del qüestionari 6.1 en un de buidament amb V_{T0} = -3 V. Quina implantació iònica de canal farà falta?
   a) 687 nC/cm^2 de donadors   b) 687 nC/cm^2 d'acceptors
   c) 31.5 nC/cm^2 de donadors   d) 31.5 nC/cm^2 d'acceptors

4. Volem examinar la possibilitat de transformar el MOS de la pregunta anterior en un de buidament, sense fer servir implantació iònica però amb un òxid més prim. Determineu, doncs, quin és el valor màxim de t_{ox}, de manera que V_{T0} < 0.
   a) Sempre és d'acumulació.
   b) És d'acumulació si el gruix de l'òxid és més gran de 160 Å.
   c) És de buidament si el gruix de l'òxid és més petit de 160 Å.
   d) Sempre és de buidament.

5. En el mateix sistema avalueu el valor màxim que pot tenir t_{ox}, de manera que V_{T0} < 1.5 V.
   a) 228 nm   b) 128 nm   c) 112 nm   d) 62 nm

6. En tecnologia MOS s'utilitzen sempre substrats amb dopatges moderats. Per justificar-ho, avalueu quan valdria la tensió llindar del sistema polisilici N^+-òxid-silici P de la pregunta 1 del qüestionari 6.1 si ara el dopatge del substrat valgués 10^{18} cm^{-3}.
   a) 3.23 V   b) 2.23 V   c) 1.33 V   d) -2.23 V

6.1.5 Potencials, camps i càrregues

Dels diagrames de bandes, en podem obtenir la distribució de potencial, camp i càrrega elèctrics a l'estructura. La figura 6.6 representa aquestes quantitats en el cas de la figura 6.4e, més enllà del llindar d'inversió profunda, prenent l'origen de coordenades a la interfície entre l'òxid i el silici. Aquesta figura també defineix w_d com a profunditat de la zona de càrrega localitzada en el semiconductor. Aquesta quantitat val, a l'inici de la inversió profunda:

$$w_d = \sqrt{\frac{2\varepsilon_s}{q}\frac{1}{N_A}V_s} = \sqrt{\frac{2\varepsilon_s}{q}\frac{1}{N_A}2\Phi_B} \tag{6.20}$$

Per a tensions $V_{GB}>V_{T0}$, aquesta quantitat es manté pràcticament constant, d'acord amb la discussió de l'apartat 6.1.3.

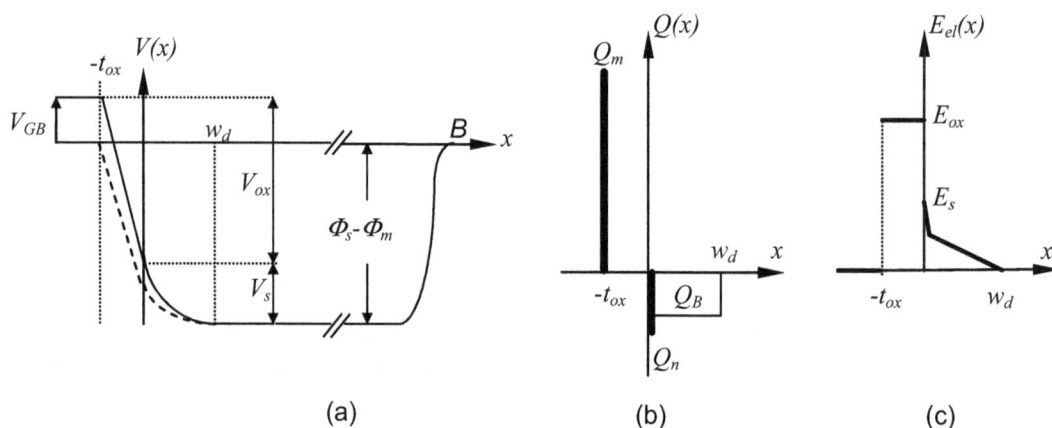

(a)   (b)   (c)

Figura 6.6 Potencial, càrregues i camp en l'estructura MOS en inversió profunda. La línia puntejada de la figura (a) correspon a polarització nul·la.

La càrrega en el metall està localitzada a la superfície i el seu valor és:

$$Q_m = -Q_s = -Q_n - Q_B \tag{6.21}$$

La càrrega $-Q_n$ de la capa d'inversió del canal està concentrada prop de la seva superfície. La de la zona de càrrega d'espai, $-Q_B$, en el llindar d'inversió profunda, ve donada per l'expressió 6.13 i aquest valor es manté aproximadament constant per a $V_{GB}>V_{T0}$.

Si no hi ha càrregues a l'interior de l'òxid, el camp elèctric en aquesta regió, segons la llei de Gauss, és uniforme. D'acord amb la mateixa llei, a la zona de càrrega d'espai del silici el camp elèctric varia linealment amb la profunditat (vegeu l'apartat 1.5). A la interfície entre dielèctric i semiconductor hi ha una discontinuïtat del camp. En una interfície lliure de càrregues, la quantitat que es manté constant és el desplaçament elèctric:

$$\varepsilon_{ox}E_{ox} = \varepsilon_s E_s \tag{6.22}$$

on E_{ox} és el valor del camp elèctric a l'òxid i E_s el camp a la superfície del silici. Aquest es pot obtenir integrant la llei de Gauss a la zona buida del semiconductor:

$$\frac{dE_{el}(x)}{dx} = \frac{\rho(x)}{\varepsilon_s} \Rightarrow E_{el}(0) - E_{el}(w_d) = \frac{1}{\varepsilon_s}\int_0^{w_d}\rho(x)dx \Rightarrow E_s = \frac{-Q_s}{\varepsilon_s} \qquad (6.23)$$

on hem fet servir les coordenades indicades a la figura 6.6.

EXEMPLE 6.5

A l'estructura formada per polisilici N$^+$, òxid de 250 Å de gruix i silici de tipus P, amb N_A= 10^{16} cm^{-3}, analitzada en exercicis anteriors trobem en el llindar d'inversió profunda: w_d= 0.29 µm, Q_B= -4.6×10^{-8} C/cm^2, E_s=4.6×10^4 V/cm, E_{ox}=1.34×10^5 V/cm.

Exercici 6.5

Una estructura formada per polisilici N$^+$, òxid de 250 Å de gruix i silici de tipus P, amb N_A= 10^{16} cm^{-3}, té una tensió llindar V_{T0} = 1 V. Calculeu les càrregues presents en el dispositiu quan la tensió aplicada a la porta en relació amb el substrat val 5 V.

En el llindar d'inversió profunda (V_{GB}=V_{T0}= 1 V) tenim Q_B= -4.6×10^{-8} C/cm^2 (vegeu l'exemple 6.5). En aquest punt, Q_m=-Q_s=-Q_B. En el punt de treball de l'exercici, la tensió addicional aplicada a la porta, V_{GB}-V_{T0}= 4 V, cau quasi íntegrament en l'òxid i això suposa un increment de càrrega ΔQ_m= $C_{ox}\Delta V_{GB}$ =1.38×10^{-7} F/cm^2 × 4 V=5.52×10^{-7} C/cm^2. La càrrega en el semiconductor té un increment igual i de signe oposat, que consisteix pràcticament en Q_n. Així, doncs, la resposta és Q_m= 5.98×10^{-7} C/cm^2, Q_n =-5.52×10^{-7} C/cm^2, Q_B= -4.6×10^{-8} C/cm^2.

Exercici 6.6

Avalueu en quant hauria d'augmentar la caiguda de tensió en el semiconductor per tal de duplicar el valor de Q_n. Quin increment suposaria en la tensió V_{GB}?
Q_n és proporcional a n_s, que depèn de la tensió com exp(V_s/V_t). Així, doncs:

$$Q_n = \text{const} \times \exp\frac{V_s}{V_t} \Rightarrow V_{s2} - V_{s1} = V_t \ln\frac{Q_{n2}}{Q_{n1}} \text{ Per tant, } Q_{n2} = 2Q_{n1} \Rightarrow V_{s2} - V_{s1} = V_t \ln 2 = 17.3 \; mV$$

En el cas de l'exercici 6.5, duplicar el valor de Q_n =-6.52×10^{-7} C/cm^2 que hem trobat suposarà un increment de la caiguda de potencial en l'òxid ΔV_{ox}=ΔQ_n/C_{ox}= Q_n/C_{ox}= 4V i, en conseqüència, $\Delta V_{GB} \approx 4$ V. D'aquesta manera queda justificat que l'increment de V_{GB}, més enllà del llindar d'inversió profunda cau quasi tot en el dielèctric.

6.1.6 Capacitat de l'estructura MOS

La capacitat C_{GB} entre porta i substrat d'una estructura MOS és una quantitat mesurable directament que permet obtenir informació de les variables utilitzades en apartats anteriors. D'altra banda, les capacitats són paràmetres importants en el comportament dinàmic dels transistors que obtindrem a partir l'estructura MOS. El valor de C_{GB} s'obté de la relació entre la càrrega de l'elèctrode de porta, $-Q_s$, i la diferència de potencial entre porta i substrat, $V_{ox}+V_s$:

$$C_{GB} \equiv \frac{d(-Q_s)}{d(V_{ox}+V_s)} \tag{6.24}$$

Per determinar-la escriurem, a partir d'aquesta expressió:

$$\frac{1}{C_{GB}} = \frac{d(V_{ox}+V_s)}{d(-Q_s)} = \frac{dV_{ox}}{d(-Q_s)} + \frac{dV_s}{d(-Q_s)} \equiv \frac{1}{C_{ox}} + \frac{1}{C_s} \tag{6.25}$$

que ens diu que C_{GB} és la composició de dues capacitats en sèrie (fig. 6.7a): C_{ox} associada al dielèctric i C_s associada al semiconductor i definida per l'expressió 6.25 com $C_s \equiv -dQ_s/dV_s$. El valor de C_s depèn del mode de funcionament de l'estructura. Examinem cada cas:

a) En mode d'acumulació de portadors majoritaris (fig. 6.4a), la càrrega $-Q_s$ és proporcional a la concentració p_s de forats a la superfície del silici, que val:

$$p_s = p_o \exp\frac{qV_s}{k_B T} = N_A \exp\frac{qV_s}{k_B T} \tag{6.26}$$

La variació d'aquesta funció és ràpida i, per tant, el valor de C_s és molt gran, generalment molt més que C_{ox}. Per tant, podem aproximar:

$$\frac{1}{C_{GB}} = \frac{1}{C_s} + \frac{1}{C_{ox}} \approx \frac{1}{C_{ox}} \Rightarrow C_{GB} \approx C_{ox} \tag{6.27}$$

Una justificació quantitativa d'aquesta aproximació s'obté dels càlculs de l'apèndix 6.1.

b) En mode de buidament de majoritaris (fig. 6.4c), C_s val:

$$C_s \equiv \frac{d(-Q_s)}{dV_s} = \frac{d}{dV}\left(\sqrt{2q\varepsilon_s N_A V_s}\right) = \sqrt{\frac{q\varepsilon_s N_A}{2V_s}} \tag{6.28}$$

Ara ja no podem fer l'aproximació del mode anterior. Sovint trobem que $C_s < C_{ox}$ en aquest mode.

c) En inversió profunda (fig. 6.4d i 6.4e), tindrem:

$$C_s \equiv \frac{d(-Q_s)}{dV_s} = \frac{d(-Q_n - Q_B)}{dV_s} \approx \frac{d(-Q_n)}{dV_s} \tag{6.29}$$

atès que per a $V_{GB} > V_{T0}$ la quantitat Q_B és gairebé constant (vegeu l'exercici 6.6). La quantitat $-Q_s$ és proporcional a la concentració n_s d'electrons a la superfície del silici, de valor:

$$n_s = n_o \exp{-\frac{qV_s}{k_B T}} = \frac{n_i^2}{N_A} \exp{-\frac{qV_s}{k_B T}} \qquad (6.30)$$

que és també una funció de variació molt ràpida, com en el cas de l'acumulació de majoritaris. Per la mateixa raó, l'aproximació $C_{GB} \approx C_{ox}$ és vàlida aquí.

Els diferents comportaments de la capacitat C_{GB} segons la tensió aplicada V_{GB} queden recollits a la figura 6.7. La tensió de banda plana es troba en el límit entre els casos a i b de la discussió anterior, mentre que la tensió llindar està entre els b i c. Observem que en aquesta figura la tensió $V_{GB} = 0$ pot estar en qualsevol punt de l'eix d'abscisses.

A la figura 6.7b apareix un comportament del MOS en inversió profunda que requereix un comentari. La formació de la capa d'inversió exigeix l'aparició d'un nombre important de minoritaris que es produeixen per generació tèrmica. Aquest procés és relativament lent, de manera que el comportament de la capacitat en $V_{GB} = V_T$ descrit i representat en línia contínua a la figura 6.7b només és observable si la variació de tensió és relativament lenta (LF, *low frequency*). En cas de variació ràpida (HF, *high frequency*), no hi ha temps per generar prou minoritaris i la capacitat observada segueix el comportament de la línia puntejada, que és una prolongació del règim de buidament de majoritaris. En molts casos, el límit entre baixa freqüència i alta pot estar en les desenes de cicles per segon. El fenomen descrit no s'observa en transistors MOS perquè la injecció en la junció entre drenador i substrat aporta els minoritaris necessaris per formar el canal. En un transistor amb canal, la capacitat entre porta i substrat val, doncs, C_{ox}.

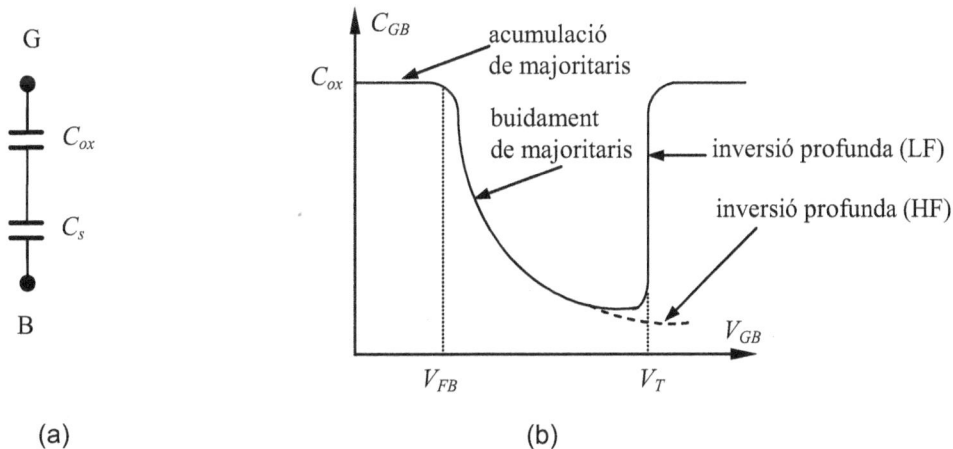

(a)   (b)

Figura 6.7 Capacitat de l'estructura MOS: (a) composició en sèrie de les capacitats associades a l'òxid i al semiconductor; (b) resultat de la composició per a les diferents regions de funcionament

Exercici 6.7

Determineu per quin valor de la tensió V_{GB} les magnituds C_{ox} i C_s són iguals en el MOS de l'exemple.

$$C_s = \sqrt{\frac{q\varepsilon_s N_A}{2V_s}} = C_{ox} \Rightarrow \sqrt{\frac{1.6\times10^{-19}\times10^{-12}\times10^{16}}{2V_s}} = 1.38\times10^{-7} \Rightarrow V_s = 0.042\,V$$

$$Q_s = -\sqrt{2q\varepsilon_s N_A V_s} = -\sqrt{2\times1.6\times10^{-19}\times10^{-12}\times10^{16}\times0.042} = -1.16\times10^{-8}\,C/cm^2$$

$$E_{ox} = -\frac{Q_s}{\varepsilon_{ox}} = 3.36\times10^4\,\frac{V}{cm} \Rightarrow V_{ox} = E_{ox}t_{ox} = 0.085\,V$$

$$V_{ox} + V_s = 0.127\,V$$

Atès que V_{FB}= -0.885 V, la tensió que s'ha d'aplicar entre porta i substrat per assolir aquest punt val –0.758 V.

QÜESTIONARI 6.1.c

1. Quina de les afirmacions següents és falsa?
   a) Si $V_{GB} > V_{T0}$, no podem aplicar l'equació 6.2.
   b) Si $V_{GB} << V_{T0}$, no podem aplicar l'equació 6.13.
   c) Podem utilitzar 6.7 per a qualsevol valor de la tensió aplicada a la porta.
   d) Es pot determinar Q_n a partir de V_s utilitzant l'equació 6.9.

2. Considerem una estructura polisilici N^+ - òxid – silici P en acumulació de majoritaris a la superfície del semiconductor i dibuixem els diagrames de la figura 6.6 per a aquest cas. Com a resultat digueu quina de les afirmacions següents és falsa.
   a) $Q_m < 0$ b) $Q_B = 0$ c) $Q_n > 0$ d) $w_d \approx$ const.

3. Representeu esquemàticament la figura 6.6c suposant que hi ha una distribució uniforme de càrrega fixa positiva a l'interval $(-t_{ox}/10, 0)$.

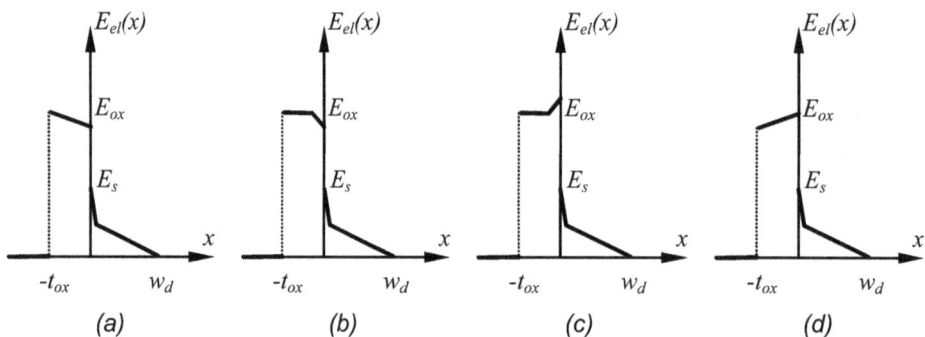

(a)   (b)   (c)   (d)

4. Com queda modificada la corba de la figura 6.7b com a conseqüència de la presència de càrrega fixa en l'òxid?

   a) Tota la corba queda desplaçada cap a la dreta una quantitat Q_{ox}/C_{ox}.
   b) Tota la corba queda desplaçada cap a l'esquerra una quantitat Q_{ox}/C_{ox}.
   c) No influeix.
   d) La distància entre V_{FB} i V_T queda reduïda en una quantitat Q_{ox}/C_{ox}.

5. Determineu el valor mínim de la capacitat MOS en el cas de l'exercici 6.7.

   a) $138 \ nF/cm^2$ b) $30 \ nF/cm^2$ c) $24.5 \ nF/cm^2$ d) $168 \ nF/cm^2$

6. Sigui una estructura polisilici N^+-òxid-silici p. Un increment del dopatge del substrat modifica la forma de la corba de la figura 6.7b. Quina de les afirmacions següents és falsa:

   a) El valor màxim de C_{GB} disminueix.
   b) El valor mínim de C_{GB} augmenta.
   c) La posició de V_{FB} es desplaça cap a la dreta.
   d) La posició de V_T es desplaça cap a la dreta.

PROBLEMA GUIAT 6.1

Considerem una estructura metall-òxid-semiconductor definida pels paràmetres següents:
Porta: polisilici N^+. Òxid: gruix de 200 Å, constant dielèctrica relativa 3.9. Substrat: tipus P, amb dopatge $5 \times 10^{15} \ cm^{-3}$. Dades: $n_i = 1.5 \times 10^{10} \ cm^{-3}$, $E_g = 1.1 \ eV$. Temperatura de treball $k_B T = 0.025 \ eV$. Es demana:
1. Determineu la tensió de banda plana, V_{FB}.
2. Trobeu la tensió llindar, V_{T0}.
3. Recalculeu V_{T0} si sabem que a l'òxid hi ha una densitat de càrrega fixa de 10^{-10} C/cm^2 localitzada prop de la interfície amb el substrat i en el substrat una implantació iònica de canal de 5×10^{11} acceptors/cm^3.
4. Avalueu les caigudes de tensió en l'òxid i en el semiconductor en el llindar d'inversió profunda.
5. Determineu el perfil de camp elèctric en tota l'estructura en aquestes condicions, així com les càrregues en cada regió de l'estructura.
6. Per quin punt de la tensió entre porta i substrat, la capacitat val $C_{ox}/2$?

6.2 EL TRANSISTOR MOS EN POLARITZACIÓ CONTÍNUA

En aquest apartat, considerem el dispositiu esquematitzat a la figura 6.1. L'objectiu és determinar el corrent de drenador, I_D, en funció de les tensions aplicades a l'elèctrode de porta i entre els extrems del canal, drenador i sortidor. Els terminals utilitzats per a connexions entre els transistors MOS d'un circuit integrat són el drenador, el sortidor i la porta. Per aquest motiu treballar amb la referència de tensions en el substrat no és convenient i, per tant, mesurarem els voltatges de drenador i de porta en relació amb el sortidor: $V_{DS} \equiv V_D - V_S$ i $V_{GS} \equiv V_G - V_S$, respectivament. Aquest canvi de referència ens obliga a començar revisant el càlcul de la tensió llindar.

6.2.1 Tensió llindar en el MOST

Considerem un transistor nMOS (la generalització a un pMOS és trivial), on el substrat pot estar a una tensió V_{BS} en relació amb el sortidor. Aquest valor serà negatiu o nul en tots els casos d'interès pràctic, altrament tindríem un díode substrat-sortidor polaritzat en directa, que no interessa per a un funcionament correcte del dispositiu. El disseny de circuits amb MOST ha de respectar aquesta hipòtesi. En aquest apartat, considerem que podem aplicar externament la tensió V_{BS} i volem estudiar com aquest fet afecta el valor de la tensió llindar, mantenint els extrems del canal al mateix potencial (V_{DS} =0).

Suposem que partim d'un MOST amb V_{BS} =0 i portem el sistema al llindar de formació de canal aplicant a la porta una tensió $V_{GS} = V_{GB}$, que té el valor donat per 6.17. La caiguda de potencial en el substrat val $2\Phi_B$. Tot seguit, apliquem una tensió $V_{BS} < 0$, i ens preguntem quin valor de la tensió de porta farà falta per tal de mantenir la superfície del silici en condicions de llindar d'inversió profunda. Ara la caiguda de potencial en el substrat ja no és $2\Phi_B$, com hem deduït a l'apartat 6.1.4, sinó que passa a valer:

$$V_s = 2\Phi_B - V_{BS}$$

(6.31)

La càrrega en la ZCE és, en lloc de 6.13:

$$Q_B = -\sqrt{2q\varepsilon_s N_A (2\Phi_B - V_{BS})}$$

(6.32)

i la caiguda de tensió en l'òxid serà:

$$V_{ox} = \frac{-Q_B}{C_{ox}} = \frac{\sqrt{2q\varepsilon_s N_A (2\Phi_B - V_{BS})}}{C_{ox}}$$

(6.33)

La tensió entre porta i substrat ara val la suma de 6.31 i 6.33:

$$V_{ox} + V_s = \frac{-Q_B}{C_{ox}} + 2\Phi_B - V_{BS}$$

(6.34)

Igual que l'estructura MOS, una part d'aquesta tensió, Φ_s-Φ_m, ve donada per la curvatura de bandes en equilibri, i la resta ha de ser aplicada externament. El valor d'aquest terme és:

$$V_{ox} + V_s = \Phi_s - \Phi_m + V_{GB} = -V_{FB} + V_{GB} \Rightarrow V_{GB} = -V_{FB} - \frac{Q_B}{C_{ox}} + 2\Phi_B - V_{BS}$$

(6.35)

i la tensió entre porta i sortidor:

$$V_{GS} = V_{GB} + V_{BS} = V_{FB} - \frac{Q_B}{C_{ox}} + 2\Phi_B$$

(6.36)

Definim aquesta quantitat, la tensió que hem d'aplicar a la porta en relació amb el sortidor per assolir les condicions de llindar de formació de canal, com a tensió llindar del MOST

$$V_T = V_{FB} + \frac{\sqrt{2q\varepsilon_s N_A (2\Phi_B - V_{BS})}}{C_{ox}} + 2\Phi_B$$

$$= V_{T0} + \left[\frac{\sqrt{2q\varepsilon_s N_A (2\Phi_B - V_{BS})}}{C_{ox}} - \frac{\sqrt{2q\varepsilon_s N_A (2\Phi_B)}}{C_{ox}} \right] \qquad (6.37)$$

$$= V_{T0} + \gamma \left[\sqrt{2\Phi_B - V_{BS}} - \sqrt{2\Phi_B} \right]$$

$$\text{amb} \quad \gamma \equiv \frac{\sqrt{2q\varepsilon_s N_A}}{C_{ox}}$$

La diferència entre el valor de V_T i el de V_{T0} és coneguda com a *efecte substrat* (*body effect*). el coeficient γ s'anomena diu *paràmetre d'efecte substrat*. Aquest efecte és incòmode perquè fa dependre la tensió llindar del punt de treball del transistor. Per aquesta raó, sempre que el disseny del circuit ho permet es fa un curtcircuit entre sortidor i substrat per aconseguir $V_{BS} = 0$ i eliminar així l'efecte substrat.

EXEMPLE 6.6

En un MOST amb un òxid de 250 Å de gruix i substrat de tipus P, amb $N_A = 10^{16}$ cm^{-3}, el canvi de tensió llindar quan la tensió del substrat passa de 0 V a –5 V és:

$$\gamma = \frac{\sqrt{2q\varepsilon_s N_A}}{C_{ox}} = 0.41 \ V^{1/2} \qquad V_T - V_{T0} = \gamma \left(\sqrt{2\Phi_B - V_{BS}} - \sqrt{2\Phi_B} \right) = 0.64 \ V$$

La presència de càrregues fixes en l'òxid no modifica el càlcul anterior, com tampoc ho faria una implantació iònica de canal.

Exercici 6.8

Calculeu la tensió llindar d'un MOST de canal N amb porta de polisilici N$^+$, òxid de 250 Å de gruix, amb una densitat de càrrega fixa de 25 nC/cm^2, i substrat amb $N_A = 10^{16}$ cm^{-3}, que incorpora una implantació de canal de 10^{12} acceptors/cm^2 quan entre substrat i sortidor s'aplica una tensió de –5 V.
Calculem primer la tensió llindar si no hi ha efecte substrat. Reprenent el resultat de l'exemple 6.4 amb les correccions donades per 6.18 i 6.19:

$$V_T = -0.11 \ V - \frac{Q_{ox} + Q_I}{C_{ox}} = -0.11 \ V - \frac{25 \times 10^{-9} - 1.6 \times 10^{-19} \times 10^{12} \ C/cm^2}{1.38 \times 10^{-7} \ F/cm^2} = 0.87 \ V$$

La magnitud de l'efecte substrat es calcula a l'exemple 6.6, i en resulta: $V_T = 0.87 + 0.64 = 1.5 \ V$.

6.2.2 Corrent de drenador en el MOST

Considerem un MOST de canal N amb una tensió aplicada a la porta $V_{GS} > V_T$. Partirem del cas $V_{DS} = 0$ i deixem temporalment de banda l'efecte substrat ($V_{BS} = 0$), de manera que V_{GS}

és la tensió entre porta i substrat. La tensió aplicada a la porta, més enllà de la tensió llindar, $V_{GS} - V_T$, provoca l'aparició de portadors minoritaris a la regió de canal, d'acord amb el resultat de l'exercici 6.5. El valor de la seva càrrega, Q_n, ve donat per l'expressió:

$$Q_n = -C_{ox}(V_{GS} - V_T)WL \tag{6.38}$$

Aquesta càrrega es distribueix uniformement a tota la regió de canal. El valor de la conductància del canal es pot determinar a partir de Q_n i, d'aquí, trobar la relació entre la intensitat de corrent I_D i la tensió V_{DS}. Ara bé, quan apliquem una tensió V_{DS}, la distribució de la càrrega Q_n no és uniforme. En efecte: a l'extrem de sortidor tota la tensió "disponible" per acumular minoritaris, en el sentit utilitzat a 6.38, és $V_{GS} - V_T$, però prop del drenador és únicament de $V_{GD} - V_T = V_{GS} - V_T - V_{DS}$. Al llarg del canal trobem valors intermedis entre aquests dos. El resultat es pot visualitzar com un canal de profunditat variable, representat a la figura 6.8. Com més gran és V_{DS}, més important és la variació de profunditat del canal.

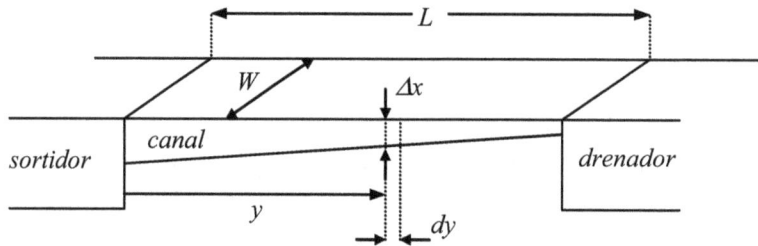

Figura 6.8 *Geometria del canal quan s'hi aplica una tensió entre entre drenador i sortidor. La llargada i l'amplada del canal s'indiquen com L i W, respectivament.*

Considerem, per començar, que la tensió del drenador és prou petita per poder suposar que $V_{GD} = V_{GS} - V_{DS} > V_T$, és a dir, que hi ha canal a tota la regió entre drenador i sortidor. Per calcular la llei de corrent introduïm la variació de tensió al llarg del canal $V(y)$. A l'extrem de sortidor, $V(y=0) = 0$, mentre que al de drenador, $V(y=L) = V_{DS}$. Podem dividir el canal en una successió d'intervals elementals de longitud dy. La diferència de tensió entre la porta i el substrat per un d'aquests elements, situat a una distància y del sortidor, val $V_G - V(y) = V_{GS} - V(y)$. Com a conseqüència, acumula una càrrega de minoritaris $dQ_n(y)$ que val, com a 6.38:

$$dQ_n = -C_{ox}[V_{GS} - V(y) - V_T]Wdy \tag{6.39}$$

on W és l'amplada del canal. D'altra banda, si el nombre de minoritaris per unitat de volum en aquest element és $n(y)$, podem escriure:

$$dQ_n = -qn(y)W\Delta x dy \tag{6.40}$$

on Δx és la profunditat del canal en el punt y. De 6.39 i 6.40 deduïm:

$$n(y) = \frac{C_{ox}[V_{GS} - V(y) - V_T]}{q\Delta x} \tag{6.41}$$

Considerant el canal com un seguit de resistències elementals en sèrie associades als elements dy, la contribució del que estem estudiant val:

$$dR = \frac{1}{\sigma(y)}\frac{dy}{W\Delta x} = \frac{1}{q\mu_n n(y)}\frac{dy}{W\Delta x} = \frac{dy}{\mu_n W C_{ox}\left[V_{GS} - V(y) - V_T\right]} \tag{6.42}$$

La part de la caiguda de tensió al llarg del canal que correspon a l'interval elemental en estudi val:

$$dV(y) = I_D dR = \frac{I_D dy}{\mu_n W C_{ox}\left[V_{GS} - V(y) - V_T\right]} \tag{6.43}$$

Integrant aquesta expressió entre els extrems del canal, tenim:

$$\mu_n W C_{ox} \int_0^{V_{DS}}\left[V_{GS} - V(y) - V_T\right]dV(y) = I_D \int_0^L dy \tag{6.44}$$

El resultat és:

$$I_D = k_n\left[\left(V_{GS} - V_T\right)V_{DS} - \frac{V_{DS}^2}{2}\right]$$

$$k_n = k_n'\frac{W}{L}, \qquad k_n' = \mu_n C_{ox} \tag{6.45}$$

que és la llei de corrent buscada. És vàlida mentre $V_{GD} = V_{GS} - V_{DS} > V_T$, és a dir mentre hi hagi canal d'un extrem a l'altre del dispositiu. Aquesta regió de funcionament l'anomenem *òhmica*. També es diu que el transistor treballa en *mode tríode*.

Quan la tensió aplicada al drenador és massa gran (o la de porta massa petita) per complir la condició $V_{GS} - V_{DS} > V_T$, el canal desapareix de l'extrem de drenador i parlem de pinçament del canal o que el dispositiu entra a la regió de saturació. Aleshores, ja no podem aplicar l'expressió 6.45 sinó que hem de recórrer a una altra consideració, que exposem tot seguit. Considerem un transistor polaritzat amb $V_{DS} = 0$ i $V_{GS} > V_T$. Hi ha canal, de profunditat uniforme, però no hi passa corrent, d'acord amb 6.45. A partir d'aquí, comencem a incrementar V_{DS}. Mentre els valors d'aquesta tensió són petits, l'equació 6.45 admet l'aproximació:

$$I_D \approx k_n\left(V_{GS} - V_T\right)V_{DS} \tag{6.46}$$

El corrent al llarg del canal és proporcional a la tensió entre els seus extrems, és a dir, es comporta com una resistència, i d'aquí ve el nom de *regió òhmica* per a aquest mode de funcionament. Quan V_{DS} es fa més gran, l'aproximació 6.46 ja no és vàlida i 6.45 ens diu que I_D creix cada vegada més lentament. La causa és l'aprimament del canal a l'extrem de drenador, cada vegada més pronunciat. Podem observar aquest comportament en qualsevol de les corbes de la figura 6.9a. Quan V_{DS} arriba a valer $V_{GS} - V_T$, aleshores $V_{GD} = V_T$, és a dir la tensió entre porta i substrat a l'extrem de drenador, és just la mínima suficient per produir canal. Per a tensions creixents de drenador, V_{GD} ja és més petita que V_T i el canal comença a desaparèixer a partir d'aquest extrem, i així el transistor entra a la *regió de saturació*. La llei de corrent ja no obeeix 6.45. En efecte, si apliquéssim aquesta expressió trobaríem un decreixement de I_D causat per un increment de V_{DS}, cosa absurda. El que passa és que I_D es manté en el valor màxim assolit a la regió òhmica. Els efectes de l'increment de tensió de drenador, que afavoreix el pas de corrent, i el pinçament de canal, que el dificulta, es compensen entre ells. El valor de corrent de saturació es pot deduir de 6.45, prenent $V_{DS} = V_{GS} - V_T$:

$$I_D = \frac{1}{2} k_n (V_{GS} - V_T)^2 \tag{6.47}$$

La figura 6.9a recull també aquest comportament. El conjunt de corbes s'anomena *característiques de sortida* del transistor. A la regió de saturació, té interès representar l'equació 6.47, coneguda a vegades com a *característica de transferència*.

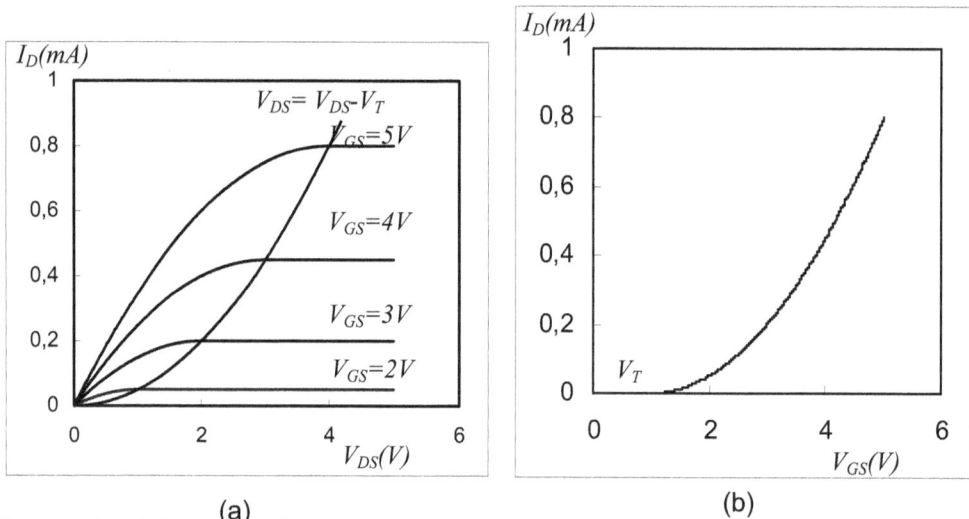

(a)   (b)

Figura 6.9   a) Característiques de sortida del MOST; b) característica de transferència. Les corbes han estat calculades amb $V_T = 1$ V, $k_n = 0.1$ mA/V².

Les lleis de corrent donades per les equacions 6.45 i 6.47 contenen un coeficient, $k_n = \mu_n C_{ox} W/L$, que consta de dos factors:

- El factor $k'_n = \mu_n C_{ox}$, anomenat *factor tecnològic*. Depèn del substrat utilitzat i del procés de fabricació. En alguns textos també s'anomena *transconductància de procés* o simplement *transconductància*. Cal anar amb compte de no confondre'l amb una altra magnitud que introduirem més tard amb aquest mateix nom.
- Un factor geomètric, W/L, també conegut com a *relació d'aspecte*. Són les variables que pot determinar el dissenyador d'un circuit integrat que treballi amb una determinada tecnologia de fabricació.

La teoria exposada, coneguda a vegades com a anàlisi de *canal gradual*, inclou simplificacions. La més important és que no tenim en compte que la caiguda de tensió al llarg del canal fa que Q_B sigui també funció de y i no podem utilitzar a 6.39 un valor constant V_T com el calculat a 6.17, amb Q_B constant. Un càlcul més acurat, donaria com a corrent a la regió òhmica, en lloc de 6.45:

$$I_D = k_n \left\{ \left(V_{GS} - V_{FB} - 2\Phi_B - \frac{V_{DS}}{2} \right) V_{DS} - \frac{2}{3C_{ox}} \sqrt{2q\varepsilon_s N_A} \left[\left(V_{DS} + 2\Phi_B \right)^{3/2} - \left(2\Phi_B \right)^{3/2} \right] \right\} \quad (6.48)$$

El límit entre la regió òhmica i la de saturació ve donat per la tensió:

$$V_{DS,sat} = V_{GS} - V_{FB} - 2\Phi_B - \frac{2q\varepsilon_s N_A}{C_{ox}^2} \left[\sqrt{1 + \frac{C_{ox}^2}{q\varepsilon_s N_A} \left(V_{GS} - V_{FB} \right)} - 1 \right] \quad (6.49)$$

Per calcular el corrent de drenador en saturació podem utilitzar 6.48 amb el valor de V_{DS} donat per 6.49. Es deixa com a exercici per al lector trobar quines aproximacions s'han de fer a 6.48 per obtenir 6.45. En tot l'estudi que segueix treballem amb l'aproximació que ha permès trobar 6.45.

Per raons de simplicitat, no hem considerat l'efecte substrat en la deducció de les equacions 6.45 i 6.47. Ara podem incorporar aquest efecte fent servir el valor de V_T donat per 6.37.

EXEMPLE 6.7

Considerem el MOST de l'exercici 6.8 amb V_{BS}=0, sabent que el canal que té una amplada que val el doble de la seva llargada i que la mobilitat dels electrons a aquesta regió val 500 cm^2/(Vs). En aquestes condicions el coeficient de l'expressió de la llei de corrent val $k_n = \mu_n C_{ox}(W/L) = 500 \times 1.38 \times 10^{-7} \times 2 = 1.38 \times 10^{-4}$ A/V^2. La corba $I_D(V_{DS})$ prop de l'origen presenta, per a una tensió entre porta i sortidor $V_{GS} = 3$V, d'acord amb 6.46, un pendent $k_n (W/L)(V_{GS}-V_T) = 1.38 \times 10^{-4}$ A/V$^2 \times 2.13$ V = 0.29 mA/V. Quan augmentem la tensió de drenador, el transistor entra a la regió de saturació per $V_{DS} = V_{GS} - V_T = 2.13$ V. En saturació, la intensitat de corrent que circula pel canal és, d'acord amb 6.45, 1.31 mA.

EXEMPLE 6.8

Per comparar les versions exacta i aproximada de l'anàlisi de canal gradual, considerem un MOST de canal N amb les característiques ja utilitzades en exemples anteriors: porta de polisilici N$^+$, òxid lliure de càrrega fixa amb t_{ox}= 250 Å, substrat amb N_A= 10^{16} cm^{-3} i mobilitat d'electrons al canal μ_n= 500 cm^2/(Vs) i dimensions W/L=2. Suposem que apliquem a la porta una tensió V_{GS}= 5 V, mantenint V_{BS}= 0.

Prenem 6.49, amb C_{ox}= 1.38×10^{-7} F/cm^2 i Φ_B= 0.335 V com a l'exercici 6.1, i trobem $V_{DS,sat}$=3.97 V. En l'aproximació de tensió llindar constant de les equacions 6.45 i 6.47, utilitzant V_T= 0.12 V donada per 6.17, trobem $V_{DS,sat}$= $V_{GS} - V_T$ = 4.88 V. Considerem ara un punt de repòs de la regió òhmica, V_{DS}= 3 V. El corrent de drenador calculat utilitzant 6.48 és 1.29 mA, mentre que l'aproximació 6.45 dóna 1.4 mA. A la regió de saturació, calculem el valor del corrent de drenador com el valor màxim que pren I_D a 6.48 i que correspon al punt límit V_{DS}=3.97 V. El resultat és I_D = 1.41 mA. L'aproximació obtinguda per 6.47 és 1.6 mA.

La conclusió de l'exemple 6.8 és que l'aproximació donada per les equacions 6.45 i 6.47 és prou bona per ser assumida en la resta del nostre estudi. No cal repetir la deducció de la llei de corrent de drenador per a un MOST de canal P. Només hem de tenir en compte els punts següents:

- A la figura 6.9a, si es tractés d'un pMOS, per passar de les corbes que es troben més avall a les que estan més amunt hauríem d'aplicar una tensió de porta cada vegada més petita. En un transistor d'acumulació, on $V_{GS}<V_T<0$, la tensió de porta cada vegada és més gran en valor absolut i amb signe negatiu.
- El drenador és polaritzat negativament en relació amb el sortidor. El corrent de drenador circula, doncs, en el sentit del sortidor cap al drenador. Aquest és el signe que prendrem com a positiu.
- A la figura 6.9b, quan I_D augmenta, V_{GS} pren valors cada vegada més petits.

Tenint en compte això, podem utilitzar les equacions 6.45 i 6.47. Atès que en un MOST de canal P d'acumulació totes les tensions que apareixen en aquestes equacions són negatives, sovint és més còmode substituir les variables V_{GS}, V_{DS}, i V_T per les seves oposades $V_{SG} \equiv V_S - V_G$, $V_{SD} \equiv V_S - V_D$ i $|V_T|$, respectivament, de manera que continuem utilitzant les mateixes equacions amb valors positius de totes les variables.

Exercici 6.9

En el MOST de l'exemple 6.7 volem modelar el comportament lineal de la funció $I_D(V_{DS})$ prop de $V_{DS} = 0$ per a una resistència r. Calculeu-ne el valor.

$$r^{-1} \equiv \frac{dI_D}{dV_{DS}} \approx \frac{d}{dV_{DS}}\left[\mu_n C_{ox} \frac{W}{L}(V_{GS}-V_T)V_{DS}\right] = \mu_n C_{ox} \frac{W}{L}(V_{GS}-V_T) = 0.29 \frac{mA}{V} \Rightarrow r = 3.4\,k\Omega$$

En circuits digitals, el transistor treballa com un interruptor. La quantitat calculada representa una resistència paràsita de l'interruptor en conducció.

Exercici 6.10

Considerem el mateix transistor que treballa a la regió de saturació. Trobeu la relació g_m que hi ha entre els valors incrementals de la tensió de porta i els del corrent de drenador.

$$g_m \equiv \frac{dI_D}{dV_{GS}} = \frac{d}{dV_{GS}}\left[\frac{1}{2}\mu_n C_{ox} \frac{W}{L}(V_{GS}-V_T)^2\right] = \mu_n C_{ox} \frac{W}{L}(V_{GS}-V_T)$$

En el punt de treball de l'exemple 6.7, aquesta quantitat val 0.29 mA/V. aquest paràmetre s'anomena transconductància i caracteritza el funcionament del dispositiu com a amplificador.

QÜESTIONARI 6.2.a

1. Examineu quina influència té l'efecte substrat en els paràmetres r i g_m d'un MOST i digueu quina de les proposicions següents, relatives a l'efecte d'un increment de la polarització entre substrat i sortidor, és correcta.

a) g_m disminueix i r augmenta.
b) g_m i r augmenten.
c) r disminueix i g_m augmenta.
d) g_m i r disminueixen.

2. Considerem el circuit de la figura amb V_{GS}= 5 V. Quan val la tensió que hi ha entre el drenador i el sortidor?

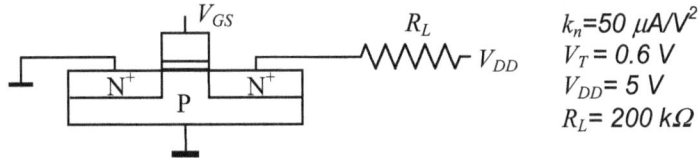

$k_n = 50\ \mu A/V^2$
$V_T = 0.6\ V$
$V_{DD} = 5\ V$
$R_L = 200\ k\Omega$

Figura 6.10

a) 0.6 V b) 1.1 V c) 4.4 V d) 3.9 V

3. Considereu el circuit de la figura de la pregunta 2 amb V_{GS}= 2 V. Quant val el corrent que circula pel terminal de drenador?

a) 23 μA b) 49 μA c) 98 μA d) 0.48 mA

4. En el circuit de la figura de la pregunta 2, substituïm la resistència de 100 $k\Omega$ per una de 20 $k\Omega$. Volem saber la condició (necessària i suficient) que ha de complir la tensió de porta per tal que el transistor estigui en saturació.

a) $V_{GS} < 0.6\ V$ b) $0.6\ V < V_{GS} < 2.6\ V$ c) $1.4\ V < V_{GS} < 2.6\ V$ d) $2.6\ V < V_{GS} < 5\ V$

5. En el càlcul del corrent de drenador d'un transistor que treballa a la regió òhmica, és còmode poder utilitzar l'expressió 6.46 en lloc de la 6.45. Volem saber l'error que cometem en fer aquesta aproximació si les dades del problema són les següents: $V_T = 1\ V$, $V_{GS} = 5\ V$, $V_{DS} = 0.5\ V$.

a) 14.3% b) 12.5% c) 6.7% d) 6.25%

6. Una manera de determinar el punt de treball del transistor de la figura 6.10 és l'anàlisi gràfica, que consisteix a trobar el punt d'intersecció de dues corbes: la llei de corrent del transistor, $I_D(V_{DS}, V_{GS})$, i la llei de Kirchhoff de les tensions per a la malla de drenador, $V_{DD} = I_D R_L + V_{DS}$. Apliqueu aquest procediment i a la vista del resultat digueu quina de les afirmacions següents és falsa:

a) Si $V_{GS} < V_T$, aleshores $V_{DD} = V_{DS}$.
b) Si $V_{GS} > V_T$, el transistor es troba en conducció però no podem afirmar, a priori, si treballarà a la regió òhmica o a la de saturació.
c) Per a un valor donat de $V_{GS} > V_T$, si $R_L \to \infty$ el transistor entra a la regió òhmica i $I_D \to 0$.
d) Per a un valor donat de $V_{GS} > V_T$, si $R_L \to 0$ el transistor entra en saturació i $I_D \to \infty$.

6.3 SÍMBOLS CIRCUITALS

No hi ha un consens universal sobre els símbols que s'han d'utilitzar per representar els MOST en un circuit. A la figura 6.11 es recullen els més emprats i que corresponen als casos següents.

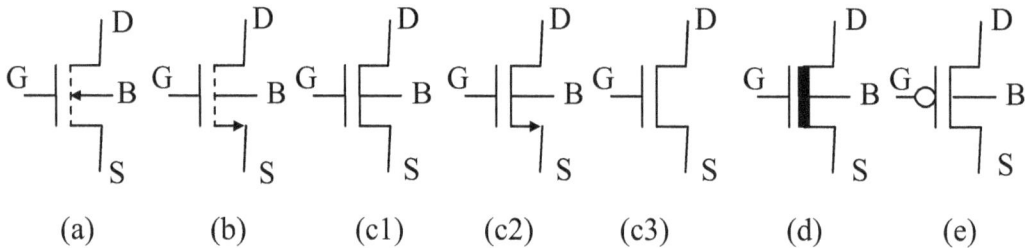

Figura 6.11 Símbols circuitals del MOST

- La figura 6.11a representa un MOST de canal N d'acumulació, amb el terminal de substrat accessible. La fletxa va del substrat (tipus P) al canal (N). El mateix símbol, amb el sentit de la fletxa invertit es pot utilitzar per a dispositius de canal P. Aquest símbol no diferencia entre els terminals de drenador i de sortidor, atès que el dispositiu és simètric.
- La figura b correspon també a un MOST de canal N d'acumulació. La fletxa indica que el corrent en el canal circula de drenador a sortidor. El mateix símbol es pot fer servir per a transistors de canal P invertint el sentit de la fletxa.
- El de la figura c1 és el que alguns autors utilitzen per a MOST de canal N d'acumulació, mentre que altres li donen el mateix ús que les figures a i b. En aquest darrer cas el símbol de la figura d és utilitzat per representar transistors de buidament. Cal dir que la tecnologia NMOS, que utilitza circuits com el de la figura 6.13b, el transistor de buidament té, per construcció, el substrat i el sortidor curtcuitats.
- El símbol de la figura c2 té el mateix significat que el de la c1 però especificant mitjançant una fletxa que es tracta d'un nMOS. Invertint el sentit de la fletxa, permet representar un pMOS. Quan en un circuit no s'utilitza el terminal de substrat, aquest es pot eliminar del símbol. Per exemple c1 pot quedar reduït a c3.
- L'equivalent de la figura c1 per a pMOS és la figura e. No hi ha equivalent de d per al canal P perquè els pMOS de buidament no es fan servir. Notem que en els símbols de les figures a, c1, c3, d i e no s'indica quin extrem és el drenador. És el signe de la tensió aplicada el que defineix els extrems del canal: $V_D > V_S$ si el canal és N i el contrari si és P.

PROBLEMA GUIAT 6.2

Considerem el circuit de la figura 6.12 on les dades del transistor i del circuit són les següents: Transistor: V_T= 0.8 V, k_n'=20 $\mu A/V^2$, W= 5 μm, L= 1 μm. Circuit: V_{DD}= 5 V, R_L= 10 $k\Omega$. Es demana:

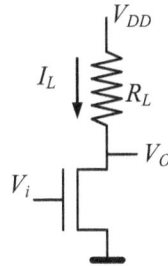

Figura 6.12 Circuit del problema guiat 6.2

1. Establiu la relació que hi ha entre les variables del circuit V_i, V_O, R_L i I_L, i les del transistor, V_{GS}, V_{DS} i I_D. Calculeu la tensió de sortida, V_O, quan la d'entrada val V_i = 2.8 V. En quina regió treballa el transistor?

2. Calculeu la transconductància del transistor, definida en l'exercici 6.10. Trobeu l'expressió per al quocient de valors incrementals $\Delta V_O / \Delta V_i$, que es defineix com a guany de tensió, G_V. Calculeu-ne el valor en el punt de treball donat.

3. Proposeu estratègies en el disseny dels dos components del circuit per tal d'incrementar el valor de G_V. A la vista d'aquests resultats, discutiu quina aplicació us sembla apropiada per a aquesta estructura en un circuit amplificador.

4. Ara volem passar a utilitzar el circuit anterior en un circuit digital, on la tensió V_{DD}= 5 V materialitza el valor lògic alt mentre que la tensió de referència 0 V representa el nivell lògic baix. El circuit ha de ser un inversor (porta NOT). Demostreu que per a una entrada de 0 V, la sortida val 5 V però que per a una entrada de 5 V, la sortida es troba lluny de valer 0 V. I si canviem la resistència de càrrega, R_L, per una de 100 kΩ? Considerant que una tensió correspon a un zero lògic si el seu valor és més petit que la tensió llindar d'un MOST, podem afirmar que el circuit és un inversor?

5. Suposem que volem realitzar aquesta resistència en el mateix circuit integrat que el transistor. Per això, utilitzem una pista N$^+$ creada dins el substrat P en el mateix procés que les regions de drenador i de sortidor. Si aquesta regió presenta una resistivitat de 10 mΩ×cm i un gruix d'1 μm, determineu la relació L/W entre llargada i amplada de la pista. Suposant que W = 1 μm, avalueu la superfície de silici ocupada per la resistència i compareu-la amb la del transistor.

PROBLEMA GUIAT 6.3

Disposem de dues alternatives per evitar el malbaratament de superfície que suposa l'ús de resistències de gran valor. La primera és substituir la resistència per un transistor nMOS de buidament. La segona és utilitzar un pMOS. En tots dos casos, la polarització és tal que el transistor que incorporem (transistor de càrrega) està sempre en conducció, com es representa a la figura 6.13. Es demana calcular la tensió de sortida baixa (V_i = 5 V) en cadascun dels dos casos suposant els paràmetres següents:

nMOS d'acumulació: k_n'=20 μA/V^2, V_T= 0.8 V, W= 5 μm, L= 1 μm
nMOS de buidament N: k_n'=20 μA/V^2, V_T = -3 V, W = 1 μm, L = 5 μm
pMOS: k_p'=10 μA/V^2, V_T = -0.8 V, W = 5 μm, L = 1 μm

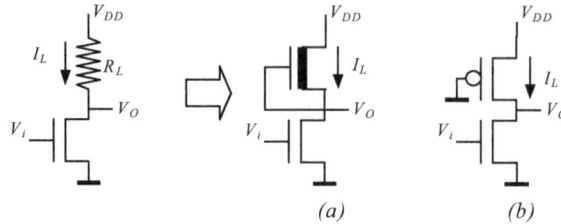

Figura 6.13 a) Inversor nMOS amb càrrega de buidament; b) inversor pseudo-nMOS

1. Demostreu que, en tots dos casos, $V_O=V_{DD}$ quan $V_i=0$
2. Justifiqueu que, per a un bon funcionament del circuit com a inversor, cal que, quan $V_i=$ 5 V, el transistor de càrrega estigui en saturació i l'altre (anomenat també transistor inversor) ha de treballar a la regió òhmica, tant en el cas a com en el b.
3. Calculeu el valor de I_L . Suggeriment: feu-ho a partir de les equacions del transistor de càrrega.
4. Calculeu el valor de V_O. Suggeriment: feu-ho a partir de les equacions del transistor inversor.

PROBLEMA GUIAT 6.4

Una alternativa tecnològica als circuits del problema anterior és la utilització d'un transistor nMOS i un de pMOS en una connexió coneguda com a MOS complementaris (CMOS), representada a la figura 6.14. Les dades dels transistors són les següents:

nMOS: $k_n'=20 \ \mu A/V^2$, $V_T=0.8$ V, $W=1 \ \mu m$, $L=1 \ \mu m$
pMOS: $k_p'=10 \ \mu A/V^2$, $V_T=-0.8$ V, $W=2 \ \mu m$, $L=1 \ \mu m$
La tensió V_{DD} és de 5 V. Es demana:

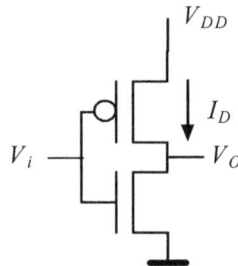

Figura 6.14 Inversor CMOS

1. Determineu en quina regió treballa cadascun dels transistors per a les tensions d'entrada $V_i=V_{DD}$ i $V_i=0$.
2. Avalueu V_O i I_D en els dos casos de l'apartat anterior.
3. Segons els resultats anteriors, avalueu les prestacions d'aquest circuit com inversor.
4. Trobeu el punt de treball dels transistors per a $V_i = V_{DD}/2$.

6.4 TECNOLOGIA MOS

El model de transistor presentat és útil per analitzar, en una primera aproximació, circuits com els dels problemes del 6.2 al 6.4. Les tecnologies avançades exigeixen, per fer càlculs realistes, millorar el model amb efectes que han estat negligits fins ara. I això demana un coneixement de l'estructura real del dispositiu que només podem tenir a partir del procés de fabricació. Entre les tecnologies MOS hi ha la NMOS, que requereix la fabricació en el mateix substrat de transistors de canal N d'acumulació i de buidament, com en el circuit de la figura 6.13a, i la CMOS que utilitza estructures com la de la figura 6.14 i que requereix, per tant, fabricar transistors amb els dos tipus de canals en el mateix xip. Deixem de banda les tecnologies que integren, a la vegada, transistors bipolars i MOS (BiCMOS). Atès que la tecnologia CMOS és la més emprada, especialment en circuits digitals, és la que considerem en el procés de fabricació que presentem tot seguit. Descriurem un inversor perquè és el circuit més simple que conté tots els elements de la tecnologia CMOS.

La figura 6.15 representa esquemàticament una secció perpendicular a la superfície del silici d'un inversor CMOS, on apareixen els dos transistors que formen la parella. En els paràgrafs que segueixen ens referim, a aquesta figura i per això suposem conegudes les etapes bàsiques dels processos de fabricació que s'han presentat al capítol 3, com també l'encadenament d'una seqüència d'etapes, com la del capítol 4 per a un transistor bipolar. En aquest encadenament, és essencial entendre el conjunt de màscares de fotolitografia emprades i que donen lloc a la composició en planta (*layout*), que és l'eina bàsica del dissenyador del circuit integrat. A continuació, es presenta un procés genèric per fabricar un circuit CMOS, esquematitzat per etapes en la figura 6.16.

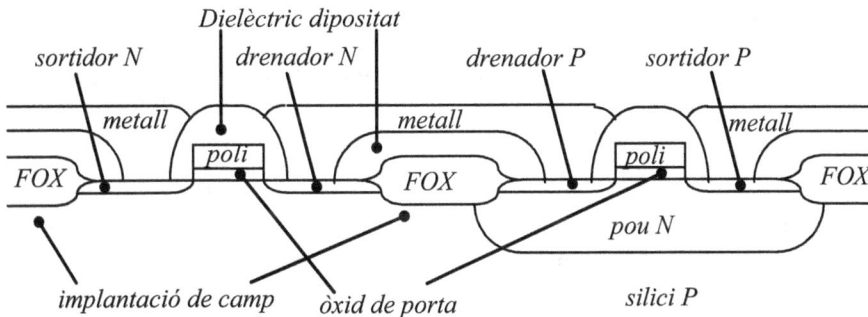

Figura 6.15 Secció d'un inversor CMOS. La connexió entre les dues regions de polisilici no és visible en aquest esquema en dues dimensions.

6.4.1 L'elecció del substrat

Per fer transistors de canal N partim d'un substrat de tipus P, mentre que fem servir silici N per obtenir-ne de canal P. Si en un circuit integrat hem de disposar dels dos tipus de transistors, aleshores l'única solució és fer unes illes, que anomenem *pous* (en anglès *wells* o *tubs*) de tipus N en una oblia de silici de tipus P, o bé de tipus P en una oblia de tipus N. En el primer cas, parlem de tecnologia de pou N i, en el segon, de tecnologia de pou P. En el nostre exemple, treballem amb el pou N perquè és el més utilitzat. També hi ha processos que fan servir els dos tipus de pou a la vegada.

Fer el pou és la primera etapa del procés de fabricació que comporta l'ús d'una màscara. Amb aquesta màscara s'obre una finestra en una capa d'òxid tèrmic que prèviament ha crescut a la superfície de l'oblia, a través de la qual es fa un dopatge de tipus N. Aquest dopatge no pot ser gaire gran (inferior a 10^{17} cm^{-3}) si a la seva superfície s'ha de poder crear el canal d'un transistor. Si les regions de canal fossin molt dopades, la tensió de porta per produir la inversió de conductivitat seria massa gran. D'altra banda ha de ser relativament profunda, perquè hi càpiguen les zones de buidament que es formaran en la junció entre drenador i substrat (aquí, la regió de pou fa de substrat). En tecnologies clàssiques, la seva profunditat arribava a més de 4 μm, mentre que en les avançades s'ha reduït a menys de 2 μm per tal de reduir capacitats paràsites. La tècnica de dopatge que s'empra habitualment és la implantació iònica, seguida d'una redistribució tèrmica. La figura 6.16a representa esquemàticament el resultat d'aquesta etapa.

6.4.2 La definició de les àrees actives

Una vegada realitzat el pou, s'elimina l'òxid tèrmic que ha fet de barrera de dopatge i es passa al creixement d'una nova capa d'òxid, anomenat *òxid de camp* (*field oxide* o, abreujat, *FOX*). A través d'aquesta capa, s'obren les finestres que defineixen les regions, dins i fora del pou, on es crearan els transistors. Per fer-ho, necessitem una segona màscara (*àrea activa*). L'òxid de camp ja no serà eliminat sinó que formarà part de l'estructura final.

En la realitat, les coses són una mica més complicades, perquè l'òxid de camp pot contenir un nombre important de càrregues fixes positives i, com a conseqüència d'això provocar una inversió de la superfície no desitjada en les regions de tipus P subjacents (canal paràsit). Aquests canals paràsits podrien ser la causa de curtcircuits. Per evitar-ho, el que es fa és dopar aquestes regions de camp amb una concentració important d'impureses acceptores. Aquesta operació, que rep el nom d'*implantació de camp* o de *channel stop*, s'ha de fer abans de l'oxidació de camp. La seqüència d'operacions queda aleshores modificada de la manera següent. Una vegada s'ha eliminat el primer òxid tèrmic, es diposita una capa de nitrur de silici damunt la superfície de l'oblia. Un dipòsit de fotoresina i l'aplicació de la màscara de regió activa permet deixar al descobert les regions de camp d'on s'elimina el nitrur i on es realitza la implantació P$^+$. Eliminada la resina, es passa a fer una oxidació tèrmica de l'oblia. L'òxid només creix en les regions de camp perquè les actives estan encara cobertes de nitrur, que fa de protecció contra l'oxidació. Finalment el nitrur s'elimina de les regions actives.

Aquesta tècnica s'anomena *oxidació local del silici* (abreujat *LOCOS*). És una tècnica àmpliament utilitzada per evitar canals paràsits, però no la única. No ens estendrem aquí en la discussió de les alternatives. Únicament esmentem que, entre els avantatges de l'oxidació local, hi ha el respecte a la planaritat de la superfície del silici i, entre els inconvenients, el límit poc definit entre les regions de camp i activa, com es pot veure a la figura 6.16b (perfil en *bec d'ocell* o *bird's beak*).

Una vegada eliminat el nitrur, es passa al creixement de l'òxid de porta en tota la superfície de les regions actives, sense haver de fer cap operació de fotolitografia addicional. És per aquesta raó que la màscara de regió activa sovint s'anomena *màscara d'òxid prim* (*thinox*).

6.4.3 La formació dels transistors

En aquest punt, hi ha la possibilitat de fer una nova implantació a la regió activa (*implantació de canal*) per tal d'ajustar la tensió llindar dels transistors al valor desitjat. El pas següent és dipositar el material de l'elèctrode de porta, habitualment polisilici. Una nova etapa de fotolitografia definirà el contorn de les pistes d'aquest material. Tot seguit, s'elimina l'òxid prim que encara cobreix la superfície de les regions de drenador i de sortidor. Per a aquest atac no fa falta cap litografia, perquè el polisilici protegeix l'òxid prim que s'ha de mantenir sota la porta. La figura 6.16c mostra el resultat d'aquesta etapa.

Per dopar les regions de drenador i de sortidor, s'han de fer dues implantacions: una amb donadors per als transistors nMOS i una altra amb acceptors per als pMOS. Fan falta, per tant, dues màscares més. No és possible ara créixer òxid tèrmic que faci de barrera per aquestes implantacions. Una alternativa és utilitzar la pròpia fotoresina per protegir aquelles regions que no han de ser implantades. La regió de canal no rebrà la implantació perquè queda coberta pel polisilici, de manera que els límits de les regions de drenador i de sortidor queden definits pel propi elèctrode de polisilici. Vegeu la figura 6.16d. Aquest procés es qualifica d'*autoalineat* i té com a avantatge principal reduir el problema d'encavalcaments entre l'elèctrode de porta i les regions de drenador i sortidor que generarien capacitats paràsites, com passava en els primers temps de la tecnologia MOS amb porta d'alumini, no autoalineada.

6.4.4 Els contactes

Després d'obtenir els transistors s'han de realitzar els contactes, generalment metàl·lics. El procediment és el mateix que s'ha descrit al capítol anterior per al transistor bipolar: dipòsit químic en fase vapor (*CVD*) d'una capa d'aïllant, sovint òxid de silici, obertura de contactes per fotolitografia, dipòsit de la capa de metall i definició de pistes mitjançant una altra fotolitografia.

El nombre de nivells de connexió ha anat augmentant a mesura que s'han fet circuits més complexos. Dos nivells de polisilici i tres de metall no són avui cap raresa. Cada nivell afegit comporta dos dipòsits, el de l'aïllant i el del conductor, i dues màscares, la d'obertura de contactes i la de definició de pistes. Un dels problemes tecnològics associats a l'ús d'un gran nombre de nivells és la pèrdua de planaritat de la superfície de l'oblia.

EXEMPLE 6.9

Una de les tecnologies (CS100A) que Fujitsu ofereix als dissenyadors en data maig de 2004 té les característiques següents: longitud de canal en màscara: 100 nm; longitud física del canal: 80 nm; gruix de l'òxid de porta 2.7 nm; tensió d'alimentació prevista: 1.2 V; corrent màxim de drenador en els nMOS: 820 μA per micra d'amplada de canal (395 μA en els pMOS). Connexions: 1 nivell de polisilici i 10 de metall (9 de Cu i 1 d'Al).

(a) Formació
del pou

silici P   pou N

(b) Definició
d'àrees actives

FOX   FOX   FOX

pou N

implantació de camp   silici P

(c) Definició
de portes

FOX   poli   FOX   poli   FOX

pou N

implantació de camp   òxid de porta   silici P

sortidor N   drenador N   drenador P   sortidor P

(d) Formació
de drenadors i
sortidors

FOX   poli   FOX   poli   FOX

pou N

implantació de camp   òxid de porta   silici P

dielèctric dipositat

sortidor N   drenador N   drenador P   sortidor P

(e) Obertura
de contactes

FOX   poli   FOX   poli   FOX

pou N

implantació de camp   òxid de porta   silici P

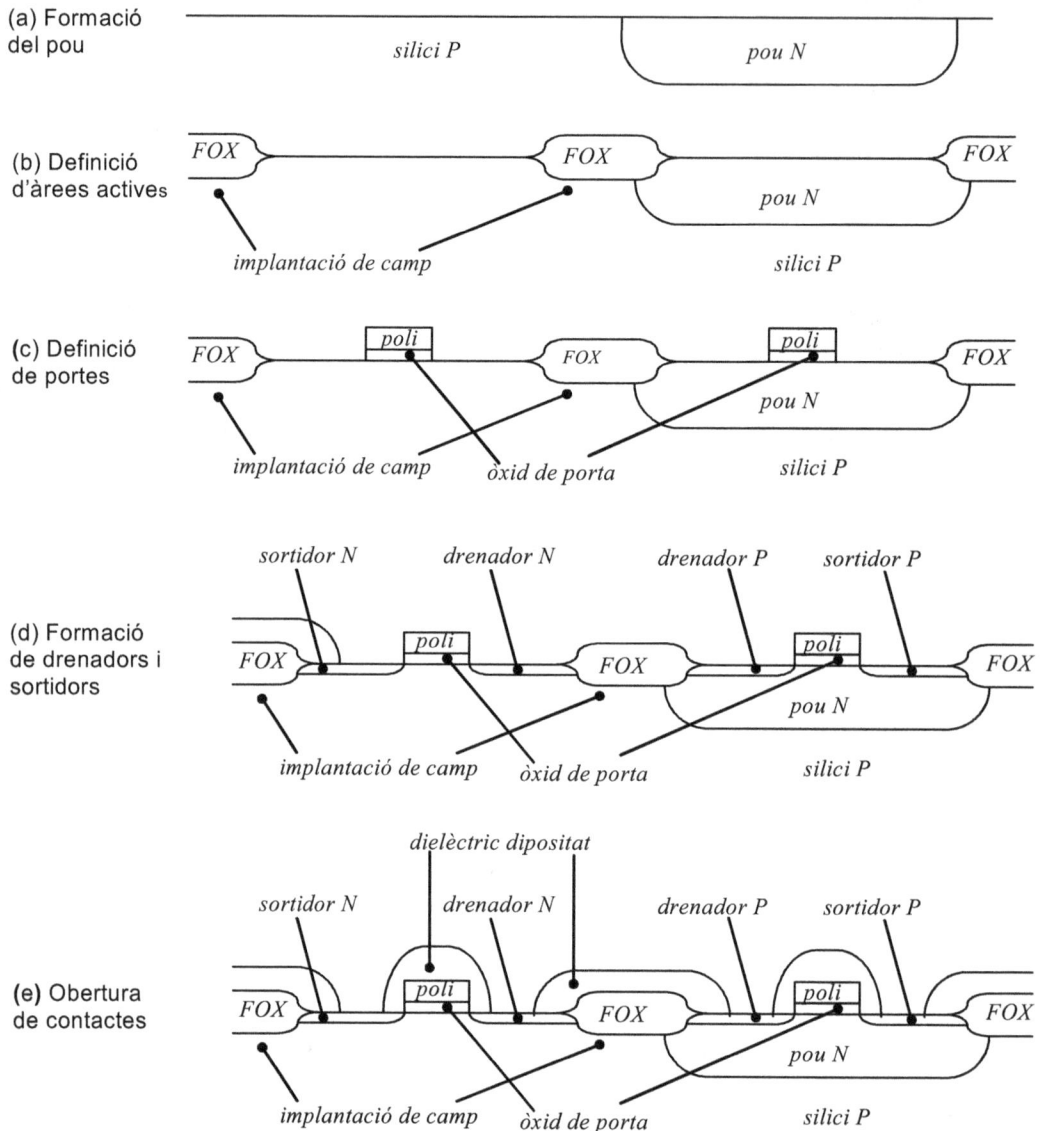

Figura 6.16 Secció de semiconductor que presenta esquemàticament un procés de fabricació CMOS. La figura amb les pistes metàl·liques definides seria una repetició de la figura 6.15.

Exercici 6.11

En un inversor CMOS com el de la figura 6.14, els elèctrodes de porta són part d'una única pista de polisilici (per veure-la completa, ens caldria un esquema en tres dimensions). Aquesta pista fa 10 μm de llargada i 2 μm d'amplada. Les dimensions dels canals són: $L_n = W_n = L_p = 1$ μm, $W_p = 2$ μm. El gruix de l'òxid de porta és de 300 Å i el de l'òxid de camp d'1 μm. Determineu la capacitat entre la pista i el substrat de silici.

La capacitat demanada està formada per dues capacitats en paral·lel: la que correspon a les regions de porta i la de les regions de camp. Les primeres tenen un valor unitari de $\varepsilon_{ox}/t_{ox}=3.9\times8.85\times10^{-14}/3\times10^{-6}=1.15\times10^{-7}$ F/cm^2 i una superfície de 2 μm^2+1 $\mu m^2=3\mu m^2$. Per a les segones, els valors respectius són 3.45×10^{-9} F/cm^2 i 10×2 μm^2-3 $\mu m^2=17$ μm^2. El resultat total és: 1.15×10^{-7} F/cm$^2\times3\times10^{-8}$cm$^2+$ 3.45×10^{-9} F/cm$^2\times17\times10^{-8}$cm$^2=4.45$ fF+0.59fF=5fF.

QÜESTIONARI 6.4.a

1. En circuits digitals CMOS, un pou es connecta normalment a la tensió alta i el substrat P a la baixa. Per quina raó?

a) Provocar un increment de la tensió llindar dels pMOS per efecte substrat.

b) Inhibir l'efecte substrat en els nMOS.

c) Polaritzar inversament la junció entre les regions de drenador dels nMOS i el substrat, per tal d'eliminar corrents de fuita entre drenador i substrat.

d) Polaritzar inversament la junció entre el pou i el substrat, per tal d'evitar corrents de fuita entre transistors.

2. Considereu un pou N amb un dopatge de 10^{16} impureses per cm^3 i una regió de drenador P$^+$ amb un gruix de 0.5 μm i un dopatge de 5×10^{18} cm^{-3}. Sabent que la tensió del drenador pot estar a una tensió de fins a 5 V per sota de la del pou, determineu la profunditat mínima que ha de tenir aquesta regió.

a) 1.35 μm b) 0.85 μm c) 0.82 μm d) 0.32 μm

3. Calculeu la dosi de les implantacions del pou i del drenador de la qüestió anterior.

a) 2.5×10^{14} cm^{-2} b) 2.5×10^{18} cm^{-2} c) 10^{19} cm^{-2} d) 10^{15} cm^{-2}

4. En un procés CMOS, l'òxid de camp té un gruix d'1μm. Volem saber a quina tensió hauria d'estar una pista de polisilici per induir un canal paràsit a la regió de camp de tipus P, suposant que el dopatge d'aquesta regió és de 3×10^{15} cm^{-3}, que no hi ha implantació de camp i que es troba a la tensió de referència (0 V).

a) -6.77 V   b) -8.47 V   c) 6.77 V   d) 8.47 V

5. Quina concentració de càrrega fixa en un òxid de camp que recobreix una regió de silici dopada amb 3×10^{15} acceptors/cm^3 sense implantació de camp causarà inversió de la superfície del semiconductor?

a) - 24 nC/cm^2 b) 24 nC/cm^2 c) - 17 nC/cm^2 d) 17 nC/cm^2

6. En el cas de l'exercici anterior, volem prevenir la formació del canal paràsit mitjançant una implantació de camp. Es demana quant ha de valer el dopatge resultant de la regió superficial per tal que la càrrega fixa admissible sigui 10 vegades més gran que la que hem calculat.

a) 3×10^{17} donadors /cm^3 b) 3×10^{17} acceptors/cm^3
c) 3×10^{16} donadors/cm^3 d) 3×10^{16} acceptors /cm^3

6.5 EFECTES NO IDEALS EN TRANSISTORS MOS

Com en altres dispositius, el model de transistor MOS que hem desenvolupat conté un seguit de simplificacions necessàries per arribar a expressions analítiques tancades. Aquestes expressions són útils per discutir la influència de cada paràmetre en el funcionament del dispositiu i per fer càlculs manuals. Ara bé, una predicció acurada del comportament del MOST exigeix incloure efectes de segon ordre, la qual cosa porta a utilitzar mètodes numèrics. En aquest apartat veurem els més importants d'aquests efectes.

6.5.1 Modulació de la llargada de canal

Hem calculat el corrent que circula pel canal del MOST com un corrent d'arrossegament. Quan el transistor es troba en saturació, hi ha una part de la regió de canal on aquest està estrangulat i no té, per tant, portadors minoritaris que contribueixin al corrent d'arrossegament, com es representa a la figura 6.17. La longitud del canal depèn de la tensió V_{DS}.

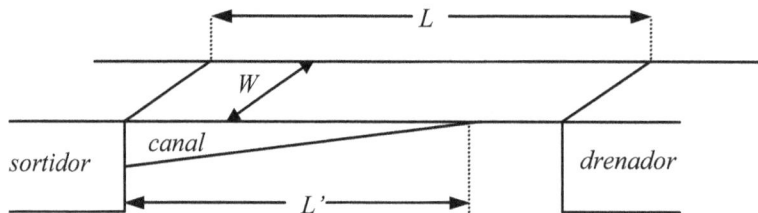

Figura 6.17 Modulació de la llargada del canal.

Una manera senzilla d'incorporar aquest efecte al model de transport de corrent desenvolupat consisteix a suposar que la llargada efectiva del canal no és la distància L entre les regions de drenador i de sortidor sinó L', la llargada del canal no estrangulat (prenent, per fixar idees, un nMOS):

$$I_D = \frac{1}{2} \mu_n C_{ox} \frac{W}{L'} (V_{GS} - V_T)^2 \tag{6.50}$$

Per determinar L' podem suposar que, en el punt de pinçament del canal, hi ha la d'inversió profunda. Prenent l'origen de tensions en el sortidor, escriurem aquesta condició com $V(L')=V_{DSsat}$. La zona compresa entre aquest punt i la regió de drenador és una ZCE i, per tant, podem escriure:

$$\Delta L = L - L' = \sqrt{\frac{2\varepsilon_s}{q N_A} (V_{DS} - V_{DSsat})} \tag{6.51}$$

que permet conèixer L' i substituir-la en 6.50. La dependència de I_D en relació amb V_{DS} és una funció incòmoda d'utilitzar.

Quan l'efecte no és molt acusat, aquesta funció es pot linealitzar, de la mateixa manera que ho hem fet amb la modulació de l'amplada de la base del transistor bipolar. El resultat és una expressió que s'acostuma a escriure com:

$$I_D = \frac{1}{2}\mu_n C_{ox}\frac{W}{L}(V_{GS} - V_T)^2[1 + \lambda V_{DS}] \tag{6.52}$$

L'efecte d'aquesta modulació en les corbes tensió-corrent del MOST es pot observar a la figura 6.18.

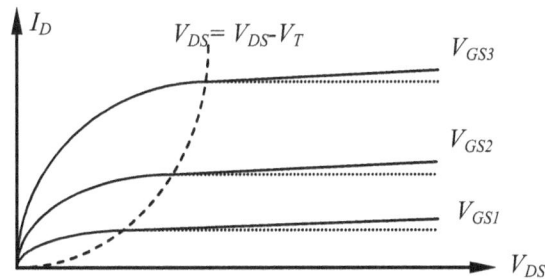

Figura 6.18 Efecte de la modulació de la llargada de canal en les corbes corrent-tensió. En línies puntejades, les corbes corresponents a l'equació 6.47.

6.5.2 Efectes vinculats a la reducció de dimensions del canal

Les tecnologies avançades utilitzen dispositius de dimensions cada vegada més petites. Quan les dimensions del canal són de l'ordre de la micra o inferiors, es posen de manifest un seguit d'efectes irrellevants en transistors més grans. Tot seguit en veurem alguns dels més importants.

Efecte de canal curt

En la deducció de l'expressió de la tensió llindar, equacions 6.17 o 6.37, hem suposat que la càrrega per unitat d'àrea Q_B és uniforme a tota la regió de canal. Dit d'una altra manera, la càrrega total, integrant Q_B a tota la regió de canal, és proporcional a la llargada d'aquest, L. Això no és del tot exacte perquè prop de les regions de drenador i de sortidor la regió de buidament sota el canal queda encavalcada amb les regions de buidament de les juncions entre drenador i substrat, i entre sortidor i substrat, com indica el tall en el sentit longitudinal del canal de la figura 6.19a. La càrrega Q_B que té a veure amb l'efecte de la porta està localitzada en el trapezi de la figura més que no pas en un rectangle com hem suposat. Per tant, el valor de Q_B que hem utilitzat fins ara ha estat sobreestimat i, amb ell, el de la tensió llindar. Aquesta desviació només és apreciable per a llargades de canal inferiors a 2 μm.

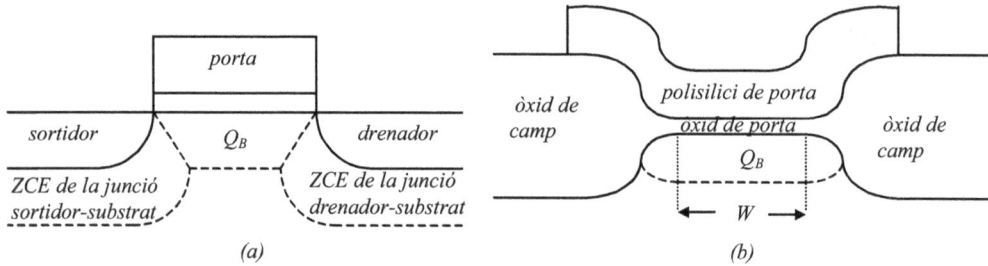

Figura 6.19   a) Reducció de la càrrega Q_B per efecte de canal curt;
b) increment de Q_B per efecte de canal estret.

Efecte de canal estret

L'efecte de bec d'ocell que apareix en la tècnica d'oxidació local del silici fa que el valor de Q_B hagi estat subestimat i, per tant, també el de V_T, com a pot veure en la secció en el sentit transversal del canal representada a la figura 6.19b. Aquest efecte és apreciable en canals d'amplada W inferior a 2 μm i ha estat notablement atenuat amb el perfeccionament de les tècniques d'oxidació local.

Conducció subllindar

En canals molt curts, hi pot haver un corrent apreciable per a tensions de porta inferiors a la de llindar, conegut com a corrent subllindar. Per entendre aquest fenomen, considerem un transistor de canal N amb la superfície de la regió de canal en condicions d'inversió feble. Si $V_{DS}>0$, la diferència de tensió entre la porta i el substrat és més petita a l'extrem de drenador que en el de sortidor. La conseqüència és que la curvatura de les bandes, que esmostra a la figura 6.4d, és menys pronunciada prop de la regió de drenador i la concentració de minoritaris la superfície, més gran que a la proximitat del sortidor. El resultat és un gradient de concentració de portadors al llarg de la regió de canal que dóna origen a un corrent de difusió de drenador a sortidor encara que no hi hagi inversió profunda en cap punt de la superfície. Aquest corrent subllindar és important quan la longitud del canal és molt petita. Una estimació basada en l'expressió del corrent de difusió dóna com a resultat:

$$I_{Dsub} = \mu_n \frac{W}{L}\left(\frac{k_B T}{q}\right)^2 \sqrt{\frac{q\varepsilon_s N_A}{2(V_s - V_{BS})}}\left(\frac{n_i}{N_A}\right)^2 \exp\left\{\frac{q(V_s - V_{BS})}{k_B T}\right\}\left[1 - \exp\left\{-\frac{qV_{DS}}{k_B T}\right\}\right] \quad (6.53)$$

on V_s és la tensió de l'extrem de sortidor de la superfície del semiconductor en relació amb l'interior del material. L'expressió $I_{Dsub}(V_s)$ donada per 6.53 és més útil si es transforma en $I_{Dsub}(V_{GS})$, de manera similar a les equacions de la 6.2 a la 6.7. El resultat és una expressió complexa que dóna una relació del tipus $I_{Dsub} \propto \exp(qV_{GS}/k_B T)$. La figura 6.20a representa aquest resultat en el cas particular $V_{BS}=0$. Cal observar que la proporcionalitat $I_{Dsub} \propto n_i^2$ determina una dependència de I_{Dsub} amb la temperatura similar a la del corrent d'un díode de junció PN.

Reducció de la barrera induïda per drenador

La figura 6.20b representa la banda de conducció de l'estructura N⁺PN⁺ constituïda per les regions de sortidor, substrat i drenador i el canvi en la seva curvatura per efecte d'una polarització V_{DS}, en el cas d'un transistor de canal llarg (línia contínua) i d'un de canal curt (línia puntejada).

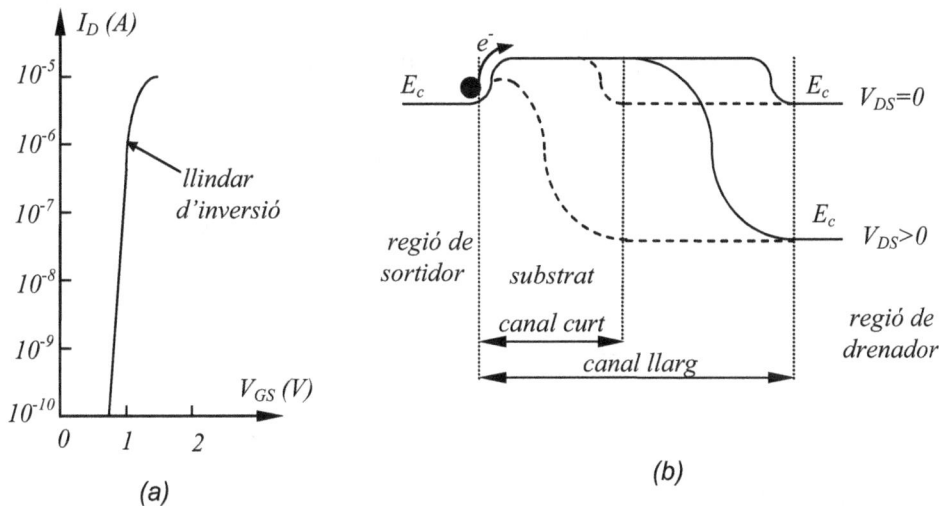

Figura 6.20 a) Corrent sublindar; b) reducció de barrera induïda per drenador

La barrera de potencial que han de remuntar els electrons, a falta de canal, per passar del sortidor al drenador no és alterada per V_{DS} si el canal és llarg. Però si és molt curt, les curvatures de les bandes associada a les dues juncions es poden arribar a unir per causa d'un increment de V_{DS} i, d'aquesta manera, disminuir l'alçada de la barrera. Aquest efecte rep el nom de *reducció de barrera induïda per drenador* (*Drain Induced Barrier Lowering, DIBL*). El resultat és una disminució de la tensió llindar, V_T, que apareix a les equacions 6.45 i 6.47. A les corbes de la figura 6.9a es manifesta com un pendent no nul de les corbes a la regió de saturació, de manera similar a com ho fa l'efecte de modulació de llargada del canal. La disminució de V_T també es manifesta a la figura 6.20a com un desplaçament de la corba cap a l'esquerra, sense canviar-ne el pendent.

Una de les estratègies emprades per reduïr el DIBL consisteix a modificar el disseny de la regió de drenador de manera que el seu dopatge prop del canal sigui més petit (LDD, *Low Doped Drain*), de manera que la barrera de potencial s'estengui, en part, cap a la regió de drenador i no exclusivament cap a la regió de canal.

6.5.3 Efectes lligats a camps intensos

Al llarg de la història de la tecnologia MOS, hi ha hagut una reducció contínua de les dimensions dels dispositius. Així, la longitud de canal ha passat de les desenes de micres en les primeres generacions a les poques dècimes actuals, i el gruix del dielèctric de porta, d'uns 1000 Å inicials a unes poques desenes actuals. Les tensions també han passat, en circuits digitals, dels 5 V inicials, com en la tecnologia TTL, a valors actuals de l'ordre d'1.5 V. El resultat és que en els transistors avançats apareixen camps elèctrics molt intensos, tant al llarg del canal com a través de l'òxid de porta. Esmentarem alguns efectes relacionats amb aquests camps.

Hem calculat el corrent de drenador suposant que la mobilitat dels portadors és constant. Si el camp és prou intens perquè els portadors que circulen pel canal assoleixin la velocitat de saturació, v_{sat}, aleshores les expressions trobades sobreestimen el valor de I_D. Una avaluació simple del corrent, a partir de la suposició que els minoritaris del canal es mouen tots a la velocitat v_{sat}, porta a l'expressió:

$$I_D = C_{ox}W(V_{GS} - V_T)v_{sat} \qquad (6.54)$$

Quan el camp elèctric al llarg del canal és feble, inferior a 10^3 V/cm, l'aproximació de mobilitat constant dels portadors és exacta. Entre aquests valors del camp i els de camp elevat on es produeix la saturació de velocitat hi ha un interval on la funció $v_n(E_{el})$ és creixent però no lineal, com s'ha vist al capítol 1. Els transistors treballen sovint en aquest interval. Una forma d'incloure aquest fet en la llei de corrent del MOST és fer servir una mobilitat depenent del camp. Sovint els simuladors de dispositiu ho fan incorporant, a la regió de saturació, una dependència del tipus $\mu_n = \mu_{n0}/(1+\text{const} \times E_{el})$.

La mobilitat dels electrons en camps febles, μ_{n0}, és funció de la tensió de porta (o, si es vol, del camp perpendicular a la superfície), d'acord amb una llei del tipus:

$$\mu_{n0} = \frac{A}{1 + \theta(V_{GS} - V_T)} \qquad (6.55)$$

On A i θ són constants. La raó física és l'increment del nombre de col·lisions dels portadors amb la superfície del silici causada pel camp perpendicular a la superfície.

Fenòmens de ruptura

La junció entre la regió de drenador i el substrat suporta una tensió inversa, que en el transistor en tall val, aproximadament, V_{DS}. Si s'arriba a produir ruptura, observem un increment ràpid del corrent de drenador. En transistors de canal llarg podem avaluar la tensió de ruptura d'acord amb la teoria de la junció PN, de la mateixa manera com ho hem fet amb el transistor bipolar en la configuració de base comuna. Si el canal és curt, el fenomen s'assembla més al de la ruptura d'un transistor bipolar en configuració d'emissor comú.

Una altra ruptura que cal considerar és la del dielèctric de porta quan el camp elèctric en aquesta regió és més gran que el que el material pot suportar. Els òxids de porta s'han fet cada vegada més prims per tal de reduir el valor de la tensió llindar i poder treballar amb tensions més petites. Per sota d'unes desenes d'angstroms, la ruptura dielèctrica limita la reducció del valor de t_{ox}. Per això, es tendeix a substituir el diòxid de silici per altres dielèctrics, entre els quals l'òxid de tàntal, que tenen una constant ε_{ox} més gran i, per tant, permet treballar amb gruixos t_{ox} més grans sense incrementar V_T.

Com en el cas del BJT, les tensions de ruptura marquen límits en els valors de les tensions que es poden utilitzar en el MOST. O, si es vol dir d'una altra manera, cada nou pas cap a la miniaturització dels transistors exigeix trobar una nova solució a aquests problemes.

Defectes i càrregues induïts per corrent

Els portadors efectuen col·lisions (*scattering*) quan es desplacen per arrossegament. Aquest fenomen és particularment important a la regió de canal perquè als impactes propis del moviment dins el cristall (amb impureses, defectes, etc.) s'hi ha d'afegir l'efecte de la superfície. Com a resultat, la mobilitat a la regió de canal és més petita que en el volum del semiconductor. Si la velocitat assolida pels portadors és molt gran (és el cas dels portadors calents), aleshores es produeixen dos efectes nous. El primer és la creació de defectes en la interfície entre el dielèctric i el semiconductor. Aquests defectes poden atrapar portadors i així acumular càrrega. El segon efecte és l'entrada de portadors en la regió d'òxid com a resultat d'una col·lisió, l'energia implicada és prou gran. Aquests portadors poden quedar atrapats en defectes propis del dielèctric i així modificar-ne l'estat de càrrega. En tots dos casos, tenim una modificació no desitjada de la tensió llindar del transistor. Els efectes de portadors calents es troben entre les limitacions més fortes per a la miniaturització dels MOST.

6.5.4 Corrents de fuita

Hi ha dos grups de corrents no desitjats que podem trobar en un transistor MOS: els de porta i els que circulen entre drenador i substrat. Entre els corrents de porta, hem d'esmentar els d'efecte túnel, quan el dielèctric de porta és molt prim, i els deguts a portadors calents, ja esmentats a l'apartat anterior, que poden travessar tota la regió d'òxid. Entre drenador i substrat tindrem sempre el corrent invers propi de la junció PN formada per aquestes dues regions. A més a més, en la superposició entre l'elèctrode de porta i la regió de drenador es pot produir un efecte conegut com a *fuita de corrent de drenador induïda per porta* (GIDL, *Gate Induced Drain Leakage*) que té l'origen en un corrent túnel associat a la curvatura de les bandes causada per la tensió de porta.

Els corrents de fuita col·lectats pel substrat poden ser causa d'una caiguda de tensió òhmica apreciable en aquesta regió i, d'aquesta manera, ocasionar un efecte substrat no desitjat. Aquesta és una de les raons per les quals en tecnologia MOS s'evita treballar amb regions de substrat molt profundes i poc dopades.

6.5.5 Efectes resistius

Entre els extrems del canal i els terminals metàl·lics de drenador i de sortidor, els portadors han de recórrer un camí on poden tenir lloc caigudes de potencial a causa de les resistències que presenten aquestes regions. El seu dopatge és elevat i, per tant, la seva resistivitat és baixa, però la secció és petita, especialment en MOST avançats, on la profunditat de les regions de drenador i de sortidor es fan petites per tal de minimitzar els valors de les capacitats paràsites. Aquests efectes s'introdueixen en els models circuitals del dispositiu com a resistències, de la mateixa manera com s'ha fet amb el transistor bipolar.

EXEMPLE 6.10

Considerem un transistor amb μ_n= 500 cm^2/(Vs) i V_T= 1 V, en el qual apliquem a la porta una tensió V_{GS}= 5 V. Suposant que la velocitat de saturació dels electrons és 10^7 cm/s, comprovem que l'efecte de saturació de velocitat en el canal és dominant, és a dir, que I_D calculada segons 6.54 és més petita que la donada per 6.47 quan L< 1 μm. Si treballem amb tensions més petites, com V_{GS}= 3 V, l'efecte no és perceptible fins a llargades de canal de 0.5 μm.

Exercici 6.12

Avalueu el corrent subllindar en el transistor de l'exemple 6.8 quan Φ_s val el 50% del valor necessari pel llindar d'inversió (conegut com a llindar d'inversió feble). Quin valor de la tensió de porta li correspondria? Repetiu el càlcul en el llindar d'inversió profunda. En tots dos casos, prescindirem de l'efecte substrat (V_{BS}=0) i considerarem V_{DS} prou gran per poder aproximar 1-exp($-qV_{DS}/k_BT$) ≈1.

En el primer cas, apliquem 6.53 amb V_s =(2 Φ_B)/2=0.335 V (vegeu exemple 6.8). El resultat és:

$$I_{Dsub} = 500\times2\times0.025^2 \sqrt{\frac{1.6\times10^{-19}\times10^{-12}\times10^{16}}{2\times0.335}} \left(\frac{1.5\times10^{10}}{10^{16}}\right)^2 \exp\left\{\frac{0.335}{0.025}\right\} = 4.53\times10^{-14} \ A$$

Per calcular la tensió de porta recuperem els resultats de l'exemple esmentat C_{ox}=1.38×10^{-7} F/cm^2 i V_{FB}=-0.885 V:

$$V_s = \Phi_B = 0.335 \ V$$

$$V_{ox} = \frac{\sqrt{2q\varepsilon_s N_A \Phi_s}}{C_{ox}} = \frac{\sqrt{2\times1.6\times10^{-19}\times10^{-12}\times10^{16}\times0.335}}{1.38\times10^{-7}} = 0.237 \ V$$

$$V_{GS} = V_{FB} + V_s + V_{ox} = -0.31 \ V$$

En el segon cas, repetim els càlculs amb Φ_s =2 Φ_B=0.67 V i obtenim I_{sub}= 2.11×10^{-8} A i 0.12 V, respectivament. Observeu que aquest darrer valor és la tensió llindar del dispositiu si no hi ha càrregues en l'òxid ni implantació de canal.

QÜESTIONARI 6.5.a

1. Feu una estimació del paràmetre de modulació de llargada de canal (λ) en un MOST de canal N amb les dades següents: $N_{substrat}=10^{16}$ cm^{-3}, $V_{DSsat}=$ 2.5 V, $V_{DS}=$ 5 V $L=$ 2 μm, $W=$ 2 μm, $k'_n=$ 50 μA/ V^2.

a) 0.15 V^{-1} b) -0.11 V^{-1} c) -0.15 V^{-1} d) 0.11 V^{-1}

2. Quina de les afirmacions següents relatives a l'efecte de canal curt és falsa?

a) Una reducció del nivell de dopatge del substrat fa el dispositiu més sensible aquest efecte.

b) Una reducció significativa del nivell de dopatge de la regió de drenador fa el dispositiu menys sensible a aquest efecte.

c) El disseny de la regió de sortidor no influeix en l'efecte de canal curt.

d) S'utilitza habitualment una implantació de canal per reduir l'impacte de l'efecte de canal curt en les característiques del transistor.

3. Quina de les afirmacions següents és falsa?

a) Un increment del dopatge de substrat fa disminuir la importància de l'efecte de canal estret.

b) La implantació de camp limita la incidència de l'efecte de canal estret.

c) La implantació de canal incrementa la sensibilitat del dispositiu a l'efecte de canal estret

d) La tecnologia de creixement de l'òxid de camp és essencial per reduir l'efecte de canal estret.

4. Considerem un transistor nMOS amb 1 μm de longitud de canal i una tensió llindar $V_T =$ 0.5 V. Quan el camp al llarg de canal és proper a zero, la mobilitat dels electrons val 500 cm^2/(Vs). Per a camps intensos aquests portadors assoleixen una velocitat de saturació de 10^7 cm/s. Volem saber per quina tensió de porta, V_{GS}, hem de deixar d'utilitzar l'equació 6.47 i passar a considerer la 6.54.

a) 4.5 V   b) 2.5 V   c) 4 V   d) 0.5 V

5. En un transistor MOS es produeix una acumulació de càrrega a l'òxid de porta per efecte de l'atrapament de portadors calents, i això és causa d'un canvi en la tensió llindar, V_T. Quina de les afirmacions següents és falsa?

a) En un transistor nMOS, V_T augmenta.

b) En un transistor nMOS, per a una V_{GS} donada, I_{Dsat} disminueix.

c) En un transistor pMOS, V_T disminueix.

d) En un transistor pMOS, per a una V_{GS} donada, I_{Dsat} augmenta.

6. Les resistències paràsites en un transistor nMOS produeixen una deformació de les corbes tensió-corrent representades a la figura 6.9. Quina de les afirmacions següents és correcta?

a) En les corbes $I_D(V_{DS}, V_{GS})$, l'efecte d'una resistència de drenador és un desplaçament del límit entre les regions òhmica i de saturació cap a valors més petits de V_{DS}, per un valor donat de I_{Dsat}.

b) En les corbes $I_D(V_{DS}, V_{GS})$, l'efecte d'una resistència de sortidor és un desplaçament del límit entre les regions òhmica i de saturació cap a valors més grans de V_{DS}, per un valor donat de I_{Dsat}.

c) *L'efecte d'una resistència de drenador a la corba $I_D(V_{GS})$ en saturació és un desplaçament de tots els punts amb $V_{GS} > V_T$ cap a la dreta.*
d) *La resistència de l'alèctrode de porta no té cap influència en les corbes de la figura 6.9.*

6.6 CAPACITATS EN EL TRANSISTOR MOS

Per estudiar el comportament del MOST en règim dinàmic, hem de conèixer les capacitats internes del dispositiu. Aquest és un problema força complex però que admet algunes aproximacions que permeten construir un model prou acurat per avaluar la resposta del transistor a tensions que depenen del temps.

6.6.1 Capacitats de porta

La connexió de la porta amb la resta del dispositiu és de tipus capacitiu. El valor de la capacitat "vista" des del terminal de porta depèn de la regió de funcionament del transistor.

a) En tall ($V_{GS} < V_T$), la porta forma un condensador amb el substrat. El valor de la capacitat corresponent, que anomenem C_{GB}, s'ha analitzat a l'apartat 6.1.6. Prendre $C_{GB} \approx C_{ox}$ és una bona aproximació si V_{GS} és menor o proper a V_{FB}. En molts circuits el transistor treballa a la regió de tall quan la tensió de porta és $V_{GS} = 0$ i es pot aplicar aquesta aproximació.

b) En regió òhmica, el canal apantalla el substrat, de manera que la capacitat "vista" des de la porta és la del condensador entre porta i canal. Si el canal és uniforme ($V_{DS}=0$), el seu valor per unitat d'àrea és C_{ox}, distribuïda uniformement a tota la superfície. Com que en un model circuital hem de situar la capacitat entre terminals, la forma més senzilla de fer-ho és posar un condensador de valor $C_{GS} = C_{ox}WL/2$ entre porta i sortidor, i un altre d'igual, C_{GD}, entre porta i drenador. Quan $V_{DS}>0$, la distribució de càrrega en el canal ja no és uniforme i, per tant, $C_{GS} \neq C_{GD}$. Deixem l'avaluació de la diferència entre aquestes dues quantitats per estudis més aprofundits i utilitzem aquí el model de dues capacitats iguals.

c) En saturació, podem veure el canal connectat amb el sortidor i no amb el drenador. En aquesta regió, prenem $C_{GD}=0$, mentre que C_{GS} es pot avaluar fàcilment a partir de les equacions utilitzades a l'apartat 6.2.2. Per calcular el valor de la càrrega en el canal en termes de la tensió de porta, partirem de les equacions 6.39 i 6.43. Eliminant dy entre elles, podem escriure:

$$dQ_n = \frac{\mu_n}{I_D} W^2 C_{ox}^2 [V_{GS} - V(y) - V_T]^2 \, dV(y) \qquad (6.56)$$

Per calcular Q_n, integrem aquesta expressió entre l'extrem de drenador, $V(y)=0$, i el punt de pinçament del canal $V(y)=V_{DSsat}$. Per a I_D, utilitzem l'expressió 6.47. El resultat és:

$$Q_n = \frac{2}{3}WLC_{ox}(V_{GS}-V_T)$$ (6.57)

A partir d'aquí, trobem el valor de la capacitat:

$$C_{GS} \equiv \frac{dQ_n}{dV_{GS}} = \frac{2}{3}WLC_{ox}$$ (6.58)

Els valors deduïts de les capacitats es recullen a la taula 6.1.

d) A les capacitats calculades, s'hi han d'afegir les capacitats paràsites que apareixen com a conseqüència de l'encavalcament entre l'elèctrode de porta i les regions de drenador i sortidor, que anomenarem, respectivament, C_{GDO} i C_{GSO}. En la tecnologia autoalineada descrita a l'apartat 6.4.3 l'encavalcament apareix com a conseqüència de la redistribució de les impureses implantades en les regions de drenador i sortidor. Definim x_d com la profunditat de la penetració d'aquestes impureses sota l'elèctrode de porta, coneguda com a difusió lateral, que es pot observar a la figura 6.21. L'àrea de cada superposició val, doncs, Wx_d, on W és l'amplada del canal. La capacitat paràsita associada es pot expressar, en termes de la capacitat per unitat d'àrea, C''_{GS0} (F/cm^2), com:

$$C_{GS0} = Wx_d C''_{GS0} = WC'_{GS0}$$ (6.59)

on el valor unitari $C'_{GS0} \equiv x_d C''_{GS0}$ (F/cm) és un paràmetre que depèn de la tecnologia mentre que l'altre factor, W, és una variable de disseny de la composició en planta. La mateixa consideració val per a $C_{GDO} = WC'_{GDO}$.

6.6.2 Capacitats de les juncions

Les regions de drenador i de sortidor formen amb el substrat unes juncions en polarització inversa o nul·la. Per tant, presenten unes capacitats de transició que escriurem com a C_{SB} i C_{DB}, respectivament. Es poden calcular aplicant la teoria de la junció PN (capítol 2, secció 2.5), on s'ha trobat el valor de la capacitat per unitat de superfície:

$$C'_{SB} \equiv \frac{C_{SB}}{\text{àrea}} = \frac{C_{j0}}{\left(1-\frac{V_{BS}}{V_{bi}}\right)^m} \qquad C'_{DB} \equiv \frac{C_{DB}}{\text{àrea}} = \frac{C_{j0}}{\left(1-\frac{V_{BD}}{V_{bi}}\right)^m}$$ (6.60)

En el càlcul de l'àrea de les dues juncions pot s'ha de considerar no solament el pla de la junció paral·lela a la superfície del silici sinó també plans laterals, perpendiculars a la superfície. Definim x_j com la profunditat de les juncions de les regions de drenador i de sortidor, i considerem una regió de drenador que en e la composició en planta li correspon una àrea A i un perímetre P. Aleshores, el valor de la capacitat es pot escriure com:

$$C_{DB} = C'_{DB}\left(A+x_j P\right)= C'_{DB}A+C''_{DB}P$$
$$\text{amb } C''_{DB}(F/cm) \equiv C'_{DB}x_j$$

(6.61)

Els valors unitaris C'_{DB} i C''_{DB} estan determinats per la tecnologia. El disseny de la composició en planta determina A i P. Una expressió similar val per a C_{SB}. En tecnologia CMOS, la junció entre pou i substrat, que es manté sempre en polarització inversa, també presenta una capacitat de transició que podem avaluar seguint el mateix procediment. La figura 6.21 representa totes les capacitats esmentades.

Tots els paràmetres que han estat definits en els paràmetres precedents s'utilitzen, amb una altra notació, per a les simulacions de la família SPICE, que es presentarà a l'apèndix 6.2.

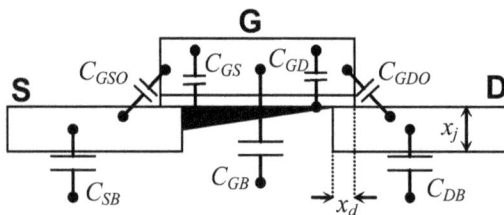

Figura 6.21 Capacitats en el MOST.

Regió	C_{GB}	C_{GS}	C_{GD}
de tall	$C_{ox}WL$	0	0
òhmica	0	$C_{ox}WL/2$	$C_{ox}WL/2$
de saturació	0	$2C_{ox}WL/3$	0

Taula 6.1 Capacitats de porta.

EXEMPLE 6.11

La tecnologia CMOS de 0.35 µm d'un fabricant europeu de circuits integrats a mida especifica els paràmetres per a les capacitats del seus circuits CMOS recollits a la taula següent.

Paràmetre	Unitats	nMOS	pMOS
C_{ox}	fF/µm^2	4.4	4.54
x_d	µm	0.02	0.02
C'_{GD0}	fF/µm	0.0013	0.00062
C'_{GS0}	fF/µm	0.0013	0.00062
C_{j0}	fF/µm^2	0.93	1.42
m		0.31	0.55
V_{bi}	V	0.69	1.02

Exercici 6.13

Calculeu el màxim error que cometem en l'avaluació de la capacitat de porta si negligim els termes de superposició en el cas de l'exemple 6.11.

$$error\ m\grave{a}xim = \frac{C_{GDO} + C_{GSO}}{C_{ox} \times \grave{a}rea\ de\ canal\ m\acute{i}nima} = \frac{\left(C_{GD0}^{'} + C_{GDS}^{'}\right)W}{C_{ox}WL_{m\acute{i}nim}} = \frac{0.0013 \times 2}{4.4 \times 0.35} = 0.17\ \%$$

QÜESTIONARI 6.6.a

1. Avalueu el gruix de l'òxid de porta en la tecnologia referenciada a l'exemple 6.11.
   a) 7.8 nm   b) 22.4 nm   c) 78 Å   d) 224 Å

2. L'evolució de la tecnologia de fabricació ha dut a fer òxids de porta, t_{ox}, cada vegada més prims i, per tant, els valors de C_{ox} són cada vegada més grans. Quina de les afirmacions següents és falsa?
   a) C_{ox} més gran significa circuits més lents. És un preu que s'ha de pagar per poder aconseguir valors de V_T més petits, compatibles amb tensions d'alimentació inferiors a 3 V.
   b) Els corrents que circulen pels transistors i que han de carregar i descarregar les capacitats de porta són proporcionals a C_{ox}. Per tant, el temps de commutació d'aquestes capacitats no canvia amb la disminució de t_{ox}.
   c) Atès que les capacitats paràsites no depenen de t_{ox} i que els corrents són proporcionals a C_{ox}, el resultat és un circuit més ràpid.
   d) La dosi d'implantació de canal necessària per produir un desplaçament de la tensió llindar determinat és més elevada si l'òxid de porta és més prim.

3. Coneixem les dades següents d'un transistor nMOS: V_T = 0.5 V, t_{ox} = 87 nm, $W = 2L = 1.5\ \mu m$. En mesurem la capacitat de porta i trobem el valor de 3.3 fF. Quina de les combinacions de valors següents no és compatible amb la quantitat mesurada?
   a) V_{DS} = 2.5 V V_{GS} = 1 V   b) V_{DS} = 1 V V_{GS} = 1 V
   c) V_{DS} = 2.5 V V_{GS} = 2.5 V   d) V_{DS} = 1 V V_{GS} = 2.5 V

4. La regió de drenador d'un transistor presenta, en la composició en planta unes dimensions de 2.5 $\mu m \times 2.5\ \mu m$. El seu dopatge és de 5×10^{18} donadors/cm^3, mentre que el del substrat és de 10^{16} acceptors/cm^3. Suposant que la junció PN formada per les dues regions esmentades és abrupta, determineu entre quins valors pot variar la capacitat C_{DB}, sabent que V_{BS}= 0 i que V_{DS} pot variar entre 0 i 2.5 V. Ignoreu el terme perimetral de la capacitat.
   a) Entre 1.95 i 0.97 fF   b) Entre 31.8 i 15.5 fF
   c) Entre 1.15 i 0.57 fF   d) Entre 18.8 i 9.15 fF

5. La junció formada pel pou d'una estructura CMOS i el substrat té, evidentment, una capacitat, de la qual no ens hem ocupat en el nostre estudi. Quina és la raó?
   a) La junció entre pou i substrat està polaritzada en inversa i, per tant, la seva capacitat és molt petita.
   b) L'àrea d'aquesta junció és petita i, per tant, la seva capacitat també ho és.

c) La capacitat de la junció esmentada és gran i està en sèrie amb altres capacitats de valor molt més petit.

d) Està polaritzada a tensió constant.

6. A la vista dels paràmetres de la taula de l'exemple 6.11 i suposant que es tracta d'un procés de pou N, quina de les afirmacions següents no podem fer?

a) Es pot estudiar el díode format per la regió de drenador del pMOS i el pou fent la hipòtesi de junció abrupta.

b) La distribució de dopatge gradual lineal és una bona aproximació per al díode format per la regió de drenador del nMOS i el substrat.

c) En l'oxidació per obtenir el dielèctric de porta, la velocitat de creixement de l'òxid és una mica més gran a la superfície del pou que a la del substrat.

d) La causa que C_{j0} sigui diferent en els dos transistors és que la tensió de drenador és negativa en el pMOS i positiva en el nMOS.

6.7 MODEL DINÀMIC DEL TRANSISTOR MOS

L'estudi de la resposta del MOST a tensions que depenen del temps es pot abordar construint un model de control de càrrega similar al del transistor bipolar. El resultat és un conjunt d'equacions complex que només es pot resoldre per mètodes numèrics. Un procediment més intuïtiu i directe és elaborar un model circuital que es pot estudiar amb els procediments d'anàlisi de circuits. Aquesta aproximació és la que s'utilitza per a simuladors de la família SPICE.

6.7.1 Model en gran senyal

A la figura 6.22 podem reunir bona part dels resultats que hem trobat fins aquí. El corrent de drenador, I_D, depèn de totes les tensions aplicades al dispositiu, V_{GS}, V_{DS} i V_{BS}. No és possible, doncs, calcular-lo com un corrent que circuli per un component passiu de dos terminals, com una resistència o un díode. La funció I_D (V_{GS}, V_{DS}, V_{BS}.) reuneix la informació que s'ha presentat a les seccions 6.2 i 6.5, per bé que sovint es prescindeix de determinats efectes segons les característiques particulars de cada dispositiu i de la precisió exigida.

En els simuladors SPICE, hi ha diferents nivells que permeten incloure un nombre variable d'aquests efectes. Els nivells més alts permeten una modelació més acurada al preu d'un cost computacional més elevat.

- Les capacitats representades són les que es descriuen a la secció 6.5. Els termes C_{GDO} i C_{GSO} de capacitats paràsites s'han de sumar, respectivament, a les expressions de C_{GD} i C_{GS} donades a la taula 6.1. A la fig. 6.22 es considera que aquestes sumes ja estan incorporades en C_{GD} i C_{GS}.
- Les juncions de les regions de drenador i de sortidor amb el substrat són modelades per díodes de junció PN. El símbol de díode dóna compte de corrent continu, mentre que les capacitats respectives es representen en paral·lel amb ells.
- Les resistències paràsites de drenador i de sortidor s'han descrit entre els efectes no ideals.

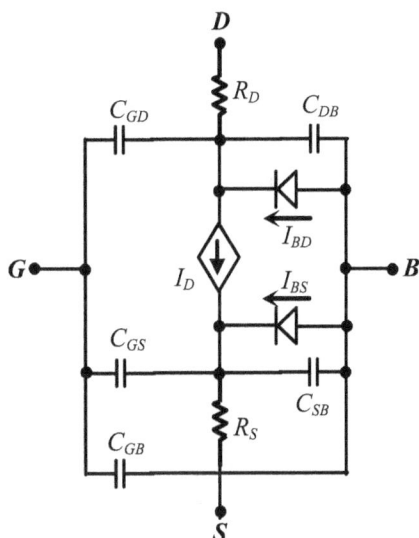

Figura 6.22 Model dinàmic de MOST en gran senyal.

6.7.2 Model en petit senyal

El MOST com a component lineal acostuma a treballar en la configuració de sortidor comú. La variable d'entrada és el valor incremental de la tensió de porta, ΔV_{GS}, mentre que la de sortida és la desviació del corrent de col·lector, ΔI_D, en relació amb el seu valor en repòs, I_{DQ}. Considerem la funció I_D (V_{GS}, V_{DS}, V_{BS}) que dóna el corrent de drenador, trobada a l'apartat 6.2.2, incloent-hi l'efecte substrat $V_T(V_{BS})$ estudiat en l'apartat 6.2.1. La linealització d'aquesta funció al voltant del punt de repòs dóna l'expressió:

$$\Delta I_D = \frac{\partial I_D}{\partial V_{GS}}\bigg|_{V_{DS},V_{BS}} \Delta V_{GS} + \frac{\partial I_D}{\partial V_{DS}}\bigg|_{V_{GS},V_{BS}} \Delta V_{DS} + \frac{\partial I_D}{\partial V_{BS}}\bigg|_{V_{GS},V_{DS}} \Delta V_{BS} \qquad (6.62)$$

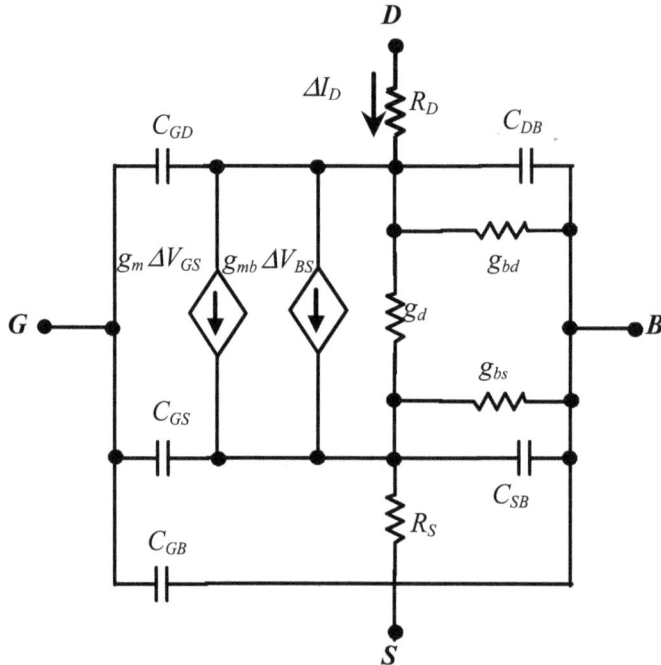

Figura 6.23 Model del MOST en petit senyal.

Els tres coeficients de 6.62 es defineixen, respectivament, com:

- Transconductància de porta:

$$g_m \equiv \frac{\partial I_D}{\partial V_{GS}}\bigg|_{V_{DS}, V_{BS}} \tag{6.63}$$

que es modela mitjançant un generador controlat de corrent. En saturació, correspon a la definició donada a l'exercici 6.10. És el cas més freqüent, i per això, a vegades es defineix aquest paràmetre únicament en saturació.

- Conductància de drenador:

$$g_d \equiv \frac{\partial I_D}{\partial V_{DS}}\bigg|_{V_{GS}, V_{BS}} \tag{6.64}$$

que es pot modelar per una resistència $r_d \equiv 1/g_d$. En saturació, dóna compte de l'efecte de modulació de llargada del canal (apartat 6.5.1).

- Transconductància de substrat:

$$g_{mb} \equiv \left. \frac{\partial I_D}{\partial V_{BS}} \right|_{V_{GS}, V_{DS}} \tag{6.65}$$

que també s'ha de representar amb un generador controlat de corrent, que dóna compte de l'efecte substrat.

La figura 6.23 representa aquest model. La resta de paràmetres són:

- La linealització, al voltant del punt de repòs, de les corbes corrent-tensió dels díodes entre drenador-substrat i sortidor-substrat, g_{bd} i g_{bs}, respectivament. Com que aquestes juncions treballen en inversa, aquestes dues conductàncies són molt petites.
- Les capacitats són les del model en gran senyal calculades en el punt de repòs.

QÜESTIONARI 6.7.a

1. Un transistor nMOS, amb C_{ox}=20 fF, té una tensió llindar V_T=0.6 V (suposarem V_{BS} =0). La tensió aplicada a la porta val V_{DS}= 2.5 V. Volem conèixer els valors de la capacitat de porta quan V_{GS} varia entre 0 i 2.5 V. Per això, digueu quina de les corbes següents no és correcta.

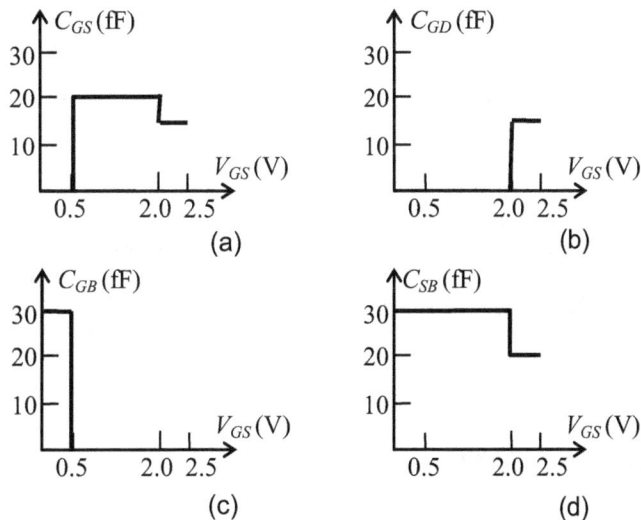

(a)

(b)

(c)

(d)

2. Considereu un transistor MOS de canal N amb els paràmetres següents: k'_n= 50 $\mu A/V^2$, W/L= 1, V_T= 0.5 V. La tensió V_{DS} = 2.5 V és constant. Quina de les afirmacions següents és falsa?

a) g_m= 0   si V_{GS}= 0.25 V   b) g_m = 25 $\mu A/V$ si V_{GS} = 1 V

c) g_m = 125 $\mu A/V$ si V_{GS} = 3 V   d) g_m = 225 $\mu A/V$ si V_{GS} = 5 V

3. Sigui un transistor MOS de canal N amb els paràmetres següents: k'_n= 50 $\mu A/V^2$, W/L= 1, V_T= 0.5 V. La tensió V_{DS} = 2.5 V és constant. Quina de les afirmacions següents és falsa, suposant negligible l'efecte de modulació de llargada del canal?

     a) g_d = 0   si V_{GS} = 0.25 V
     b) g_d = 0   si V_{GS} = 1 V
     c) g_d = 50 $\mu A/V$ si V_{GS} = 2 V
     d) g_d = 100 $\mu A/V$ si V_{GS} = 5 V

4. En un MOST de canal N tenim els paràmetres següents: k'_n= 50 $\mu A/V^2$, W/L= 1, V_T= 0.5 V. La tensió V_{DS} = 2.5 V és constant. El paràmetre de modulació de llargada del canal val λ = 0.1 V^{-1}. Quina de les afirmacions següents no és correcta?

     a) g_d = 0   si V_{GS} = 0.5 V
     b) g_d = 0.625 $\mu A/V$ si V_{GS} = 1 V
     c) g_d = 5.625 $\mu A/V$ si V_{GS} = 2 V
     d) g_d = 50.6 $\mu A/V$ si V_{GS} = 5 V

5. Volem conèixer l'efecte de les resistències paràsites de drenador, R_D, i de sortidor, R_S, en els paràmetres g_m i g_d d'un transistor MOS. L'expressió d'aquestes quantitats en termes dels valors respectius, g_{m0} i g_{d0}, que tindríem si R_D= R_S= 0 és:

a) $g_m = \dfrac{g_{m0}}{1+g_{m0}R_S+g_{d0}(R_S+R_D)}$ $g_d = \dfrac{g_{d0}}{1+g_{m0}R_S+g_{d0}(R_S+R_D)}$

b) $g_m = \dfrac{g_{m0}}{1+g_{d0}R_S+g_{m0}(R_S+R_D)}$ $g_d = \dfrac{g_{d0}}{1+g_{m0}R_S+g_{d0}(R_S+R_D)}$

c) $g_m = \dfrac{g_{m0}}{1+g_{m0}R_S+g_{d0}(R_S+R_D)}$ $g_d = \dfrac{g_{d0}}{1+g_{d0}R_S+g_{m0}(R_S+R_D)}$

d) $g_m = \dfrac{g_{m0}}{1+g_{d0}R_S+g_{m0}(R_S+R_D)}$ $g_d = \dfrac{g_{d0}}{1+g_{d0}R_S+g_{m0}(R_S+R_D)}$

6. Suposant que en el circuit de la figura 6.12 el valor de R_L és prou petit per mantenir el transistor en saturació, trobeu una expressió del guany de tensió $\Delta V_{DS}/\Delta V_{GS}$ en funció dels paràmetres del transistor i de les variables del circuit.

     a) $R_L k_n(V_{GS}-V_T)$ b) $-R_L k_n(V_{GS}-V_T)$ c) $\dfrac{1}{R_L k_n(V_{GS}-V_T)}$ d) $\dfrac{-1}{R_L k_n(V_{GS}-V_T)}$

PROBLEMA GUIAT 6.5

Del procés de fabricació d'un transistor nMOS coneixem les dades següents: el material de partida és silici de tipus P, amb una concentració d'impureses de 3×10^{16} cm^{-3}. L'òxid de porta té un gruix de 300 Å. Es fa una implantació de la regió de canal per tal que la tensió llindar resultant (si no hi ha efecte substrat) sigui de 0.65 V. Les màscares de regió activa i de polisilici defineixen un canal de 5 μm d'amplada i 2 μm de llargada. El dopatge de drenador i de sortidor és de 7×10^{18} donadors per cm^3 i es pot considerar constant fins a una profunditat de 0.4 μm. Aquestes dues regions estan representades en la composició en planta del disseny per dos rectangles de

$5\mu m \times 7\mu m$. Les mesures de les característiques del dispositiu permeten afirmar que la mobilitat dels electrons en el canal val $\mu_n = 400 \text{ cm}^2/(Vs)$ i que el paràmetre de modulació de llargada del canal és $\lambda = 50 \text{ V}^{-1}$. Es demana:

1. Escriviu les expressions dels paràmetres I_D, I_{BD} i I_{BS} del model de gran senyal (fig. 6.22) en funció de les tensions V_{GS}, V_{DS} i V_{BS}. Calculeu el valor d'aquestes quantitats per a $V_{GS} = V_{DS} = 3V$ i $V_{BS} = -3$ V.

2. Calculeu els valors de les capacitats del model per a aquests mateixos valors de les tensions.

3. Avalueu els paràmetres en petit senyal g_m, g_d i g_{mb} (fig. 6.23) en el punt de treball considerat.

4. Feu una estimació de les resistències paràsites utilitzant les hipòtesis que trobeu raonables.

5. Justifiqueu que els valors de g_{bd} i g_{bs} són negligibles.

6.8 ALTRES TRANSISTORS D'EFECTE DE CAMP: EL MESFET I EL JFET

Hi ha altres estructures de transistor que comparteixen amb el MOST la propietat essencial de poder modular el corrent que circula per un canal mitjançant una tensió aplicada a un elèctrode de porta. Centrem el nostre estudi en dos d'ells, el transistor d'efecte de camp de junció (JFET, *Junction Field Effect Transistor*) i el transistor d'efecte de camp metall-semiconductor (MESFET, *Metal Semiconductor Field Effect Transistor*), que comparteixen una estructura similar però unes prestacions i unes aplicacions ben diferents.

6.8.1 Estructura dels dispositius

En el JFET (fig. 6.24), el canal està constituït per una regió neutra de semiconductor, i la seva secció (i, per tant, la seva conductància) és modulada per l'expansió o la contracció d'una zona de càrrega d'espai d'una junció PN polaritzada. Els extrems del canal s'anomemnen *drenador* (D, *drain*) i *sortidor* (S, *source*), respectivament, i el corrent que hi circula, *corrent de drenador*. Si el canal és de semiconductor de tipus N (el cas més freqüent, atès que la mobilitat dels electrons és més gran que la dels forats), la regió P que forma la junció PN és coneguda com a regió de porta (G, *gate*). L'estructura MESFET (fig. 6.25) és similar a l'anterior, però en lloc d'una junció PN hi ha un contacte metall-semiconductor de tipus rectificador (Schottky) que també desenvolupa una zona de càrrega d'espai que modula la secció del canal. La similitud de les estructures esmentades permetrà que una part important del nostre estudi sigui vàlid per totes dues.

La idea del JFET és històricament quasi tan antiga com la del transistor bipolar però la seva popularització data dels anys setanta. Realitzat en tecnologia del silici, ha estat utilitzat àmpliament com a component discret en circuits realitzats amb transistors bipolars. Les seves prestacions com a amplificadors són inferiors a la del BJT però, en canvi, presenta una impedància elevada d'entrada que el fa útil en moltes aplicacions. La seva inclusió en circuits integrats bipolars és tecnològicament factible (tecnologia BiFET). També existeixen dispositius d'aquesta família construïts en arseniür de gal·li. L'estructura MESFET és més fàcil de realitzar amb aquest semiconductor, que és més apropiat que el silici per treballar a freqüències elevades. A partir de la dècada dels anys seixanta s'utilitza àmpliament en circuits de microones.

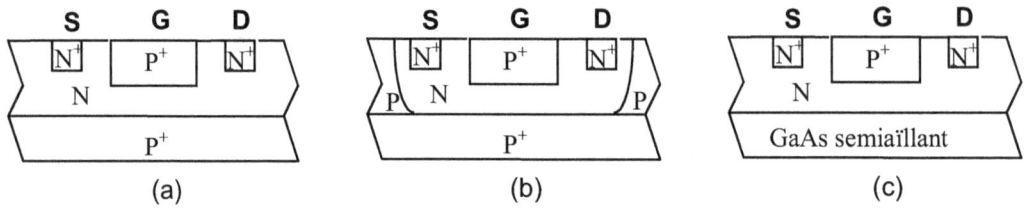

Figura 6.24 Estructures JFET: a) canal epitaxial, b) canal difós, c) canal epitaxiat damunt material semiaïllant (tecnologia d'arseniür de gal·li).

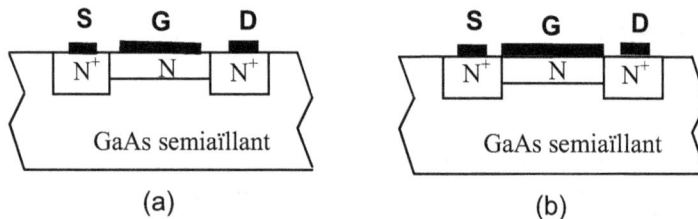

Figura 6.25 Estructures MESFET: a) amb porta no autoalineada, b) amb porta autoalineada. Les àrees de color negre corresponen a metall.

En els apartats següents obtenim les lleis tensió-corrent en contínua per a aquests transistors i, tot seguit, se'n discuteix el comportament en règim dinàmic. Per la seva similitud estructural i de funcionament, tractem els dos dispositius conjuntament.

EXEMPLE 6.12

Valors usuals en transistors MESFET són els següents: dopatges de l'ordre de 10^{17} cm^{-3} en la regió de canal i de 10^{18} cm^{-3} en les de sortidor i drenador (en el GaAs, el ventall de valors de dopatge que es poden assolir és més estret que en el Si). La profunditat de canal pot tenir valors de 0.2 μm. Entre els materials utilitzats per l'elèctrode de porta, hi ha Al, Ti-Pt-Au, Pt, W i WSi$_2$, mentre que per als contactes de sortidor i drenador és habitual l'aliatge AuGe. La relació d'aspecte del canal L/W propera a 4 és un bon compromís entre diferents exigències de disseny, com la velocitat, efectes no ideals, etc.

6.8.2 Llei tensió-corrent en contínua

Ens proposem obtenir el valor del corrent de drenador, I_D, en funció de les tensions aplicades. Prenem la referència de tensió en el terminal de sortidor i així considerarem les tensions dels terminals de drenador, V_{DS}, i porta, V_{GS}. Ens referirem a l'esquema de la figura

6.26, que representa una regió de canal de tipus N, i una zona de càrrega d'espai que modula la seva secció.

Aquesta ZCE és creada per una junció PN (cas JFET) o un contacte Schottky (cas MESFET) entre les regions de porta i de canal. A la figura s'indiquen els terminals i les coordenades i les dimensions que utilitzarem en la deducció de l'equació I_D (V_{DS}, V_{GS}). La porta ha d'estar polaritzada inversament en relació amb la regió de canal, perquè altrament circularia un corrent important per aquest terminal. Com en el cas del MOST, V_{DS} >0 i, per tant, la tensió inversa entre porta i canal és més gran a l'extrem de drenador que al de sortidor. Per aquesta raó, la ZCE és més ampla prop del drenador. Si la tensió entre porta i drenador es fa prou gran, es pot arribar a estrangular el canal, com en el MOST.

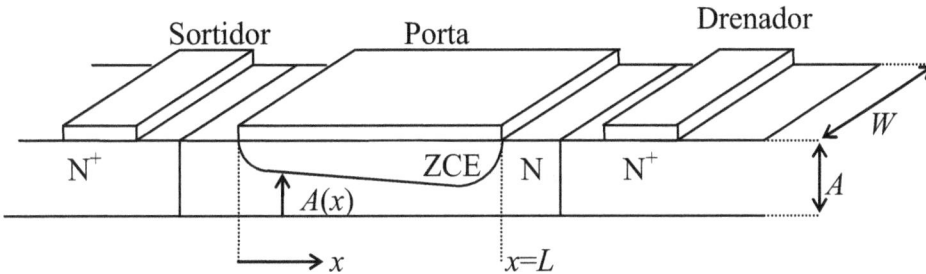

Figura 6.26 Estructura esquemàtica del JFET i del MESFET

Comencem suposant que el canal no està estrangulat. Diem aleshores que el transistor treballa en regió òhmica. Considerem el canal com un conductor format per un conjunt d'elements infinitesimal de longitud dx en sèrie. L'interval situat en una coordenada x tindrà una secció $W \times A_c(x)$. La profunditat $A_c(x)$ de canal es pot avaluar restant la profunditat de la ZCE de la total del canal, A. Anomenem V_{bi} la tensió que cau a la ZCE sense polaritzar. La tensió aplicada és V_{GS}-$V(x)$, on $V(x)$ és la tensió del punt x del canal en relació amb el sortidor. Resulta, així:

$$A_c(x) = A - \left[\frac{2\varepsilon_s}{qN_D} (V_{bi} - V_{GS} + V(x)) \right]^{\frac{1}{2}} \qquad (6.66)$$

Cal notar que l'expressió utilitzada per a la profunditat de la ZCE és comuna a un contacte Schottky (MESFET) i a una junció P$^+$N (JFET). El segment infinitesimal considerat aporta una contribució dR a la resistència del canal. La caiguda de tensió entre els seus extrems val:

$$dV(x) = I_D dR = \frac{I_D}{q\mu_n N_D} \frac{dx}{WA_c(x)} \qquad (6.67)$$

Substituint 6.66 en 6.67 i integrant, tenim:

$$\int_0^L I_D\,dx = \int_{V(0)=0}^{V(L)=V_{DS}} q\mu_n N_D W A_c(x)\,dV(x) \tag{6.68}$$

El procés d'integració és trivial i dóna com a resultat:

$$I_D = g_0 V_{DS} - \frac{2g_0}{3V_p^{1/2}}\left[(V_{DS} + V_{bi} - V_{GS})^{3/2} - (V_{bi} - V_{GS})^{3/2}\right] \tag{6.69}$$

on s'han introduït els coeficients g_0 i $V_p^{1/2}$ definits, respectivament, com:

$$g_0 \equiv \frac{q\mu_n N_D W A}{L} \tag{6.70}$$

que és la conductància del canal quan no hi na ZCE i

$$V_p \equiv \frac{qN_D A^2}{2\varepsilon_s} \tag{6.71}$$

que rep el nom de *tensió de pinçament* (*pinch-off*) i és la caiguda de tensió a la ZCE quan la profunditat d'aquesta regió és igual a la del canal, és a dir quan desapareix la zona neutra, $A_c(x)=0$. Aquesta condició es compleix, d'acord amb (6.66) si $V_p = V(x) - V_{GS} + V_{bi} = 0$. Quan $V_{DS}=0$ aleshores $V(x)=0$ per tot x i la igualtat anterior ens diu que la tensió de porta necessària per produir el pinçament val:

$$V_{GS} = V_{bi} - V_p \equiv V_T \tag{6.72}$$

El paràmetre V_T definit així és conegut com la tensió llindar. En aquestes condicions no hi ha canal i el corrent de drenador és nul.
El valor del corrent I_D en funció de V_{DS} donat per l'expressió 6.69 per una tensió V_{GS} fixada presenta el comportament d'una funció aproximadament lineal prop de l'origen. Aleshores, podem prendre com a aproximació:

$$I_{Dlin} \approx \frac{g_0}{2V_p}(V_{GS} - V_T)V_{DS} \tag{6.73}$$

En aquesta regió, el dispositiu es comporta com una resistència controlada per la tensió V_{GS} de valor:

$$R = \frac{V_{DS}}{I_{Dlin}} = \frac{2V_p}{g_0(V_{GS} - V_T)} \tag{6.74}$$

La resistència calculada és important quan el transistor funciona com un interruptor, com en circuits digitals o de potència. Els fabricants n'especifiquen el valor amb el nom de R_{on} o $R_{ds,on}$.

Quan la tensió de drenador, V_{DS}, augmenta, el corrent de drenador creix cada vegada més lentament, de manera similar al del MOST (fig. 6.9). La causa física és que l'augment de la tensió de drenador produeix una dilatació de la ZCE i, per tant, una reducció de la secció del canal, que es fa més resistiu. Aquest procés no pot durar indefinidament, sinó que I_D assoleix un màxim, més enllà del qual l'expressió de la funció I_D (V_{DS}) donada (6.69) presentaria un comportament decreixent, però que no té sentit físic. El que succeeix és que el valor del corrent es manté constant en el valor màxim assolit, conegut com a *valor de saturació*. El punt d'entrada en saturació es pot trobar determinant el màxim de l'expressió 6.68:

$$\left.\frac{\partial I_D}{\partial V_{DS}}\right|_{V_{GS}=const} = 0 \Rightarrow V_{DS} - V_{GS} + V_{bi} = V_p \tag{6.75}$$

Aquesta condició es compleix quan apareix el pinçament de canal a l'extrem de drenador. En efecte, la tensió entre porta i canal en aquest punt val aleshores:

$$V_{GD} = V_{GS} - V_{DS} = V_{bi} - V_p = V_T \tag{6.76}$$

A partir de 6.75 i 6.76 podem escriure la condició d'inici de saturació com en el MOST:

$$V_{DSsat} = V_{GS} - V_T \tag{6.77}$$

El valor de corrent de saturació es pot obtenir substituint 6.77 a 6.69. El resultat és:

$$I_{Dsat} = g_0 \left[\frac{V_p}{3} - V_{bi} + V_{GS} + \frac{2}{3V_p^{1/2}}(V_{bi} - V_{GS})^{\frac{3}{2}} \right] \tag{6.78}$$

Els resultats obtinguts es representen gràficament en les corbes característiques tensió-corrent de sortida del transistor, com les de la figura 6.27a. La línia puntejada correspon al pinçament del canal. La seva intersecció amb cada corba determina V_{DSsat} i I_{Dsat}.

Com més gran és la tensió de porta, més tensió cal aplicar al drenador per arribar a la saturació, com en el MOST. Però aquí V_{GS} no pot augmentar indefinidament, perquè això voldria dir posar en polarització directa el díode entre porta i canal. Atès que V_{GS} no es manté massa allunyada de V_T, l'equació 6.78 admet una simplificació útil, que consisteix a desenvolupar la funció $I_{Dsat}(V_{GS})$ en sèrie de Taylor al voltant de $V_{GS}=V_T$ de fins a segon ordre, i s'obté:

$$I_{Dsat} \approx \frac{g_0}{4V_p}(V_{GS}-V_T)^2 = I_{DSS}(V_{GS}-V_T)^2 \quad \text{amb} \quad I_{DSS} \equiv \frac{g_0}{4V_p} \qquad (6.79)$$

que és una expressió similar a la característica de transferència del MOST i que es representa a la figura 6.27b.

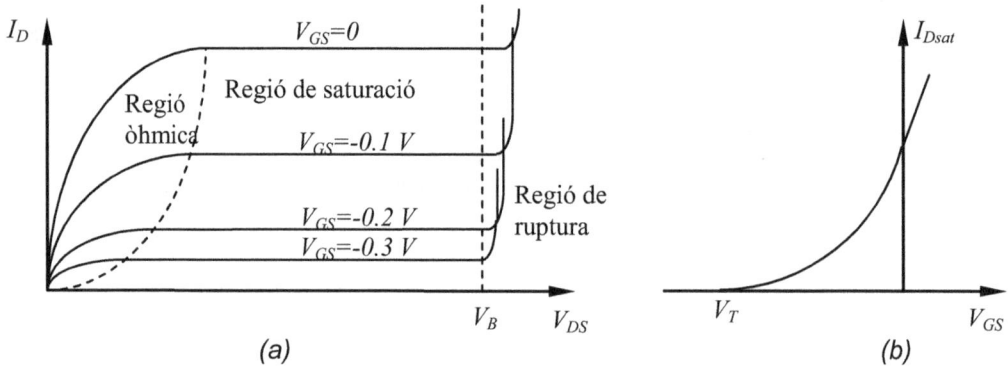

Figura 6.27 a) Corbes característiques tensió-corrent de sortida d'un MESFET, b) característica de transferència

En tot l'estudi precedent, hem suposat vàlida l'aproximació de mobilitat constant. En dispositius de canal curt, el camp elèctric pot arribar a ser prou intens perquè els portadors assoleixin la velocitat de saturació dels portadors, v_{sat}. En aquest cas, l'entrada en saturació ve donada, en lloc de 6.77, per:

$$V_{DSsat} = E_{el,crit}L \qquad (6.80)$$

on $E_{el,crit}$ és el camp elèctric crític per al qual es produeix la saturació de velocitat. El corrent de saturació que li correspon és:

$$I_{Dsat} \approx qv_{sat}WN_DA\left(1-\sqrt{\frac{V_{bi}-V_{GS}}{V_p}}\right) \qquad (6.81)$$

com es pot comprovar amb un simple càlcul, que es deixa com exercici a pel lector. L'anàlisi de la regió compresa entre l'aproximació de mobilitat constant i la de camp intens és més complexa i va més enllà dels límits d'aquest estudi.

El coeficient de temperatura del corrent de drenador en el JFET i el MESFET és negatiu com en el MOST. La raó és que les diferents aproximacions presentades contenen, entre els seus factors, la mobilitat dels portadors o la seva velocitat de saturació, a diferència del BJT, on trobem el terme n_i^2. Aquest fet simplifica el circuit de polarització dels transistors d'efecte de camp, en els quals no hem de limitar el nivell de corrent mitjançant resistències com en el bipolar perquè no hi ha perill d'embalament tèrmic.

Una diferència important del MESFET i el JFET respecte del MOST és que aquí sempre hi ha un corrent de porta, I_G, propi de la junció entre porta i canal en inversa. Finalment, hem de considerar el fenomen de ruptura que es produeix en tota junció polaritzada en inversa. Atès que l'extrem de drenador és el punt on la tensió inversa és màxima, pera una determinada tensió de porta la ruptura es produeix quan la tensió de drenador assoleix un determinat valor V_B, com indica la figura 6.27a. Aleshores, el corrent de porta és comparable amb el de drenador. Els paràmetres I_G i V_B són dues especificacions importants que els fabricants generalment donen.

EXEMPLE 6.13

La limitació de corrent per saturació de la velocitat dels portadors en un MESFET és habitual per a longituds de canal d'entre 0.5 μm i 2 μm. Per a canals més curts, apareixen fenòmens de transport balístic, que significa que els portadors poden recórrer tot el canal sense efectuar col·lisions. Aleshores, no podem aplicar els models presentats. La llei basada en l'aproximació de mobilitat constant és aplicable en canals més llargs de 2 μm.

Exercici 6.14

Sigui un MESFET on el canal és de GaAs dopat amb 10^{17} donadors/cm^3 i una profunditat de 0.2 μm. Les dades que tenim sobre el material són les següents: afinitat electrònica: 4.07 eV; constant dielèctrica relativa: 12.9 i densitat efectiva d'estats: 4.7×10^{17} cm^{-3}. La funció treball del material de porta és 4.25 eV. El dispositiu treballa a 300 K. Es demana calcular la profunditat de la ZCE quan no hi ha tensió aplicada entre porta i canal. També es vol calcular la tensió de porta necessària per dur el transistor a condicions de llindar, suposant $V_{DS} = 0$.

$$E_c - E_f = k_B T \ln \frac{N_c}{N_D} = 0.025 \times \ln \frac{4.7\times10^{17}}{10^{17}} = 0.039 \, eV$$

$$\Rightarrow \Phi_s = 4.07 + 0.039 = 4.1 \, eV \Rightarrow V_{bi} = \Phi_m - \Phi_s = 0.15 \, eV$$

$$w_{d0} = \sqrt{\frac{2\varepsilon_s}{q} \frac{1}{N_D} V_{bi}} = \sqrt{\frac{2\times12.9\times8.85\times10^{-14}}{1.6\times10^{-19}} \frac{1}{10^{17}} \times 0.15} \, cm = 0.046 \, \mu m$$

$$w_d = w_{d0} \sqrt{1 - \frac{V}{V_{bi}}} \Rightarrow 0.2 \mu m = 0.046 \mu m \sqrt{1 - \frac{V_T}{0.15V}} \Rightarrow V_T = -2.65 \, \text{V}$$

Exercici 6.15

Sigui ara un JFET de silici on el dopatge de la regió de canal és de10^{17} donadors/cm^3 i el de la regió de porta, de 10^{19} acceptors/cm^3. Es demana calcular la profunditat de la ZCE per a $V_{GS}= 0$ i per a $V_{GS}= 5$ V. La temperatura de treball és 300 K.

$$w_{d0} \approx \sqrt{\frac{2\varepsilon_s}{q}\frac{1}{N_D}V_{bi}} = \sqrt{\frac{2\times10^{-12}}{1.6\times10^{-19}}\frac{1}{10^{17}}\times0.9}\ \ cm = 0.1\,\mu m$$

$$w_d = w_{d0}\sqrt{1-\frac{V}{V_{bi}}} = 0.1\mu m\sqrt{1+\frac{5}{0.9V}} = 0.256\ \mu m$$

6.8.3 Tipus de transistors i símbols circuitals

El cas presentat, que és el més freqüent, correspon a un transistor de buidament, és a dir, en què el canal només experimenta un pinçament si el provoquem amb una tensió de polarització. Amb una construcció adient, és possible que la ZCE ocupi tota la profunditat de canal i que només es pugui passar a la regió òhmica aplicant una tensió positiva de porta. Es tracta aleshores d'un d'acumulació. L'estudi anterior s'aplica també en aquest cas, amb un valor $V_T > 0$.

D'altra banda, els dispositius de canal P també existeixen. Es poden analitzar amb les mateixes equacions, canviant els signes de les tensions i els corrents. O, alternativament, mantenint els signes i treballant amb els valors absoluts de totes les magnituds. La figura 6.28 recull els símbols circuitals dels quatre casos possibles.

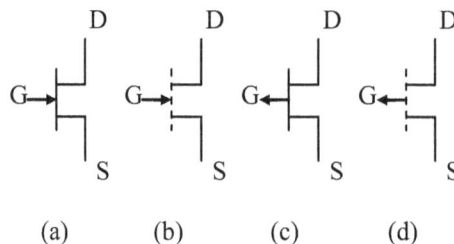

Figura 6.28. Símbols dels MESFET i els JFET. (a) de buidament de canal N, (b) d'acumulació de canal N, (c) de buidament de canal P, (d) d'acumulació de canal P

QÜESTIONARI 6.8.a

1. Considereu el MESFET de l'exercici 6.14. Calculeu la resistència de quadre R_s de la regió de canal, definida com la resistència d'un canal amb $W=L$ en absència de ZCE. Dada: mobilitat dels electrons $\mu_n = 5\times10^3$ $cm^2/(Vs)$.

　　　a) 625 Ω　　　　　b) 62.5 $m\Omega$　　　　c) 16 Ω　　　　d) 1.6 $m\Omega$

2. La relació entre la resistència de quadre definida a la pregunta 1 i la conductància g_0 és:

    a) $g_0=1/R_s$ *b)* $g_0=L/(WR_s)$ *c)* $g_0=W/(LR_s)$ *d)* $g_0=LW/R_s$

3. Suposant que el canal del MESFET de l'exercici 6.14 és quadrat, $W=L$.(, la) La porta està polaritzada amb una tensió $V_{GS}= -1$ V i el drenador amb una tensió suficient per mantenir el transistor en saturació. Determineu el valor del corrent de drenador en saturació utilitzant l'aproximació de l'equació 6.79

    a) 190 mA   *b)* 39 mA   *c)* 1.9 mA   *d)* 390 μA

4. Considereu el JFET de l'exercici 6.15 que presenta la geometria de la figura 6.24a. Determineu el gruix que ha de tenir la capa epitaxial si volem que el transistor sigui de buidament, amb una tensió llindar de - 0.5 V. La profunditat de la regió de porta és de 0.25 μm.

    a) 0.5 μm   *b)* 0.38 μm   *c)* 0.25μm   *d)* 0.13 μm

5. Considereu el JFET de la pregunta anterior. Es demana realitzar una estimació del corrent de porta per a $V_{GS} > V_T$, fent les hipòtesis que calgui. Dades: $W=5\times L=20$ μm, $A=0.5$ μm, L_p(regió de canal) = 5 μm, D_p(regió de canal) = 5 cm^2/s, D_n(regions P^+) = 2 cm^2/s, L_n(regions P^+) = 1 μm, profunditat de les regions P^+: 0.25 μm.

    a) 1.15×10^{-12} A   *b)* 6.2×10^{-13} A   *c)* 1.15×10^{-16} A *d)* 6.2×10^{-17} A

6. Comparem dos MESFET, un fabricat amb tecnologia de porta autoalineada, descrita en la figura 6.25b, i l'altre fet amb una tecnologia que no ho és. Els dispositius són idèntics, però en el segon ha d'haver-hi una tolerància de 0.5 mm entre l'elèctrode de porta i les regions de drenador i de sortidor. Es demana quina resistència sèrie introdueix la regió addicional necessària per complir aquesta condició. Dades de la regió de canal: amplada 15 μm, profunditat 0.2 μm, resistivitat 12.5 mΩ×cm.

    a) 8.3 Ω *b)* 16.7 Ω *c)* 20.8 Ω *d)* 41.7 Ω

6.8.4 El JFET i el MESFET en règim dinàmic

És difícil trobar un únic model circuital acceptat àmpliament i que doni compte del funcionament del transistor en règim dinàmic. D'altra banda, una anàlisi molt acurada del dispositiu porta a models complexos poc apropiats per a càlculs manuals. Presentem aquí models simplificats que permetin una comprensió de la resposta del MESFET (el JFET es comporta de manera similar) a senyals que depenen del temps

Capacitats en el MESFET

Les capacitats no paràsites més importants del MESFET són les que connecten la porta amb la resta del dispositiu. Es tracta d'una capacitat distribuïda al llarg de tota la regió de canal que hem d'agrupar, per tal de construir un circuit equivalent simple, en dos termes: el de capacitat entre porta i sortidor, C_{GS}, i el de la que hi ha entre porta i drenador, C_{GD}.

L'aproximació més simple al càlcul d'aquestes dues capacitats consisteix a suposar un díode Schottky entre porta i sortidor polaritzat amb una tensió inversa V_{GS}, i un altre entre porta i drenador polaritzat amb $V_{GD}= V_{GS} - V_{DS}$. L'àrea assignada a cada díode és $WL/2$. El resultat del càlcul és:

$$C_{GS} = \frac{1}{2}\frac{C_{g0}}{\sqrt{1-\dfrac{V_{GS}}{V_{bi}}}} \quad , \quad C_{GD} = \frac{1}{2}\frac{C_{g0}}{\sqrt{1-\dfrac{V_{GD}}{V_{bi}}}} \quad \text{amb} \quad C_{g0} \equiv WL\sqrt{\frac{qN_D\varepsilon_s}{2V_{bi}}} \qquad (6.82)$$

Aquesta aproximació només és vàlida per a tensions $V_{GS} > V_T$. Una altra aproximació una mica més acurada consisteix a fer un càlcul similar al que hem presentat per al MOST i resumit a la taula 6.1, amb alguna diferència:

- A la regió subllindar ($V_{GS} < V_T$), no hi ha canvi de la càrrega acumulada a la ZCE quan la tensió de porta varia. Per tant, les capacitats són nul·les: $C_{GS}= C_{GD}=0$.
- En saturació, igual que en el MOST, $C_{GD}=0$, $C_{GS}=2/3\ C_g$, on C_g és la capacitat de porta en les condicions de llindar de pinçament, donada per l'expressió:

$$C_g \equiv WL\sqrt{\frac{qN_D\varepsilon_s}{2(V_{bi}-V_{GS})}} \qquad (6.83)$$

- A la regió òhmica, amb $V_{DS} << V_{GS} - V_T$, tenim $C_{GS}= C_{GD}=1/2\ C_g$. La generalitzada per tota aquesta regió es pot fer utilitzant les expressions del model de Meyer per a MOST de canal llarg:

$$C_{GS} = \frac{2}{3}C_g\left[1-\left(\frac{V_{DSsat}-V_{DS}}{2V_{DSsat}-V_{DS}}\right)^2\right] \qquad C_{GD} = \frac{2}{3}C_g\left[1-\left(\frac{V_{DSsat}}{2V_{DSsat}-V_{DS}}\right)^2\right] \qquad (6.84)$$

Model en gran senyal del MESFET

Amb els elements presentats anteriorment, el model circuital del dispositiu resultant és el de la figura 6.29, on el generador controlat de corrent segueix la llei donada per l'equació 6.69. Per fer més realista el model, s'hi han d'incorporar elements paràsits, on els més fàcils de posar són les resistències dels tres terminals: R_D (drenador), R_S (sortidor) i R_G (porta).

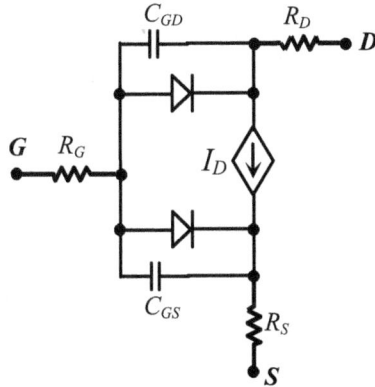

Figura 6.29 Model del MESFET en gran senyal. Els símbols de díode només donen compte del terme continu del corrent.

Model en petit senyal del MESFET

La linealització de l'expressió del corrent de drenador, en funció de les tensions aplicades al voltant d'un punt de repòs, permet substituir els elements de la figura 6.29 per elements lineals. D'acord amb l'estudi anterior, tenim:

a) Les capacitats C_{GS} i C_{GD} es calculen per als valors de V_{DS} i V_{GS} propis del punt de treball. Les resistències R_D, R_S i R_G tenen valors constants.

b) L'expressió 6.69 del corrent de drenador es pot desenvolupar en sèrie de Taylor fins a primer ordre i dóna:

$$\Delta I_D = \left.\frac{\partial I_D}{\partial V_{GS}}\right|_{V_{DS}} \Delta V_{GS} + \left.\frac{\partial I_D}{\partial V_{DS}}\right|_{V_{GS}} \Delta V_{DS} \tag{6.85}$$

Les dues derivades parcials, calculades en el punt de treball, donen lloc a dos conceptes:

$$g_m \equiv \left.\frac{\partial I_D}{\partial V_{GS}}\right|_{V_{DS}} \tag{6.86}$$

És la transconductància del transistor. És fàcil de calcular en la regió lineal i en la de saturació:

$$g_{m,lin} \equiv \left.\frac{\partial I_{Dlin}}{\partial V_{GS}}\right|_{V_{DS}} = \frac{g_0 V_{DS}}{2\sqrt{V_p \left(V_{bi} - V_{GS}\right)}} \tag{6.87}$$

$$g_{m,sat} \equiv \left.\frac{\partial I_{Dsat}}{\partial V_{GS}}\right|_{V_{DS}} = g_0\left(1 - \sqrt{\frac{V_{bi} - V_{GS}}{V_p}}\right) \qquad (6.88)$$

En règim de velocitat de saturació dels portadors, l'expressió de la transconductància és:

$$g_{m,sat} \equiv \left.\frac{\partial I_{Dsat}}{\partial V_{GS}}\right|_{V_{DS}} = \frac{qN_D v_{sat} WA}{\sqrt{V_p\left(V_{bi} - V_{GS}\right)}} \qquad (6.89)$$

La transconductància s'incorpora en el model circuïtal en petit senyal per mitjà d'un generador controlat de corrent de valor $g_m\Delta V_{GS}$.
L'altra derivada parcial és la conductància de sortida:

$$g_{ds} \equiv \left.\frac{\partial I_D}{\partial V_{DS}}\right|_{V_{GS}} \qquad (6.90)$$

que en el model es representa mitjançant una resistència en paral·lel amb el generador controlat esmentat. En un transistor ideal en saturació g_{ds} es fa zero. El model en petit senyal és utilitzat habitualment en circuits analògics en els quals el transistor treballa a la regió de saturació.

La figura 6.30 representa el model en petit senyal obtingut de l'anàlisi anterior, juntament amb alguns elements no ideals que comentem breument tot seguit.

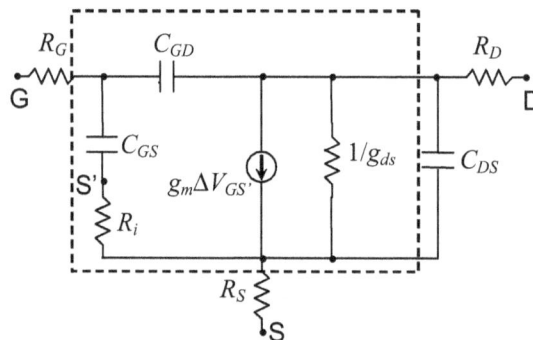

Figura 6.30 Model en petit senyal del MESFET. Els elements dins el rectangle puntejat constitueixen el model intrínsec del dispositiu.

El model diferencia entre el node extern de sortidor, S, i el node intern, S'. Entre ells hi ha un camí resistiu que consta de dues parts: la resistència paràsita R_S associada, com R_D i R_G a regions de connexió entre els terminals i l'interior del dispositiu, i una altra R_i, que dóna compte dels efectes resistius del propi canal. El node S' és el que apareix com a sortidor en el model ideal. Per aquesta raó, el corrent del generador controlat s'avalua fent servir $V_{GS'} = V_G - V_{S'}$. La capacitat C_{DS} és un element paràsit que dóna compte de l'acoblament capacitiu entre drenador i sortidor a través del substrat de GaAs semiaïllant.

Finalment, a alta freqüència, els efectes inductius de les connexions són importants i obliguen a modelar-los mitjançant bobines en els tres terminals del transistor. Aquests elements no s'han representat a la figura 6.30, com tampoc les capacitats paràsites associades als punts de contacte (*pads*) de contacte que apareixen en molts circuits equivalents. Per damunt d'una certa complexitat del model, avaluar els elements paràsits a partir de l'estructura física del dispositiu es fa molt difícil i s'ha de recórrer a ajustar els seus valors a partir de mesures experimentals.

Exercici 6.16

Volem investigar com influeix la resistència paràsita R_s en el valor de la transconductància en saturació. Per simplificar els càlculs, treballem a partir de l'aproximació (6.78).

La caiguda de tensió entre la porta i el node extern de sortidor val $V_{GS}+I_{Dsat}R_s$. Així, doncs, podem escriure:

$$I_{Dsat} = I_{DSS}\left(V_{GS} + I_{Dsat}R_s - V_T\right)^2 \Rightarrow \frac{dI_{Dsat}}{dV_{GS}} = 2I_{DSS}\left(V_{GS} + I_{Dsat}R_s - V_T\right)\left(1 + R_s\frac{dI_{Dsat}}{dV_{GS}}\right)$$

$$2I_{DSS}\left(V_{GS} + I_{Dsat}R_s - V_T\right) = \frac{dI_{Dsat}}{d\left(V_{GS} + I_{Dsat}R_s\right)} \equiv g_m \qquad \frac{dI_{Dsat}}{dV_{GS}} = g_{mo} \equiv g_m\big|_{R_s=0}$$

Resulta: $\qquad g_m = \dfrac{g_{m0}}{1 + R_s g_{m0}}$

Resposta freqüencial del MESFET

Una estimació del comportament del dispositiu quan la freqüència del senyal augmenta es pot fer partint d'un model en petit senyal simplificat, com el de la figura 6.31:

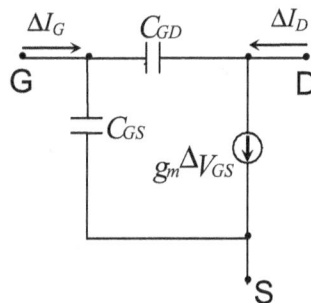

Figura 6.31 Model del MESFET en petit senyal simplificat per a l'anàlisi de la resposta en freqüència.

El guany de corrent en funció de la freqüència del senyal es pot trobar de manera semblant a com es va fer amb el transistor bipolar:

$$h_{fe} \equiv \left.\frac{\Delta I_D}{\Delta I_G}\right|_{\Delta V_{ds}=0} = \frac{g_m \Delta V_{GS} + j(C_{GS} + C_{GD})\omega \Delta V_{GS}}{j(C_{GS} + C_{GD})\omega \Delta V_{GS}}$$

$$\approx \frac{g_m}{j(C_{GS} + C_{GD})\omega} = \frac{g_m}{j(C_{GS} + C_{GD})2\pi f} \qquad (6.91)$$

El lector no tindrà cap dificultat per justificar l'aproximació realitzada fent servir els resultats del qüestionari 6.10. Es defineix la freqüència de tall, f_T, com aquella per a la qual el mòdul de h_{fe} cau fins a 1. D'acord amb 6.91, el seu valor és:

$$f_T = \frac{g_m}{2\pi(C_{GS} + C_{GD})} \qquad (6.92)$$

Perquè el MESFET pugui treballar a freqüències altes, cal que la transconductància sigui gran i les capacitats petites. La reducció de dimensions del canal és una de les estratègies principals per minimitzar el valor de les capacitats.

QÜESTIONARI 6.8.b

1. *Considereu el MESFET de l'exercici 6.14 amb unes dimensions de canal L = 3 μm, W = 15 μm. Les tensions entre terminals són: V_{GS}= -1 V, V_{DS}= 2 V. Quant valen les capacitats del model en petit senyal?*

  a) C_{GS}= 26.7 fF C_{GD}= 0   b) C_{GS}= 20 fF C_{GD}= 20 fF
  c) C_{GS}= 0 C_{GD}= 26.7 fF   d) C_{GS}= 26.7 fF C_{GD}= 13.3 fF

2. *Calculeu la freqüència de tall del MESFET de la pregunta 1. Dada addicional: μ_n = 5×10^3 cm^2/(Vs).*

  a) 5.7 GHz   b) 11 GHz   c) 17 GHz   d) 51 GHz

3. *Analitzeu la influència dels diferents paràmetres d'un MESFET en la seva freqüència de tall i digueu quina de les afirmacions següenta és falsa. El transistor treballa en saturació.*

  a) f_T augmenta si disminueix el dopatge de la regió de canal.

  b) f_T augmenta si s'incrementa la mobilitat dels portadors en el canal.

  c) f_T disminueix si augmenta la longitud del canal.

  d) f_T és independent de l'amplada del canal.

4. Calculeu el màxim valor admissible de la resistència paràsita R_s d'un MESFET, per tal que la freqüència de tall no quedi reduïda en més de 3 dB, en relació al seu valor ideal. En el límit R_s = 0, la transconductància val 2.87 mA/V.

     a) 125 Ω b) 144 Ω c) 348 Ω d) 696 Ω

PROBLEMA GUIAT 6.6

Les dimensions d'un MESFET de GaAs són: de L = 0.35 μm de llargada, W = 1.5 μm d'amplada i A = 0.2 μm de profunditat. El seu dopatge és de 10^{17} donadors/cm^3. Mantenint una tensió zero entre porta i sortidor, considerem dos valors de la polarització de drenador: V_{DS}= 0.1 V i V_{DS}= 1.5 V. La constant dielèctrica relativa de l'arseniür de gal·li val 12.9. Es demana calcular:

1. La tensió llindar, suposant que el díode Schottky entre porta i canal té una tensió de difusió de 0.3 V.

També hem de calcular per a cadascun dels dos punts de treball:

2. La intensitat del corrent de drenador.

3. La transconductància.

4. Les capacitats intrínseques entre porta i sortidor, i entre porta i drenador del model en petit senyal.

5. La freqüència de tall.

Informació addicional: per a camps elèctrics en el canal inferiors a 3 kV/cm, podem aplicar en el GaAs l'aproximació de mobilitat amb un valor μ_n= 8500 cm^2/(Vs), mentre que per a camps més grans de 10 kV/cm la velocitat d'arrossegament dels electrons satura a 1.2×10^7 cm/s.

APÈNDIX 6.1 Relació entre càrrega i potencial en el semiconductor

Ens proposem calcular la càrrega localitzada en el semiconductor, Q_s, en funció de la caiguda de potencial en aquesta regió, V_s. Les concentracions de portadors de corrent a la regió del semiconductor no afectada per la deformació de les bandes (zona neutra) tenen els valors que corresponen a l'equilibri:

$$p_0 \approx N_A \qquad n_0 = \frac{n_i^2}{p_0} \approx \frac{n_i^2}{N_A} \tag{6.93}$$

Entre aquestes dues quantitats, hi ha la relació donada per la condició de neutralitat:

$$p_0 - n_0 = N_A \tag{6.94}$$

En un punt x de la regió de càrrega d'espai, els valors són:

$$p(x) = p_0 \exp\left(\frac{qV(x)}{k_B T}\right) \qquad n(x) = n_0 \exp\left(-\frac{qV(x)}{k_B T}\right) \tag{6.95}$$

on $V(x)$ és el potencial en el punt x, prenent $V=0$ a la zona neutra del semiconductor. A la ZCE, tenim una densitat de càrrega:

$$\rho(x) = q[p(x) - n(x) - N_A] \tag{6.96}$$

La relació entre aquesta càrrega i el potencial ve donada per l'equació de Poisson:

$$\frac{d^2 V(x)}{dx^2} = -\frac{\rho(x)}{\varepsilon} \tag{6.97}$$

Una primera integració d'aquesta equació ens dóna el perfil del camp elèctric:

$$E_{el} = -\frac{dV(x)}{dx} \tag{6.98}$$

$$E_{el} = \frac{\sqrt{2} k_B T}{q L_D} f\{V(x)\} \tag{6.99}$$

on L_D és la longitud de Debye en el semiconductor:

$$L_D = \sqrt{\frac{\varepsilon_s k_B T}{q^2 N_A}} \tag{6.100}$$

i la funció f val:

$$f\{V(x)\} = \pm\left\{\left[\exp\left(-\frac{qV(x)}{k_B T}\right) + \frac{qV(x)}{k_B T} - 1\right] + \frac{n_0}{p_0}\left[\exp\left(\frac{qV(x)}{k_B T}\right) - \frac{qV(x)}{k_B T} - 1\right]\right\}^{1/2} \tag{6.101}$$

A partir d'aquí, podem calcular el valor del camp elèctric a la superfície del semiconductor:

$$E_s \equiv E_{el}(0) = \frac{\sqrt{2} k_B T}{q L_D} f\{V(0)\} = \frac{\sqrt{2} k_B T}{q L_D} f(V_s) \tag{6.102}$$

La llei de Gauss ens permet ara conèixer la càrrega Q_s en el semiconductor:

$$Q_s = -\varepsilon_s E_s \tag{6.103}$$

El resultat d'aquest càlcul queda recollit gràficament a la figura 6.32.

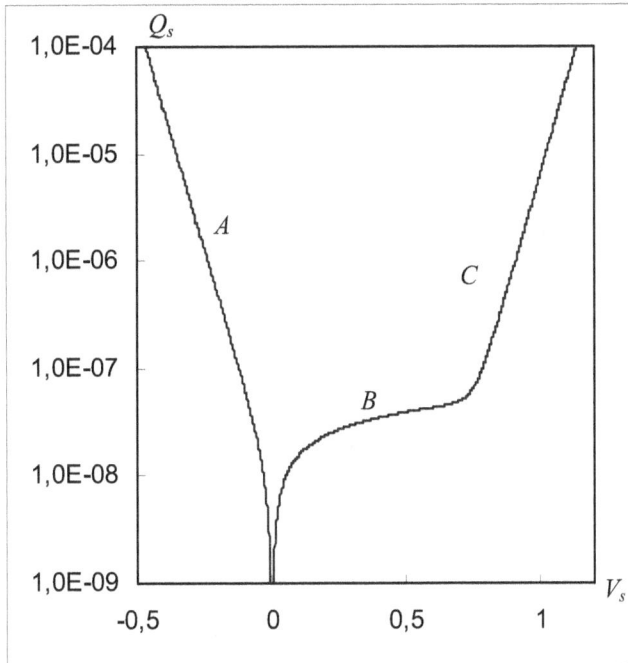

Figura 6.32 Càrrega en el semiconductor, en funció de la caiguda
de tensió en aquest material. Càlcul realitzat amb $N_A=10^{16}$ cm^{-3}.

Com a discussió del resultat, podem fer les consideracions següents:

- La regió A correspon a l'acumulació de majoritaris. El terme dominant a 6.101 és $[\exp(-qV/k_BT)]^{1/2}$. La capacitat $C_s=dQ_s/dV_s$ és molt més gran que C_{ox}.
- El punt $V_s = 0$ correspon a les condicions de bandes planes.
- A la regió B domina el terme $[qV/k_BT]^{1/2}$ de l'equació (6.101), és a dir, la càrrega de la ZCE correspon als modes de buidament de majoritaris i inversió feble.
- La dominància del terme $[\exp(qV/k_BT)]^{1/2}$ a 6.101 apareix per a tensions V_s grans (observeu la influència del factor n_0/p_0). L'acumulació de càrrega de minoritaris a la capa d'inversió domina el comportament del semiconductor i ens trobem, doncs en inversió profunda. La capacitat C_s torna a ser molt més gran que C_{ox}. En aquesta regió, un petit increment de V_s en produeix un de gran de Q_s degut al ràpid creixement de Q_n, però Q_B (prolongació de la regió B) gairebé no varia. El resultat és un increment important de V_{ox}.

APÈNDIX 6.2 Models SPICE per a transistors MOS

Els simuladors de la família SPICE són àmpliament utilitzats pels dissenyadors de circuits. La seva utilitat és especialment important en el disseny de circuits integrats que incluen un gran nombre de transistors. En el cas de circuits fabricats a mida de l'usuari (*custom design*), la necessitat de simuladors encara és més gran. Per aquesta raó, s'han desenvolupat models de dispositius sofisticats per poder donar compte, de manera fidel, del seu comportament en un circuit. La presentació dels paràmetres utilitzats pels diferents nivells de models SPICE va més enllà d'aquest estudi. La taula següent recull la majoria de paràmetres necessaris per fer ús dels nivells de l'1 a 3. La majoria han estat descrits en aquest capítol en els punts que s'esmenten.

Nom del paràmetre	Símbol (localització en el text)	Nom SPICE	Unitats	Valor per defecte
Tensió llindar del MOS	V_{T0} (eq. 6.17)	VTO	V	1
Transconductància de procés	k' (eq. 6.45)	KP	A/V^2	1.0×10^{-5}
Coeficient d'efecte substrat	γ (eq. 6.37)	GAMMA	V$^{1/2}$	0
Modulació de longitud de canal	λ (eq. 6.52)	LAMBDA	V^{-1}	0
Gruix de l'òxid	t_{ox} (eq. 6.4)	TOX	m	1.0×10^{-7}
Difusió lateral	x_d (eq. 6.59)	LD	m	0
Profunditat de la junció de drenador	x_j (eq. 6.61)	XJ	m	0
Potencial d'inversió de la superfície	$2\lvert \Phi_B \rvert$ (eq. 6.11)	PHI	V	0.6
Dopatge del substrat	N_A, N_D (eq. 6.2)	NSUB	cm^{-3}	0
Mobilitat en el canal	μ (eq. 6.42)	UO	cm^2/(Vs)	600
Velocitat de saturació en el canal	v_{sat} (eq. 6.54)	VMAX	m/s	0
Camp crític (inici de saturació de velocitat)	E_{crot}	UCRIT	V/cm	1.0×10^4
Resistència de sortidor	R_S (fig. 6.22)	RS	Ω	0
Resistència de drenador	R_D (fig. 6.22)	RD	Ω	0
Resistència de quadre de les regions de sortidor i de drenador		RSH	Ω/	0
Capacitat de transició de les juncions de sortidor i de drenador (regió paral·lela a la superfície)	C_{j0} (eq. 6.60)	CJ	F/m^2	0
Coeficient de gradualitat de les juncions anteriors	m (eq. 6.60)	MJ	-	0.5
Capacitat de difusió de les juncions de sortidor i de drenador (regions perpendiculars a la superfície)	C_{j0} (eq. 6.60)	CJSW	F/m^2	0
Coeficient de gradualitat de les juncions anteriors	m (eq. 6.60)	MJSW	-	0.3
Capacitat de superposició porta-sortidor	C'_{GS0} (exercici 6.13)	CGS0	F/cm	0
Capacitat de superposició porta-	C'_{GD0}	CGD0	F/cm	0

drenador	(exercici 6.13)			
Densitat de corrent invers de saturació de la junció drenador-substrat	J_s (fig. 6.22)	JS	A/cm^2	1.0×10^8
Tensió de difusió de la junció drenador-substrat	V_{bi} (eq. 6.60)	PB	V	0.8
Longitud de canal en la composició en planta	L (eq. 6.45)	L	m	-
Amplada de canal en la composició en planta	W (eq. 6.45)	W	m	-
Àrea de la regió de sortidor	A (eq. 6.61)	AS	m^2	0
Àrea de la regió de drenador	A (eq. 6.61)	AD	m^2	0
Perímetre de la regió de sortidor	P (eq. 6.61)	PS	m	0
Perímetre de la regió de drenador	P (eq. 6.61)	PD	m	0

PROBLEMES PROPOSATS

Constants: $q = 1.6 \times 10^{-19}$ C, $k_B T/q = 0.025$ V (temperatura ambient).
Paràmetres dels materials. Silici: $\varepsilon_s = 10^{-12}$ F/cm, $n_i = 1.5 \times 10^{10}$ cm^{-3}, $E_g = 1.12$ eV: Diòxid de silici: $\varepsilon_{ox} = 3.45 \times 10^{-13}$ F/cm.. Arseniür de gal·li: $\varepsilon_s = 1.14 \times 10^{-12}$ F/cm, $n_i = 2 \times 10^6$ cm^{-3}, $E_g = 1.43$ eV

P6.1 Considerem una estructura MOS, en què el substrat és silici de tipus P amb un nivell de dopatge de 5×10^{16} cm^{-3}, el dielèctric té un gruix de 120 Å i la porta és de polisilici N$^+$. Es demana:
a) Calcular la tensió de banda plana.
b) Calcular la tensió llindar d'inversió profunda.
c) Dibuixar la característica capacitat-tensió en baixa freqüència.
d) Determinar el tipus i la dosi d'implantació de canal necessària per portar la tensió llindar a 0.6 V.
e) Quina és la màxima densitat de càrrega fixa en l'òxid admissible per tal que la tensió llindar desitjada es mantingui dins un 10% del valor previst.

P6.2 Es construeix un MOSFET amb l'estructura MOS del problema anterior, inclosa la implantació de canal. El canal fa 2 μm de longitud i 10 μm d'amplada. La mobilitat dels electrons en el canal és de 600 cm^2/(Vs). Es demana:
a) Quant val la màxima intensitat de corrent de drenador si s'utilitza el transistor en un circuit digital alimentat a 5 V. Suposem que hi ha un curtcircuit entre sortidor i substrat.
b) Si utilitzem el transistor com una resistència controlada per tensió, quin és el mínim valor de la resistència que es pot obtenir. La tensió d'alimentació és de 5 V i $V_{BS} = 0$.
c) Avaluar la longitud efectiva del canal per a una polarització $V_{DS} = V_{GS} = 5$ V i, a partir d'aquí, fer una estimació del valor del paràmetre λ que fem servir per modelar l'efecte de modulació de longitud del canal.
d) Com quedaria modificada la tensió llindarsi apliquem una tensió al substrat de 5 V en relació amb el sortidor.

P6.3 Considerem el MOST del problema anterior amb $V_{BS} = 0$. Es demana:
a) El màxim valor de la transconductància que podem obtenir a la regió de saturació.
b) El valor de la capacitat de porta a la mateixa regió de funcionament.
c) Els valors de les capacitats de les juncions quan $V_{DS} = V_{GS} = 5$ V. Les regions de sortidor i de drenador tenen, totes dues, una amplada de 12 μm, una llargada de 8 μm i una profunditat de 0.5 μm.
d) Fent les hipòtesis raonables que calgui, estimar el valor de les resistències paràsites de sortidor i de drenador associades a les regions descrites a l'apartat anterior. Com queda alterat el valor de la transconductància trobat en l'apartat a?

P6.4 Un MESFET ha estat fabricat amb GaAs de tipus N i un nivell de dopatge de 8×10^{16} cm^{-3}. La porta és de tungstè, la funció de treball del qual val 4.54 eV. Les dimensions del canal són $L = 0.5$ μm, $W = 3$ μm i $A = 0.25$ μm. La mobilitat dels electrons en el canal és de 5×10^3 cm^2/(Vs). Calculeu:
a) La tensió llindar.
b) El coeficient I_{DSS} de la llei de corrent en saturació.
c) La transconductància amb $V_{GS} = 0$, $V_{DS} = 1.5$ V.
d) La freqüència de tall per a aquest punt de treball.

FORMULARI DEL CAPÍTOL 6

Tensió de banda plana del MOS: $V_{FB} = \Phi_m - \Phi_s$

Capacitat de l'òxid per unitat d'àrea: $C_{ox} = \dfrac{\varepsilon_{ox}}{t_{ox}}$

Tensió llindardel MOS:

$$V_{T0} = V_{FB} + 2\Phi_B - \frac{Q_B}{C_{ox}} = V_{FB} + 2\Phi_B + \frac{\sqrt{4q\varepsilon_s N_A \Phi_B}}{C_{ox}} \qquad\qquad \Phi_B = \frac{k_B T}{q}\ln\frac{N_A}{n_i}$$

Modificacions de la tensió llindardel MOS: $\Delta V_{T0} = -\dfrac{Q_{ox}}{C_{ox}}$ $\qquad \Delta V_{T0} = \dfrac{Q_I}{C_{ox}}$

Efecte substrat del MOST: $V_T = V_{T0} + \gamma\left[\sqrt{2\Phi_B - V_{BS}}\right] - \sqrt{2\Phi_B}$ amb $\gamma \equiv \dfrac{\sqrt{2q\varepsilon_s N_A}}{C_{ox}}$

Corrent de drenador del MOST a la regió òhmica:

$$I_D = k_n\left[(V_{GS} - V_T)V_{DS} - \frac{V_{DS}^2}{2}\right] \quad k_n = k_n'\frac{W}{L} \quad k_n' = \mu_n C_{ox}$$

Corrent de drenador del MOST en saturació: $I_D = \dfrac{1}{2}k_n(V_{GS} - V_T)^2$

Capacitat de porta del MOST saturat: $C_{GS} \equiv \dfrac{dQ_n}{dV_{GS}} = \dfrac{2}{3}WLC_{ox}$

Corrent de drenador en el MESFET/JFET:

$$I_D = g_0 V_{DS} - \frac{2g_0}{3V_{p0}^{1/2}}\left[(V_{DS} + V_{bi} - V_{GS})^{3/2} - (V_{bi} - V_{GS})^{3/2}\right] \quad g_0 = \frac{q\mu_n N_D WA}{L} \quad V_p = \frac{qN_D A^2}{2\varepsilon}$$

Tensió llindar en el MESFET/JFET: $V_T = V_{bi} - V_p$

Aproximació del corrent de drenador en el MESFET/JFET en saturació:

$$I_{Dsat} \approx \frac{g_0}{4V_p}(V_{GS} - V_T)^2 = I_{DSS}(V_{GS} - V_T)^2 \quad I_{DSS} \equiv \frac{g_0}{4V_p}$$

Transconductància en el MESFET/JFET:

$$g_{m,lin} \equiv \left.\frac{\partial I_{Dlin}}{\partial V_{GS}}\right|_{V_{DS}} = \frac{g_0 V_{DS}}{2\sqrt{V_p(V_{bi} - V_{GS})}} \qquad g_{m,sat} \equiv \left.\frac{\partial I_{Dsat}}{\partial V_{GS}}\right|_{V_{DS}} = \frac{qN_D v_{sat} WA}{\sqrt{V_p(V_{bi} - V_{GS})}}$$

Freqüència de tall en el MESFET: $f_T = \dfrac{g_m}{2\pi(C_{GS} + C_{GD})}$

Apèndix

APÈNDIX A. RESOLUCIÓ D'EQUACIONS DIFERENCIALS

A.1 Introducció

L'estudi dels dispositius electrònics requereix resoldre algunes equacions diferencials molt simples: l'equació de continuïtat en el domini temporal:

$$\frac{\partial p}{\partial t} = g - \frac{p - p_o}{\tau_p} \qquad (A.1)$$

en el domini espacial:

$$D_p \frac{\partial^2 p}{\partial x^2} - \mu_p \frac{\partial(pE_{el})}{\partial x} - \frac{p - p_o}{\tau_p} + g = 0 \qquad (A.2)$$

i el model de control de càrrega del dispositiu:

$$i(t) = \frac{Q_s}{\tau_t} + \frac{\partial Q_s}{\partial t} \qquad (A.3)$$

Totes aquestes equacions diferencials són lineals i de coeficients constants (en l'equació 2 només considerarem el cas en què E_{el} sigui constant), la resolució de les quals l'estudiant ha dut a terme en altres matèries cursades previament. L'experiència demostra, però, que alguns estudiants tenen una mica oblidats aquests coneixements, la qual cosa els provoca un cert temor a enfrontar-se a aquestes equacions. Per ajudar a resoldre aquest problema oferim aquest resum, en tall quasi de "recepta".

A.2 Resolució d'equacions diferencials lineals de coeficients constants

Considerem la següent equació diferencial:

$$\frac{\partial^n y}{\partial x^n} + a_1 \frac{\partial^{n-1} y}{\partial x^{n-1}} + ... + a_{n-1} \frac{\partial y}{\partial x} + a_n y - b(x) = 0 \qquad (A.4)$$

en la que a_i són constants. El procediment per resoldre aquesta equació consisteix a seguir les següents etapes:

1. **Escriure l'equació diferencial de forma estàndard**: els termes que contenen la incògnita i les seves derivades en el primer membre de la igualtat. La resta de termes en el segon membre:

$$\frac{\partial^n y}{\partial x^n} + a_1 \frac{\partial^{n-1} y}{\partial x^{n-1}} + ... + a_{n-1} \frac{\partial y}{\partial x} + a_n y = b(x) \tag{A.5}$$

2. **Trobar la solució general de l'equació homogènia**. L'equació homogènia és la constituïda pel primer membre de 5 igualat a zero:

$$\frac{\partial^n y}{\partial x^{n2}} + a_1 \frac{\partial^{n-1} y}{\partial x^{n-1}} + ... + a_{n-1} \frac{\partial y}{\partial x} + a_n y = 0 \tag{A.6}$$

Per resoldre aquesta equació s'assaja una solució del tipus y = $e^{\lambda x}$, i es determina el paràmetre λ perquè sigui solució. Si substituïm aquesta expressió i les seves derivades a 6 resulta:

$$e^{\lambda x}\left[\lambda^n + a_1 \lambda^{n-1} + ... + a_n\right] = 0 \tag{A.7}$$

El polinomi de λ contingut dins el parèntesi s'anomena *equació característica* de l'equació diferencial. Perquè $e^{\lambda x}$ sigui solució cal que es compleixi l'ultima equació. Aquesta equació es compleix si $e^{\lambda x}$ és nul·la o si el parèntesi és nul. La primera alternativa no és adequada, atès que només implica la solució trivial y = 0. Contrariament, anul·lar el parèntesi porta a una solució no nul·la per a y. Si λ_o és una solució de l'equació característica, y = exp(λ_ox) és una solució de l'equació diferencial.

La solució general de l'equació diferencial ve donada per qualsevol combinació lineal de n solucions linealment independents de l'equació homogènia. Es donen dues situacions:

a) Les n arrels de l'equació característica són diferents.

En aquest cas, si les arrels són λ_1, λ_2,...λ_n, la solució general de l'equació homogènia és:

$$y_h = c_1 e^{\lambda_1 x} + c_2 e^{\lambda 2 x} + ... + c_n e^{\lambda_{n1} x} \tag{A.8}$$

on c_i són constants arbitràries. Aquesta afirmació és immediata de comprovar substituint 8 en l'equació homogènia 6.

b) Si les arrels de l'equació característica tenen graus de multiplicitat majors que la unitat.

Si l'arrel λ_i té un grau de multiplicitat m_p, aquesta arrel proporciona les m_p solucions linealment independents següents:

$$e^{\lambda_i x}, xe^{\lambda_i x},..., x^{m_p-1} e^{\lambda_i x} \tag{A.9}$$

La solució general de l'equació diferencial serà qualsevol combinació lineal de les n solucions linealment independents, obtingudes amb les solucions de l'equació característica.

3. Trobar *una* solució particular de l'equació completa. Es tracta de trobar una solució y_p que compleixi l'equació diferencial completa 5. Un dels mètodes que permet trobar aquesta solució quan el terme independent b(x) pren unes determinades formes (que són les que es donen normalment en els problemes que tractarem en el context dels dispositius) és el *mètode dels coeficients indeterminats*.

En el cas que b(x) sigui un polinomi de x de grau m, i l'equació característica de l'homogènia no tingui cap arrel nul·la, assajarem una solució particular de la forma:

$$y_p = A_o x^m + A_1 x^{m-1} + ... + A_m \qquad (A.10)$$

Substituint 10 en 5, el primer membre de la igualtat ens donarà un polinomi en x d'ordre m, el qual s'ha d'igualar amb el polinomi del segon membre b(x). Identificant els coeficients de les diferents potències de x en els dos membres de la igualtat, es determinen els coeficients $A_o,...,A_m$.

Si l'equació característica de l'equació homogènia tingués el zero com una de les seves arrels amb grau de multiplicitat r, la solució particular assajada hauria de ser de la forma:

$$y_p = x^r (A_o x^m + A_1 x^{m-1} + ... + A_m) \qquad (A.11)$$

i es determinarien els coeficients emprant el mateix procediment d'identificació de polinomis.

El mateix mètode també es pot aplicar si b(x) = $P_m(x) \cdot e^{\alpha x}$ essent $P_m(x)$ un polinomi de x de grau m i α una constant. Si α és una arrel de l'equació característica amb grau de multiplicitat r, la solució a assajar és:

$$y_p = x^r (A_o x^m + A_1 x^{m-1} + ... + A_m) e^{\alpha x} \qquad (A.12)$$

Si α no és solució de l'equació característica la solució particular a assajar és la 12 amb r = 0.

4. Formular la solució matemàtica de l'equació diferencial. La solució de l'equació diferencial 5 ve donada per la suma de l'equació particular trobada en l'apartat 3, y_p, i de la solució general de l'equació homogènia trobada a l'apartat 2, y_h:

$$y(x) = y_p + y_h \qquad (A.13)$$

És immediat verificar que 13 és solució de 5. Com que la solució homogènia y_h ve donada per la combinació lineal de n solucions linealment independents, la solució general (13) conté n constants c_i indeterminades. Per a qualsevol valor que prenguin aquestes constants, 13 és solució, per la qual cosa 13 conté infinites solucions que compleixen *matemàticament* l'equació diferencial.

5. Trobar la solució física aplicant condicions de contorn. Es tracta d'escollir d'entre totes les solucions matemàtiques aquelles que tinguin sentit físic. Per això cal determinar les n constants c_i incloses en la solució 13, de forma que es compleixin les condicions de contorn. Aquestes condicions són els valors que pren la funció i/o les seves derivades a l'inici i/o al final de la regió en la qual resolem l'equació diferencial i que coneixem per consideracions físiques, alienes a l'equació diferencial. Amb n condicions de contorn s'originen n equacions que ens permeten determinar les n constants c_i.

A.3 Exemple

Aplicarem el procediment descrit a l'apartat anterior per resoldre l'equació 2 en una regió del semiconductor en la qual E_{el} i g són nul·les i p_o és constant. Aquesta equació s'anomena equació de difusió. Per raonaments de la física del dispositiu se sap que $p(0) = p_o+p_a$ i que $p(d) = p_o$. Seguint els passos detallats a l'apartat anterior tenim:

1.- L'equació a resoldre és:

$$D_p \frac{\partial^2 p}{\partial x^2} - \frac{p}{\tau_p} = -\frac{p_o}{\tau_p} \tag{A.14}$$

2.- L'equació homogènia serà:

$$D_p \frac{\partial^2 p}{\partial x^2} - \frac{p}{\tau_p} = 0 \tag{A.15}$$

L'equació característica de l'homogènia:

$$D_p \lambda^2 - \frac{1}{\tau_p} = 0 \tag{A.16}$$

tindrà les arrels:

$$\lambda_1 = \frac{1}{L_p} \qquad \lambda_2 = -\frac{1}{L_p} \qquad amb \qquad L_p = \sqrt{D_p \tau_p} \tag{A.17}$$

Per tant, la solució general de l'equació homogènia serà:

$$p_h = c_1 e^{x/L_p} + c_2 e^{-x/L_p} \tag{A.18}$$

Per compactar la formulació de la solució final, l'expressió 18 s'acostuma a escriure-la d'una forma equivalent en termes de les funcions hiperbòliques sinh i cosh (cal recordar que $\sinh(z) = (e^z-e^{-z})/2$ i que $\cosh(z)z = (e^z+e^{-z})/2$):

$$p_h = c_1^* \cosh\left[\frac{x}{L_p}\right] + c_2^* sinh\left[\frac{x}{L_p}\right] \tag{A.19}$$

3.- Una solució particular de l'equació diferencial completa s'obtindrà assajant un polinomi de grau zero, és a dir, $y_p = A_o$. Substituint aquesta solució a l'equació 14:

$$-\frac{A_o}{\tau_p} = -\frac{p_o}{\tau_p} \quad \Rightarrow \quad A_o = p_o \tag{A.20}$$

4.- La solució matemàtica general serà:

$$p = p_o + c_1 e^{x/\sqrt{D_p \tau_p}} + c_2 e^{-x/\sqrt{D_p \tau_p}} = p_o + c_1^* \cosh\left[\frac{x}{L_p}\right] + c_2^* sinh\left[\frac{x}{L_p}\right] \tag{A.21}$$

5.- Les constants c_1^* i c_2^* es determinen aplicant les condicions de contorn:

$$p(0) = p_a + p_o = p_o + c_1^* \tag{A.22}$$

$$p(d) = p_o = p_o + c_1^* \cosh\left[\frac{d}{L_p}\right] + c_2^* sinh\left[\frac{d}{L_p}\right] \tag{A.23}$$

D'aquest sistema de dues equacions es determina c_1 i c_2:

$$c_1^* = p_a \qquad c_2^* = -\frac{1}{tanh(d/L_p)} p_a \tag{A.24}$$

que substituïdes a la solució matemàtica 20 ens donen la solució de l'equació diferencial:

$$p(x) = p_o + p_a \left[\cosh\frac{x}{L_p} - \frac{1}{tanh(d/L_p)} sinh\frac{x}{L_p}\right] \tag{A.25}$$

APÈNDIX B. CONSTANTS, UNITATS I PARÀMETRES

Magnitud	Símbol	Valor
Nombre d'Avogadro	N_{Av}	$6.022 \cdot 10^{23}$ mol^{-1}
Constant de Boltzmann	k_B	$1.38 \cdot 10^{-23}$ J/K
	k_B	$8.62 \cdot 10^{-5}$ eV/K
Càrrega de l'electró	q	$1.602 \cdot 10^{-19}$ C
ElectróVolt	eV	$1.602 \cdot 10^{-19}$ J
Massa electró en repòs	m_0	$0.911 \cdot 10^{-30}$ kg
Permeabilitat en el buit	μ_0	$1.262 \cdot 10^{-8}$ H/cm $(4\pi \cdot 10^{-9})$
Constant dielèctrica del buit	ε_0	$8.854 \cdot 10^{-14}$ F/cm
Constant de Plank	h	$6.626 \cdot 10^{-34}$ J$\cdot$s
Velocitat de la llum	c	$2.998 \cdot 10^{8}$ m/s
Tensió tèrmica a 300K	$V_t(300K) = k_B T/q$	0.02586 V
	$k_B T$ (300K)	0.02586 eV
1 Àngstrom	1 Å	$1 \cdot 10^{-8}$ cm
1 micròmetre	1 μm	$1 \cdot 10^{-4}$ cm
1 polzada (inch)	1 in ó 1"	2.54 cm

Magnitud	Si	Ge	GaAs	AlAs	GaP	InP	InGaAs
E_g (eV)	1.11	0.67	1.424	2.16	2.26	1.35	0.75
Tipus de gap	ind.	ind.	dir.	ind.	ind.	dir.	dir.
Afinitat $q\chi$ (eV)	4.05	4.13	4.07		4.3	4.4	4.6
Constant de xarxa a(Å)	5.43	5.66	5.65	5.66	5.45	5.87	5.87
Densitat (g/cm^3)	2.33	5.32	5.31	3.60	4.13	4.79	
Temp. fusió (°C)	1415	936	1238	1740	1467	1070	
ε_r	11.8	16	13.2	10.9	11.1	12.4	13.5
m_n/m_0	1.18	0.55	0.063			0.08	0.045
m_p/m_0	0.81	0.3	0.53			0.869	0.535
N_c (10^{18} cm^{-3})	$3.22 \cdot 10^{19}$	$1.04 \cdot 10^{19}$	$4.7 \cdot 10^{17}$			$5.68 \cdot 10^{17}$	$2.8 \cdot 10^{7}$
N_v(cm^{-3})	$1.83 \cdot 10^{19}$	$6.0 \cdot 10^{18}$	$7 \cdot 10^{18}$			$6.35 \cdot 10^{19}$	$6 \cdot 10^{18}$
n_i(cm^{-3})	$1.02 \cdot 10^{10}$	$2.33 \cdot 10^{13}$	$2.1 \cdot 10^{6}$			$1.0 \cdot 10^{7}$	$6.5 \cdot 10^{11}$
μ_n(cm^2/Vs)	1450	3900	8500	180	300	4600	13800
μ_p(cm^2/Vs)	500	1900	500		150	150	100
Cond. tèrm. (W/cm·°C)	1.31	0.6	0.54	0.8	0.97	0.68	0.26

* El semiconductor compost $Al_xGa_{1-x}As$ té els paràmetres en funció de x

$$E_g = 1.424 + 1.247x \ (gap \ indirecte \ fins \ a \ x = 0.4) \qquad q\chi = 4.07 - 1.1x \qquad \varepsilon_r = 13.1 - 3.12x$$

* En el semiconductor compost $GaAs_{1-x}P_x$ el gap varia linealment entre x=0 (GaAs, Eg = 1.424 eV) i x=0.45 (Eg = 2 eV). En aquest interval el gap és de tipus directe.
* Les dades del semiconductor compost $In_xGa_{1-x}As$ corresponen a un valor de x = 0.53.

APÈNDIX C.   El qüestionari interactiu DELFOS*

El qüestionari interactiu DELFOS és un programa informàtic que conté els enunciats i les solucions dels qüestionaris i dels problemes guiats continguts en aquest llibre. Està concebut com una eina d'auto-aprenentatge que permet practicar de forma fàcil i còmoda els conceptes bàsics de dispositius electrònics i fotònics exposats en aquest text.

DELFOS té definides tres formes de treball: el mode estudi, el mode avaluació i el mode de resolució dels problemes guiats. L'usuari ha de triar-ne un (vegeu figura apèndix C-1), seleccionant-lo en la pàgina inicial.

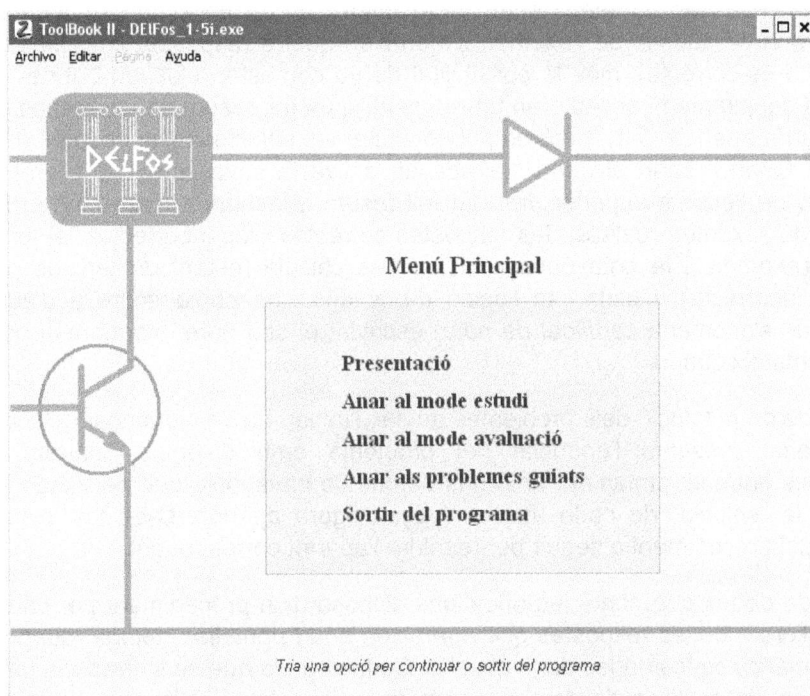

Fig. Apèndix C-1. Modes de treball de DELFOS

* Els autors de DELFOS són els professors del Departament d'Enginyeria Electrònica de la UPC: Lluís Prat Viñas, Josep Calderer Cardona, Vicente Jiménez Serres y Joan Pons Nin

Suposem que s'ha triat el mode estudi. En activar-lo, apareix la pantalla de selecció de qüestionari, que es mostra a la figura apèndix C-2. Cal seleccionar un capítol concret i posteriorment el qüestionari que es vol treballar. Una vegada realitzada la selecció s'ha de prémer el botó de navegació de la part superior dreta que conté una fletxa apuntant cap a la dreta.

Apareix, aleshores, una pantalla amb la primera pregunta del qüestionari seleccionat. L'usuari pot navegar per les diverses qüestions amb l'ajut dels dos botons de l'esquerra del quadre de navegació. A cada qüestió (vegeu figura apèndix C-3), es presenta l'enunciat i quatre respostes possibles, de les quals només una és correcta. L'usuari ha de marcar la resposta que considera correcta i després ha de corregir-la, polsant el segon botó de la part superior dreta (en color clar en la figura), la qual cosa habilita la consulta de la solució correcta (botó inferior dreta).

En el mode d'avaluació, el programa genera un examen de preguntes triades dels qüestionaris. L'usuari pot elegir entre un examen d'un capítol o un examen global de tot el text. Per a cada qüestió de l'examen s'ofereixen quatre respostes possibles (de las quals, només una és correcta), més la possibilitat de no contestar. L'usuari pot navegar entre les qüestions del examen i accedir, en tot moment, a un full resum de las respostes realitzades (vegeu figura apèndix C-4), però no pot consultar les solucions fins després d'haver corregit l'examen. Quan l'usuari el dona per acabat, activa la seva correcció prement el botó de navegació de l'extrem superior dret del full resum. Aleshores apareix en el full resum els resultats de l'examen realitzat: les respostes correctes i les incorrectes, el temps dedicat a realitzar l'examen, i la nota obtinguda (que es calcula restant un terç de punt per cada resposta incorrecta). L'usuari té l'opció de obtenir una copia impresa d'aquesta pàgina resum (que s'anomena *certificat de nota*) escrivint el seu nom i cognoms i polsant la tecla OK en el mateix quadre.

En el mode de resolució dels problemes guiats, l'usuari ha de començar seleccionant-ne un. El programa presenta l'enunciat del problema amb diversos apartats, generalment encadenats entre sí, juntament amb uns botons de navegació que permeten seleccionar la "pista" o la "solució" de cada apartat (vegeu figura apèndix C-5). La "pista" és un ajut indicatiu del procediment a seguir per resoldre l'apartat corresponent.

La base de dades que conté les qüestions disposa d'un procediment per canviar de forma aleatòria l'ordre de les respostes que apareixen en la pantalla, i també, quan és adient, els valors numèrics de les dades de la qüestió. Cada vegada que se selecciona un qüestionari o un examen es realitza de forma automàtica aquesta inicialització aleatòria de dades numèriques i de l'ordre de les respostes. En conseqüència, las qüestions que es presenten a l'usuari, així com els exàmens que les contenen, són diferents cada vegada que es genera un qüestionari o un examen.

Es pot obtenir el programa interactiu DELFOS per Internet seguint les instruccions de la pàgina web: www.edicionsupc.es/poli131.

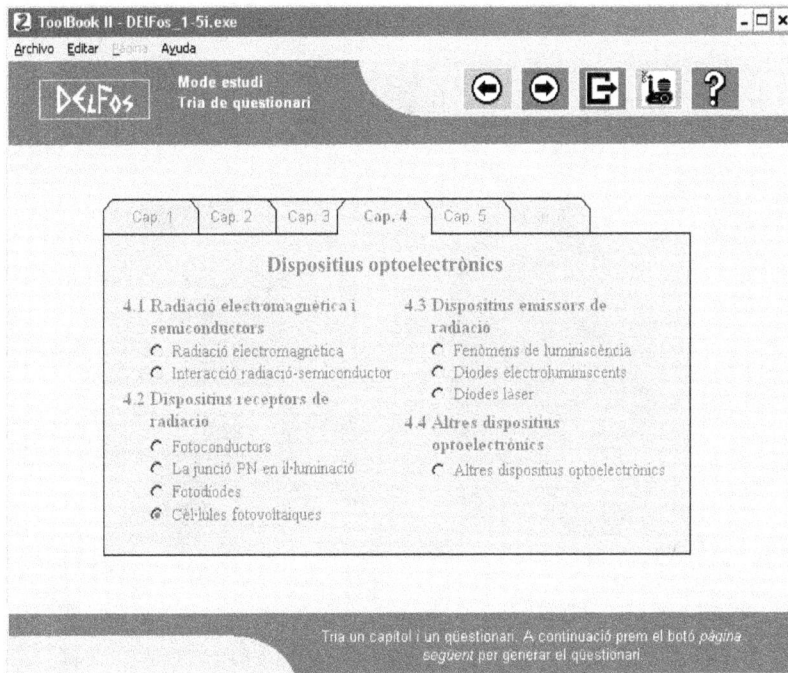

Fig. Apèndix C-2. Pàgina de selecció de un qüestionari en mode estudi

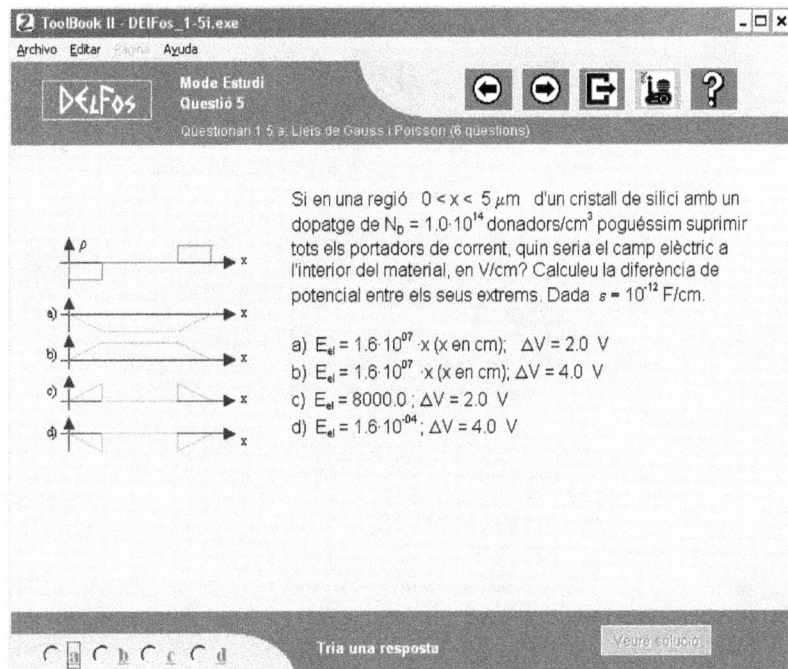

Fig. Apèndix C-3. Exemple d'una qüestió en el mode estudi

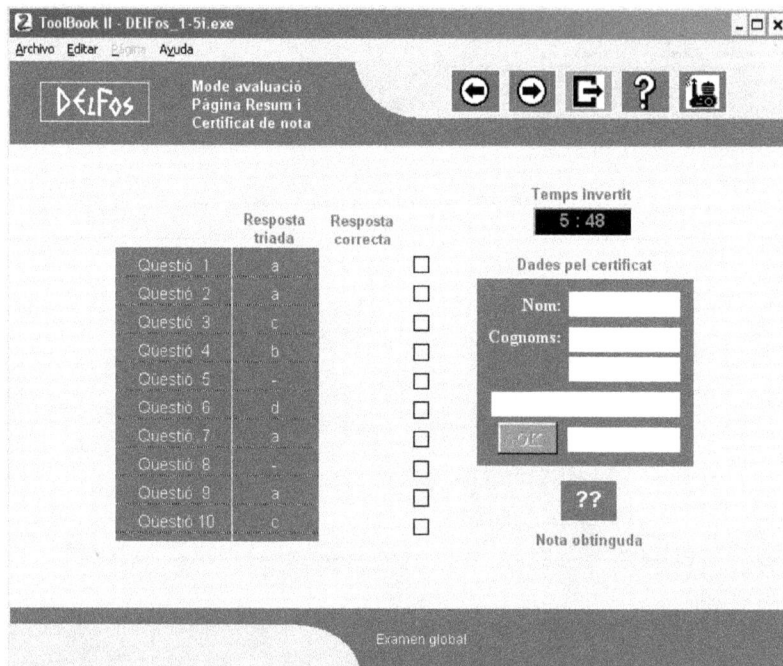

Fig. Apèndix C-4. Exemple de full resum en el mode avaluació, abans de la correcció

Fig. Apèndix C-5. Exemple de problema guiat

Index alfabètic

www.ingramcontent.com/pod-product-compliance
Lightning Source LLC
Chambersburg PA
CBHW082128210326
41599CB00031B/5908